高等学校教材

增材制造材料

Zengcai Zhizao Cailiao

闫春泽　伍宏志　吴甲民　周燕　杨磊　李昭青　史玉升　编著

中国教育出版传媒集团
高等教育出版社·北京

内容简介

增材制造（包括3D打印、4D打印）技术是当今国际先进制造技术的前沿，同时也是智能制造的重要组成部分。材料作为增材制造领域的重要物质基础，其研发与增材制造技术密切关联、互为促进、协同发展。材料是了解增材制造技术发展的窗口，是了解与学习增材制造技术的关键。本书聚焦于三大类材料（高分子材料、金属材料和陶瓷材料），按这些材料在不同形态时所适用的成形工艺分类，系统阐述各类增材制造材料的宏微观特征、成形机理、力学性能及其典型应用，还介绍了新兴的4D打印技术及其材料。本书可作为增材制造材料领域理论与实践教学的教材或参考书。

图书在版编目（CIP）数据

增材制造材料 / 闫春泽等编著. -- 北京 ：高等教育出版社，2023.11

ISBN 978-7-04-061236-3

Ⅰ. ①增… Ⅱ. ①闫… Ⅲ. ①快速成型技术-高等学校-教材 Ⅳ. ①TB4

中国国家版本馆CIP数据核字(2023)第179758号

策划编辑 龙琳琳　责任编辑 龙琳琳　封面设计 张申申 贺雅馨　版式设计 李彩丽
责任绘图 于 博　责任校对 刁丽丽　责任印制 朱 琦

出版发行 高等教育出版社
社　　址 北京市西城区德外大街4号
邮政编码 100120
印　　刷 大厂益利印刷有限公司
开　　本 787mm×1092mm 1/16
印　　张 20.25
字　　数 500千字
购书热线 010-58581118
咨询电话 400-810-0598
网　　址 http://www.hep.edu.cn
　　　　 http://www.hep.com.cn
网上订购 http://www.hepmall.com.cn
　　　　 http://www.hepmall.com
　　　　 http://www.hepmall.cn
版　　次 2023年11月第1版
印　　次 2023年11月第1次印刷
定　　价 42.00元

物 料 号 61236-00

前　言

材料是增材制造的物质基础和根本保证，伴随着增材制造技术的迅猛发展，增材制造材料体系也日趋丰富，产品性能不断优化，在航空航天、生物医疗、汽车等领域逐步得到推广和规模化产业应用。2021 年，教育部将“增材制造工程”列入普通高等学校本科专业目录的新专业名单，而目前的增材制造教材主要以 3D 打印原理、装备及工艺为主线，对材料鲜有涉及，尚无教材介绍 4D 打印材料。材料被认为是增材制造技术发展的主要瓶颈之一，是未来发展的重要方向，因而亟需编写一本专业、系统、全面的适应大中专院校教学的增材制造材料教材。为此，华中科技大学组织了一批在国内长期从事增材制造教学与研究的科研人员，综合国内外相关研究成果，并在多年的教学经验和科研成果的基础上编写了本书。

本书的编写思路及特点是：聚焦增材制造（包括 3D 打印和 4D 打印）三大类材料——高分子材料、金属材料、陶瓷材料，系统地介绍增材制造材料的制备、成形机理与工艺及其典型应用。本书内容共 4 篇，分别是第一篇 3D 打印高分子材料、第二篇 3D 打印金属材料、第三篇 3D 打印陶瓷材料、第四篇 4D 打印材料。

在每一篇中按材料不同的形态所适用的增材制造工艺分类，介绍不同的材料。第一篇按高分子 3D 打印工艺类别分类介绍 3D 打印高分子材料，包括第 1 章激光选区烧结高分子材料、第 2 章熔融沉积成形高分子材料、第 3 章光固化成形高分子材料、第 4 章其他 3D 打印高分子材料；第二篇按金属 3D 打印工艺类别分类介绍 3D 打印金属材料，包括第 5 章激光选区熔化成形金属材料、第 6 章激光工程净成形金属材料、第 7 章电子束选区熔化成形金属材料、第 8 章电弧熔丝沉积成形金属材料和第 9 章其他增材制造技术成形金属材料；第三篇按陶瓷 3D 打印工艺类别分类介绍 3D 打印陶瓷材料，包括第 10 章激光选区烧结陶瓷材料、第 11 章激光选区熔化成形陶瓷材料、第 12 章三维喷印技术成形陶瓷材料、第 13 章光固化成形陶瓷材料和第 14 章其他 3D 打印成形陶瓷材料；第四篇按 4D 打印材料性质分类介绍 4D 打印材料，即第 15 章 4D 打印材料。

本书由华中科技大学闫春泽、伍宏志、吴甲民、周燕、杨磊、李昭青和史玉升共同编著。

具体编写分工如下:第一篇由闫春泽、伍宏志编写;第二篇由周燕、杨磊编写;第三篇由吴甲民、李昭青编写;第四篇由伍宏志编写。本书最后由史玉升教授统改,由武汉理工大学刘凯教授审阅。

由于编者的水平有限,本书的疏漏之处恳请广大读者批评指正。

编　者

2023 年 6 月

目　录

第一篇　3D 打印高分子材料

第一篇　3D 打印高分子材料

第1章　激光选区烧结高分子材料

高分子材料是增材制造(包括3D打印、4D打印等)技术应用最早,也是目前应用最广泛的成形材料,开发用于增材制造的高性能、功能化的高分子及其复合材料受到越来越多的关注。激光选区烧结(selective laser sintering,SLS)属于激光粉末床体熔融增材制造技术,其利用激光逐层烧结粉末材料成形复杂三维实体零件。本章围绕SLS成形高分子材料及其复合粉末材料展开,重点介绍了SLS技术原理、工艺设备以及各类SLS材料的制备与成形,包括尼龙及其复合粉末材料、聚苯乙烯类粉末材料、聚碳酸酯粉末材料等。

1.1　激光选区烧结概述

1.1.1　激光选区烧结的工艺原理

SLS工艺过程如图1-1所示。首先将零件三维实体模型文件分层切片,并将零件实体的截面信息储存于STL文件中;然后在工作台上用铺粉辊铺一层粉末材料,由CO_2激光器发出的激光束在计算机的控制下,通过振镜扫描系统,根据各层截面的CAD数据,有选择地对粉末层进行扫描,在被激光扫描的区域,粉末材料被烧结在一起,未被激光照射的粉末仍呈松散状,作为制件(也称烧结件、成形件)和下一粉末层的支撑。

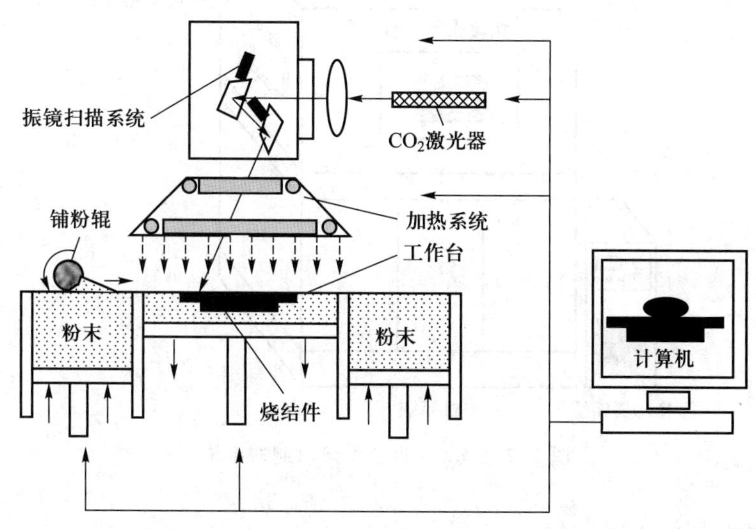

图1-1　SLS工艺过程示意图

一层烧结完成后,工作台下降一个截面层厚(设定的切片厚度)的高度,再进行下一层铺粉、烧结,新的一层和前一层自然地烧结在一起。这样,当全部截面烧结完成后,除去未被烧结的多余粉末,便得到所设计的三维实体零件。激光扫描、激光开关与功率调节、加热系统预热温度调控、铺粉辊转动与移动、粉缸升降等都是在计算机系统的精确控制下完成的。

1.1.2 激光选区烧结的工艺特点

相比于其他增材制造技术,SLS 工艺具有如下特点:

① 成形材料非常广泛。从理论上讲,任何吸收激光能量而黏度降低的粉末材料都可以用于 SLS,这些材料可以是聚合物、金属、陶瓷粉末材料等。

② 应用范围广。由于成形材料的多样性,决定了 SLS 技术可以使用各种不同性质的粉末材料来成形满足不同用途的复杂零件。SLS 可直接成形用于结构验证和功能测试的塑料零件,可以通过直接法或间接法来成形金属或陶瓷零件。目前,SLS 成形件已广泛用于汽车、航空航天、医学、生物学等领域。

③ 材料利用率高。在 SLS 工艺过程中,未被激光扫描到的粉末材料还处于松散状态,可被重复使用。因而,SLS 技术具有较高的材料利用率。

④ 无需支撑。由于未烧结的粉末可对 SLS 成形件的空腔和悬臂部分起支撑作用,不必像光固化成形(stereo lithography apparatus,SLA)和熔融沉积成形(fused deposition molding,FDM)需要另外设计支撑结构。

1.1.3 激光选区烧结成形设备

SLS 系统由三部分组成:计算机控制系统、主机系统、冷却器系统,如图 1-2 所示。

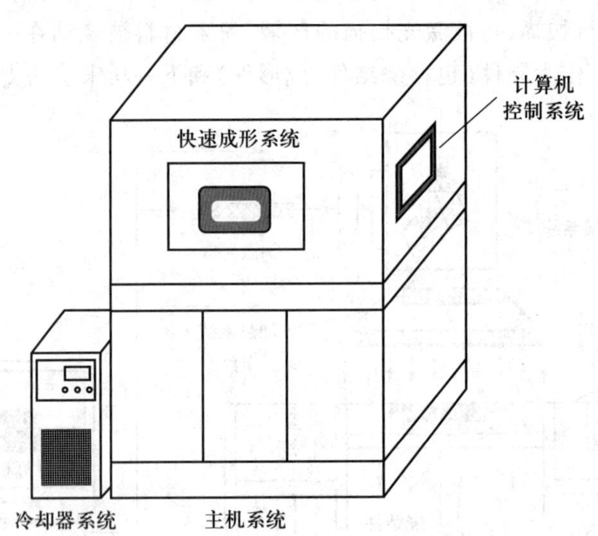

图 1-2 激光选区烧结增材制造系统

(1) 计算机控制系统

计算机控制系统由高可靠性计算机、性能可靠的各种控制模块、电机驱动单元、各种传感器组成,配上软件控制系统。软件控制系统用于三维图形数据处理,加工过程的实时控制及模拟。

(2) 主机系统

主机系统由六个基本单元组成:工作缸、送粉缸、铺粉系统、振镜激光扫描系统、温度控制系统、机身与机壳。

(3) 冷却器系统

冷却器系统由可调恒温水冷却器及外管路组成,用于冷却激光器,提高激光能量的稳定性,保护激光器,延长激光器寿命。同时冷却振镜扫描系统,保证其稳定运行。

1.2 激光选区烧结成形机理

高分子材料的 SLS 成形将 CO_2 激光器输出的激光束通过聚焦透镜在工作面上形成具有很高能量密度且尺寸很小的光斑,此光斑对平铺在工作台上的高分子粉末材料进行烧结。这一成形方法包含了激光对高分子粉末材料的加热以及高分子粉末材料的烧结两个基本过程。正确认识这两个基本过程是应用 SLS 技术的基础。本部分内容从理论上对这两个基本过程进行分析探讨,以揭示与之有关的各种因素及其相互作用,为研制高性能 SLS 高分子材料及优化烧结工艺提供依据。

1.2.1 激光对高分子粉末材料的加热过程

1.2.1.1 激光输入能量特性

SLS 成形系统中的激光束为高斯光束,由于工作面在激光束的焦平面上,因此激光束的光强分布为

$$I(r)=I_0\exp(-2r^2/\omega^2) \tag{1-1}$$

式中:I_0 为光斑中心处的最大光强;ω 为光斑特征半径,此处的光强 I 为 $e^{-2}I_0$;r 为考察点距离光斑中心的距离。

I_0 的大小与激光功率 P 有关:

$$I_0=2P/(\pi\omega^2) \tag{1-2}$$

式(1-1)表明在激光扫描线中心下面的粉末所接受的能量较大,而在边缘的能量较小。但当扫描线存在一定的重叠,由于能量的叠加,可使整个扫描区域上的激光能量达到较均匀的程度。CO_2 激光器能以脉冲或连续方式运行,当重叠率很高时,输出为准连续方式,可按连续方式处理,连续激光扫描线的截面能量强度分布为

$$E(y)=\sqrt{2/\pi}\,(P/\omega v)\exp(-2y^2/\omega^2) \tag{1-3}$$

式中 v 是扫描激光束的移动速率。式(1-3)表示的是单个扫描线的截面能量分布,对于多个重叠的扫描线,截面能量密度分布与扫描间距等参数有关。

在 SLS 工艺中,激光扫描速度很快,在连续的几个扫描过程中,激光能量能够线性叠加。设扫描间距为 S,假设某一起始扫描线的方程为 $y=0$,则这之后的第 I 个扫描线方程为 $y=IS$。某一点 $P(x,y)$ 离第 I 个扫描线的距离为 $y-IS$,第 I 个扫描线对 P 点的影响为

$$E(y)=\sqrt{\frac{2}{\pi}}\frac{P}{\omega v}\exp\left[\frac{-2(y-IS)^2}{\omega^2}\right] \tag{1-4}$$

则多条扫描线的叠加能量为

$$E_S(y)=\sum_{I=0}^{n}\left\{\sqrt{\frac{2}{\pi}}\frac{P}{\omega v}\exp\left[\frac{-2(y-IS)^2}{\omega^2}\right]\right\} \tag{1-5}$$

图 1-3 是当激光光斑直径为 0.4 mm、扫描激光束的移动速率 v 为 1 500 mm/s、激光

功率 P 为 10 W、扫描间距分别为 0.3 mm、0.2 mm、0.15 mm、0.1 mm 时，根据式(1-5)计算出来的激光能量分布图。

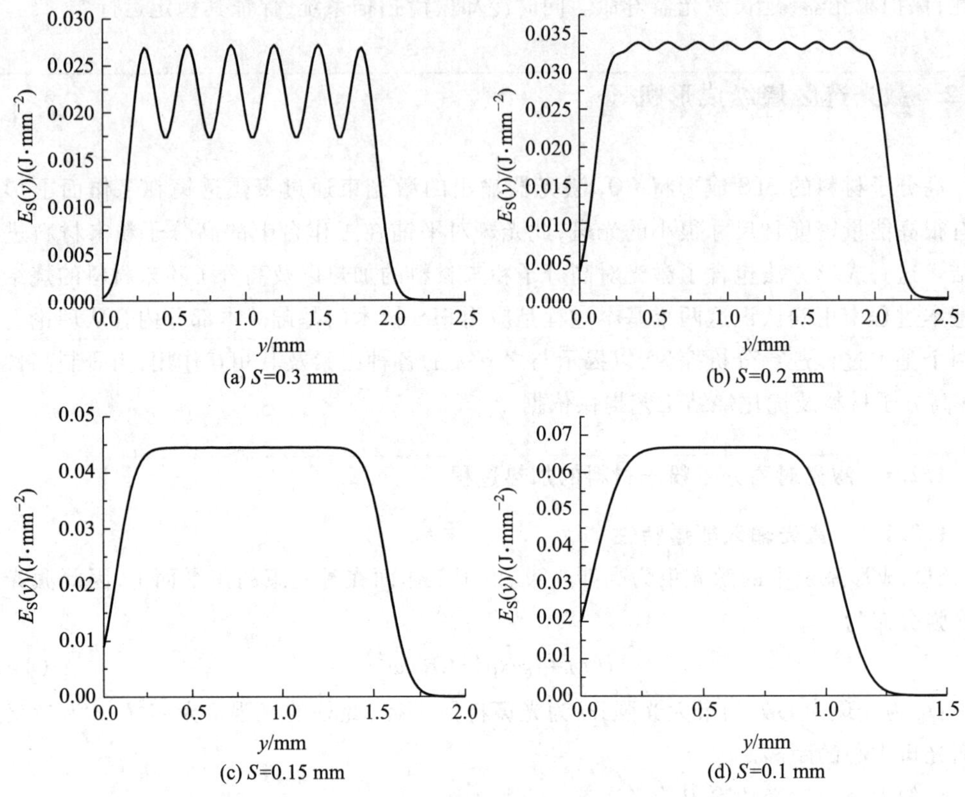

图 1-3　多个重叠扫描线的激光能量分布

从图 1-3 可以看出，随着扫描间距的增加，激光能量分布的均匀性和最大值都会发生变化。激光能量随扫描间距的减小而增大，对于光斑直径为 0.4 mm 的激光束，当扫描间隔超过 0.2 mm 以后，扫描激光能量分布是极其不均匀的，呈现波峰波谷（见图 1-3a、b）。不均匀的能量分布将导致烧结件质量的不均匀，因此，在激光烧结过程中，扫描间距应小于 0.2 mm，即扫描间距应小于激光光斑半径。

1.2.1.2　激光与高分子粉末材料的相互作用

激光入射到粉末材料的表面会发生反射、透过和吸收，在此作用过程中的能量变化遵从能量守恒法则：

$$E=E_{反射}+E_{透过}+E_{吸收} \tag{1-6}$$

式中：E 为入射至粉末材料表面的激光能量；$E_{反射}$ 为被粉末材料表面反射的能量；$E_{透过}$ 为激光透过粉末材料后具有的能量；$E_{吸收}$ 为被粉末材料吸收的能量。

上式可以转化为：

$$R+\varepsilon+\alpha r=1 \tag{1-7}$$

式中：R 为反射系数；ε 为透过系数；αr 为吸收系数。

对于高分子粉末材料，波长为 10.6 μm 的 CO_2 激光的透过率很低，因此粉末材料吸收激光能量的大小主要由吸收系数和反射系数决定，反射系数大，吸收系数小，被粉末材料吸收的激光能量小；反之被粉末材料吸收的激光能量大。

材料对激光能量的吸收与激光波长及材料表面状态有关，波长为 10.6 μm 的 CO_2 激光很容易被高分子材料吸收。高分子粉末材料由于表面粗糙度较大，激光束在峰-谷侧壁产生多次反射，甚至还会产生干涉，从而产生强烈吸收，所以高分子粉末材料对 CO_2 激光束的吸收系数很大，可达 0.95~0.98。

粉末材料表面吸收的激光能量通过激光光子与高分子材料中的基本能量粒子进行相互碰撞，将能量在瞬间转化为热能，热能以材料温度升高的形式表现出来。随着材料温度的升高，材料表面发生热辐射反馈能量。

$$\Delta E = E_{入} - E_{出} \tag{1-8}$$

材料表面温度变化有如下规律：

① 在激光作用时间相同的条件下，ΔE 越大，材料升温速度越快。

② 在 ΔE 相同的条件下，材料的比热容越小，温度越高。

③ 在相同的激光照射条件下，材料导热系数越小，激光作用区与其相邻区域之间的温度梯度越大。

高分子粉末材料的导热系数 λ 与固体的导热系数 λ_s［一般为 0.2 W/(m·K)左右］、空气的导热系数 λ_g 以及粉末的孔隙率 ε 等因素有关。

空气的导热系数 λ_g 可采用经验公式计算：

$$\lambda_g = 0.004\,372 + 7.384 \times 10^{-5} T \tag{1-9}$$

孔隙率 ε 表示粉末中孔隙的体积含量，可用粉末的堆积密度 ρ 与材料的固体密度 ρ_s 表示：

$$\varepsilon = (\rho_s - \rho)/\rho_s \tag{1-10}$$

球形粉末的堆积密度可用下式计算：

$$\rho = \pi \rho_s / 6 \tag{1-11}$$

则球形粉末材料的相对密度为

$$\rho_R = \rho/\rho_s \approx 0.523 \tag{1-12}$$

球形粉末材料孔隙率为

$$\varepsilon = 1 - \rho_R = 0.477 \tag{1-13}$$

不同方法制备的高分子粉末形状不同，粉末的堆积密度有所差异，但大多数粉末的孔隙率 ε 在 0.5 左右。

采用 Yagi-Kun 模型可计算出粉末的导热系数 λ：

当 $T \leqslant 673$ K 时，
$$\lambda = \lambda_s (1-\varepsilon)/(1+\varphi \lambda_s/\lambda_g) \tag{1-14}$$

式中：$\varphi = 0.02 \times 10^{2(\varepsilon - 0.3)}$。

由式 1-14 可计算出高分子粉末材料在室温下的导热系数为 0.07 W/(m·K)左右。由于高分子粉末材料的导热系数很低，在激光烧结过程中，激光作用区与其相邻区域之间的温度梯度较大，烧结件容易产生翘曲变形。因此，在激光烧结过程中应对高分子粉末材料进行适当预热，以降低激光功率，减小温度梯度，防止烧结件产生翘曲变形。

1.2.2 高分子粉末材料烧结机理

高分子材料 SLS 成形的具体物理过程可描述为：当高强度的激光在计算机的控制下

扫描粉末床体时,被扫描的区域吸收激光的能量,该区域的粉末颗粒的温度上升,当温度上升到粉末材料的软化点或熔点时,粉末材料的流动使得颗粒之间形成了"烧结颈",进而发生凝聚。"烧结颈"的形成及粉末颗粒凝聚的过程称为烧结。当激光经过后,扫描区域的热量由于向粉末床体下传导以及表面上的对流和辐射而逐渐消失,温度随之下降,粉末颗粒也随之固化,被扫描区域的颗粒相互黏结形成单层轮廓。与一般的聚合物材料的加工方法不同的是,SLS 是在零剪切应力下进行的,烧结的驱动力为粉末颗粒的表面张力。

1.2.2.1 Frenkel 两液滴模型

绝大多数聚合物材料的黏流活化能低,烧结过程中物质的运动方式主要是黏性流动,因而,黏性流动烧结机理是聚合物粉末材料的主要烧结机理。黏性流动烧结机理最早是由学者 Frenkel 在 1945 年提出的,此机理认为黏性流动烧结的驱动力为粉末颗粒的表面张力,而粉末颗粒黏度是阻碍其烧结的,并且作用于液滴表面的表面张力 γ 在单位时间内作的功与流体黏性流动造成的能量弥散速率相互平衡,这是 Frenkel 黏性流动烧结机理的理论基础。由于颗粒的形态异常复杂,不可能精确地计算颗粒间的"黏结"速率,因此简化为两球形液滴对心运动来模拟粉末颗粒间的黏结过程。如图 1-4 所示,两个等半径的球形液滴点接触 t 时间后,液滴靠近形成一个圆形接触面,而其余部分仍保持为球形。

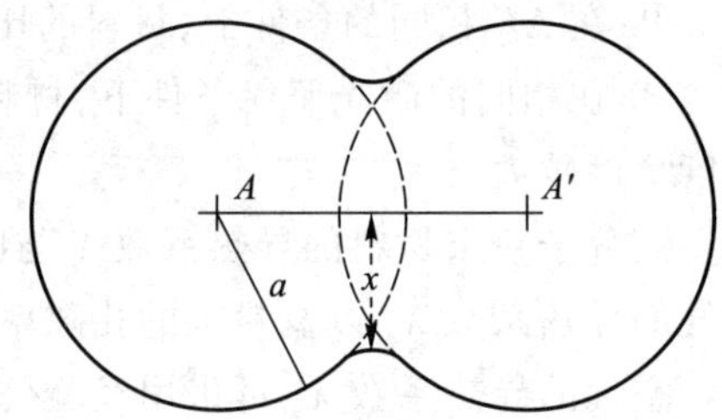

图 1-4 Frenkel 两液滴"黏结"模型

Frenkel 在两球形液滴"黏结"模型基础上,运用表面张力 γ 在单位时间内作的功与流体黏性流动造成的能量弥散速率相平衡的理论基础,推导得出 Frenkel 烧结颈长方程:

$$\left(\frac{x}{a}\right)^2=\frac{3}{2\pi}\cdot\frac{\gamma}{a\eta}t \tag{1-15}$$

式(1-15)中,x 为 t 时间时圆形接触面颈长(即烧结颈半径),γ 是材料的表面张力,η 是材料的相对黏度,a 为颗粒半径。

Frenkel 黏性流动机理首先被成功地应用于玻璃和陶瓷材料的烧结中。Kuczynski 等证明了聚合物材料在烧结时,受到零剪切应力,熔体接近牛顿流体。Frenkel 黏性流动机理是适用于聚合物材料的烧结的,并得出烧结颈生长速率正比于材料的表面张力、反比于颗粒半径和相对黏度的结论。

1.2.2.2 "烧结立方体"模型

由于 Frenkel 模型只是描述两球形液滴的烧结过程,而 SLS 是大量粉末颗粒堆积而成的粉末床体的烧结,所以用 Frenkel 模型来描述 SLS 成形过程是有局限性的。Ming-shen Martin Sun 在 Frenkel 假设的基础上提出了"烧结立方体"模型。这个模型认为 SLS 成形系统中粉末堆积与一个立方体堆积粉末床体结构(图 1-5)较为相似,并有如下假设:

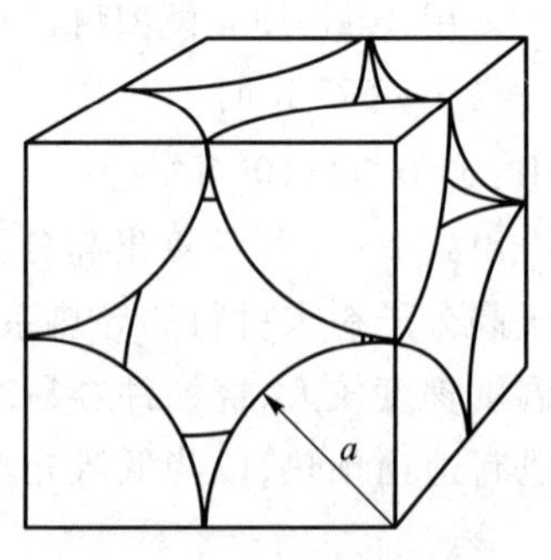

图 1-5 立方体堆积粉末床体结构

① 立方体堆积粉末是由半径相等(半径为 a)的最初彼此接触的球体组成的;

② 致密化过程使得颗粒变形，但是始终保持半径为 r 的球形。这样颗粒之间接触部位为圆形，其半径为 $\sqrt{r^2+x^2}$，其中 x 代表两个颗粒之间的距离。

单个粉末颗粒的变形过程如图 1-5 所示，“烧结立方体”模型是应用作用于液滴表面的表面张力 γ 在单位时间内作的功与流体黏性流动造成的能量弥散速率相互平衡的原理。能量平衡方程式有如下形式：

$$\gamma\dot{A}+\dot{e}_{\varepsilon}V=0 \tag{1-16}$$

式(1-16)中 $\dot{A}$ 为表面积变化率，$\dot{e}_{\varepsilon}$ 为体积应变能变化率，V 为体积。

对于一个含有黏性材料的粉末床体来说，体积应变能变化率 $\dot{e}_{\varepsilon}$ 与体积应变率 $\dot{\varepsilon}$ 有如下关系：

$$\dot{e}_{\varepsilon}=\eta_b\dot{\varepsilon}^2 \tag{1-17}$$

式(1-17)中 η_b 为多孔性黏性结构的表观黏度，是材料黏度和孔隙率的函数。由 Skorohod 模型可知：

$$\eta_b=\frac{4\eta\rho^3}{3(1-\rho)} \tag{1-18}$$

将式(1-17)带入式(1-16)，能量平衡方程式可以表示为：

$$\gamma\dot{A}+\eta_b\dot{\varepsilon}^2V=0 \tag{1-19}$$

在烧结颈阶段，有如下体积守恒方程：

$$3x^3-9r^2x+4r^3+2a^3=0 \tag{1-20}$$

在这一阶段中的相对密度为 0.502~0.965。如果粉末颗粒在所有的六个方向上与其他粉末颗粒进行烧结，颗粒保留的表面积为

$$A_s=12\pi rx-8\pi r^2 \tag{1-21}$$

式(1-21)中 r 及 x 满足体积守恒方程式(1-20)，A_s 是粉末相对密度的单调递减函数。

许多 SLS 或烘箱烧结试验表明粉末材料在其相对密度达到 0.96 前就停止致密化了，说明由于某些原因，有的粉末颗粒不会与其他粉末颗粒进行烧结，这些不发生烧结颗粒的总表面积为

$$A_u=12\pi rx-2\pi r^2-6\pi x^2 \tag{1-22}$$

这里 A_u 是粉末相对密度的单调递减函数。

现在假设粉末床体中有部分粉末颗粒是不烧结的。定义烧结颗粒所占的分数为 ξ，即烧结分数，ξ 在 0 到 1 之间变化，代表任意两个粉末颗粒形成一个烧结颈的概率。$\xi=1$ 意味着所有的粉末颗粒都烧结；$\xi=0$ 意味着没有粉末颗粒参加烧结。从式(1-21)和式(1-22)得出部分烧结粉末颗粒的表面积为

$$A=\xi A_s+(1-\xi)A_u=12\pi rx-(6\xi+2)\pi r^2-6(1-\xi)\pi x^2 \tag{1-23}$$

因而，表面积变化率为

$$\dot{A}=12\pi(\dot{r}x+r\dot{x})-2(6\xi+2)\pi r\dot{r}-12(1-\xi)\pi x\dot{x} \tag{1-24}$$

式(1-24)中 $\dot{r}$ 和 $\dot{x}$ 满足体积守恒方程式的求导式：

$$9x^2\dot{x}-18r\dot{r}x-9r^2\dot{x}+12r^2\dot{r}=0 \tag{1-25}$$

考虑包含一个粉末颗粒的体积单元的变形，如图 1-6 所示。体积变形可表示为

$$\varepsilon=3\left(1-\frac{x}{a}\right) \tag{1-26}$$

式(1-26)两边求导可得：

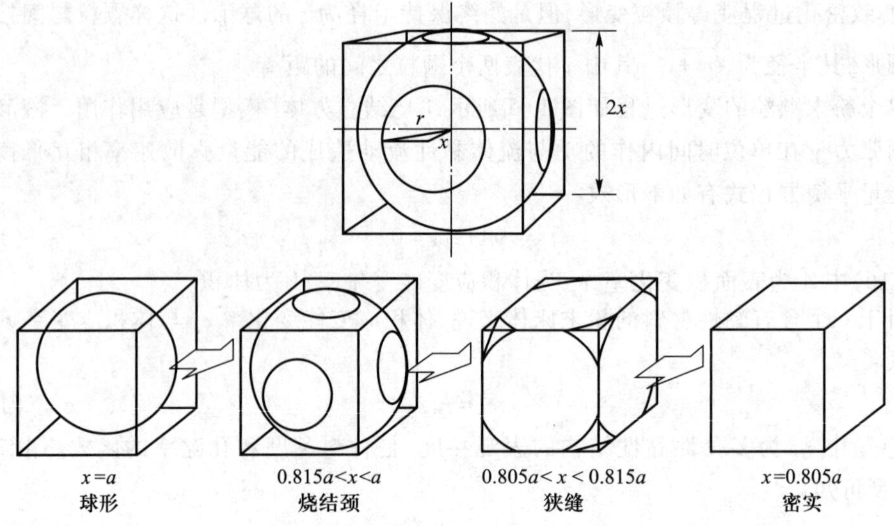

图 1-6　烧结过程单个粉末颗粒的变形过程

$$\dot{\varepsilon}=-\frac{3\dot{x}}{a} \tag{1-27}$$

体积为

$$V=8x^3 \tag{1-28}$$

将式(1-24)~式(1-28)带入式(1-19)可以得出烧结速率方程为

$$\dot{x}=-\frac{3(1-\rho)\pi\gamma r^2}{24\eta\rho^3x^3}\left\{r-(1-\xi)x+\left[x-\left(\xi+\frac{1}{3}\right)r\right]\frac{9(x^2-r^2)}{18rx-12r^2}\right\} \tag{1-29}$$

烧结速率也可以用粉末相对密度随时间的变化表示为

$$\dot{\rho}=-\frac{9\gamma}{4\eta a\rho}\left\{p-(1-\xi)+\left[1-\left(\xi+\frac{1}{3}\right)p\right]\frac{9(1-p^2)}{18p-12p^2}\right\} \tag{1-30}$$

式(1-30)中,$p=r/x$。从烧结速率方程(1-30)可以看出普遍的烧结行为,可发现致密化速率与材料的表面张力成正比,与材料的黏度 η 和粉末颗粒的半径 a 成反比。

1.2.3　高分子及其复合粉末材料特性对 SLS 成形的影响

烧结材料是 SLS 技术发展的关键环节,它对烧结件的成形速度和精度及其力学性能起着决定性作用。高分子材料种类繁多,性能各异,可以满足不同场合、用途对材料性能的需求。然而,目前真正能在 SLS 技术中得到广泛应用的高分子材料很少,这是因为 SLS 成形机理完全不同于高分子材料的传统成形方法,对材料的形态、性能有很多特殊要求,如果不能满足 SLS 成形工艺要求,那么其 SLS 制件的精度或力学性能较差,不能达到实际使用的要求。因此,有必要研究高分子材料的特性对 SLS 成形的影响,从而为 SLS 成形所用的高分子材料的选择及制备提供理论依据。

1.2.3.1　粉体特性

(1) 粉末颗粒形状

聚合物粉末的颗粒形状与制备方法有关。一般来说,由乳液聚合、悬浮聚合法制备的聚合物粉末为球形;由溶剂沉淀法制备的粉末为近球形;由深冷粉碎法制备的粉末呈不规则形状。粉末的形状没有定量的测试方法,只能通过扫描电镜等手段进行定性分析。

SLS 工艺通常要求粉末颗粒形状为球形或近球形,因为球形粉末比不规则粉末具有更好的流动性,因而球形粉末的铺粉效果好,尤其是当温度升高,粉末流动性下降的情况下,这种差别更加明显。良好的铺粉效果是 SLS 工艺的基本要求,也是获得形状精度高、外观质量好的 SLS 制件的前提条件。但在平均粒径相同的情况下,不规则粉末颗粒的烧结速率比球形粉末高,这可能是因为不规则颗粒间的接触点处的有效半径要比球形颗粒的小,因而表现出更快的烧结速率。

(2) 粉末粒径

粉末粒径(又称为粉末粒度)是指粉末颗粒占据空间的尺度,一般以 μm 为单位。对球形颗粒来说,粒径即指其直径;对非球形颗粒,以等效粒径(一般简称粒径)来表征颗粒的粒径。等效粒径是指当一个颗粒的物理特性或物理行为与某一直径的同质球体(或组合)最相近时,就把该球体(或组合)的直径作为被测颗粒的等效粒径。

当粉末系统的粒径都相等时,可用单一粒径表示其粉末颗粒粒径大小。而实际上,粉末材料通常由粒径不等的颗粒组成,其粒径是指粉末材料中所有颗粒粒径的平均值,有个数(算术)平均粒径、长度平均粒径、面积平均粒径、体积平均粒径等加权平均粒径。目前,已经发展了多种粒径测量方法,其中包括筛分法、沉降法、激光法、小孔通过法等。

粉末粒径会影响 SLS 制件的表面粗糙度、精度、烧结速率及粉末床体密度等。在 SLS 成形过程中,粉末的切片厚度和每层的表面粗糙度都是由粉末粒径决定的。切片厚度不能小于粉末粒径,当粉末粒径减小时,SLS 制件就可以在更小的切片厚度下制造,这样就可以减小阶梯效应,提高其成形精度。同时,减小粉末粒径可以减小铺粉后单层粉末的表面粗糙度,从而减小成形件的表面粗糙度。因此,用于 SLS 粉末的平均粒径一般不超过 100 μm,否则成形件会存在非常明显的阶梯效应,而且表面非常粗糙。但平均粒径小于 10 μm 的粉末同样不适合 SLS 工艺,因为在铺粉过程中摩擦产生的静电使粉末被吸附在辊筒上,造成铺粉困难。

粒径的大小也会影响聚合物粉末的烧结速率。烧结速率与粉末颗粒的半径成反比,因而,粉末平均粒径越小,其烧结速率越大。

(3) 粒径分布

常用粉末的粒径都不是单一的,而是由粒径不等的粉末颗粒组成的。粒径分布(particle size distribution),又称为粒度分布,是指用简单的表格、图形和函数形式表示粉末颗粒群粒径的分布状态。粒径分布常可表示为频率分布和累积分布两种形式。频率分布表示各个粉末粒径相对的颗粒百分含量(微分型),如图 1-7a 所示;累积分布表示小于(或

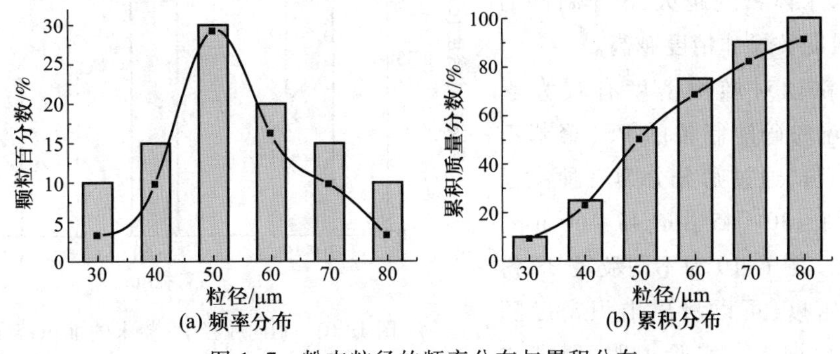

图 1-7 粉末粒径的频率分布与累积分布

大于)某粒径的颗粒占全部颗粒的百分含量与该粒径的关系(积分型),如图 1-7b 所示。百分含量的基准可以为颗粒个数、体积、质量等。

粉末粒径分布会影响固体颗粒的堆积,从而影响粉末堆积密度。一个最佳的堆积密度是和一个特定的粒径分布相联系的,如将单分布球形颗粒进行正交堆积(图 1-8)时,其堆积相对密度为 60.5%(即孔隙率为 39.5%)。

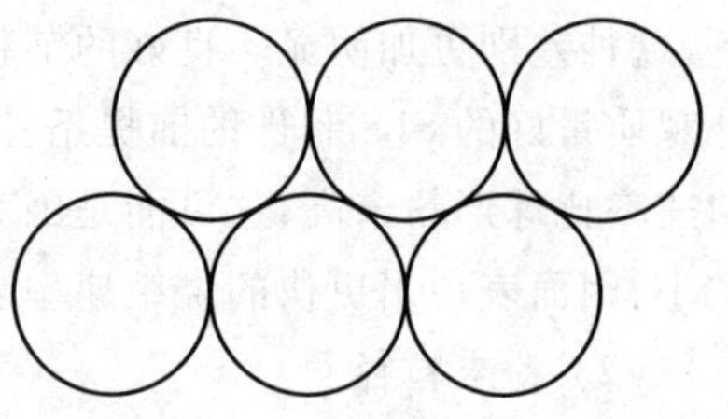

图 1-8 单分布球形颗粒的正交堆积

正交堆积或其他堆积方式的单分布颗粒间存在一定的孔隙,如果将更小的颗粒放于这些孔隙中,那么堆积结构的孔隙率就会下降,堆积密度就会增加,增加粉末床体密度的一个方法是将几种不同粒径分布的粉末进行复合。图 1-9a、b 分别为大粒径粉末 A 的单粉末堆积和大粒径粉末 A 与小粒径粉末 B 的复合粉末堆积。可以看出,单粉末堆积存在较大的孔隙,而在复合粉末堆积中,由于小粒径粉末占据了大粒径粉末堆积中的孔隙,因而其堆积密度得到提高。

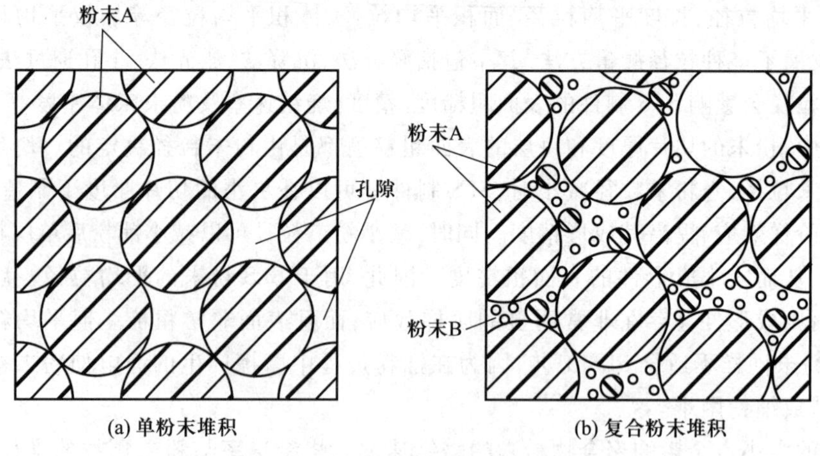

图 1-9 单粉末堆积与复合粉末堆积

(4) 堆积密度

粉末的堆积密度又称为表观密度、松装密度。在 SLS 工艺中,粉末床体密度为铺粉完成后工作腔中粉体的密度,可近似为粉末的堆积密度,它会影响 SLS 制件的致密度、强度及尺寸精度等。研究表明,粉末床体密度越大,SLS 制件的致密度、强度及尺寸精度越高。

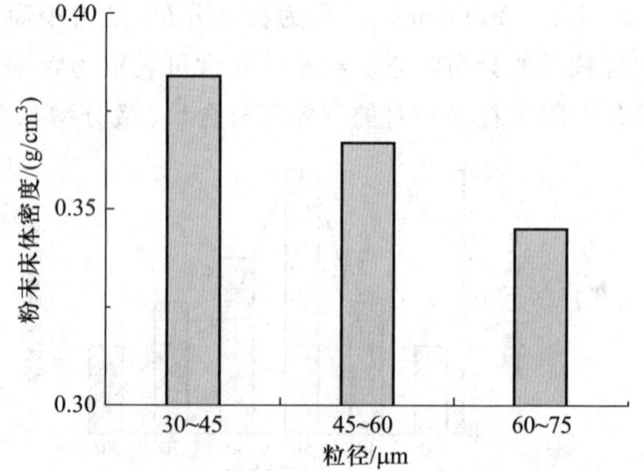

图 1-10 不同粒径 PS 粉末的堆积密度

粉末粒径对堆积密度有较大影响。将低温粉碎法制备的 PS(聚苯乙烯)粉末材料,通过筛分分为三种粒径范围的粉末:30 ~ 45 μm、45 ~ 60 μm、60 ~ 75 μm。图 1-10 为不同粒径 PS 粉末的堆积密度,可以看出堆积密度随粒径减小而增大。实验表明,聚碳酸酯(PC)粉末的粒径对堆积密度的影响也有相同的结论,这是由于小粒径颗粒更有利于堆积。但是,当粉末的粒径很小时(如纳米级粉末),材料的比表面积显著增大,粉末颗粒间的摩擦力、黏附力以及其他表面作用力变得很大,因而影响到粉末颗粒系统的堆积,堆积密度反而会随着粒径的减小而降低。

(5) 粉末的流动性

粉末的流动性与颗粒的形状、大小、表面状态、密度、孔隙率等有关,还受颗粒之间的内摩擦力和黏附力等的影响。粉体的流动性常用堆积角(又称休止角,安息角)和流速表示。

① 堆积角(休止角、安息角)指在重力场中,粉末堆积体的自由表面处于平衡的极限状态时自由表面与水平面之间的角度。测定堆积角的方法如图 1-11 所示。

$$\theta = \arctan \frac{H}{R} \tag{1-31}$$

堆积角是检验粉体流动性好坏的最简便方法。粉体流动性越好,堆积角越小;粉体颗粒表面越粗糙,黏着性越大,则堆积角也越大。一般认为,堆积角≤30°,流动性好;堆积角≤40°,可以满足生产过程中流动性的需要;堆积角≥40°,则流动性差,需采取措施提高粉体的流动性。

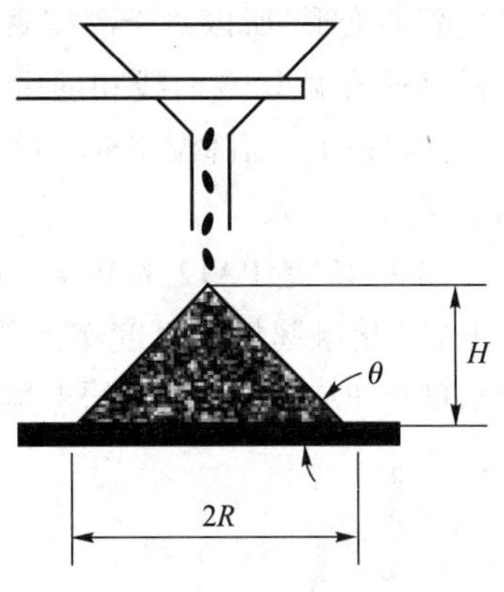

图 1-11 堆积角测定示意图

② 流速指单位时间内粉体由一定直径的孔或管中流出的速度。其具体测定方法是在圆筒容器的底部中心开口,把粉体装入容器内,测定单位时间内流出的粉体量,即流速。一般粉体的流速快,流动性好,其流动的均匀性也较好。

1.2.3.2 聚合物的物理机械特性

(1) 聚集态结构

用于 SLS 的聚合物主要是热塑性聚合物,热塑性聚合物根据其聚集态结构的不同可分为晶态和非晶态两种。由于晶态和非晶态聚合物的热行为截然不同,造成它们在 SLS 成形过程中的工艺参数设置及制件性能存在巨大差异。下面以 SLS 最为常用的非晶态聚合物聚苯乙烯(PS)及晶态聚合物尼龙 12(PA12)为对象,探讨聚合物的聚集态结构对其 SLS 成形的影响。

① 烧结温度窗口

烧结温度窗口是指在激光烧结前,为了防止烧结过程中产生翘曲变形而将粉末层的预热温度控制在一定范围内,可表示为$[T_s, T_c]$,其中 T_s 为粉末材料的“软化点”,在 T_s 时,粉末颗粒间开始相互黏结而不能自由流动,粉末材料的储能模量(G')开始急剧下降,由于材料温度在大于 T_s 时,储能模量较小,应力松弛较快,因此已烧结层的收缩应力较小而不会产生翘曲变形;T_c 为粉末材料的“结块温度”,当粉末层的温度达到 T_c 后将产生结块,烧结完成后将无法清粉,因而要控制预热温度不超过 T_c。烧结温度窗口是由材料本身的热性能所决定的,烧结温度窗口越宽,烧结越容易控制,烧结件不容易发生翘曲变形。

非晶态聚合物在玻璃化温度(T_g)时,大分子链段运动开始活跃,由于分子链段的扩散运动,其粉末颗粒会发生黏结而使其流动性下降,储能模量(G')开始急剧下降,因此,对于非晶态聚合物,其 T_s 即为 T_g。由于非晶态聚合物在温度达到 T_g 以后,其黏度是逐渐下降的，所以其 T_c 不能由一个有确定物理意义的量来确定，只能通过试验观察来确定。一种 T_g 为 96 ℃的 PS 粉末材料，由试验观察到该材料在 116 ℃时产生结块而不能流动，因而其 T_c 为 116 ℃，从而得出其烧结温度窗口为[96 ℃，116 ℃]。

对于晶态聚合物，当温度达到其熔融的起始温度（T_{ms}）时，黏度会急剧下降，粉末层会结块，因而晶态聚合物的 T_{ms} 即是 T_c。当晶态聚合物粉末层在完成烧结后，会从熔融状态逐渐冷却，当其温度达到结晶的起始温度（T_{cs}）时，烧结层开始从液态逐渐转化为固态，由于聚合物烧结层在大于 T_{cs} 时处于液态，收缩应力较小，而且液体不承载应力，因而不会发生翘曲变形，所以对于晶态聚合物，其 T_{cs} 即为 T_s。晶态聚合物的烧结温度窗口可由同一样品的升温 DSC 曲线和随后的降温 DSC 曲线来求得，升温 DSC 曲线上的熔融起始温度 T_{ms} 即是 T_c，而降温 DSC 曲线上的重结晶起始温度 T_{cs} 即为 T_s，因而其烧结温度窗口为[T_{cs}，T_{ms}]。

图 1-12 是 PA12 的升温与降温 DSC 曲线，其中曲线 A 为升温曲线，箭头所示的温度为 PA12 熔融起始点温度 T_{ms}，约为 172 ℃。曲线 B 为 PA12 的降温 DSC 曲线，箭头所示的温度为 PA12 重结晶起始点温度 T_{rs}，约为 157 ℃。因而 PA12 的烧结温度窗口为[157 ℃，172 ℃]。

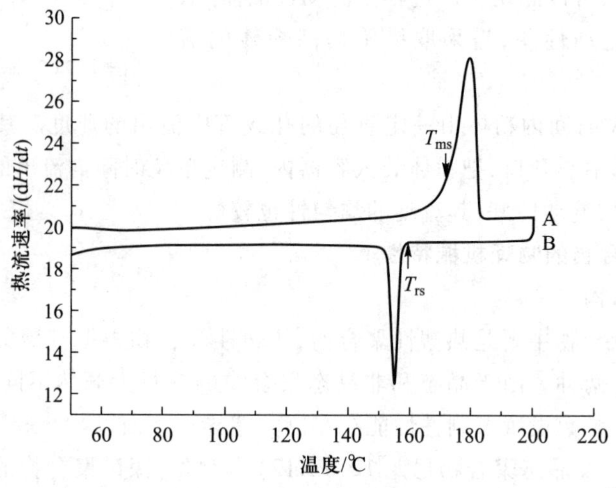

图 1-12 PA12 的升温与降温 DSC 曲线

由以上分析可知，PS 的烧结温度窗口较宽，粉末床体的预热温度较低，因而，PS 的烧结更容易控制，较易烧结出无翘曲的合格制件；而 PA12 的烧结温度窗口比 PS 的窄，粉末床体的预热温度高，且其成形收缩率大，因而，PA12 的 SLS 成形对温度控制要求非常苛刻，烧结件容易产生翘曲变形。

② 烧结件致密度

在 SLS 工艺过程中，烧结件的致密度受激光能量密度的影响，激光能量密度定义为单位面积上应用的相对激光能量，可以由下式计算：

$$ED=\frac{P}{BS\cdot S} \tag{1-32}$$

式中：ED 为激光能量密度（energy density）；P 为激光功率（laser power）；BS 为激光扫描速率（laser beam speed）；S 为扫描间距（scan spacing）。

烧结件致密度是烧结件的密度与成形材料的本体密度的比值。PS、PA12 的本体密度分别为 1.05 g/cm^3 和 1.01 g/cm^3。图 1-13 为 PS 及 PA12 烧结件的致密度随激光能量密度的变化曲线。在相同的激光能量密度下,PS 烧结件的致密度远小于 PA12 烧结件的致密度。

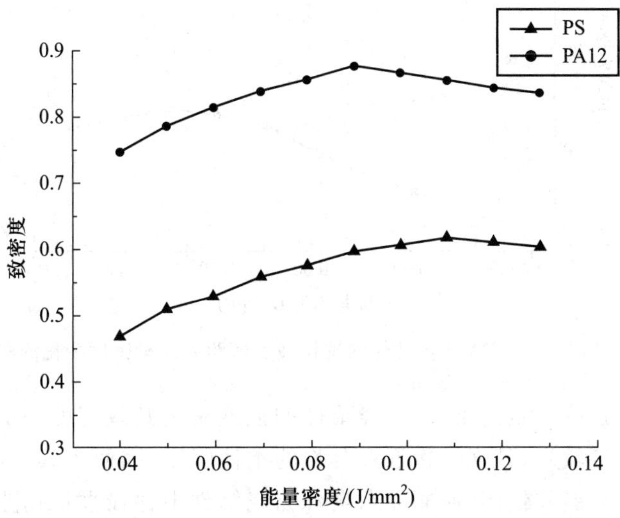

图 1-13　PS 和 PA12 烧结件的致密度随激光能量密度的变化曲线

由于非晶态聚合物粉末的烧结温度在 T_g 以上,晶态聚合物的烧结发生在 T_m(熔融温度)以上,两者在烧结时黏度差别悬殊,如非晶态聚合物在 T_g 时的黏度约为 10^{12} Pa · s,而晶态聚合物在 T_m 时的黏度约为 10^3 Pa · s,因而造成两者的烧结速率存在巨大差异。烧结时 PS 的黏度远大于 PA12 的黏度,造成 PS 粉末的烧结速率远低于 PA12 粉末的烧结速率,因而,PS 烧结件的致密度远低于 PA12 烧结件的致密度。

理论上,通过提高激光能量密度可以降低非晶态聚合物烧结时的黏度,从而提高烧结件的致密度,得到与晶态聚合物烧结件相似致密度的烧结件,但增加激光能量密度会增加次级烧结(由于热传递而使扫描区域以外粉末发生非理想烧结),当激光能量密度增加到一定程度时,很难通过后处理来清除烧结件外黏附的次级烧结层,使得烧结件作废。此外,当激光能量密度增加到一定程度后,由于高温导致聚合物的热降解加剧,使得烧结件的致密度反而下降。由图 1-13 可以看出,PS 和 PA12 烧结件的致密度都是先随激光能量密度的增加而增大,当激光能量密度增大到一定值时,致密度达到最大值,之后再增加激光能量密度,烧结件致密度反而减小。这是因为随着激光能量密度的增大,烧结区域的温度升高,聚合物的黏度下降,烧结速率加快,从而使得烧结件的致密度增大,而当激光能量密度增大到一定值时,聚合物材料降解加剧,造成烧结件致密度反而下降。总之,非晶态聚合物很难通过 SLS 得到致密度很高的烧结件。

③ 烧结件的力学性能

图 1-14 为 PS 及 PA12 烧结件的抗拉强度随激光能量密度变化的曲线,可以看出,PS 烧结件的抗拉强度远小于 PA12 烧结件的抗拉强度,虽然 PS 与 PA12 的本体强度相差不大(PS 的本体抗拉强度为 42.5 MPa,PA12 的本体抗拉强度为 46 MPa),但由于 PS 烧结件的致密度远小于 PA12 烧结件,使得 PS 烧结件的抗拉强度远低于 PA12 烧结件的抗拉强度。

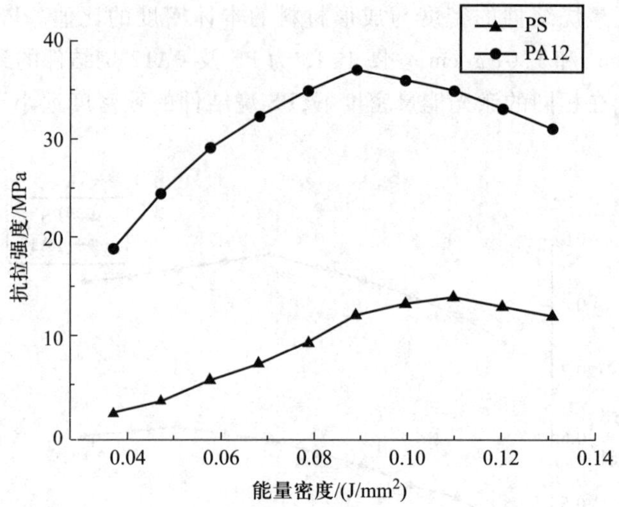

图 1-14　PS 及 PA12 烧结件的抗拉强度随激光能量密度变化的曲线

在材料的本体强度一定的条件下,烧结件的强度是由其致密度决定的。由于晶态聚合物烧结件的致密度较高,其强度接近聚合物的本体强度,因而当其本体强度较大时,烧结件可以直接当作功能件使用;而非晶态聚合物烧结件中存在大量孔隙,致密度、强度很低,烧结件不能直接用作功能件。致密度是控制非晶态聚合物烧结件强度的主要因素,只有通过适当的后处理(如浸渗环氧树脂),减小烧结件的孔隙,才能在保证精度的情况下使强度获得大幅提升。而塑料工业中常用的增强方法,如添加无机填料,一般不能使非晶态聚合物烧结件的致密度得到提高,因而增强效果不大。

④ 烧结件断面形貌

非晶态聚合物和晶态聚合物的激光烧结行为有很大的差异,这从两者烧结件的断面形貌可更直观地观察到。图 1-15 是 PS 和 PA12 粉末烧结件冲击断面的扫描电子显微镜(scanning electron microscope,SEM)图。

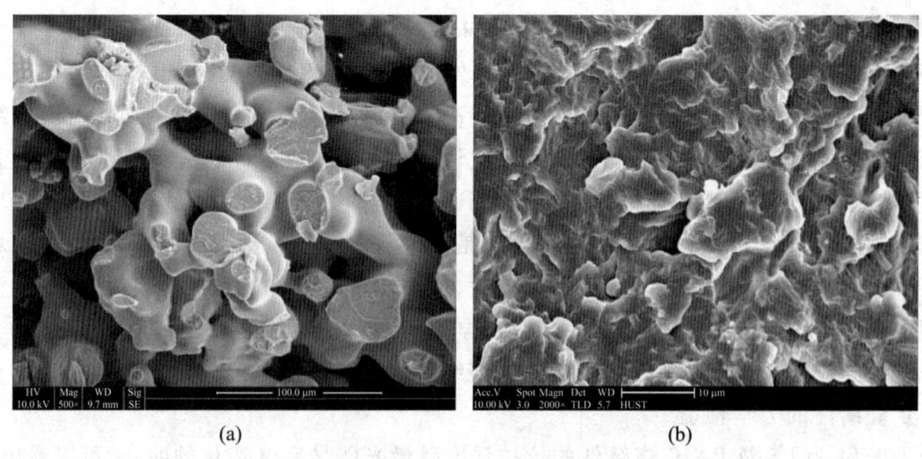

(a)　　(b)

图 1-15　PS 和 PA12 粉末烧结件冲击断面的扫描电子显微镜图

从图 1-15a 可以看出,PS 烧结件中的粉末颗粒仅在接触部位形成烧结颈,单个粉末颗粒仍清晰可辨,颗粒间的相对位置变化不大,烧结件内部存在大量孔隙,致密度很低。

从图 1-15b 可以看出，PA12 烧结件中粉末颗粒完全熔融，单独的颗粒消失，形成了致密的整体，孔隙很少，致密度非常高，因而其强度接近聚合物的本体强度。

⑤ 烧结件尺寸精度

图 1-16 为尺寸精度测试件的设计图，由设计模型制造 SLS 测试件，测量其尺寸。用尺寸偏差 A 衡量尺寸精度，并按下式计算尺寸偏差：

$$A = \frac{D_1 - D_0}{D_0} \times 100\% \tag{1-33}$$

式中：A 为尺寸偏差；D_0 为设计尺寸；D_1 为测试件的实际尺寸。

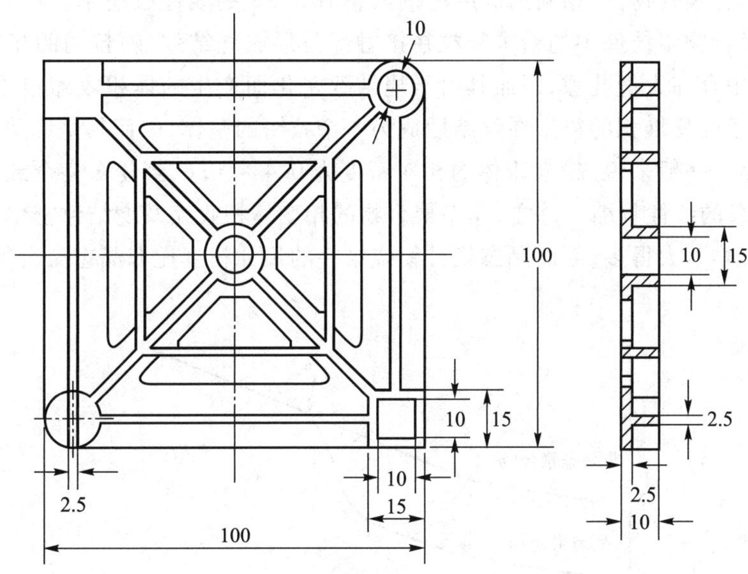

图 1-16 尺寸精度测试件的设计图

表 1-1 是 PS 及 PA12 烧结件的尺寸偏差。

表 1-1 PS 及 PA12 烧结件的尺寸偏差

参数		设计尺寸/mm	实际尺寸/mm		尺寸偏差 A/%	
			PS	PA12	PS	PA12
边长	X_1	100	98.54	96.23	-1.46	-3.77
	Y_1	100	98.78	96.10	-1.22	-3.90
高	Z	10	9.95	9.85	-0.5	-1.5
角圆内径	R_1	10	9.82	9.62	-1.8	-3.8
中心圆内径	R_2	10	9.85	9.63	-1.5	-3.7
角方孔内径	X_2	10	9.88	9.63	-1.2	-3.7
	Y_2	10	9.89	9.64	-1.1	-3.6
角方孔外径	X_3	15	14.80	14.55	-1.3	-3.0
	Y_3	15	14.79	14.54	-1.4	-3.1
底板厚	Z_2	2.5	2.49	2.45	-0.4	-2.0

表 1-1 中,PS 在 X 方向和 Y 方向的平均尺寸偏差为-1.37%,Z 方向的收缩较小,尺寸误差为-0.45%。而 PA12 烧结件在 X、Y 方向的平均尺寸偏差为-3.57%,是 PS 的 2.6 倍;在 Z 方向的尺寸偏差为-1.75%,为 PS 的 3.9 倍。

聚合物在 SLS 成形过程中,体积收缩来自两个方面的原因:聚合物由于相变而产生的体积收缩以及由于烧结致密化而产生的体积收缩。图 1-17 为非晶态聚合物与晶态聚合物的比容-温度曲线。晶态聚合物在相变点 T_m 时由于晶体的形成会产生较大的体积收缩,为 4%~8%;相反,非晶态聚合物通过相变点 T_g 时只有很小的体积变化。对于一个 T_g 为 110 ℃的非晶态聚合物,从 150 ℃到 30 ℃会表现出 0.8%的线性收缩率;对于一个 T_m 为 150 ℃的晶态聚合物,在相同的温度范围内将有 3.9%的线性收缩率。在 SLS 过程中,由于非晶态聚合物烧结件中的粉末颗粒在接触部位形成烧结颈,颗粒间的相对位置变化不大,烧结件中存在大量孔隙,因而其由于烧结致密化而产生的体积收缩很小;而对于晶态聚合物,由于疏松堆积的粉末在烧结后成为一个致密的整体,因而其烧结致密化产生较大的体积收缩。一般来说,粉末床体的相对密度为 0.4 ~ 0.6,当粉末完全致密化后将产生 13% ~ 20%的线性收缩。总之,晶态聚合物的相变体积收缩及烧结致密化体积收缩都比非晶态聚合物要大得多,因而晶态聚合物烧结件的尺寸精度比非晶态聚合物低。

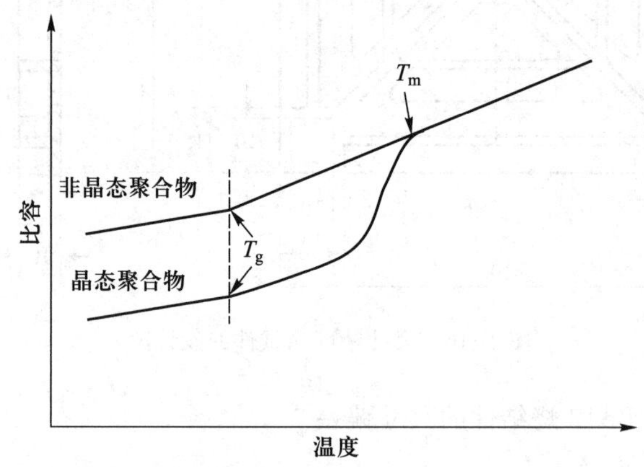

图 1-17 非晶态聚合物与晶态聚合物的比容-温度曲线

(2) 黏度

聚合物熔体的黏度对剪切速率具有依赖性。由于 SLS 成形过程是在低剪切应力,甚至零剪切应力下进行的,因此主要讨论聚合物熔体在低剪切速率下的黏度行为。在低剪切速率下,非牛顿流体可以表现为牛顿流体,由剪切应力对剪切速率曲线的初始斜率可得到牛顿黏度,亦称为零剪切黏度,用 η_0 表示,亦即剪切速率趋于零的黏度。温度和聚合物的相对分子质量对聚合物的黏度有较大影响,下面将讨论这两个关键因素对聚合物黏度的影响。

① 温度

在聚合物的黏流温度以上,黏度与温度的关系符合阿伦尼乌斯(Arrhenius)方程:

$$\eta = A e^{\Delta E_\eta / RT} \tag{1-34}$$

式中:ΔE_η 为黏流活化能;T 为绝对温度。随着温度升高,熔体的自由体积增加,聚合物链段的活动能力增加,使聚合物的流动性增大,熔融黏度随温度升高以指数方式降低。

当温度降低到黏流温度以下时,表观黏流活化能 ΔE_η 不再是一常数,而随温度的降低急剧增大，Arrhenius 方程不再适用。WLF 方程很好地描述了高聚物在玻璃化温度 T_g 到 T_g+100 ℃范围内黏度与温度的关系。

$$\lg\frac{\eta(T)}{\eta(T_g)}=-\frac{17.44(T-T_g)}{51.6+(T-T_g)} \tag{1-35}$$

大多数非晶态聚合物，T_g 时的黏度 $\eta(T_g)=10^{12}$ Pa·s，代入式(1-35)就能计算出聚合物在 T_g 至 T_g+100 ℃范围内的黏度。非晶态聚合物的黏度在 T_g 以上随温度的升高而急剧降低，温度越接近 T_g，黏度对温度的敏感性越大。

② 相对分子质量

聚合物的相对分子质量的大小对其黏度影响很大。聚合物熔体的零剪切黏度 η_0 与重均分子量 $\bar{M}_W$ 之间存在如下经验关系：

$$\eta_0=K_1\bar{M}_W(\bar{M}_W<M_c) \tag{1-36}$$

$$\eta_0=K_1\bar{M}_W^{3.4}(\bar{M}_W>M_c) \tag{1-37}$$

式中：K_1、K_2 是经验常数，M_c 是临界分子量。各种聚合物有各自特征的临界分子量(M_c)，分子量小于 M_c 时，聚合物熔体的零剪切黏度与重均分子量成正比；而当分子量大于 M_c 时，零剪切黏度随分子量的增加急剧增大，一般与重均分子量的 3.4 次方成正比。

聚合物熔体黏度的测量方法很多，其中熔体流动速率(*MFI*)①反映了低剪切速率下的熔体黏度，因而 *MFI* 能很好地反映聚合物在 SLS 过程中的流动性能。PS 粉末的 *MFI* 由熔体流动仪测得，测试前先将试样进行干燥处理。测试条件为：温度 200 ℃，载荷 5 kg。熔体流动速率为

$$MFI=\frac{600m}{t} \tag{1-38}$$

表 1-2 是三种不同分子量的 PS 粉末的 *MFI*。

表 1-2　三种不同分子量的 PS 粉末的 *MFI*

	PS-1	PS-2	PS-3
黏均分子量	0.75×10^4	1.21×10^4	1.82×10^4
玻璃化温度 T_g/℃	83.7	90.1	96.2
MFI/[g/(10min)]	17.5	8.2	3.0

图 1-18 为烧结件致密度随激光能量密度的变化曲线，画出了三种 PS 粉末烧结件的致密度随激光能量密度的变化曲线。从图中可以看出，这三种 PS 粉末烧结件的致密度都随激光能量密度的增大而增大。由于增大激光能量密度可以增大粉末对激光能量的吸收量，从而使粉末的温度得到提高，而温度对 PS 黏度有较大影响，温度升高，其黏度下降，由“烧结立方体”模型可知材料黏度下降，烧结速率加快，因此，烧结件的致密度也得到提高。

从图 1-18 还可以看出，在相同的激光能量密度下，PS-1、PS-2、PS-3 烧结件的致密度依次下降。由表 1-2 三种不同 PS 粉末的 *MFI* 可知，PS-1、PS-2、PS-3 的 *MFI* 是依次降低

① *MFI* 是在一定温度下，熔融状态的聚合物在一定负荷下，10 min 内从规定直径和长度的标准毛细管中流出的质量(克数)。

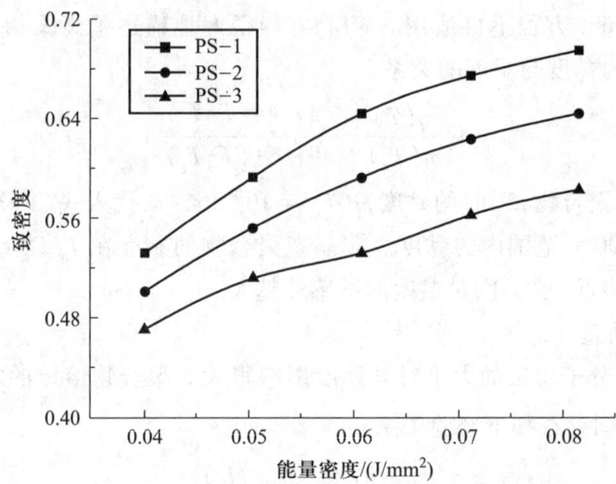

图 1-18 烧结件致密度随激光能量密度的变化曲线

的,PS-1、PS-2、PS-3 的黏度是依次增大的,在相同的激光能量密度下,PS-1、PS-2、PS-3 的烧结速率是依次降低的。因此,PS-1、PS-2、PS-3 烧结件的致密度是依次下降的。

图 1-19a、b 及 c 分别为 PS-3、PS-2 及 PS-1 粉末烧结件断面的 SEM 图片。从图

(a) PS-3

(b) PS-2

(c) PS-1

激光能量密度为0.06J/mm²

图 1-19 三种 PS 粉末烧结件断面的 SEM 图片

1-19a 可以看出，PS-3 烧结件中，粉末颗粒棱角分明，没有烧结变圆的现象，颗粒与颗粒之间的黏结非常微弱，烧结件中存在大量孔隙，其致密度最低；从图 1-19b 可以看出，PS-2 烧结件中，粉末颗粒已经由于烧结而变圆，颗粒与颗粒之间存在较多的烧结颈，其致密度较 PS-3 烧结件要高；从图 1-19c 可以看出，PS-1 烧结件中，部分粉末颗粒已经由于烧结而熔合，其致密度是三者中最高的。

从以上三种 PS 粉末的 SLS 成形实验可以得出，材料黏度越小，烧结速率越大，烧结件致密度越高。在 SLS 过程中，材料温度、分子量等是影响其黏度的主要因素，从而成为影响其烧结速率的主要因素，材料的温度越高，分子量越小，其黏度就越小，因此烧结速率就越快。

（3）表面张力

① 基本原理

物质表面的分子只受到下边分子的作用力，于是表面分子就沿着表面平行的方向增大分子间的距离，总的结果相当于有一种张力将表面分子之间的距离扩大了，此力称为表面张力，它使得液体的表面总是试图获得最小的面积。表面张力与分子间的作用力大小有关，分子间相互作用力大则表面张力大，相互作用力小则表面张力小。如高分子熔体分子间的范德瓦耳斯力较小，则其表面张力较小，范围为 0.03~0.05 N/m；而熔融金属液体由于存在较强的金属键，因而它的表面张力非常大，通常为 0.1~3 N/m。

② 表面张力对 SLS 成形的影响

在烧结过程中，聚合物粉末由于吸收激光能量而温度上升，聚合物分子链或链段开始自由运动，为了减小粉末材料的表面能，粉末颗粒在表面张力的驱动下彼此之间形成烧结颈，甚至融合在一起，因而，表面张力是其烧结成形的驱动力。此外，由“烧结立方体”模型也可以得出烧结速率与材料的表面张力成正比的结论。因此，表面张力是影响聚合物材料 SLS 成形的重要因素。

金属选择性激光熔化（selective laser melting，SLM）成形过程中由于表面张力非常大，在受热熔融后受到表面张力的作用后，液相烧结线断裂为一系列椭圆球形（球化效应），以减小表面积，从而形成由一系列半椭圆球形凸起组成的烧结件表面形貌，严重影响烧结件的表面精度。聚合物的表面张力比金属要小得多，而且在烧结过程中聚合物熔体黏度也比金属要高得多，因而在聚合物的 SLS 成形过程中，球化效应不是很明显，对烧结件精度的影响常常可以忽略。

由于大多数聚合物的表面张力都比较小，且比较相近，因此表面张力虽然是决定聚合物烧结速率的重要因素，但不是造成聚合物之间烧结速率存在差别的主要因素。

（4）聚合物本体强度

通常，聚合物材料的 SLS 烧结件属于多孔性制件，多孔性制件的强度是随其致密度即 ρ/ρ_0 的变化而变化的，服从以下关系：

$$\sigma = c\sigma_0 f\left(\frac{\rho}{\rho_0}\right) \tag{1-39}$$

式中：σ 为材料多孔性制件的强度；σ_0 为材料的本体强度；ρ 为多孔性制件的密度；ρ_0 为材料的本体密度；c 是与材料有关的经验常数；$f(\rho/\rho_0)$ 是以致密度为变量的函数。

研究者通过不同形式的 $f(\rho/\rho_0)$ 函数建立了多孔性制件强度与其相对密度的关系，最

常用的关系式为

$$\frac{\sigma}{\sigma_0}=c\left(\frac{\rho}{\rho_0}\right)^m \tag{1-40}$$

通常，聚合物材料的 SLS 烧结件属于多孔性制件，其孔隙率定义如下：

$$\varepsilon=1-\rho_r \tag{1-41}$$

式中：ρ_r 为烧结件的致密度，ε 为烧结件的孔隙率。由式(1-39)可以得出 SLS 烧结件的强度与其本体强度及致密度或孔隙率的关系为

$$\frac{\sigma}{\sigma_0}=c(\rho_r)^m \tag{1-42}$$

$$\frac{\sigma}{\sigma_0}=c(1-\varepsilon)^m \tag{1-43}$$

式中：σ 为 SLS 烧结件的强度，σ_0 为聚合物材料的本体强度，c、m 是与材料相关的常数。通过用 $\ln(\rho_r)$ 对 $\ln(\sigma/\sigma_0)$ 作图，得到的直线斜率即为常数 m，由截距即可求出常数 c。

可以看出，SLS 烧结件的强度与材料本体强度及烧结件致密度是密切相关的，随材料本体强度和烧结件致密度的增大而增大。

1.3 粉末材料的制备与激光选区烧结成形

1.3.1 高分子及其复合粉末材料的制备和表征方法

SLS 技术所用的成形材料为平均粒径在 100 μm 以下的粉末材料，而热塑性树脂的工业化产品一般为粒料，粒状的树脂必须制成粉料，才能用于 SLS 工艺。制备 SLS 高分子粉末材料通常采用两种方法，一种方法是低温粉碎法，另一种是溶剂沉淀法。

1.3.1.1 低温粉碎法

高分子材料具有黏弹性，在常温下粉碎时，产生的粉碎热会增加其黏弹性，使粉碎困难，同时被粉碎的颗粒还会重新黏合而使粉碎效率降低，甚至会出现熔融拉丝现象，因此，采用常规的粉碎方法不能制得适合 SLS 工艺要求的粉料。

在常温下采用机械粉碎的方法难以制备微米数量级的高分子粉末，但在低温环境下，高分子材料有脆化温度 T_b，当温度低于 T_b 时，材料变脆，有利于采用冲击式粉碎方式进行粉碎。低温粉碎法正是利用高分子材料的这种低温脆性来制备粉末材料的。常见的高分子材料如聚苯乙烯(PS)、聚碳酸酯(PC)、聚乙烯(PE)、聚丙烯(PP)、聚甲基丙烯酸酯类、尼龙(PA)、ABS 树脂、聚酯(polyester)等都可采用低温粉碎法制备粉末材料，热塑性树脂的脆化温度见表 1-3。

表 1-3 热塑性树脂的脆化温度

树脂	PS	PC	PE	PP	PA11	PA12
脆化温度/℃	-30	-100	-60	-10～-30	-60	-70

低温粉碎法需要使用制冷剂，液氮由于沸点低，蒸发潜热大（在-190 ℃时潜热为 199.4 kJ/kg），又是惰性液化气，而且来源丰富，因此通常采用液氮作制冷剂。

制备高分子粉末材料时，首先将原料用液氮冷冻，将粉碎机内部温度保持在合适的低温，加入冷冻好的原料进行粉碎。粉碎温度越低，粉碎效率越高，制得的粉末颗粒粒径越小，但制冷剂消耗量大。粉碎温度可根据原料性质而定，对于脆性较大的原料（如 PS、聚甲基丙烯酸酯类），粉碎温度可以高一些，而对韧性较好的原料（如 PC、PA、ABS 树脂）等则应保持较低的温度。

低温粉碎法工艺较简单，能连续化生产，但需专用深冷设备，投资大，能量消耗大，制备的粉末颗粒形状不规则，粒径分布较宽。粉末需经筛分处理，粗颗粒可进行二次粉碎、三次粉碎，直至粒径达到要求。

制备高分子复合粉末可先将各种助剂与高分子材料经过双螺杆挤出机共混挤出造粒，制得粒料，再经低温粉碎制得粉料，这种方法制备的粉末材料分散均匀性好，适合批量生产，但不适合需要经常改变烧结材料配方的场合。实验室研究通常将高分子粉末与各种助剂在三维运动混合机、高速捏合机或其他混合设备中进行机械混合。为了提高助剂的分散均匀性及与高分子材料的相容性，有些助剂在混合前需要进行预处理。用量较少的助剂（如抗氧剂），直接与聚合物粉末混合难以分散均匀，可将抗氧剂溶于适当的溶剂（如丙酮）中，配成适当浓度的溶液，再与聚合物粉末混合，然后干燥、过筛。为了制备方便，抗氧剂、润滑剂等助剂可先与少量高分子粉末混合，配成高浓度的母料，再与其他原料混合。

1.3.1.2 溶剂沉淀法

溶剂沉淀法是将聚合物溶解在适当的溶剂中，然后采用改变温度或加入第二种非溶剂（这种溶剂不能溶解聚合物，但可以和前一种溶剂互溶）等方法使聚合物以粉末状沉淀出来。这种方法可以制得近球形的粉末，特别适合于像尼龙一样具有低温柔韧性的高分子材料，这类材料较难低温粉碎，细粉收获率很低。

PA 是一类具有优异抗溶剂能力的树脂，在常温条件下，很难溶于普通溶剂，PA11 和 PA12（聚十二内酰胺）尤其如此，但在高温下可溶于适当的溶剂。制备 PA 粉末时，可选用在高温下可溶解 PA 而在低温或常温时溶解度极小的溶剂，在高温下使 PA 溶解，在剧烈搅拌的同时冷却溶液，使 PA 以粉末的形式沉淀出来。

采用溶剂沉淀法制备 PA12 粉末的工艺流程如图 1-20 所示。

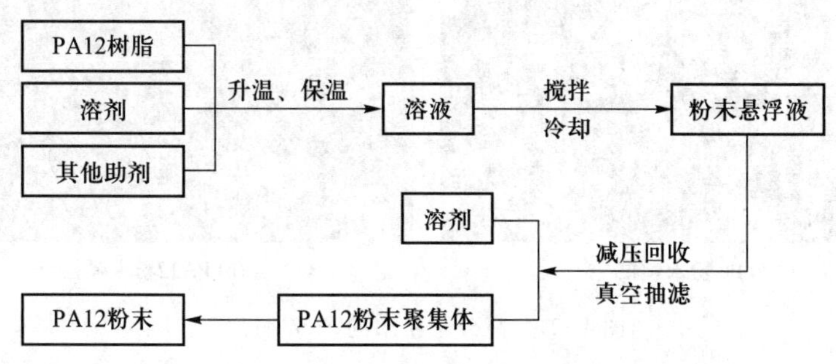

图 1-20 采用溶剂沉淀法制备 PA12 粉末的工艺流程

制备 PA12 粉末可用乙醇为主溶剂，辅以其他助溶剂、助剂。将 PA12 粒料、溶剂和其他助剂投入带夹套的不锈钢压力釜中，利用夹套中的加热油进行加热，缓慢升温至 150 ℃左右，保温 1~2 h，剧烈搅拌，以一定的速度冷却，得到粉末悬浮液。通过真空抽滤和减压回收，对已冷却的悬浮液进行固-液分离。所得固态物为 PA12 粉末的聚集体，聚集体经真空干燥后,研磨、过筛,即可得到粒径在 100 μm 以下、具有适宜粒径分布的 PA12 粉末。

用上述方法制备的 PA12 粉末,其粒径大小及其分布受溶剂用量、溶解温度、保温时间、搅拌速率、冷却速率等因素的影响,改变这些因素,可以制备不同粒径的粉末材料。一般来说,溶剂的用量越大,粉末粒径越小。提高溶解温度,PA12 溶解完全,粉末颗粒粒径减小,但由于使用的是封闭容器,温度提高,系统压力也升高,增加了操作的危险性,同时过高的温度会使 PA12 发生氧化降解,影响其性能,因此溶解温度不宜过高。增加保温时间也可降低粉末粒径。

溶剂沉淀法制备的粉末微粒形状接近于球形,可以通过控制工艺条件生产出所需细度的粉末,为防止 PA12 的氧化降解,应添加合适的抗氧剂。

1.3.1.3 其他方法

除了上述两种主要高分子粉末材料制备方法外,有些聚合工艺可直接制得聚合物粉末。如采用自由基乳液聚合生产聚丙烯酸酯、PS 、ABS 树脂等聚合物时,将聚合物胶乳进行喷雾干燥,可得到聚合物粉末,这种方法制备的聚合物粉末形状为球形,流动性很好。采用悬浮聚合法可以直接得到 PS 等聚合物粉末。采用界面缩聚生产 PC 时,也可直接得到 PC 粉末,但这种方法得到的粉末形状极不规则,堆积密度很低。

1.3.2 SLS 高分子材料的表征

1.3.2.1 粉末颗粒形态及大小

SLS 工艺对粉末材料的粒径大小及形态有较高的要求,粉末形态影响粉末的流动性,粉末粒径大小则影响烧结速率及烧结件的尺寸精度和外观质量。不同方法制得的高分子粉末,其形态和大小各异。图 1-21 是用扫描电子显微镜观测到的高分子粉末的 SEM 照片。

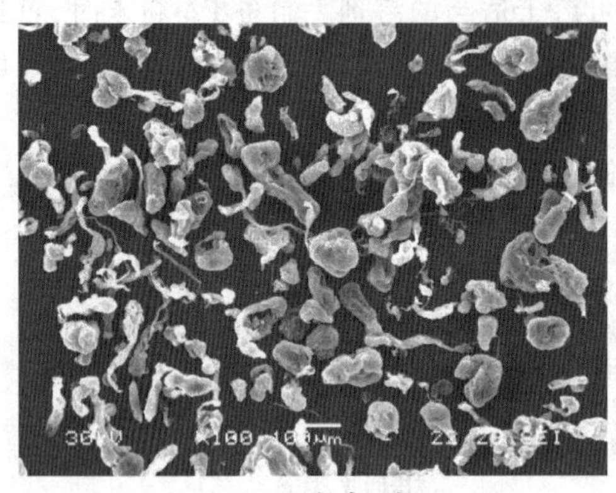

(a) PC粉末颗粒

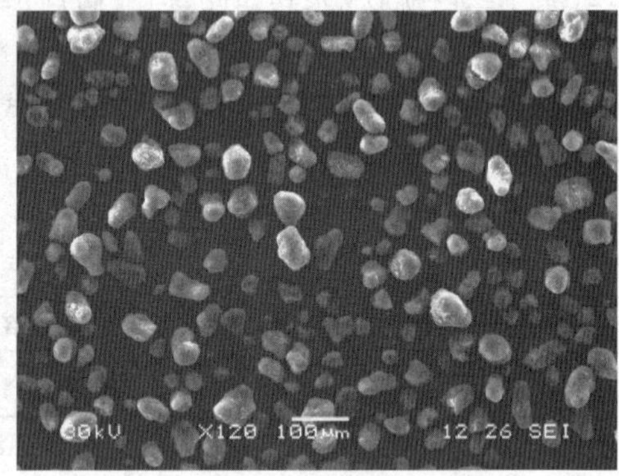

(b) PA12粉末颗粒

图 1-21 高分子粉末的 SEM 照片

图 1-21a 是由界面缩聚得到的 PC 粉末,其颗粒形状极不规则且表面粗糙,粒径分布很宽。图 1-21b 是用溶剂沉淀法制得的 PA12 粉末,其颗粒接近于球形,粒径主要集中在 40~70 μm 之间,这样的粉末流动性好,有利于激光烧结。

目前,已经发展了多种粒径测量方法,其中包括显微镜法、筛分法、激光法、沉降法等。下面对几种常用测量方法进行简要介绍。

① 显微镜法　采用光学显微镜和扫描电子显微镜可直接观察粉末颗粒的大小和形貌,还可用来校准和比较其他粒径测定方法。但用显微镜法测量粉末粒径对粉末取样和制样要求较高,操作烦琐、费力。

② 筛分法　筛分机可分为电磁振动和音波振动两种类型。电磁振动筛分机用于较粗的颗粒(例如大于400目的颗粒),音波振动筛分机用于更细颗粒的筛分。习惯上以筛网目数表示筛网的孔径和粉末的粒径。目数越大,网孔越小。筛网目数与孔径对应关系见表1-4。

表1-4　筛网的目数与孔径

目数	100	150	200	250	300	325	400
孔径/μm	150	100	75	61	50	43	38

筛分法是一种有效的、简单的粉末粒径分析手段,应用广泛,但精度不高,难以测量黏性大和成团的材料。

③ 激光法　基本原理为采用同心多元光电探测器测量不同散射角下的散射光强度,然后根据夫琅禾费衍射理论及米氏散射理论等计算出粉末的平均粒径及粒径分布。由于这种方法具有灵敏度高、测量范围宽、测量结果重现性高等优点,因而成为目前广泛使用的粉末粒径分析方法。

④ 沉降法　通过颗粒在液体或气体中的沉降速度来测量粒径及其分布。当一束光通过盛有悬浮液的测量池时,一部分光被反射或吸收,仅有一部分光到达光电传感器,后者将光强转变为电信号。根据Beer-Lambert规则,透过光强与悬浮液的浓度或颗粒的投影面积有关。另一方面,颗粒在力场中沉降,可用斯托克斯定律计算其粒径的大小,从而得出累积粒径分布。

1.3.2.2　粉末堆积密度

高分子粉末的堆积密度与粉末形态、粒径大小及分布、高分子材料的种类等因素有关。在SLS工艺中,粉末堆积密度影响烧结过程中的传热及烧结件的致密化,堆积密度较大的粉末有利于提高烧结件的密度。

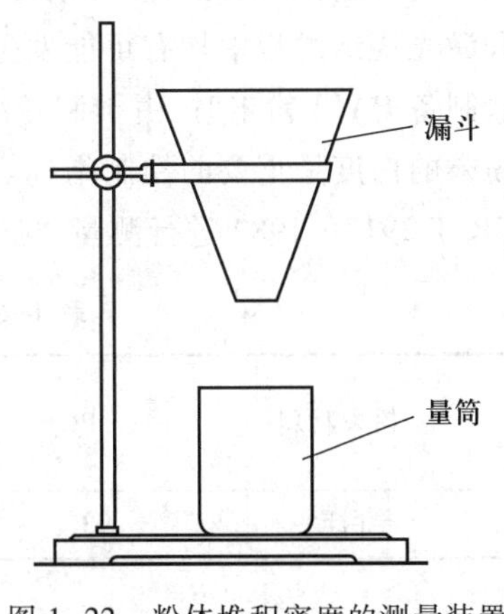

图1-22　粉体堆积密度的测量装置

粉末堆积密度的测量装置如图1-22所示。先准确称取量筒(其容积为100 ml)的质量 W_0,精确到0.1 mg,再将粉末烧结材料通过漏斗倒入量筒中,径向轻微振动量筒使粉末填实,用直尺沿接受器口刮平粉末试样,准确称取装满试样的量筒质量 W_1,精确到0.1 mg。堆积密度按下式计算:

$$\rho=\frac{W_1-W_0}{V} \tag{1-44}$$

式中 ρ 为堆积密度,W_0,W_1 分别为加有试样和未加试样的量筒质量,V 为量筒容积。

表1-5是几种高分子粉末烧结材料的堆积密度。

表 1-5 几种高分子粉末烧结材料的堆积密度

粉末材料	PC	PA12	加 30%玻璃微珠的 PA12	加 30%滑石粉的 PA12	加 30%硅灰石的 PA12
堆积密度/(g/cm^3)	0.18	0.48	0.59	0.57	0.60

1.3.2.3 粉末流动性

粉末的流动性通过堆积角来表征,将粉末通过一个小孔自然连续地掉落到直径为 6 cm 的圆板上,直到堆积停止,测量粉末摊开的距离和预先设定小孔到圆盘的高度,可以测出粉体的堆积角,堆积角越大,说明粉末流动性越差。图 1-23 为粉末流动性测试仪示意图。

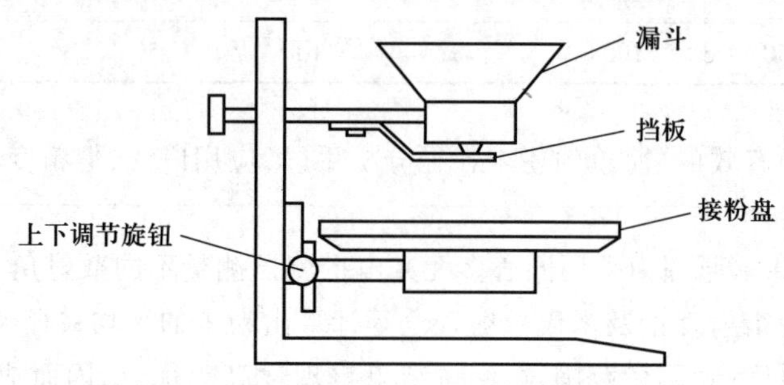

图 1-23 粉末流动性测试仪示意图

1.3.2.4 熔体流动速率(*MFI*)

MFI 越大,则熔体流动性越好,熔体黏度越低。

1.3.2.5 粉末白度

高分子材料在受热条件下易发生热氧老化,颜色逐渐变黄,白度下降,氧化得越厉害,其白度值越低,因此白度能较好地反映高分子材料的热氧老化程度。高分子粉末在制备和激光烧结过程中均有可能发生热氧老化,氧化速度随温度升高而加快。采用溶剂沉淀法制备 PA12 粉末时,由于制备温度较高,时间较长,PA12 有发生热氧老化的危险,PA12 粉末的白度是重要的控制指标。高分子粉末烧结材料的白度采用 ZBD 型白度测定仪按 GB/T 2913—1982 进行测量,见表 1-6。

表 1-6 几种高分子粉末烧结材料的白度

粉末材料	PC	PA12	加 30%玻璃微珠的 PA12	加 30%滑石粉的 PA12	加 30%硅灰石的 PA12
白度	93.5	96.8	90.9	93.9	91.8

1.3.3 PA12 粉末

PA12 SLS 制件具有强度高、韧性好、尺寸稳定、无需后处理等特点,已成为 3D 打印制造塑料功能件的重要材料,在国际上得到了广泛应用。美国 3D system 公司、德国 EOS 公司以及国内广东银禧科技股份有限公司、湖南华曙高科技股份有限公司等相继推出了专用的 PA12 激光烧结粉末材料。

1.3.3.1 PA12 粉末的 SLS 工艺特性

(1) PA12 粉末的热氧稳定性对 SLS 工艺的影响

PA12 粉末在激光烧结过程中，由于预热温度很高，粉末的比表面积大，热氧老化十分严重。未经防老化处理的 PA12 粉末经一次烧结使用后，烧结件及中间工作缸中的粉末明显变黄，不仅影响了烧结件的外观质量，对其力学性能也有较大的影响，而且变黄的粉末因成形性能下降而不能重复利用，大大增加了材料成本。因此，需要采取措施提高 PA12 的热氧稳定性，以增加 PA12 粉末的循环利用次数。

PA12 在 N_2 中以不同速度升温测得的热失重(TG)曲线如图 1-24 所示。由图 1-24 可知，在 N_2 气氛中，PA12 具有较高的稳定性，在低于 350 K 时几乎无质量损失。加热至 550 K 时的热降解残留物仅为 1%左右，表明 PA12 热降解主要产生挥发物，极少产生交联结构。

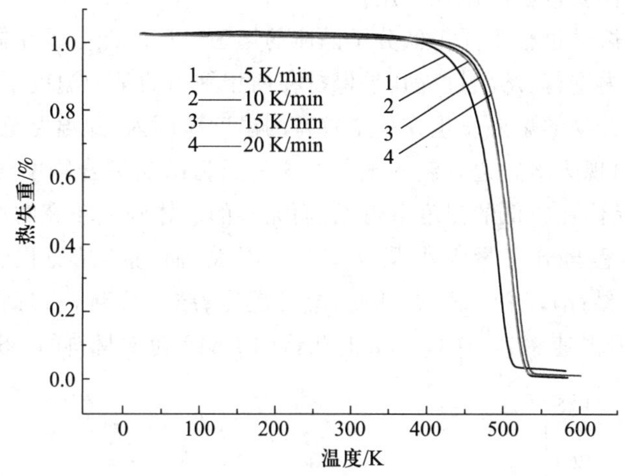

图 1-24 PA12 的热失重(TG)曲线图

对 PA12 粉末进行防老化处理最简单的办法是在 PA12 粉末中添加抗氧剂。为了使抗氧剂在 PA12 中分散均匀，可先用溶剂溶解抗氧剂，而后与 PA12 粉末共混，再真空干燥。

表 1-7 反映的是不同的抗氧剂对 PA12 SLS 试样力学性能的影响。

表 1-7 抗氧剂对 PA12 SLS 试样力学性能的影响

抗氧剂	力学性能					
	一次激光烧结		二次激光烧结		三次激光烧结	
	抗拉强度/MPa	冲击强度/(kJ/m^2)	抗拉强度/MPa	冲击强度/(kJ/m^2)	抗拉强度/MPa	冲击强度/(kJ/m^2)
无	41.5	23.6	成形失败			
1098/168	42.2	36.2	41.7	28.5	41.3	20.1
$KI/K_3P_2O_6$	43.1	35.3	42.4	29.6	40.5	21.3
1098/168	44.5	37.2	42.3	33.6	40.8	26.9

PA12 的老化不仅会影响制件的力学性能和颜色，对激光烧结工艺性能也有显著影

响。PA12的老化主要是交联和降解，在无氧条件下，PA12老化以交联为主，在有氧条件下则以降解为主。交联会使聚合物的熔点升高和黏度上升，使激光烧结时PA的熔体黏度显著增加，烧结所需的温度增加。而氧化降解会产生部分低聚物，低聚物的熔点会下降，结晶速度加快，并且结晶时产生大量的球晶，增加聚合物的收缩，降低聚合物的强度。

老化PA12粉末SLS成形时表现为易结块、难熔化、流动性差、易翘曲，多次循环使用的PA12粉末需要更高的激光能量才能将其完全熔化。PA12结块时即使进行激光扫描，烧结体仍然会发生翘曲。所以老化对PA12的成形十分不利，国内外在用PA12粉末进行激光烧结时，均需要氮气保护，并且在旧粉末中加入至少30%的新粉末才能使用。

(2) PA12的熔融与结晶特征对SLS工艺的影响

PA12粉末的SLS过程是一个熔融固化过程，因此PA12粉末的熔融与结晶特征对其烧结工艺性和烧结件质量起决定性作用。

结晶聚合物的熔融过程不同于低分子晶体的熔融过程。低分子晶体熔融在0.2 ℃左右的狭窄温度范围内进行，熔融过程几乎保持在两相平衡的某一温度下，直到晶体全部熔融为止。而结晶聚合物的熔融发生在一个较宽的温度范围内，此温度范围称为熔程，在熔程内，结晶聚合物出现边熔融边升温的现象。这是因为结晶聚合物中含有完善程度不同的晶体，不完善的晶体在较低的温度下熔融，而完善的晶体则在较高的温度下熔融。结晶聚合物的熔点和熔程与分子量大小及分布关系不大，而与结晶历程、结晶度的高低及球晶的大小有关。结晶度越低，熔点越低，熔程越宽；结晶度越高，球晶越大，则熔点越高。图1-25是在升温速率为10 ℃/min时测得的PA12粉末材料的DSC熔融曲线。

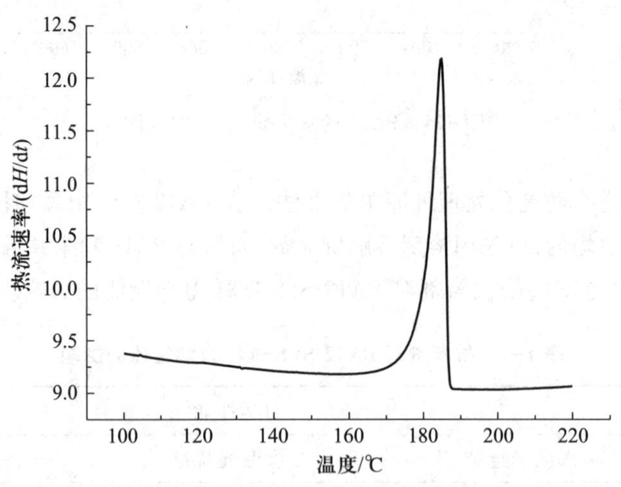

图1-25 PA12粉末材料DSC熔融曲线

由图1-25可知，PA12粉末材料熔融峰的起始温度、峰顶温度、结束温度分别为174.2 ℃、184.9 ℃和186.7 ℃，由DSC测得的熔融潜热为93.9 J/g。其熔融峰较陡，熔融起始温度较高，熔程较窄，而且熔融潜热大，这些特征都有利于烧结工艺。由于熔融起始温度较高，可提高粉末的预热温度，减少烧结层与周围粉末的温度梯度。高的熔融潜热可阻止与激光扫描区域相邻的粉末颗粒因热传导而熔融，有利于控制烧结件的尺寸精度。

PA12从熔融状态冷却时会产生结晶，结晶速度对温度有很大的依赖性。由于结晶速度是晶核形成速度和晶粒生长速度的总和，因此PA12结晶速度对温度的依赖关系是二者对温度依赖性共同作用的结果。在接近于熔点的温度下，PA12 分子链运动剧烈，晶核不易形成或形成的晶核不稳定，成核的数目少，使总的结晶速度较小；随着温度下降，晶核形成速度大大提高，同时，由于高分子链具有足够的活动能力，容易向晶核扩散和排入晶格，因此晶粒生长速度也增大，所以总的结晶速度增大，直到某一温度下，结晶速度达到最大；当温度继续降低时，虽然成核速度继续增加，但因熔体黏度增大，高分子链扩散能力下降，晶粒生成速度减慢，致使总的结晶速度下降；当温度低于 T_g 时，链运动被“冻结”，晶核形成和晶粒生长速度都很低，结晶过程实际上不能进行。

图 1-26 是 PA12 粉末材料从 220 ℃熔融状态以 10 ℃/min 的速率降至室温的 DSC 降温曲线。

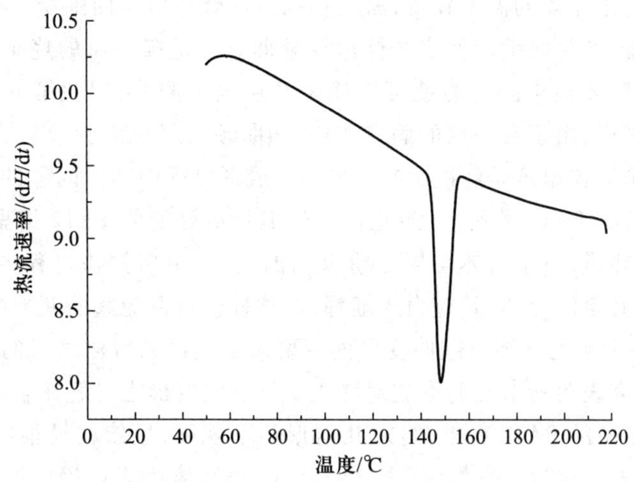

图 1-26　PA12 粉末材料的 DSC 降温曲线

由图 1-26 可知，PA12 粉末材料的结晶起始温度为 154.8 ℃，结晶峰的峰顶温度为 148.2 ℃，结晶终止温度为 144.3 ℃。由此可知，结晶主要发生在 144.3 ℃～154.8 ℃之间，在 154.8 ℃以上的温度，由于晶核不易形成，结晶速度很慢，结晶过程难以进行。在烧结过程中可通过控制操作温度来调整结晶速度，减少因结晶产生的收缩应力使烧结件翘曲的倾向。

理论上结晶聚合物的 SLS 预热温度为粉末开始熔化与熔体开始结晶的温度区间，因此理论的预热温度窗口可以用如下公式来计算：

$$\Delta T_0 = T_{im} - T_{ic} \tag{1-45}$$

其中：T_{im} 为熔化初始温度，T_{ic} 为结晶初始温度。

但事实上，由于 PA12 为半结晶聚合物，在 T_{im} 之前，由于非晶部分分子链的活动，粉末就已开始结块，因此实际的最高预热温度要低于 T_{im}。实际的预热温度窗口比理论计算的结果要窄得多，且与 PA12 粉末的特性、组成、制备方法等多种因素有关。

(3) PA12 在 SLS 过程中的收缩与翘曲变形

SLS 成形过程中的收缩与翘曲变形是导致成形失败的主要原因。PA12 粉末在 SLS 成形过程中的收缩主要有：① 致密化收缩；② 熔固收缩；③ 温致收缩；④ 结晶收缩。由于在成形过程中粉末完全熔化，因此收缩较大，极易发生翘曲变形。

翘曲是 SLS 成形过程中的常见现象，结晶高分子的熔体在冷却时所产生的收缩形成收缩应力,若这个应力不能释放,并且达到足以拉动熔体宏观移动,就会产生翘曲。SLS成形时,结晶高分子烧结体由于完全熔化,其熔固收缩、温致收缩、结晶收缩都比无定形高分子烧结体大,因此结晶高分子烧结体的翘曲倾向更大、更严重。

PA12在激光烧结中因致密化产生的体积收缩主要发生在高度方向,即粉末在经激光烧结后高度降低,这对烧结体在水平面上的翘曲影响不大。而当熔体的温度继续下降,熔体的黏度上升,甚至不能流动,收缩应力就不能通过微观的物质流动来释放,从而引起烧结体在宏观上的位移,即发生翘曲变形。这正是SLS成形时,预热温度需高于PA12结晶温度的重要原因。

PA12在SLS成形过程中很容易出现翘曲现象,尤其是最初几层,其原因是多方面的:一是由于第一层粉末床体的温度较低,激光扫描过的烧结体与周围粉末存在较大温差,烧结体周边很快冷却,产生收缩而使烧结体边缘翘曲。二是第一层的烧结体收缩发生在松散的粉末表面,只需要很小的应力就可以使烧结层发生翘曲,因此第一层的成形最为关键。在随后的成形中,由于有底层的固定作用,翘曲倾向逐渐减小。

严格控制粉末床体温度是解决PA12在SLS成形过程中翘曲问题的重要手段。如果粉末床体温度接近于PA12的熔点,激光输入的能量恰好能使PA12熔融,即激光仅提供PA12熔融所需的热量,由于熔体与周围粉末的温差小,单层扫描过程中PA12处于完全的熔融状态,烧结后熔体冷却,其应力逐渐释放,这样就可避免翘曲变形的发生。

虽然PA12粉末激光烧结时翘曲变形的主要来源是粉末熔化之后的熔固收缩和温致收缩,但大量的研究表明粉末几何形貌对激光烧结翘曲变形也有着显著的影响。

低温粉碎法制备的PA12粉末,粉末几何形貌不规则,虽然粒径很细,但SLS成形性能仍然不好,预热温度超过170 ℃,粉末已经结块,烧结体边缘处仍然严重翘曲以致发生卷曲。由于粉末过细,粉末的铺粉性能也不好,在不加玻璃微珠的情况下有大量粉末黏在铺粉辊上,铺粉时伴有大量扬尘。

低温粉碎PA12粉末SLS成形时的卷曲十分严重,特别是扫描边线的中间位置,卷曲的形状如半月形,说明中心位置的应力较大。仔细观察发现,卷曲几乎与激光扫描同时发生,即卷曲发生在PA12的熔化过程中。这一现象可以通过粉末烧结的几个阶段来解释:

① 颗粒之间自由堆积阶段:粉末完全自由地堆积在一起,相互之间各自独立。

② 形成相互黏接的瓶颈:粉末颗粒相接触的表面熔化,颗粒相互黏接,但还未发生体积收缩。

③ 粉末球化:随着温度的进一步升高,晶体熔化,但此时熔体黏度很高,熔体不能自由流动,但在表面张力的驱动下,粉末趋向于减小表面积,收缩成球形,即所谓的球化。

④ 完全熔合致密化:熔体黏度进一步降低,粉末完全熔化成液体,挤出粉末中的空气,粉末完全熔合成一体。

非球形粉末烧结时,粉末首先相互黏连形成烧结颈,而后发生球化,进而再熔合。因粉末在球化前已相互黏连,因此粉末球化的应力使收缩不仅发生在高度方向,而同样存在于水平方向,从而导致激光烧结时发生边缘卷曲现象。

而球形粉末烧结过程只有瓶颈长大与粉末完全熔化致密化过程,而没有球化过程,因而在水平方向的收缩小。并且球形粉末的堆积密度要高于非球形粉末,致密化的体积收缩小,综合以上原因,球形粉末激光烧结时的收缩低于非球形粉末。

(4) PA12 粉末粒径及其分布对 SLS 工艺的影响

粉末粒径大小对 SLS 成形有着显著的影响,为研究粉末粒径对预热温度的影响,制备了窄粒径分布的 PA12 粉末,所有粉末的粒径分布范围都小于 10 μm,测定不同粒径粉末的预热温度,如表 1-8 所示。

表 1-8　PA12 粉末粒径对 SLS 成形预热温度的影响

平均粒径/μm	28.5	40.8	45.2	57.6	65.9
预热温度/℃	166~168	167~169	167~169	168~169	>170

如表 1-8 所示,预热温度随着粉末粒径的增加而升高,但同时结块温度也有所提高,而预热温度窗口却变窄。当粒径大于 65.9 μm 后,粉末的预热温度就超过 170 ℃,SLS 成形过程就无法进行了。

为测定粒径分布对预热温度的影响,将不同粒径的粉末混合进行 SLS 成形实验,结果如表 1-9 所示。

表 1-9　不同粒径粉末混合对预热温度的影响

粒径/μm	28.5/65.9	28.5/65.9	28.5/65.9	28.5/40.8/65.9	28.5/40.8/65.9
配比	1:2	1:1	2:1	1:1:1	2:1:1
预热温度/℃	—	—	167~168	~168	167~168
结块温度/℃	169	168	168	168	168

粉末的结块温度主要受小粒径粉末的影响,而预热温度的下限则受粗粉末限制,因此粒径分布窄的粉末预热温度窗口宽,而粒径分布宽的粉末预热温度窗口窄。

粉末越细,表面积越大,相应的表面能也越大,表面能越大,烧结温度越低,因此烧结温度随粉末粒径的减小而降低。激光功率一定时,激光穿透深度随着粉末粒径的增加而增加,而扫描第一层时烧结体最容易翘曲变形,穿透深度的增加使得表面所获得的能量降低,熔体的温度降低。同时穿透深度越深,烧结深度也就越深,收缩应力就越大,因此粉末粒径越大,烧结第一层时越易翘曲变形。由于烧结时热量由外向内传递,所以粗粉末烧结时熔化较细粉末慢,若粉末过粗,烧结时部分粉末可能不能完全熔化,在冷却的过程中起晶核的作用,从而加快粉末的结晶化速度。总之,粗粒径粉末对 SLS 成形十分不利。

对于已成形多层的激光扫描,粉末完全熔化后,其收缩结晶与粉末粒径完全无关。细粉末的烧结温度低,有利于第一层的烧结,但为防止粉末的结块,成形时往往需要维持较低的预热温度,这可能会造成烧结体整体的变形。因此,为获得良好的激光烧结性能,PA12 粉末的粒径需要维持在一定的范围之内,根据实验,PA12 粉末的粒径为 40~50 μm 时可以获得较好的效果。

(5) 成核剂与填料

成核剂在结晶高分子材料中已得到广泛应用,可以大幅提高高分子材料的力学性能。在制粉时加入成核剂可以获得粒径分布更窄、几何形貌更规则的粉末,在球磨阶段加入少量的二氧化硅等粉末可以提高球磨的效率和粉末的流动性。表 1-10 所示为在制粉阶段加入成核剂后的激光烧结情况。

表 1-10　成核剂对激光烧结的影响

成核剂	无	气相二氧化硅	硅灰石	硅灰石	蒙脱石	滑石粉
含量/%		0.1	0.1	0.5	0.5	0.5
预热温度/℃	167~169	167~169	168~169	169~170	~170	~170
预热温度窗口/℃	2	2	1	1	<1	<1

由表 1-10 可知,在制粉时加入成核剂,除气相二氧化硅外,其他成核剂使预热温度窗口变窄,成形性能恶化。

溶剂沉淀法制备的 PA 粉末干燥后容易结团,球磨时容易被球磨压实而不易分散,极细的无机发泥莫可以作为分散剂,破坏粉末间的结合力,并提高球磨的效率。

在球磨的过程中加入 0.1%的气相二氧化硅后,粉末的流动性增加,团聚块全部消失。用此粉末进行 SLS 成形实验,前几层的预热温度明显升高,预热温度为 169~170 ℃,与加入其他成核剂类似。可见,气相二氧化硅在激光烧结过程中起到了成核剂的作用。多层烧结后发现烧结体与周围粉体出现裂痕,烧结体透明,取出后发现透明的烧结体已经凝固。此现象说明二氧化硅的加入加快了结晶的速度,并细化了球晶,因此无机分散剂的加入会使预热温度窗口变窄,不利于 SLS 成形,应避免使用。

填料也具有成核剂的功能,与成核剂的差别主要在于含量的多少和粒径的大小。填料的加入一方面加快了熔体的结晶,使预热窗口温度变窄;另一方面起填充作用,降低了熔体的收缩率。同时填料对高分子粉末起到了隔离剂的作用,相当于在粉末中加入了分散剂,因此阻止了 PA12 粉末颗粒间的相互黏结,提高了 PA 粉末的结块温度,表 1-11 是加入 30%不同填料的 PA12 粉末材料的预热温度。

表 1-11　加入 30%不同填料的 PA12 粉末材料的预热温度

填料种类	玻璃微珠(200~250 目)	玻璃微珠(400 目)	滑石粉(325 目)	硅灰石(600 目)
预热温度/℃	167~170	168~170	失败	失败

可以看出,玻璃微珠对 PA12 粉末的结块温度影响较小,但扩大了预热温度窗口,这可能是因为玻璃微珠尺寸较大,表面光滑且为球形,对结晶的影响较小。非球形的滑石粉、硅灰石的加入使成形性能恶化。

1.3.3.2　PA12 粉末的激光烧结制件性能

(1) 力学性能

表 1-12 是 PA12 粉末的 SLS 制件与 PA12 模塑件之间的性能比较。由表可知,SLS 制件的密度为 0.97 g/cm^3,达到模塑件密度的 95%,表明其烧结性能良好,这与无定形聚合物的 SLS 成形有很大的差别。SLS 制件的抗拉强度、弯曲模量和热变形温度等性能指标与模塑件比较接近。但其断裂行为与模塑件有较大的差别,模塑件的断裂伸长率达到 200%,而 SLS 制件在拉伸过程中没有颈缩现象,在屈服点时即发生断裂,断裂伸长率仅约为模塑件的十分之一,这是因为 SLS 制件中少量的孔隙起到应力集中作用,使材料的断裂由韧性断裂变为脆性断裂,冲击强度大大低于模塑件。

表 1-12　PA12 粉末的 SLS 制件与其模塑件之间的性能比较

性能	密度/ (g/cm^3)	抗拉强度/ MPa	断裂伸长率/ %	抗弯强度/ MPa	弯曲模量/ GPa	冲击强度/ (kJ/m^2)	热变形温度/ ℃
SLS 制件	0.97	41	21.2	47.8	1.30	39.2	51
模塑件	1.02	50	200	74	1.4	不断	55

（2）制件精度

精度不高是制约激光烧结 PA12 粉末应用的重要难题，影响制件精度的主要因素有制件变形、尺寸收缩和超出烧结边界。如前所述，翘曲变形可能使 SLS 成形过程完全失败。而尺寸收缩对制件的影响也十分显著，PA12 属结晶聚合物，结晶时伴有较大的收缩，收缩导致制件变形的情况时常发生。为减小收缩应力造成的变形，成形时有时需将零件倾斜，避免扫描大的平面。

PA12 粉末 SLS 成形时的预热温度很高，接近于熔点，激光扫描后热量的传导常使得烧结体周边的粉末也开始熔化，虽然 PA12 粉末的熔融潜热大，有利于阻止这种现象的发生，但对于大面积的烧结，由于热量集中，这种现象仍然很难避免。熔融区的热传导使周围的粉末熔融烧结，使制件边界不清晰，尺寸变大，孔洞缩小，甚至孔洞消失。PA12 结晶时会放出大量的潜热，若制件的尺寸大，这些潜热也会使得周围的粉末熔化。采取降低激光功率和预热温度等措施可缓解这一现象。

SLS 成形中产生的体积收缩将使制件的实际尺寸小于设计尺寸，即尺寸误差为负值。PA12 粉末 SLS 成形时水平方向的平均收缩率为 2.5%左右，高度方向的收缩率为 1%~1.5%。这种由材料收缩产生的尺寸误差可通过在计算机上设定制件的尺寸修正系数进行补偿；对于由于热传导导致的未扫描区域粉末的熔化，除新增加的截面外，应降低预热温度；对大面积扫描，应适当降低激光功率。

1.3.4　PA12 复合粉末

PA12 粉末已被证明是目前 SLS 技术直接制备塑料功能件的最好材料，但纯 PA12 的强度、模量、热变形温度等均不太理想，不能满足要求更高的塑料功能件的要求，且制件收缩率较大，精度不高，激光烧结过程中易发生翘曲变形。为此，国内外从事 SLS 的研究机构和公司都将 PA12 增强复合材料作为重点研究的方向。

通过制备 PA12 复合粉末，再烧结得到的 PA12 复合材料制件具有某些比纯 PA12 制件更加突出的性能，从而满足不同场合、用途对塑料功能件性能的需求。与非晶态聚合物不同，晶态聚合物的烧结件已接近完全致密，因而致密度不再是影响其性能的主要因素，添加无机填料可以大幅度提高其某些方面的性能，如力学性能、耐热性等。目前，常用来增强 PA12 SLS 制件的无机填料和增强材料有玻璃微珠、碳化硅、硅灰石、滑石粉、二氧化钛、羟基磷灰石、层状硅酸盐、碳纤维粉和金属粉末等。

此外，近年来采用纳米颗粒制备纳米 PA 复合材料的研究十分活跃。由于纳米材料的表面效应、体积效应和宏观量子隧道效应，使得纳米复合材料的性能优于相同组分常规复合材料的力学性能，因此制备纳米复合材料是获得高性能复合材料的重要方法之一。为此，国内外的许多机构和学者对此进行了大量的研究，并开发出了一些高性能纳米 PA

复合材料。但纳米材料的分散困难,如何制备纳米颗粒均匀分散的聚合物基纳米复合材料,依然是一项艰难的工作。目前比较成功的工艺是单体的原位聚合和插层聚合,所使用的纳米材料主要是层状的蒙托石和二氧化硅。

普通的无机填料会使 PA12 烧结件的冲击强度明显下降,因此不能用于对冲击强度要求较高的功能件。由于 SLS 所用的成形材料为粒径在 100 μm 以下的粉末材料,不能采用玻璃纤维等聚合物材料常用的增强方法增强,甚至长径比在 15 以上的粉状填料也对 SLS 工艺有不利影响。纳米无机颗粒虽对聚合物材料有良好的增强作用,但常规的混合方法不能使其得到纳米尺度上的分散,因而不能发挥纳米颗粒的增强作用。近年来出现的聚合物/层状硅酸盐(PLS)纳米复合材料不仅具有优异的力学性能,而且制备工艺经济实用,尤其是聚合物熔融插层工艺简单、灵活、成本低廉、适用性强,为制备高性能的复合烧结材料提供了一个很好的途径。在激光烧结粉末材料中加入层状硅酸盐,若能在烧结过程中实现聚合物与层状硅酸盐的插层聚合,则可制备高性能的烧结件。

1.3.4.1 PA12/累托石复合粉末材料

累托石(rectorite)是一种易分散成纳米级微片的天然矿物材料,以其发现者 E. W. Rector 名字命名。1981 年国际矿物学会新矿物分类与命名委员会将其定义为“由二八面体云母与二八面体蒙脱石组成的 1∶1 规则间层矿物”。

累托石属于层状硅酸盐矿物,具有亲水性,在聚合物基体中的分散性不好。但在累托石的蒙脱石层间含有 Ca^{2+}、Mg^{2+}、K^{+}、Na^{+}等水化阳离子,这些金属阳离子被很弱的电场力吸附在片层表面,因此很容易被有机阳离子表面活性剂交换出来。用有机阳离子与累托石矿物进行阳离子交换反应,使有机物进入累托石的蒙脱石层间,生成累托石有机复合物。由于有机物进入矿物层间并覆盖其表面,因而使累托石由原来的亲水性变成亲油性,增强了累托石与聚合物之间的亲和性,不仅有利于累托石在聚合物基体中的均匀分散,而且使聚合物分子链更容易插入累托石的片层间。

作为层状硅酸盐黏土,累托石与蒙脱石极为相似,但又具有其独特的结构特点。它与蒙脱石一样具有阳离子交换性,层间进入有机阳离子后可膨胀、可剥离。由于累托石矿物结构中蒙脱石层的层电荷较蒙脱石低,因此它比蒙脱石更易于分散、插层和剥离。而且累托石的单元结构中 1 个晶层厚度为 2.4~2.5 nm,宽度为 300~1 000 nm,长度为 1~40 μm,其长径比远比蒙脱石大,晶层厚度也比蒙脱石大 1 nm,对于聚合物的增强效果和阻隔性来说,这是长径比小的蒙脱石无法比拟的。另外,由于累托石含有不膨胀的云母层,其热稳定性和耐高温性能优于蒙脱石。因此在制备高性能聚合物/层状硅酸盐纳米复合材料方面,累托石具有更大的优势。

(1) PA12/累托石复合粉末的制备

湖北钟祥生产的累托石呈银灰色,有丝绸油质光泽。实验中选用精品钠基累托石,用三甲基十八烷基铵作为有机处理剂制备有机累托石(OREC)。制备方法如下:将一定量的累托石放入适量的蒸馏水中,高速搅拌使累托石充分分散,搅拌并升温至 40~50 ℃,滴加所需量的季铵盐有机处理剂,搅拌 2 h,自然冷却至室温,抽滤,水洗数次得到有机累托石滤饼,将此滤饼在 80 ℃ 干燥,碾磨过筛备用。有机累托石的微观形态(SEM 照片)见图 1-27。

(a)

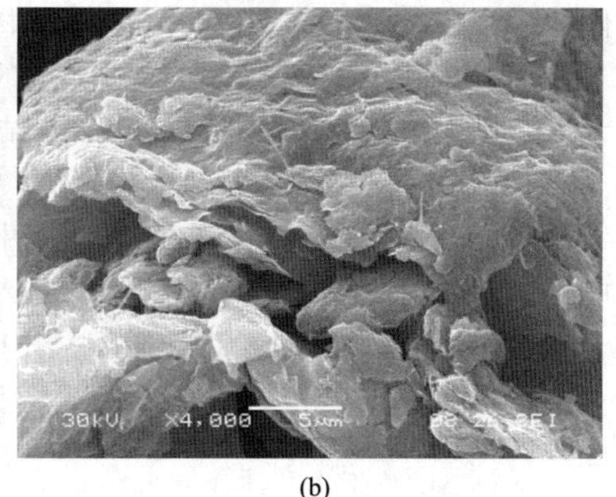

(b)

图 1-27　有机累托石的 SEM 照片

图 1-27a 为 OREC 粉末的整体外观，其粒子形状不规则，粒径分布较宽，绝大多数粒子的粒径为 10～80 μm。图 1-27b 为放大 4 000 倍的 OREC 颗粒形貌，可以清晰地看出其层状结构。

复合粉末烧结材料由 PA12、OREC 和其他助剂组成，OREC 的质量分数为 3%～10%。将经过真空干燥的 PA12 粉末、OREC 及加有稳定剂、分散剂、润滑剂等助剂的 PA12 母料在高速混合机中混合 5 min，混合粉末用 200 目筛子过筛，过筛后的粉末再在高速混合机中混合 3 min，即得到复合粉末烧结材料。

(2) PA12/累托石复合材料烧结件的性能

在 HRPS-Ⅲ型快速成形机上制备 PA12/OREC 复合材料的拉伸、冲击、热变形温度等标准测试试样。试样的制备参数如下：激光功率为 8～10 W；扫描速度为 1 500 mm/s；烧结间距为 0.1 mm；烧结层厚为 0.15 mm；预热温度为 168～170 ℃。

表 1-13 给出了经激光烧结成形的 PA12 及 PA12/OREC 复合材料的力学性能。

表 1-13　PA12 及 PA12/OREC 复合材料烧结件的力学性能

累托石含量/%	0	3	5	10
抗拉强度/MPa	44.0	48.8	50.3	48.5
断裂伸长率/%	20.1	22.8	19.6	18.2
抗弯强度/MPa	50.8	57.8	62.4	58.9
弯曲模量/GPa	1.36	1.44	1.57	1.58
冲击强度/(kJ/m^2)	37.2	40.4	52.2	50.9

从表 1-13 中可以看出，复合材料烧结件在抗拉强度、抗弯强度、弯曲模量、冲击强度等方面的力学性能均优于 PA12 烧结件。随 OREC 用量的增加，复合材料的力学强度呈现先增大后降低的趋势。当 OREC 用量为 5%时，烧结件的力学性能最好，与 PA12 烧结件相比，抗拉强度提高了 14.3%，抗弯强度及弯曲模量分别提高了 22.8%和 15.4%，冲击强度提高了 40.3%。对复合材料的结构表征已证明，PA12 与 OREC 的混合粉末经激光烧结后实现了 PA12 对 OREC 的插层，形成了纳米复合材料。由于累托石以纳米尺度的片层分散于 PA12 基体中，比表面积极大，与 PA12 界面结合强，在复合材料断裂时，除了

基体材料断裂外,还需将累托石片层从基体材料中拔出或将累托石片层折断,因此明显改善了复合材料的力学性能,尤其是使烧结件的冲击强度得到大幅度提高,这是普通无机填料无法比拟的,因此 PA12/OREC 在激光烧结高性能塑料功能件方面具有重要的意义。

(3) 激光选区烧结插层机理

PA12 与累托石的混合粉末在 SLS 过程中,PA12 吸收了激光的能量而熔化,冷却后凝固成固体材料,与此同时,PA12 分子插层进入累托石片层,这种插层方法为聚合物熔融插层,而且是一种静态的聚合物熔融插层。图 1-28 为 PA12 熔融插层示意图。

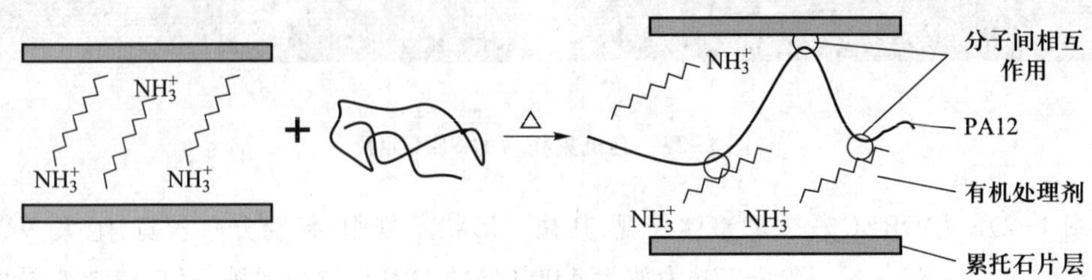

图 1-28 PA12 熔融插层示意图

从热力学上分析,聚合物大分子链对 OREC 的插层过程能否进行,取决于相应过程中体系的自由能变化(ΔG),只有当 $\Delta G<0$ 时,此过程才能自发进行。对于等温过程,有如下的关系:

$$\Delta G=\Delta H-T\Delta S \tag{1-46}$$

式中:ΔG、ΔH 和 ΔS 分别为自由能变化、焓变和熵变,T 为绝对温度。

根据 R. A. Vaia 等的平均场理论(mean field theory),聚合物熔融插层体系的熵变由两部分构成:

$$\Delta S=\Delta S\text{聚合物}+\Delta S\text{插层剂} \tag{1-47}$$

在熔融插层过程中,一方面聚合物分子链由自由状态的无规线团构象成为受限于黏土层间准二维空间的受限链构象,熵值减少;另一方面,分布于有机黏土层间的插层剂因层间距扩大而获得了更大的构象自由度,熵值增大。在层状硅酸盐的层间距变化不大时,体系的总熵值变化非常微小,因此焓变值将对体系的自由能变化起决定性作用,即聚合物分子链与有机黏土之间的相互作用程度是决定插层能否进行的关键因素。PA12 为极性聚合物,与有机累托石的极性表面可形成强烈的极性作用,因此这一体系有利于形成插层复合物。

聚合物熔融插层通常在外界强制性机械力的作用下进行,但这种强制性机械力并非是必需的。有些体系在准静态下就可形成分散状态良好的聚合物/层状硅酸盐纳米复合材料。聚合物分子链进入层状硅酸盐的层间主要是焓驱动的,只要聚合物分子链进入有机黏土的层间后,就不容易脱离片层的约束重新恢复比较自由的状态。因为在分子链进入黏土片层前,迫使其从无规线团的卷曲状态成为伸直链要耗费一些能量,有机黏土的片层结构在空间上对聚合物分子链的运动有约束作用,更主要的原因是聚合物分子链与黏土片层表面的作用阻止其脱离黏土片层表面。

在激光烧结过程中,PA12 熔融插层分两步进行:PA12 扩散进入累托石初级粒子聚集体和扩散进入硅酸盐层间。PA12 熔体的黏度很低,可在烧结层内和烧结层间流动,能很快地湿润累托石粒子表面,并渗入到累托石附聚物的空隙中,即进入累托石初级粒子聚集体;在 PA12 和有机累托石的极性相互作用下,PA12 大分子进一步扩散进入累托石层间,形成插层复合物。虽然在激光烧结过程中,PA12 处于熔融状态的时间较短,但烧结件始终处于接近于 PA12 熔点的温度,在这样的温度下,PA12 的结晶速率很慢,PA12 在结晶前有足够的时间扩散进入累托石层间,形成插层复合材料。

1.3.4.2 PA12/铝复合粉末材料

用金属粉末填充 PA12,不仅可以提高尼龙 SLS 制件的强度、模量及硬度等力学性能,而且还可以赋予成形件金属外观、较高的导热性及耐热性等,因而得到较为广泛的关注。

目前,SLS 用 PA12 复合粉末的制备方法主要为机械混合法,然而当填料粉末的粒径非常小(如粉末粒径小于 10 μm)时,或者当填料(如金属粉末)的密度比 PA12 大得多时,机械混合法很难将无机填料颗粒均匀地分散在 PA12 基体中。对于机械混合的金属/PA12 复合粉末,由于金属和 PA12 的密度存在较大差别,因而在粉末运输及 SLS 铺粉过程中会使金属粉末颗粒产生偏聚现象,这就使得复合材料的 SLS 制件中存在一定的非均匀分布的金属颗粒聚集体,而这些聚集体往往形成力学缺陷,使得成形件的力学性能下降。

另一种制备聚合物/金属复合粉末的方法为覆膜法,即采用某种工艺将聚合物包覆在金属颗粒的外表面,形成聚合物覆膜金属复合粉末。在聚合物覆膜金属复合粉末中,由于聚合物均匀地包覆在金属颗粒外表面,所以金属和聚合物粉末混合得非常均匀,而且在运输和铺粉过程中也不会产生偏聚,这样就完全克服了机械混合金属/PA 复合粉末存在的上述缺点。溶剂沉淀法就可用于制备 PA12 覆膜铝复合粉末。

(1) PA12 覆膜铝复合粉末的制备

采用溶剂沉淀法制备 PA12 覆膜铝粉复合粉末,此覆膜方法具有设备、工艺简单,环境污染小,尼龙覆膜层均匀等优点。

制备原理:PA12 是一类具有优异抗溶能力的树脂,常温条件下很难溶于普通溶剂,但在高温下可溶于乙醇中。将 PA12、金属粉末、抗氧剂等加入密闭容器中,在高温下使 PA12 溶解,在剧烈搅拌下使其逐渐冷却,PA12 就以金属颗粒为核结晶,逐渐包覆于金属颗粒外表面,形成 PA12 覆膜金属粉末。

制备过程:将 PA12、溶剂、铝粉及抗氧剂按比例投入带夹套的不锈钢反应釜中,将反应釜密封,抽真空,通 N_2 气保护。以 2 ℃/min 的速度,逐渐升温到 150 ℃,使尼龙完全溶解于溶剂中,保温保压 2 h。在剧烈搅拌下,以 2 ℃/min 速度逐渐冷却至室温,使 PA12 逐渐以铝粉颗粒为核,结晶包覆在铝粉颗粒外表面,形成 PA12 覆膜金属粉末悬浮液。将覆膜金属粉末悬浮液从反应釜中取出。将覆膜金属粉末悬浮液进行减压蒸馏,得到粉末聚集体。回收的溶剂可以重复利用。得到的粉末聚集体在 80 ℃下进行真空干燥 24 h 后,在球磨机中以 350 r/min 转速球磨 15 min,过筛,选择粒径在 100 μm 以下的粉末,即得到 PA12 覆膜铝复合粉末材料。本次实验中,一共制备了铝粉质量分数分别为 10%、20%、30%、40%及 50%的五种 PA12 覆膜铝复合粉末,分别记为 Al/PA(10/90)、Al/PA(20/80)、Al/PA(30/70)、Al/PA(40/60)及 Al/PA(50/50)。不添加铝粉,采用上述同样的工艺制备一种纯 PA12 粉末(记为 NPA12),用于进行对比研究。

(2) 复合粉末材料的表征与分析

采用英国 Malvern Instruments 公司生产的 MAM5004 型激光衍射法粒度分析仪对 Al 粉,Al/PA(50/50)和 Al/PA(20/80)进行了粒径及粒径分布分析。测量得到的几种平均粒径意义为:① 体积平均径:通过体积分布计算出来的表示平均粒度的数据;② 中位径:该值准确地将总体划分为二等份,也就是说有 50%的颗粒大于此值,而 50%的颗粒小于此值。利用激光粒度分析仪得到的粉末平均粒径列于表 1-14 中,粒径分布如图 1-29 所示。

表 1-14 Al 粉、Al/PA(50/50)及 Al/PA(20/80)的平均粒径

粉末种类	体积平均径/μm	中位径/μm
Al 粉	27.99	23.08
Al/PA(50/50)	38.90	35.65
Al/PA(20/80)	40.93	39.42

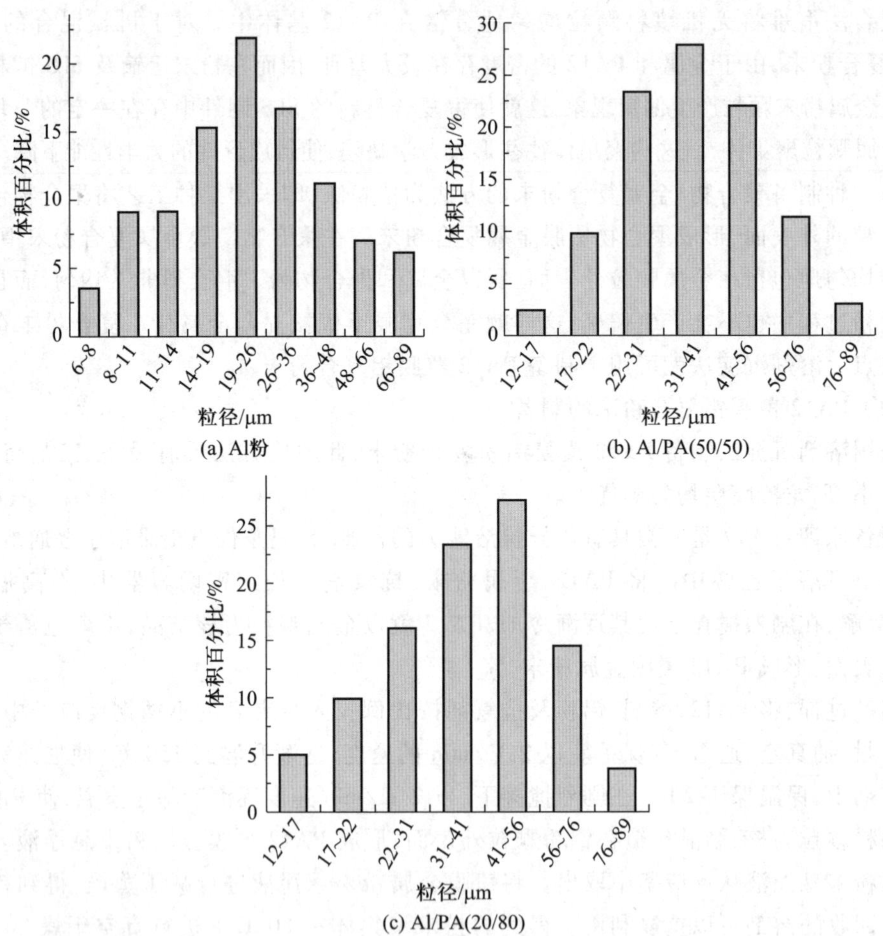

图 1-29 粉末的粒径分布图

从图 1-29a 中可以看出,Al 粉粒径分布在 6~89 μm,粒径主要集中在 19~36 μm。从图 1-29b 中可以看出,Al/PA(50/50)的粒径分布在 12~89 μm,主要粒径分布在 22~41 μm,说明 Al/PA(50/50)的粒径分布比 Al 粉变窄,Al/PA(50/50)中没有了 Al 粉中 6~11 μm 的颗粒,而且大粒径颗粒比 Al 粉多,这主要是由于 PA12 包覆在 Al 颗粒的外表面,使得粉末粒径增大的缘故。从图 1-29c 中可以看出,Al/PA(20/80)的粒径分布在 12~89 μm,主要粒径分布在 31~56 μm,说明虽然 Al/PA(20/80)的粒径分布与 Al/PA(50/50)相同,但是主要粒径却比 Al/PA(50/50)大。这是由于 Al/PA(20/80)的铝粉含量比 Al/PA(50/50)的少,而 PA12 含量进一步增大,使得铝粉颗粒外的 PA12 包覆层进一步增厚的缘故。

从表 1-14 中可以看到,随着铝粉质量分数的降低,相应的尼龙含量的增加,导致包覆层厚度增大,从而粉末的平均粒径也随之增大。总体看来,这两种尼龙覆膜铝粉的粒径为 10~100 μm,比较适合 SLS 成形工艺。

粉末试样经喷金处理后,用荷兰 FEI 公司 Sirion 200 型场扫描电子显微镜观察其微观形貌,对 Al 粉以及各种铝粉含量的覆膜复合粉末进行了 SEM 分析。图 1-30 为 Al 粉的 SEM 照片,从图中可以看出,实验所用 Al 粉表面光滑,呈近球形,从而保证了 PA12 包覆在其表面之后,制得的复合粉末也能接近球形,这样对 SLS 过程中的铺粉是非常有利的。

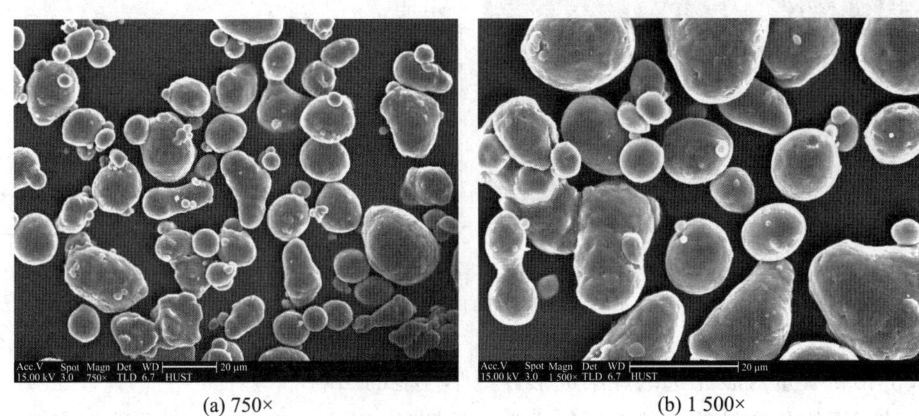

(a) 750×　　(b) 1 500×

图 1-30　Al 粉的 SEM 照片

图 1-31 为 Al/PA(50/50)的 SEM 照片,从图中可以看出,Al/PA(50/50)的颗粒形状与 Al 较为相似,也呈近球形。PA12 在冷却结晶时,以 Al 粉颗粒为核,逐渐包覆在 Al 粉颗粒的外表面,因而得到的复合粉末与 Al 粉的形状相似。而且此复合粉末中颗粒表面都很粗糙,没有发现具有光滑表面的颗粒,说明 Al 粉颗粒都被 PA12 树脂所包覆,无裸露的 Al 颗粒存在。

(a) 600×　　(b) 1 000×

图 1-31　Al/PA(50/50)的 SEM 照片

粉末试样经喷金处理后,用荷兰 FEI 公司 Sirion 200 型场扫描电子显微镜对 Al/PA(50/50)的单个颗粒进行 EDX 成分分析。图 1-32 为 Al/PA(50/50)的 SEM 照片及 EDX 分析图,EDX 分析窗口由 SEM 照片中十字所示。由图 1-32b 的 EDX 分析图可知,此颗粒中主要含有 C、H、O 及 Al 元素,说明 PA12 已经结晶并包覆在 Al 粉颗粒外表面。由图 1-32b 可知,此颗粒中还含有极少量的 Si 元素,这可能是由少量杂质引入的。

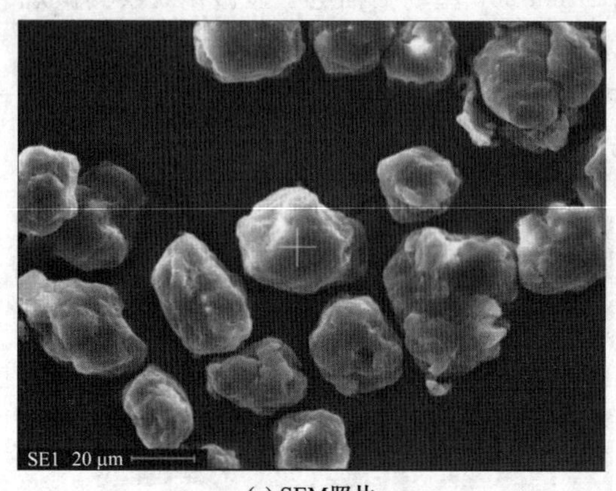

(a) SEM照片

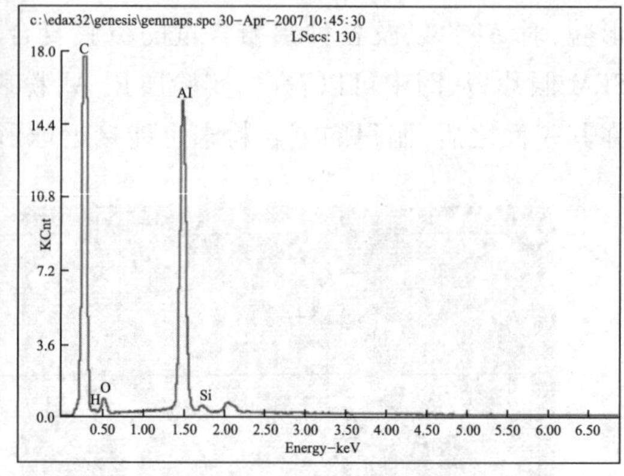

(b) EDX分析图

图 1-32 Al/PA(50/50)的 SEM 照片及 EDX 分析图

(3) 铝粉含量对激光选区烧结成形件力学性能的影响

烧结不同铝粉含量的测试件进行力学性能测试,测试件的烧结工艺参数如下:初始预热温度为 168~172 ℃,激光功率为 20 W,扫描速度为 2 000 mm/s,切片厚度为 0.08 mm。图 1-33 是一些烧结的拉伸试样、弯曲试样及冲击试样测试前后的实物图片。

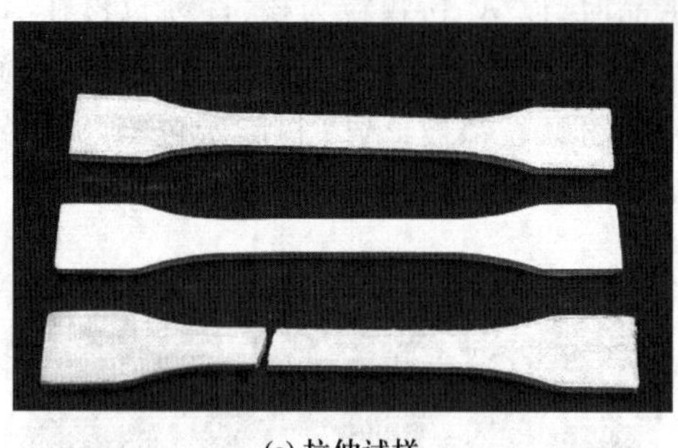

(a) 拉伸试样

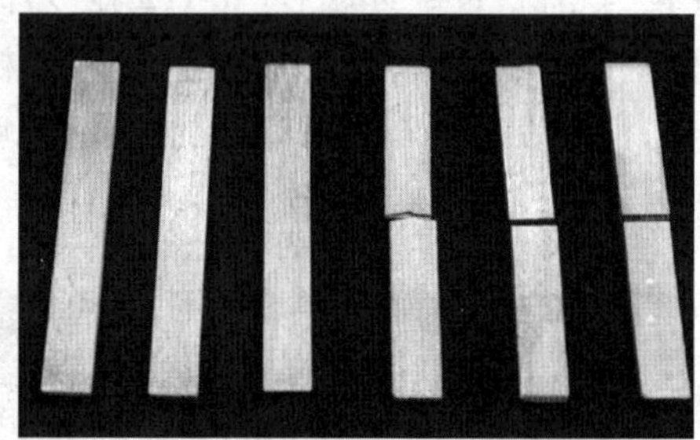

(b) 弯曲试样及冲击试样

图 1-33 拉伸试样、弯曲试样及冲击试样测试前后的实物照片

图 1-34 为烧结件拉伸性能(包括抗拉强度及断裂伸长率)随铝粉含量的变化曲线,从图 1-34 中可以看出,烧结件的抗拉强度随铝粉含量的增大而增大,而断裂伸长率却随铝粉含量的增大而降低,说明刚性铝粉颗粒的加入使得烧结件抗拉强度增大,但是降低了 PA12 基体的柔韧性。

图 1-35 为烧结件弯曲性能(包括抗弯强度及弯曲模量)随铝粉含量的变化曲线,从图 1-35 中可以看出,烧结件抗弯强度及弯曲模量都随铝粉含量的增大而有较大幅度的升高,说明刚性铝粉颗粒的加入使得烧结件抗弯强度增大,同时也可以增加复合材料的刚性。

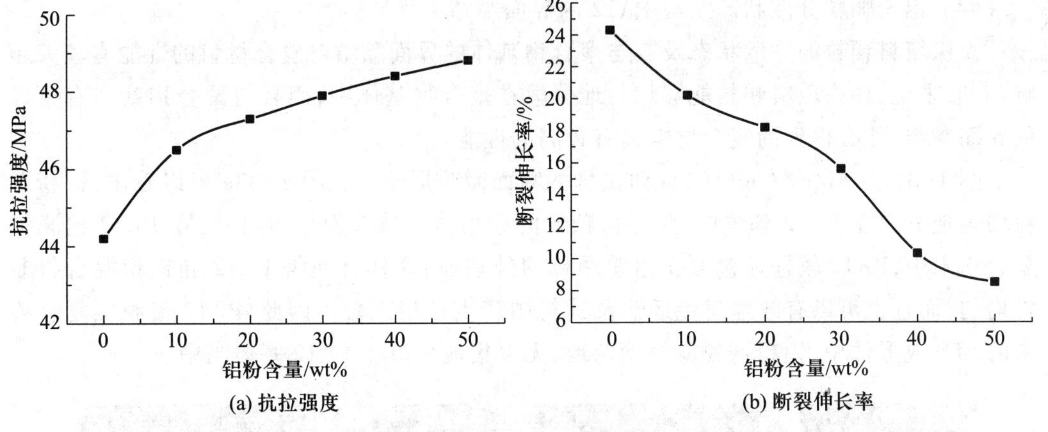

(a) 抗拉强度　　(b) 断裂伸长率

图 1-34　铝粉含量对拉伸性能的影响

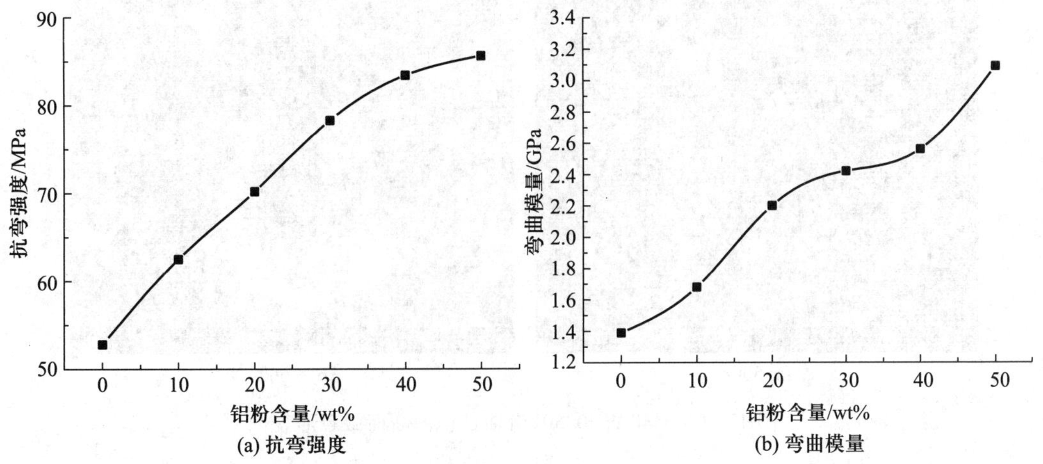

(a) 抗弯强度　　(b) 弯曲模量

图 1-35　铝粉含量对弯曲性能的影响

图 1-36 为烧结件冲击强度随铝粉含量的变化曲线，从图 1-36 中可以看出，随着铝粉含量的增加，烧结件冲击强度显著降低，这也是由于刚性铝粉颗粒对 PA12 分子链热运动的限制作用所致。这也说明铝粉不能使烧结件强度和韧性同时得到提高，在实际使用中，可以根据对强度和韧性的要求调整铝粉的含量，从而获得两者的平衡。

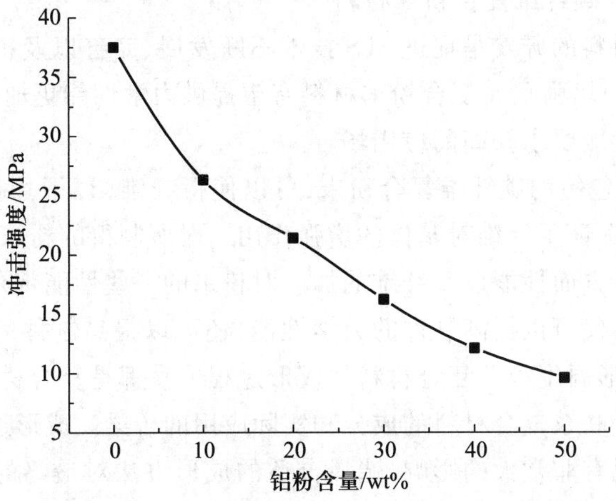

图 1-36　铝粉含量对烧结件冲击强度的影响

(4) 铝粉颗粒分散状态及与PA12的界面黏结

无机填料颗粒的分散状态及其与聚合物基体的界面黏结对复合材料的性能有较大影响,一般来说,如果填料颗粒能够均匀地分散在聚合物基体中,而且与聚合物基体有良好的界面黏结,那么得到的复合材料具有较高的性能。

图1-37为Al/PA(50/50)弯曲试样的断面微观形貌。从图1-37a可以看出,铝粉颗粒均匀地分散在PA12基体中,无铝粉颗粒的聚集体。从前面分析可知,在PA12覆膜铝复合粉末中,PA12较好地包覆在铝粉颗粒的外表面,这样就使得PA12和铝粉混合得非常均匀,而且也可以有效地避免运输及铺粉中产生偏聚现象。因此,PA12覆膜铝复合粉末的SLS成形件中,铝粉颗粒就被均匀地、无聚集地分散在PA12基体当中。

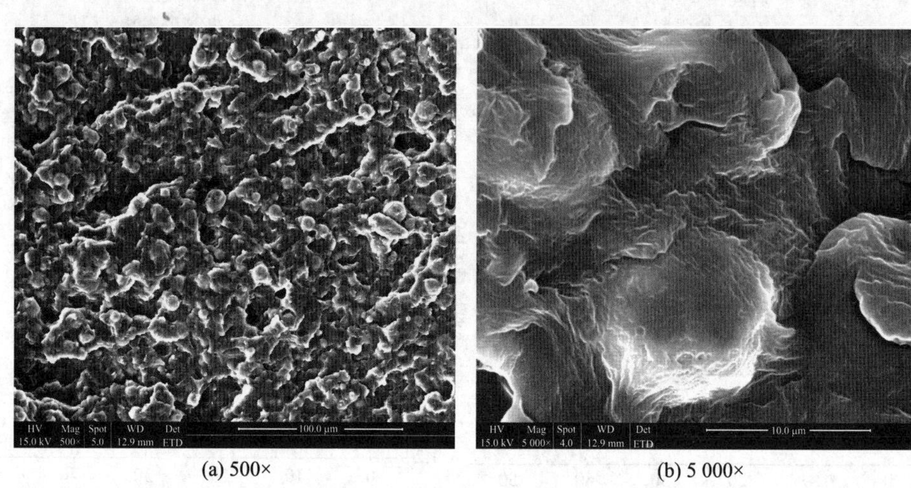

(a) 500×　　(b) 5 000×

图1-37　Al/PA(50/50)弯曲试样的断面微观形貌

从图1-37b可以看出,试样断面上的铝粉颗粒外表面非常粗糙,附着一层PA12树脂,断裂部位在PA12基体中,这些结果都表明铝粉与PA12基体具有较好的界面黏结。具有较高极性的铝粉表面一般都会吸附许多极性小分子物质,如H_2O。PA12中的酰胺基团具有较高极性,酰胺基团中N、O元素有孤对电子,很容易与吸附在铝粉表面的极性小分子形成氢键。因此,铝粉与PA12基体形成良好的界面黏结。

1.3.4.3　PA12/碳纤维复合粉末材料

新型成形粉末材料的开发是促进SLS技术不断发展、完善以及扩大市场应用的关键之一。而碳纤维(CF)增强尼龙复合粉末材料有望提供力学性能更加优良的制件,从而能够满足一些对力学性能要求较高的应用场合。

通过制备PA12包覆的碳纤维复合粉末,可以使得纤维(以下均指碳纤维)在制件基体内均匀分散,从而保证了纤维对基体的增强作用。对所制得的粉末进行研究,可以进一步了解复合粉末的各方面性能以及纤维的加入对粉末的一些性能带来的影响。

碳纤维的加入不仅可以提高制件的力学性能,还可以提高制件的导热率、导电性,改善耐磨性,提高热变形温度等。复合材料的成形过程一直都是复合材料研究中的重点,复合材料的成形方法是联系复合材料的成分和实际应用的桥梁。成形过程对于复合材料的内部结构和分散情况有非常大的影响,选择合适的成形方法对最终的制件性能有着决定性的作用,如何得到复杂形状和结构的复合材料零件一直都是复合材料发展的难题。

(1) PA12/碳纤维复合粉末材料的制备

未经表面处理的碳纤维由于其表面光滑,缺少与树脂结合的活性基团,纤维与基体树脂材料之间的界面结合较弱,不利于复合材料承载时应力的有效传递,从而降低了复合材料的力学性能。目前,有大量关于碳纤维表面处理的研究文献,国内外对碳纤维表面改性的处理方法主要包括液相氧化、气相氧化、阳极电解氧化、等离子氧化处理、偶联剂涂层等。

综合多种氧化方法的处理效果及其对设备的要求,最终选用简单易操作、效果已得到广泛认可的硝酸氧化处理方法。硝酸是液相氧化中应用较多的一种氧化剂。用硝酸氧化碳纤维,能够使其表面产生羧基、羟基和酸性基团,并且这些基团的量随氧化时间的延长和温度的升高而增多。而氧化后的碳纤维表面所含的各种含氧极性基团和沟壑增多,有利于提高纤维与树脂之间的界面结合力。强氧化剂与高浓度含氧酸的水溶液被认为是多种氧化剂中最有效的。羧基的增加提高了纤维表面的极性,从而改善纤维与树脂的浸润性,有利于界面结合。而且这种氧化剂对纤维表面的氧化程度具有可控性,不致对纤维造成损伤,在纤维表面的刻蚀深度不是很大,有益于改善纤维和树脂的黏结。采用浓度为67%的浓硝酸对纤维粉末进行处理。将纤维粉末置于浓硝酸中,60 ℃下超声处理 2.5 h,后用蒸馏水稀释,对稀释后的溶液进行真空抽滤,如此反复,直到滤液的 pH = 7,将滤出的粉末放置于烘箱中,100 ℃下干燥 12 h。

制备原理概述:尼龙是一类具有优异抗溶能力的树脂,常温条件下很难溶于普通溶剂,但在高温下可溶于适当的溶剂。选用乙醇做溶剂,加入尼龙与被包覆粉末,在高温下使尼龙溶解,冷却时剧烈搅拌,由于被包覆粉末对尼龙的结晶具有异质形核作用,所以尼龙会优先析出在被包覆粉末上,形成覆膜粉末。

制备本研究中 CF/PA 复合粉末的具体过程如下:

① 将 PA12 粒料、经表面处理过的碳纤维粉及抗氧剂、硬脂酸钙按比例投入带夹套的不锈钢反应釜中,加入足量的溶剂将反应釜密封,抽真空,通 N_2 气保护。溶剂为乙醇(化学纯)。

② 以 1~2 ℃/min 的速度逐渐升温到 150~160 ℃,使尼龙完全溶解于溶剂中,保温保压 2~3 h。

③ 在剧烈搅拌下,以 2~4 ℃/min 速度逐渐冷却至室温,使尼龙逐渐以碳纤维粉末为核,结晶包覆在其表面,形成尼龙覆膜碳纤维粉末悬浊液。

④ 将覆膜碳纤维粉末悬浊液从反应釜中取出。

⑤ 对覆膜碳纤维粉末悬浊液进行减压蒸馏,得到粉末聚集体。回收的乙醇溶剂可以重复利用。

⑥ 得到的聚集体在 80 ℃下进行真空干燥 24 h 后,在球磨机中以 350 r/min 转速球磨 20 min,过筛,选择粒径在 100 μm 以下的粉末,即得到实验所需的 CF/PA 复合粉末材料。

实验中一共制备了 3 种不同碳纤维含量的 CF/PA 复合粉末,其中碳纤维的含量分别为 30 wt%①、40 wt%、50 wt%。所制得的 CF/PA 均呈灰黑色粉末,且无油腻感。

(2) PA12/碳纤维复合粉末材料的表征

通过对粉末进行测试和表征,可以更加深入地了解这种复合粉末材料的性质。粉末颗粒的粒径及粒径分布直接影响铺粉质量、烧结过程中的参数以及粉末的烧结性能。粉

① 百分比中标明 wt 字母的表示质量百分数,标明 vol 字母的表示体积百分数。

末的微观形貌可以更加清楚地展现粉末的构成形态，以及各种成分的分布状态，从而对一些宏观性能进行预测。激光烧结过程实际上是粉末材料经历的热过程，而通过对粉末的热学性能的表征，可以加深对激光烧结过程的认识，更好地把握激光烧结中预热温度以及激光能量密度。

① 粒径及粒径分布

图 1-38 是本研究所制备的三种 CF/PA 复合粉末的粒径分布图，横坐标是粒径数值，纵坐标是体积分数，图上每一个点的纵坐标代表等效粒径为当前点粒径值与下一个点粒径值之间的粉末所占的体积分数。从图中可以看出，制得的复合粉末的粒径分布较宽，这可能是由于粉末中混杂了过长的纤维，而由于纤维直径很细（7 μm），在过筛时可以垂直纵向穿过筛网而造成的。将三张图片相比较，不难发现，随着碳纤维含量的增多，粉末的粒径分布逐渐加宽，这是由于碳纤维的增多导致穿过筛网的长纤维增多而造成的。

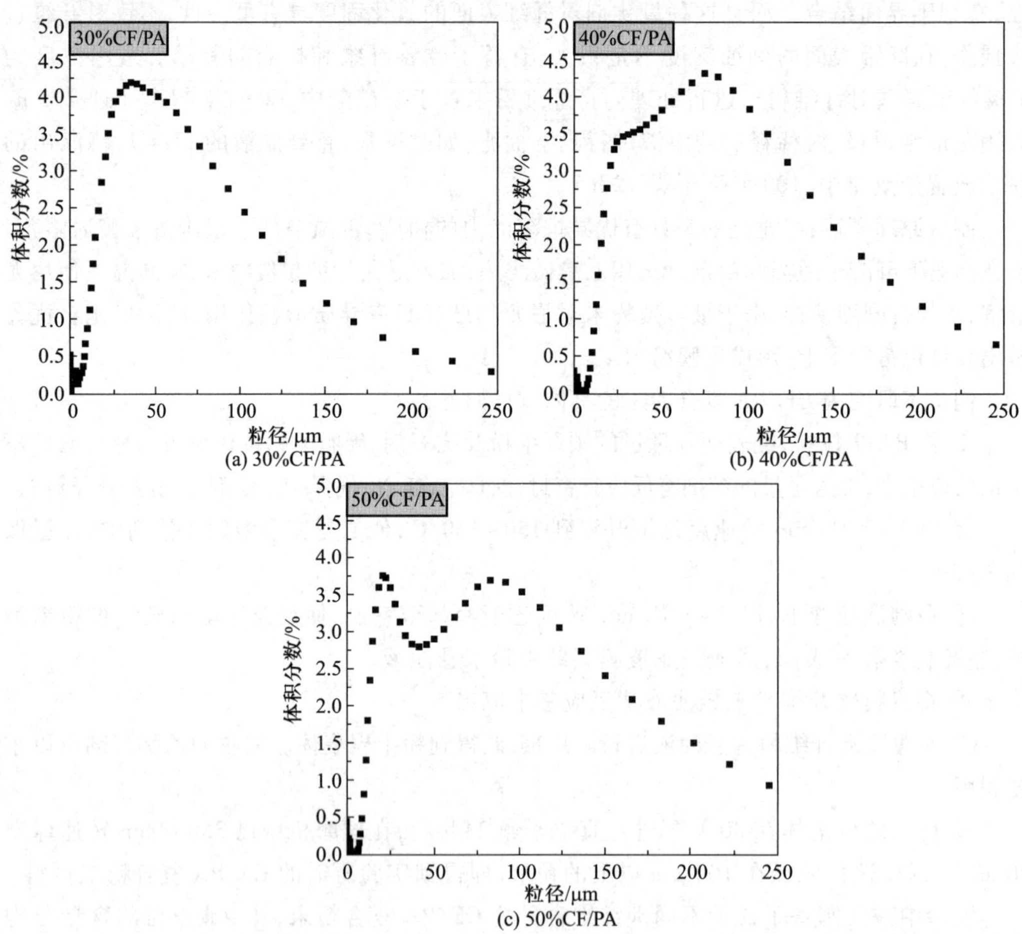

图 1-38　三种 CF/PA 复合粉末的粒径分布图

以下是粒径相关的几个重要参数：体积平均径 D[4,3]：是激光粒度测试中的一个重要测试结果；中值：也叫中位径或 D50，中值被广泛地用于评价样品的平均粒度；D90：样品的累计粒度分布数达到 90%时所对应的粒径，它的物理意义是粒径小于它的颗粒占 90%，这是一个被广泛应用的表示粉体粗端粒度指标的数据。

表 1-15 是通过激光粒度分析仪的配套软件所计算出的三种粉末的粒径相关参数值。从表 1-15 中可以看出,三种粉末表示平均粒径的两个参数值分布在 35 μm 到 70 μm 之间,平均粒径的大小在 50 μm 左右波动,这个值比较适合于激光选区烧结工艺。同时也可以看到,表示粉体粗端粒度指标的参数 D90 均超过了 100 μm,这很有可能是混进了长纤维,或者有粉体在测量时没有充分分散的缘故。

表 1-15 三种粉末的粒径相关参数值

	30% CF/PA	40% CF/PA	50% CF/PA
D[4,3]/μm	51	67.38	68.54
D50/μm	37.59	52.20	46.86
D90/μm	111.62	143.71	157.35

由图 1-38 和表 1-15 进行分析,三种粉末中均含有一定量较长(>100 μm)的长纤维,且粉末的粒径分布范围较宽,平均粒径在 50 μm 左右波动。由于碳纤维有一定的长径比,粉末的流动性受到一定的限制,而碳纤维越长,其影响越严重。在铺粉过程中,这些因素可能会导致粉末床体表面不光滑,烧结件的表面也会相对粗糙。要避免长纤维的出现,就应该提高原材料的品质,以及在球磨后粉末的筛分方法上进行优化。

② 粉末的微观形貌

图 1-39 是经过表面处理的碳纤维粉末的 SEM 照片。从图 1-39a 中可以看出粉末的整体构成以及分布情况。粉末主要由长度不等的碳纤维(以下简称纤维)以及颗粒状物质构成,纤维长短不一,长的可达 100 μm,短至只有几个 μm。结合粉末的制备过程可知,这是由于碳纤维粉末是由较长的纤维经球磨所得,在球磨的过程中不可能出现均匀断裂所致。控制纤维的平均长度只能通过控制相应的球磨参数,如球磨转速、球磨时间等。而球磨过程不能避免从纤维上砸下一些碎渣,这就可以解释为什么在图 1-39a 中的纤维底部有粉状物质。在进一步筛分的过程中,这些碎渣也难以去除,所以实际上真正称得上纤维的含量只是所使用的粉末的一部分。图 1-39b 为局部放大图,更加清楚地反映了纤维与碎渣之间的关系。图 1-39c 则是所期望的 40 μm 左右长度的纤维图片。通过进一步放大,可以从图 1-39d 上观察到纤维的表面形貌,不难发现表面有一道道轴向的沟壑,这些沟壑对于增加纤维表面粗糙度,从而增加纤维与树脂之间的结合是十分有利的。

(a) 600×

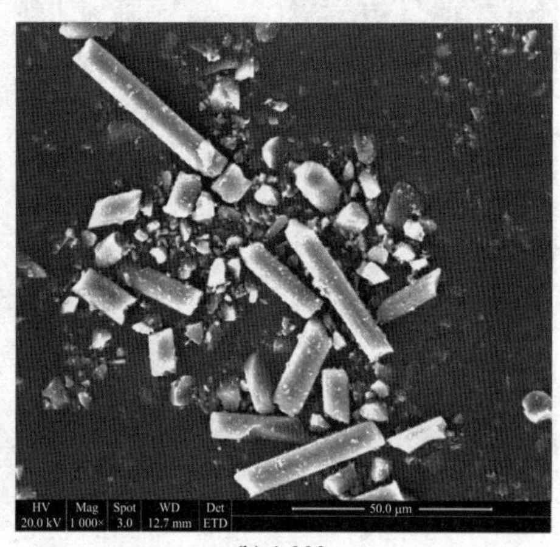

(b) 1 000×

(c) 3 000×　　(d) 10 000×

图 1-39　经过表面处理的碳纤维粉末 SEM 照片

图 1-40 是一组覆膜的 CF/PA 复合粉末的微观形貌照片。由图 1-40a 可以看出，复合粉末看上去是由被尼龙包覆的碳纤维以及近等轴的尼龙颗粒组成。仔细观察可以发现，碳纤维的表面包覆了一层尼龙，出现了典型的尼龙高分子形貌表面，而形状仍然保持

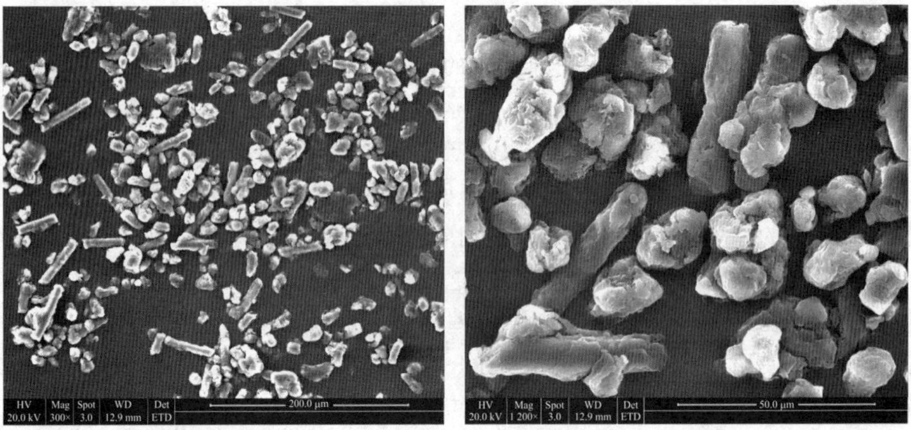

(a) 300×　　(b) 1 200×

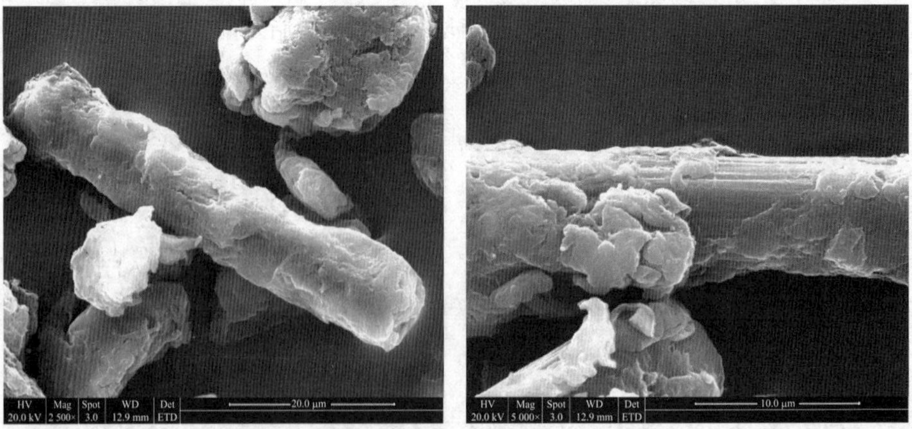

(c) 120 000×　　(d) 120 050 001×

图 1-40　CF/PA 复合粉末的 SEM 照片

原来的纤维状。如图 1-40c 所示，一根长约 50 μm 的纤维表面被完全包覆，已经看不到裸露的碳纤维相对光滑的表面。而在图 1-40b 中可以观察到近等轴颗粒，可能是尼龙颗粒自己成核、结晶，也有可能是以图 1-39 中所出现的碳纤维粉末碎渣成核结晶。图 1-40d 中的纤维表面未被完全包覆，仍有部分纤维表面裸露，可能是因为该位置缺乏形成尼龙晶核的活性点，尼龙优先在其他位置结晶。

（3）PA12/碳纤维复合粉末烧结件性能

图 1-41 所示为三种 CF/PA 复合粉末烧结件的抗弯强度与弯曲模量。由图 1-41 可以看出，与纯 PA12 粉末材料的烧结件相比，碳纤维的加入，使得复合粉末材料烧结件的抗弯强度与弯曲模量有了很大幅度的提高，并且随着碳纤维含量的增多，抗弯强度与弯曲模量也随之升高。三种 CF/PA 粉末烧结件的抗弯强度分别提高 44.5%、83.3%和 114%；弯曲模量分别提高 93.4%、129.4%和 243.4%。

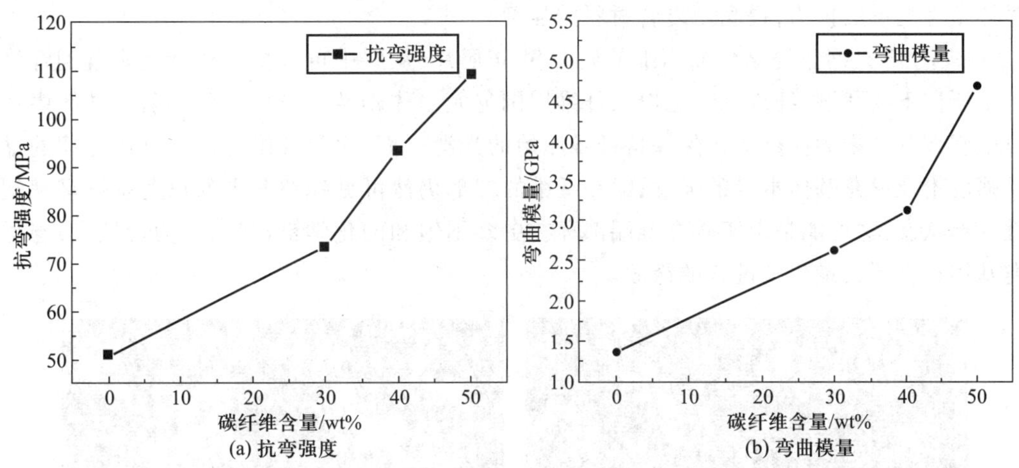

图 1-41　三种 CF/PA 复合粉末烧结件的抗弯强度与弯曲模量

强度和刚度的提高可以使 CF/PA 复合粉末烧结件适合于对强度和刚度要求较高的场合，从而拓展了激光选区烧结件的应用范围。在实际应用中，为了使烧结件获得所需要的刚度，从而控制零件在固定载荷下的变形量，根据碳纤维含量与弯曲模量之间的关系，通过调整复合粉末中碳纤维的含量来实现。

（4）PA12/碳纤维复合粉末烧结件断面形貌

图 1-42 所呈现的是 40% CF/PA 复合粉末烧结测试件抗弯测试断面的低倍数 SEM 照片。从图中可以看到断面的总体形貌以及各相的分布情况。整个断面非常粗糙，其中碳纤维分散较为均匀，可以看到碳纤维与碳纤维之间均有尼龙基体的存在，尚未发现有相互搭接的碳纤维。碳纤维的取向性呈现随机分布，几乎可以看到各种角度的碳纤维裸露在断面上。还可以看到纤维拔出所留下的孔洞。尼龙基体分布于碳纤

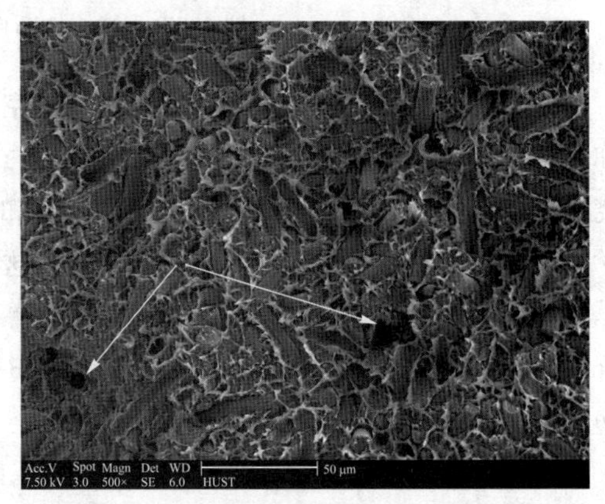

图 1-42　40%CF/PA 复合粉末烧结测试件抗弯测试断面的低倍数 SEM 照片

维的四周,并都呈现云状扯起,这是尼龙基体经过较大塑性变形后留下的形貌,说明尼龙基体的韧性得到了较为充分的发挥。可以认为,碳纤维在基体中的均匀分布是纤维覆膜后产生的结果,由于在复合粉末的制备阶段,碳纤维的表面均被包覆了一层尼龙,而在复合粉末烧结的过程中,周围包覆的尼龙熔融,再结晶,碳纤维仍旧被周围的尼龙所包裹,因而可以达到如此均匀的分散状态。碳纤维在基体内的均匀分散是保证烧结件具有较为均一的良好力学性能的保证,因为一旦两根或多根碳纤维直接搭接在一起,这些纤维之间的弱界面将会成为微小的裂纹源,其周围将会产生很大的应力集中,从而加快并促进整个基体的断裂。而纤维随机的取向性使得整个烧结件最后呈现近似各向同性的力学性能。从碳纤维周围的尼龙形态可以说明,碳纤维的加入并没有影响尼龙良好的塑性,从而使复合材料也具有一定的韧性。碳纤维的均匀分布对基体的作用也可以近似用"弥散强化"来解释,由于碳纤维的加入在一定程度上限制了尼龙分子链变形时的自由运动,从而增加了基体塑性变形的抗力,提高了复合材料的强度。

图 1-43 是两张烧结件断面细节放大 SEM 照片,从图中可以更加清楚地观察到纤维拔出所留下的孔洞、纤维的形态以及纤维周围尼龙基体塑性变形留下的形貌。从图中还可以观察到纤维的侧壁上仍然保持纤维原始的光滑表面,说明纤维与尼龙基体之间的黏结强度不及尼龙基体本身的强度;但在纤维的端部仍然可见残留其上的尼龙基体呈现塑性变形状态,这可能是由于碳纤维端部存在更多不饱和的化学键,从而成为活性点,与尼龙基体产生了大量化学键合的缘故。

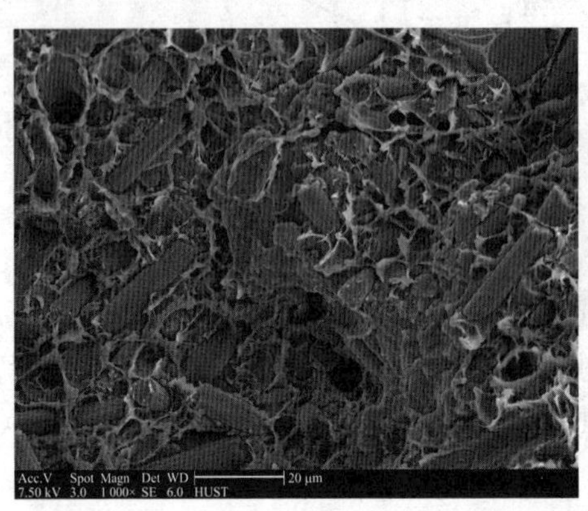

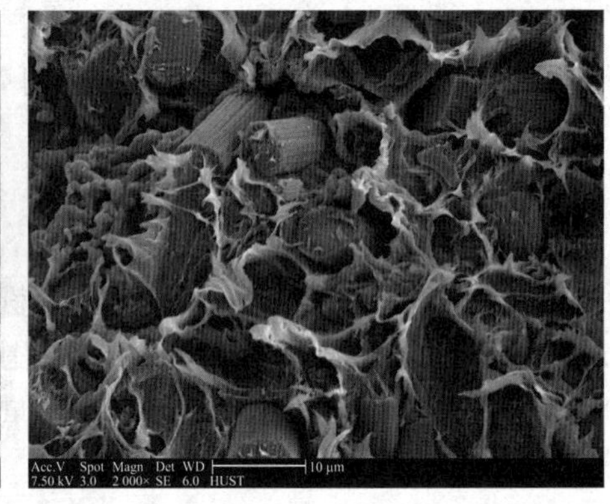

图 1-43 烧结件断面细节放大 SEM 照片

短纤维复合材料的破坏通常始于微观空隙和细观裂纹,这些缺陷存在于增强相、基体和介相中。在复合材料的制备过程中,也会产生缺陷,尤其对于激光选区烧结工艺而言,烧结件内部存在少量的微小孔隙是难以避免的。短纤维复合材料的最终破坏是几种细观力学作用过程的结果,断裂的宏观外貌取决于这些作用过程中哪一个控制着整个破坏过程。

图 1-44 所示为裂纹穿过某一短纤维增强树脂的路径示意图,图中包括了短纤维复合材料的主要破坏机制:A——纤维断裂;B——纤维拔出;C——纤维/基体脱黏;D——塑性变形和树脂基体的破坏。

通过之前的断面 SEM 照片可以发现,CF/PA 复合粉末烧结件的断裂方式主要包括纤维拔出、纤维/基体脱黏以及塑性变形和树脂基体的破坏。

对于复合材料抗弯强度和弯曲模量的提升,可以作如下解释:一方面,由于碳纤维的加入，可塑性变形的基体含量相应减少；另一方面，破坏机制为 B 和 C 时，裂纹的扩展需要绕过纤维，从而增加了裂纹扩展的路径，且在破坏机制为 C 时，纤维的桥接作用在一定程度下减缓，减弱了裂纹的进一步扩展趋势，从而阻碍了整个基体的断裂；由于纤维的刚性限制，尼龙基体的塑性变形受到一定的阻碍，变形抗力增大。以上几点综合在一起，导致了复合材料抗弯强度和弯曲模量的大幅度提高。

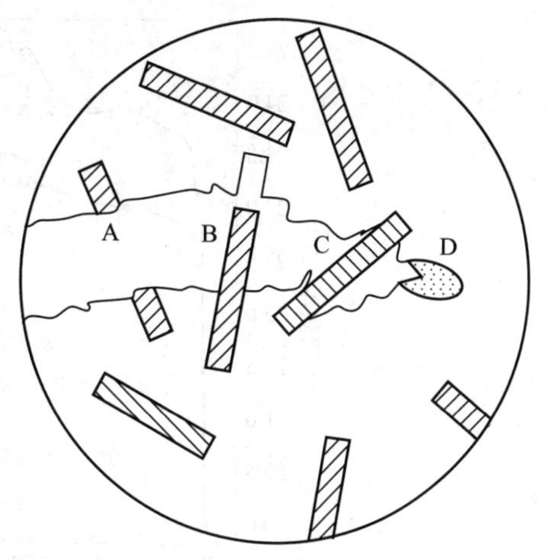

图 1-44　裂纹穿过某一短纤维增强树脂的路径示意图

对于复合材料良好的抗冲击性能，可以作如下解释。首先，基体材料提供了部分的复合材料断裂能。如果基体材料是某种脆性树脂，与纤维断裂或界面破坏相比较，基体部分断裂能是较小的。作为纤维增强的结果，复合材料的断裂能高于填充碳纤维的基体材料的断裂能。由于尼龙基体具有极其良好的塑性，由基体产生的能量吸收高于断裂过程中纤维加入引起的能量吸收，因而，与尼龙基体相比较，复合材料的抗冲击性能随着碳纤维含量的增高而逐渐降低；而与其他填充材料相比较，却由于纤维加入引起的额外能量吸收，保持了更好的抗冲击性能。

纤维端部如果没有与基体良好地结合而存在空隙时，纤维/基体的界面处存在较高的应力集中，从而促进裂纹的扩展。而从 SEM 照片来看，纤维端部仍残留有塑性变形之后的尼龙基体，说明端部与基体的结合良好，这也是纤维表面覆膜尼龙的优点之一，进一步确保了复合材料力学性能的提高。

1.3.5　聚苯乙烯(PS)类粉末

非晶态聚合物在烧结过程中熔体黏度高，烧结速率慢，因而其烧结件密度较低，力学性能较差，但由于其成形收缩小，因而其烧结件具有较高的尺寸精度。非晶态聚合物的 SLS 制件通过浸渗蜡和树脂，分别用于熔模铸造蜡模和性能要求不高的功能零件。

PS 易于低温粉碎，制粉成本低。PS 粉末烧结温度较低，SLS 制件精度高，是现今广泛使用的一种 SLS 材料，主要用于熔模铸造方面。高抗冲击聚苯乙烯(high impact polystyrene，HIPS)为 PS 的冲击改良品种，组分为 PS 和橡胶。由接枝共聚法生产的 HIPS 可以克服共混法制备的高抗冲击聚苯乙烯橡胶相分散不均匀的缺点。HIPS 的外观为白色不透明珍珠球状或粒状颗粒，其抗冲击性能优异，具有 PS 的大多数优点。

1.3.5.1　HIPS 粉末的 SLS 工艺特性

实验所用 HIPS 粉末颗粒粒径分布在 30~80 μm，粉末颗粒呈不规则状。HIPS 的线膨胀系数小，铺粉层厚为 0.10 mm，铺粉效果很好。

图 1-45 所示为 PS 和 HIPS 的 DSC 曲线，由曲线可知 PS 和 HIPS 的 T_g 分别为 102 ℃和 97 ℃，PS 和 HIPS 的烧结温度分别为 92~102 ℃和 88~98 ℃，虽然两种聚合物的玻璃化温度有差异，烧结温度也不一样，但烧结窗口均为 10 ℃，说明两者的烧结性能类似，都具有较好的烧结性能。

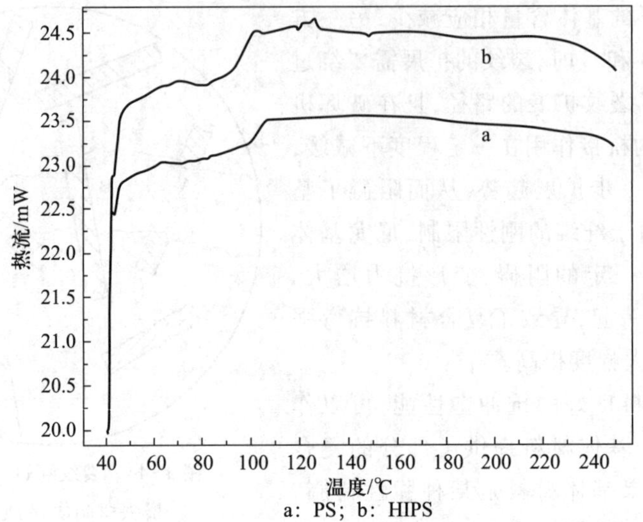

图 1-45　PS 和 HIPS 的 DSC 曲线

1.3.5.2　HIPS 粉末激光烧结件的性能

PS 和 HIPS 烧结件的力学性能如表 1-16 所示，可见相对于 PS 而言，HIPS 烧结件具有较好的力学性能，这是因为 HIPS 中橡胶成分的加入有利于粉末颗粒间的黏结，图 1-46 验证了这一推测。

表 1-16　PS 和 HIPS 烧结件的力学性能

	抗拉强度/MPa	断裂伸长率/%	杨氏模量/MPa	抗弯强度/MPa	冲击强度/kJ/m²
PS	1.57	5.03	9.42	9.8	2.4
HIPS	4.49	5.79	62.25	18.93	3.30

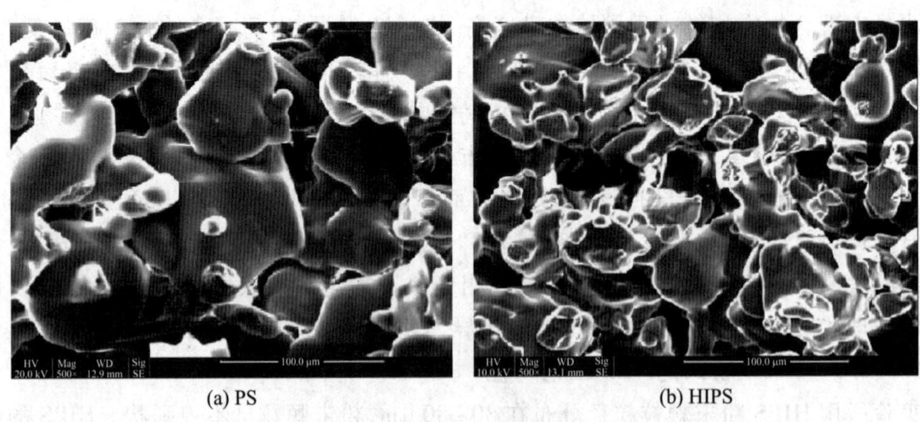

(a) PS　(b) HIPS

图 1-46　PS 和 HIPS 烧结件的显微图

虽然在烧结件的力学性能方面 HIPS 优于 PS，在烧结性能方面两者相似，但 HIPS 中橡胶成分的黏弹性使得烧结成形后清粉工作相对困难，且在烧结过程中，橡胶易分解，会放出难闻的气味，因此 HIPS 粉末在 SLS 中的应用不如 PS 普遍，比较适合于对烧结件力学性能有较高要求的情况，如制作大型薄壁件。

1.3.5.3 后处理工艺对 HIPS 粉末烧结件性能的影响

(1) 增强树脂的选配

将增强树脂的液体渗透到 SLS 制件中，以填满粉末颗粒间的孔隙，从而达到增强 SLS 制件的目的。从理论上讲，为使制件具有较高的力学性能，希望增强树脂与 SLS 本体材料能够很好地结合，即两者要有较好的相容性，只有两者互相扩散，互相渗透，才能达到最佳的增强效果。

材料的相容首先要满足热力学上的可能性，一个过程只有在自由能降低的情况下才可能进行，用式(1-46)表示为：

$$\Delta G=\Delta H-T\Delta S$$

只有当自由能 ΔG 小于零时该过程才可能进行，而一般情况下混合熵 ΔS 是增大的，所以，决定相容性的关键是 ΔH，而

$$\Delta H=V\varphi_1\varphi_2(\delta_1-\delta_2)^2 \tag{1-48}$$

式中 δ 为材料的溶解度参数。由式(1-48)可知，相容性的好坏取决于溶解度参数 $|\delta_1-\delta_2|$ 的大小，溶解度参数 δ_1、δ_2 越接近，两者的相容性越好，增强效果越好。溶解度参数原则与极性原则相结合能够比较准确地判断聚合物的相容性，SLS 所用的 PS 粉末的溶解度参数 δ 为 8.7~9.1，与聚酯类比较接近，而环氧树脂的溶解度参数 δ 为 9.7~10.9。PS 粉末与不同的固化剂和稀释剂配合时溶解度参数有所不同，通过适当调节既可达到与粉末有较好的相容性，也可达完全不相容。

然而，对用于 SLS 制件后处理的增强树脂来说，还需要考虑其对制件精度的影响，如 502 胶液虽与 PS 具有较好的相容性，却因相容性太好，导致后处理过程中，液体增强树脂使本体粉末材料完全溶解，而 AB 胶、聚酯类也与粉末具有较好的相容性，虽然不会溶解粉末材料，却会使制件变软。

用溶解度参数的原则来衡量，环氧树脂与 PS 和 HIPS 材料的溶解度参数相差并不是很大，从极性原则上讲，两者的极性相差也不大，适中的相容性和可调性是选择环氧树脂作为后处理材料的重要原因。为使经后处理的制件强度更大，可通过调节固化剂和稀释剂来提高相容性；为减小后处理过程中的变形，则应该降低相容性。PS 和 HIPS 的 SLS 制件只是靠粉末间的微弱结合连在一起，强度很低，用液体增强树脂渗透时，粉末间的结合很容易被破坏，以至于从渗透树脂到树脂固化这段时间里制件因自身重力等原因而变形。表 1-17 为含 12~14 个碳长链的缩水甘油醚(5748)和含 4 个碳的丁基缩水甘油醚(660A)作稀释剂时对 SLS 制件变形性的影响。

表 1-17 不同稀释剂对 SLS 制件变形性的影响

稀释剂	结果
5748	渗入树脂后稍微发软，制件出现一定的弯曲变形
660A	渗入树脂后不发软，制件未观察到弯曲变形

由以上实验可知，由于稀释剂 5748 带有长链，提高了与 PS 的相容性，破坏了粉末颗粒间的结合，导致了制件在后处理过程中的变形。所以，为了保证制件的精度，增强树脂与粉末的相容性不能太好，但也不能太差，以至于不能润湿，既不利于外观的改善，也不利

于增强制件强度。

增强树脂的溶解度参数由环氧树脂、稀释剂和固化剂共同决定，由于环氧树脂的溶解度参数变化不大，因此增强树脂与粉末的相容性好坏主要由固化剂和稀释剂决定。然而，环氧树脂固化剂和稀释剂的品种繁多，改性的手段也很多，特别是固化剂多为混合物，无法从手册中查得其溶解度参数值，要测量每种固化剂的溶解度参数几乎不可能，也没有必要。所以在进行选择时估算溶解度参数是必要的，再结合极性原则，可初步估算增强树脂与粉末的相容性好坏。溶解度参数的估算公式为

$$\delta=\frac{\sum F}{M}\cdot\rho \tag{1-49}$$

式中：$\sum F$ 为重复单元中各基团的摩尔引力常数；M 为重复单元的相对分子质量；ρ 为密度。

环氧树脂有一定的极性，PS 为非极性材料，因此在固化剂中引入极性大、摩尔引力常数大的基团，如氰基、羟基等；在稀释剂中减小非极性链的长度，可以达到降低制件相容性的目的，提高制件在操作过程中的尺寸稳定性；而在固化剂中引入极性小、摩尔引力常数小的基团可提高相容性，稀释剂中引入长链可同时提高制件的柔性和相容性，但却降低了稀释效果。

（2）后处理对 SLS 制件性能的影响

表 1-18 为 HIPS 粉末烧结件经树脂处理前后的力学性能。其中 A 为 HIPS 粉末烧结件，B、C 分别为经环氧树脂 HC2、HC1 处理的烧结件。HIPS 粉末烧结件的抗拉强度、抗弯强度分别为 4.49 MPa 和 21.80 MPa。HIPS 粉末烧结件经环氧树脂处理后的 B 制件和 C 制件的抗拉强度分别提高到 3.7 倍和 4.2 倍，冲击强度提高到 1.8 倍。

表 1-18　HIPS 粉末烧结件经树脂处理前后的力学性能

	抗拉强度/MPa	断裂伸长率/%	拉伸弹性模量/MPa	抗弯强度/MPa	弯曲模量/MPa	冲击强度/(kJ/m²)
A	4.49	5.79	62.25	21.80	1 056.31	2.62
B	16.61	6.68	254.89	28.55	1 791.84	4.71
C	18.79	6.25	346.95	31.59	1 838.31	4.78

图 1-47 为 HIPS 粉末烧结件拉伸断面的显微照片。图 1-47a 显示 HIPS 粉末烧结件在受到拉伸应力时，断面不光滑，说明 HIPS 材料经橡胶改性后有一定的柔韧性。同时，显微照片还显示 HIPS 粉末烧结件中颗粒间的孔隙较小，说明其烧结件是比较致密的。而在图 1-47b 和 c 中，经树脂处理后的烧结件中孔隙消失，致密度进一步提高。

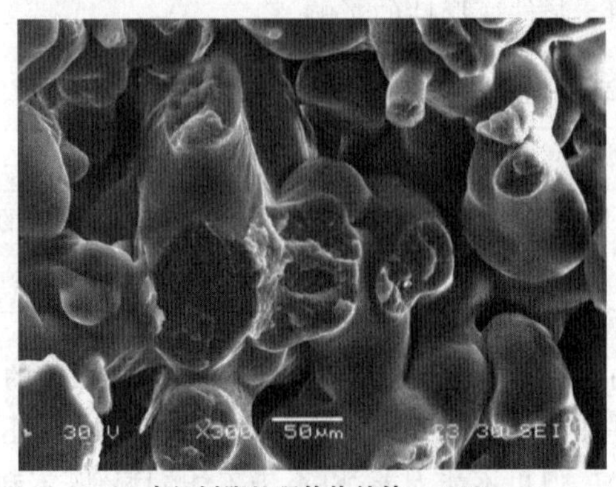

(a) 未经树脂处理的烧结件，×300

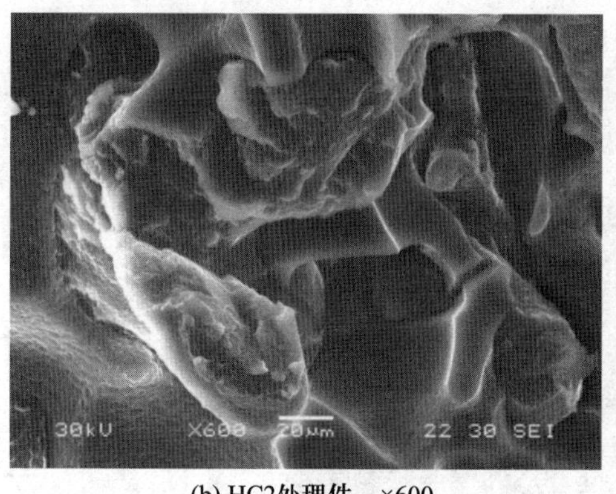

(b) HC2处理件，×600

(c) HC1处理件，×800

图 1-47　HIPS 粉末烧结件拉伸断面的显微照片

图 1-48 为 HIPS 粉末烧结件冲击断面的显微照片，由图 1-48a 可以清楚看出 HIPS 烧结件的冲击断面相当整齐，颗粒间熔合较好，因而其抗弯曲性能好。由图 1-48b 和 c 可以看出，填充于烧结件孔隙中的环氧树脂虽然增大了烧结件的致密度，但树脂所占比例较小，成为孤立的“岛状”，削弱了填充树脂的增强作用。在受到外力作用时，环氧树脂先行断裂，承受应力的主体为 HIPS 树脂。

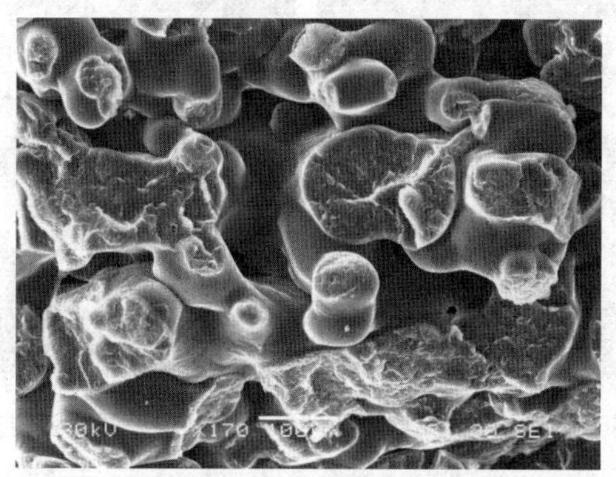

(a) 未经树脂处理的烧结件

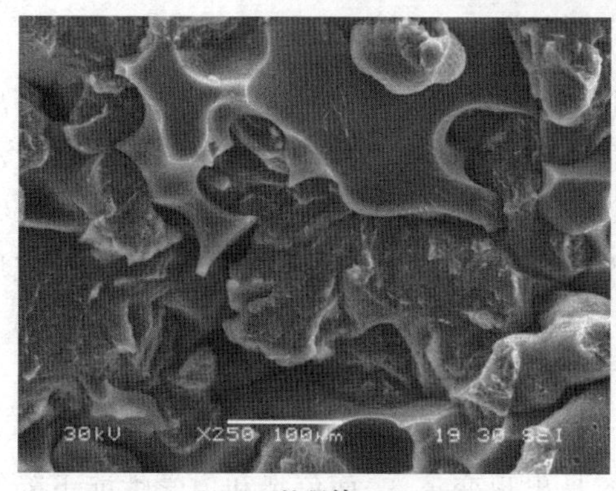

(b) HC2处理件，×250

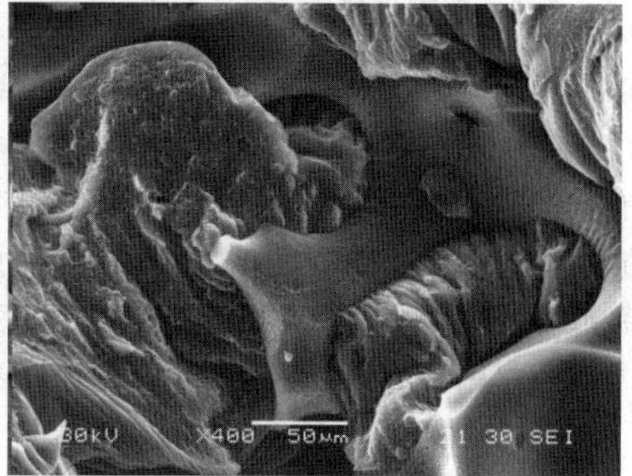

(c) HC1处理件，×400

图 1-48　HIPS 粉末烧结件冲击断面的显微照片

采用 SLS 工艺制造出的 HIPS 粉末烧结件，可以直接作原型测试件使用，经环氧树脂增强后，也可作为功能件进行装配使用。图 1-49 为用 HIPS 粉末烧结的叶轮，图 1-50 为 HIPS 烧结件经环氧树脂处理后的增强制件。较之 PS 粉末制件，HIPS 粉末制件可以烧结出壁厚为 0.20 mm 的薄壁件，在去除浮粉后，可以保持烧结件的完整性。

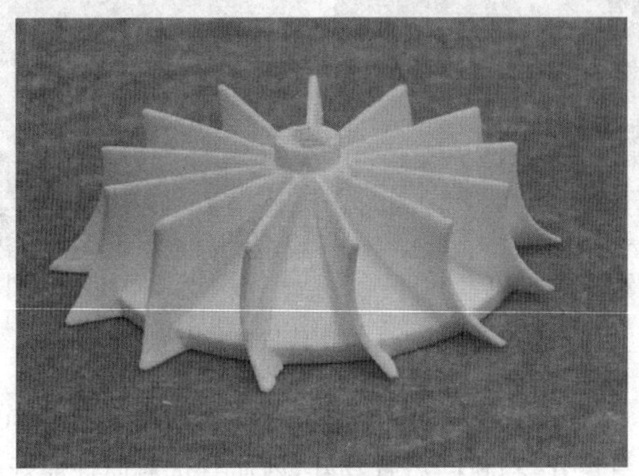

图 1-49　HIPS 粉末烧结的叶轮

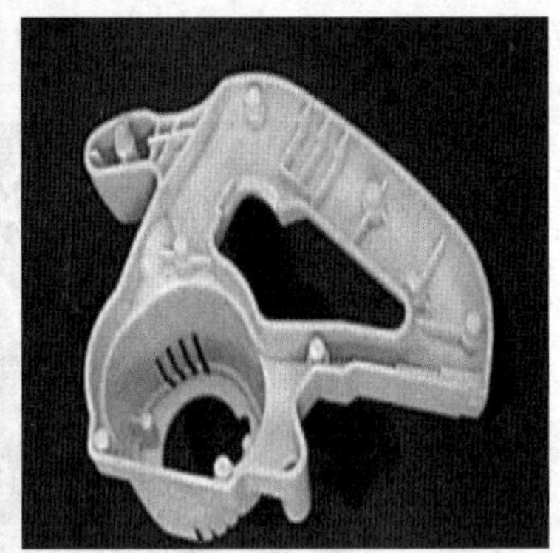

图 1-50　HIPS 烧结件经环氧树脂处理后的增强制件

1.3.6　聚丙烯粉末

聚丙烯(PP)是一种无毒、无臭、无味的结晶型聚合物，其玻璃化温度为-10 ℃，熔点为 164~170 ℃，密度仅为 0.9 g/cm³，是塑料中最轻的品种。PP 具有力学性能优良、吸水率低、化学稳定性高、电绝缘性能好、原料来源丰富、成本低廉等优点。但是纯 PP 粉末结晶度范围为 45%~52%，是 PA12(约 22%)的两倍以上。这种较高的结晶度导致 SLS 成形件的收缩变形风险增大，使得 PP 粉末材料的 SLS 加工性较差。为了提高 PP 的 SLS 加工性能，PP 往往不能直接进行激光烧结，而需要加入其他添加剂。

1.3.6.1　聚丙烯复合粉末的制备

聚丙烯易老化的缺点使其在室外使用时容易出现变黄、表面龟裂和力学性能下降等现象。特别是在 SLS 加工过程中，在光和氧的作用下，聚丙烯分子链上会产生氢过氧化物，最终导致 C—C 键断裂。因此为了提高聚丙烯粉末的可重复加工性及其产品的耐用性，本实验采用酚类与亚磷酸酯类抗氧剂按质量比 1∶1 组成的复合抗氧剂，对聚丙烯原料进行耐老化改性。这两种抗氧剂复合使用可产生强烈的协同作用，能够有效提高聚丙烯在 SLS 过程中的抗氧化性能，且自身受光和氧作用后不会发生变色，因加入量仅为 0.05%，不会对制件的性能造成影响。本研究中聚丙烯复合粉末的制备过程如下：将聚丙烯粉末、气相二氧化硅和抗氧剂按照质量比 100：0.5：0.05 加入三维运动混合机中，混合时间为 4h。图 1-51 所示为聚丙烯复合粉末。

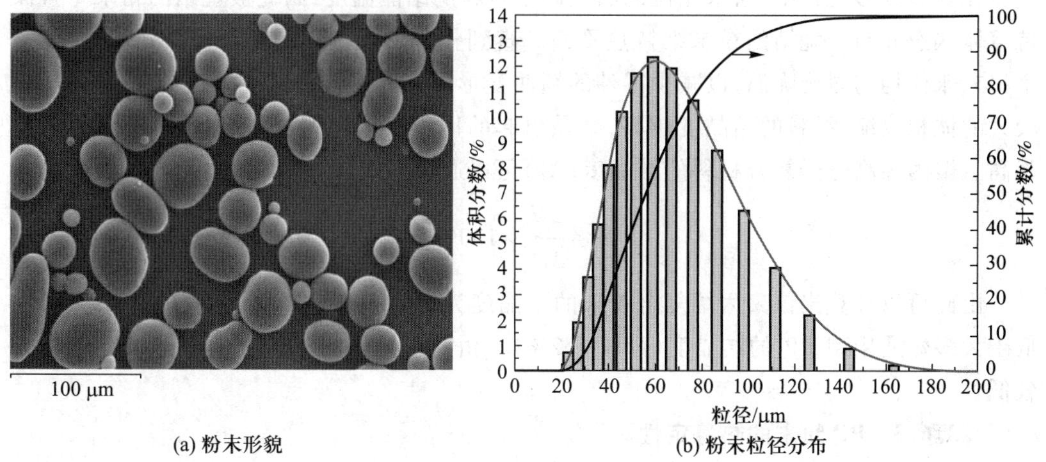

(a) 粉末形貌　　(b) 粉末粒径分布

图 1-51　聚丙烯复合粉末

1.3.6.2　PP 复合粉末的熔融与结晶特性

聚丙烯复合粉末的 DSC 曲线和烧结温度窗口如图 1-52 所示。PP 粉末的熔融与结晶特征参数列于表 1-19 中。从表中可以得出，该聚丙烯粉末的烧结温度窗口为[94.66 ℃，115.13 ℃]，其宽度约为 20.5 ℃，与最常用的 PA12 粉末的范围相近（14～30 ℃），因此也具有较好的 SLS 成形性能。在确定了材料的烧结温度窗口之后，在此区间内通过逼近实验法，确定预热温度为 105 ℃，该聚丙烯复合材料的预热温度比常用的 PA12 的预热温度（172～178 ℃）低得多。较低的预热温度有利于提高材料的可重复利用率，同时也降低了对 SLS 设备预热系统的要求。

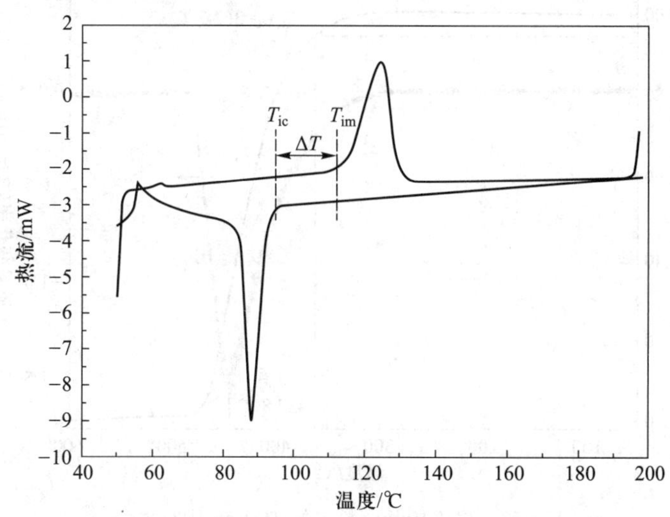

图 1-52　聚丙烯复合粉末的 DSC 曲线和烧结温度窗口

表 1-19 PP 粉末的熔融与结晶特征参数

样品	T_{im}/℃	T_{pm}/℃	T_{ic}/℃	T_{pc}/℃	ΔH_m/(J·g^{-1})	ΔH_c/(J·g^{-1})	X_c/%
PP 粉末	115.13	124.43	94.66	91.1	53.87	64.15	30.43

注:表中 X_c 为结晶度。

在 SLS 成形过程中,粉末床体的温度高于材料的结晶温度,因此被烧结的粉末一直保持熔体状态并与未烧结的粉末维持热平衡。直到整个加工过程结束,SLS 成形件才随整个粉末床体均匀缓慢降温,以减少零件的翘曲变形。半晶态高分子材料在结晶时会产生较大的体积收缩,材料的结晶度越高,结晶引起的体积收缩越大,SLS 成形件变形的风险越高。聚丙烯高分子复合材料的结晶度(X_c)可以通过下式计算:

$$X_c = \frac{\Delta H_m}{\Delta H_m^0} \times 100\% \tag{1-50}$$

由此可以计算出该聚丙烯复合粉末的结晶度为 30.43%,与 PA12 相当(约 22%),远低于大多数通用型 PP 的结晶度(45%~52%)。由此可见该粉末的收缩变形风险也相对较低。

1.3.6.3 PP 粉末的热稳定性

在整个 SLS 成形过程中,高分子粉末需要经历红外预热、激光加热和自然冷却的热循环过程。在此过程中,材料极易发生老化和降解,因此未烧结的粉末可以回收利用,但其 SLS 制件的性能总是低于新粉 SLS 制件的性能。从热失重(TGA)曲线中获得的热分解温度,可用于评价 SLS 材料的热稳定性。图 1-53 为聚丙烯复合粉末的 TGA 曲线和由 TGA 曲线经过一次微分得到的微分热失重(DTG)曲线,DTG 曲线上出现的峰与 TGA 曲线上失重台阶之间质量发生变化的部分相对应。从图中可以看出聚丙烯复合粉末的分解为单步反应过程,失重 5%时对应的温度($T_{d,5\%}$)为 362.7 ℃,最大热失重速率对应的温度(T_p)为 437.8 ℃。这两者均比粉末床体的预热温度 T_b 要高出许多,说明所用的聚丙烯复合粉末在 SLS 成形过程中具有较好的热稳定性。

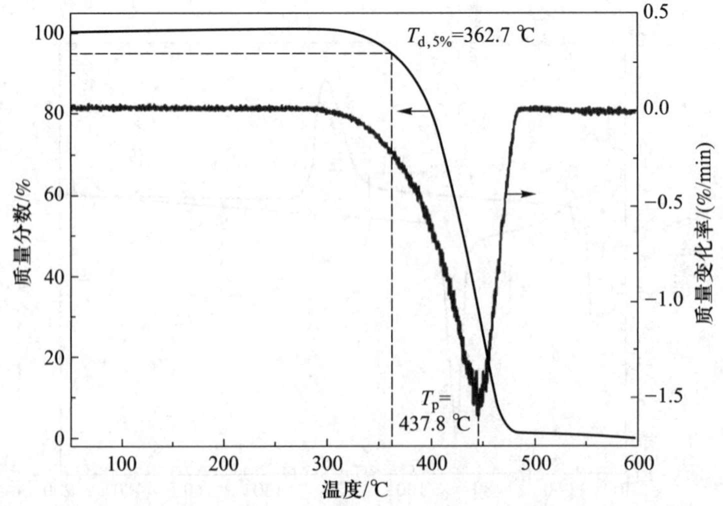

图 1-53 聚丙烯复合粉末的 TGA 和 DTG 曲线

1.3.6.4 PP 复合粉末成形件的力学性能

聚丙烯复合粉末成形件达到最大抗拉强度 19.9 MPa 时,各参数组合是 P=13.75 W;v=1 500 mm/s;h=0.15 mm;s=0.2 mm 和 T_b=105 ℃。将此参数下的 SLS 成形件与注塑成形件的力学性能进行对比,SLS 和注塑成形件的拉伸应力-应变曲线如图 1-54 所示,具体的力学性能对比列于表 1-20 中。可以发现,SLS 成形件的抗拉强度和拉伸模量分别为 19.9 MPa 和 599.1 MPa,注塑成形件的抗拉强度和拉伸模量分别为 16.6 MPa 和 349.1 MPa。SLS 成形件的抗拉强度和拉伸模量分别比注塑成形件高出了约 20%和 72%。从前面的微观结构和结晶特征分析来看,导致 SLS 成形件拉伸力学性能提高的主要原因有以下两个方面:一个是 SLS 成形件的结晶度较高,结晶度的增加有利于提高其抗拉强度和拉伸模量,这是最主要的原因;另外一方面,由于 SLS 成形件在特殊的结晶条件下形成了聚丙烯的 γ 晶型,据相关文献报导,γ 晶型的出现也有利于改善其抗拉强度和拉伸模量。

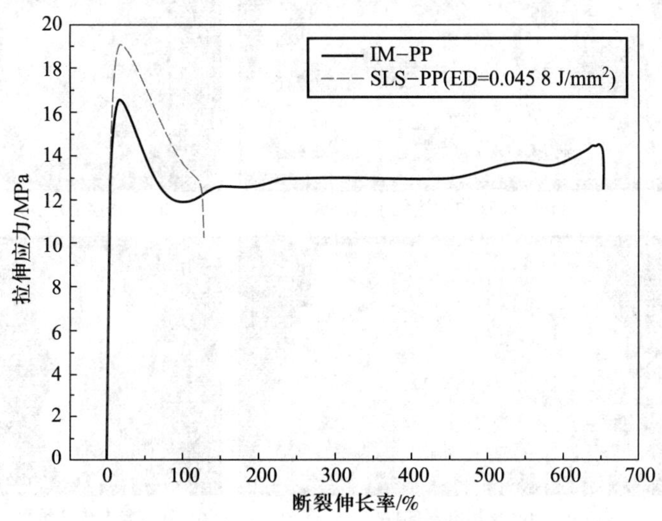

图 1-54 SLS 和注塑成形件的拉伸应力-应变曲线

表 1-20 SLS 和注塑成形件力学性能对比

(P=13.75 W;v=1 500 mm/s;h=0.15 mm;s=0.2 mm 和 T_b=105 ℃)

	抗拉强度/MPa	拉伸模量/MPa	断裂伸长率/%	韧性/(MJ/m³)
SLS-PP	19.9	599.1	122	19.3
IM-PP	16.6	349.1	609	79.2

从图 1-54 可以看出,注塑成形件的应力-应变曲线分为三个阶段。第一阶段为弹性变形阶段,应力随着应变呈线性增加,测试件均匀伸长。伸长率在 16%左右到达材料的屈服点,之后进入第二阶段,此时测试件的截面开始出现细颈区域,并不断扩展至整个平行段部分,该阶段也叫屈服和发展大形变阶段。第二阶段的应力-应变曲线变为应变不断增加,而应力几乎不变,该阶段一直延续至总应变达到 500%左右。进入第三阶段后,成颈部分又重新被拉伸变形,应力又开始随着应变增加直至断裂,该阶段也称为应变硬化阶段。注塑成形件的平均断裂伸长率为 609%±40%。SLS 成形件的应力-应变曲线只存在弹性和屈服阶段,没有观察到发展大形变和应变硬化阶段,平均断裂伸长率为 122%±25%。由于 SLS 成形的聚丙烯复合材料的断裂发生在屈服之后,因此也属于韧性断裂。相比之下,注塑成形件的断

裂伸长率远远高于 SLS 成形件，但即便如此，该聚丙烯复合材料仍然显示出比大多数常用的 SLS 高分子材料（如 PS、聚醚醚酮和 PA 等）更高的断裂伸长率。

注塑成形件的平均韧性值为 79.2 MJ/m^3，而 SLS 成形件的平均韧性值仅为 19.3 MJ/m^3。SLS 成形件的断裂伸长率和韧性均低于注塑成形件的原因主要是 SLS 成形件中还存在少量的孔隙（约 2.2%）。材料的韧性和断裂伸长率受内部孔隙率的影响很大，容易产生应力集中区而导致裂纹的萌生和扩展。另外，SLS 成形件在缓慢冷却的过程中形成了较高的结晶度和较大尺寸的球晶，降低了材料的韧性，而注塑成形件中较低的结晶度和细小的球晶则有利于材料韧性的提高。

图 1-55 所示为用最佳参数组合的 SLS 工艺制造的聚丙烯复合材料零件，这些零件可以直接作为功能件使用。

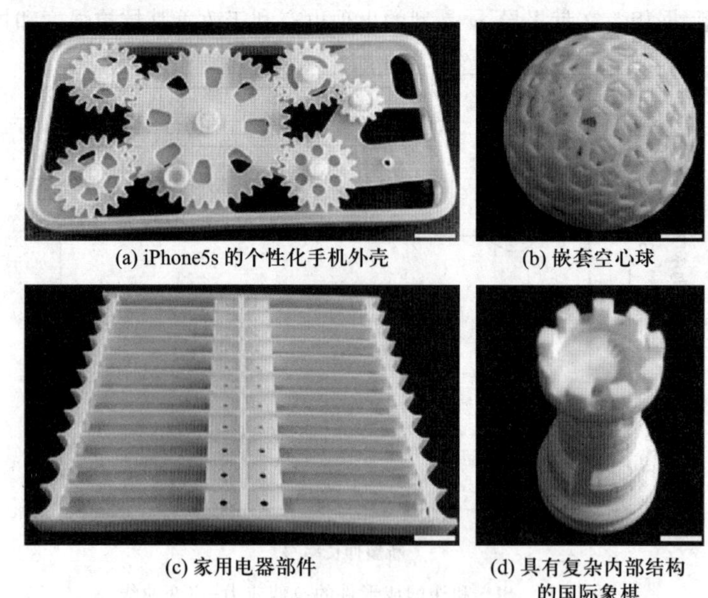

(a) iPhone5s 的个性化手机外壳　(b) 嵌套空心球

(c) 家用电器部件　(d) 具有复杂内部结构的国际象棋

标尺：1 cm

图 1-55　由 SLS 制造的聚丙烯复合材料零件

1.3.7　聚醚醚酮粉末

聚醚醚酮（polyether ether ketone，PEEK）是一种耐热的结晶型聚合物，熔点为 334 ℃，玻璃化转变温度为 143 ℃，可在 260 ℃温度下连续使用。其分子的组成有醚键、羰基及对位苯环，见图 1-56。PEEK 具有十分优良的强度和刚度，耐疲劳性能优异，化学稳定性好，耐油、耐酸、耐腐蚀，在常用的化学试剂中，只有浓硫酸能破坏其结构；具有优良的滑动特性、阻燃性及抗辐射性，还具有良好的生物相容性，是一种广泛应用于航空航天、汽车制造、电子电气、医疗和食品加工等高端制造业领域的特种工程塑料。

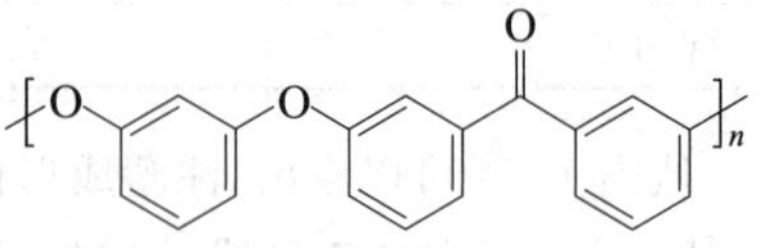

图 1-56　PEEK 分子结构式

1.3.7.1　PEEK 粉末的高温预铺红外辐射制备方法

PEEK 450 PF 粉末材料的高温预铺红外辐射所用预铺起始温度和保持温度设置相同，分为 250 ℃、270 ℃、300 ℃ 3 组。其他条件保持一致，预铺时间间隔为 20 s，分层厚度为 0.2 mm，红外辐射总时长为 5 h。所用成形腔体红外灯管功率固定为 2 300（调节范围 0~4 000），四灯管加热系数均为 0.6（调节范围为 0~1）。高温预铺红外辐射后对粉末的形貌、比表面积、粒径及分布以及烧结温度窗口等性能变化进行了测试。

图 1-57 所示为高温红外辐射时成形腔与送粉腔内的粉末膨胀现象。装备内进行高温预铺红外辐射时，发现 PEEK 450PF 粉末具有明显的高温膨胀现象，随着刮板铺粉次数的增多，刮至装备一侧的粉末量也逐渐增多，这说明高温预铺红外辐射方法确实对粉末的形貌及颗粒间的相互作用产生了一定影响。粉末在不同温度预铺红外辐射后的形貌变化如图 1-58 所示。未经红外辐射的原始粉末整体呈现不规则的非均一性形貌，但其中有小部分表面光滑的球形粉末存在。放大后可以看出，PEEK 450PF 粉末内部由分裂的小颗粒与碎片组成，颗粒与颗粒之间存在明显的狭缝孔隙。随着红外辐射温度的升高，对比原始粉末与 300 ℃红外辐射粉末可以看出，粉末内部颗粒与颗粒之间的狭缝孔隙已经明显消失，表面逐渐光滑。另一方面，粉末在更高温度红外辐射下，整体形貌更加规则均一，向球形化趋势发展，这一点在后面的 BET 比表面积测试中得到了证实。此外，可以发现小粒径粉末在红外辐射后逐渐减少。

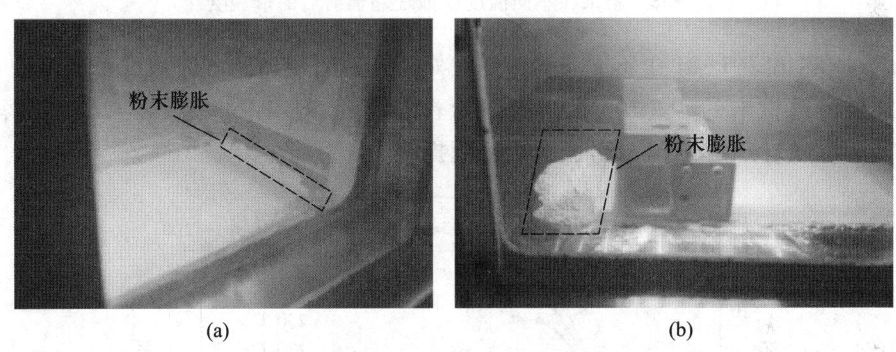

图 1-57　高温红外辐射时成形腔与送粉腔内的粉末膨胀现象

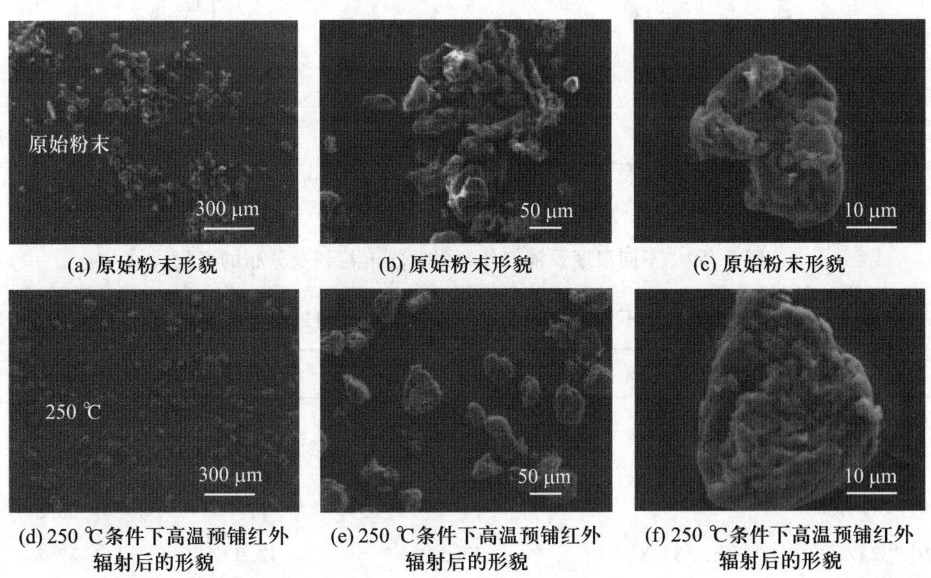

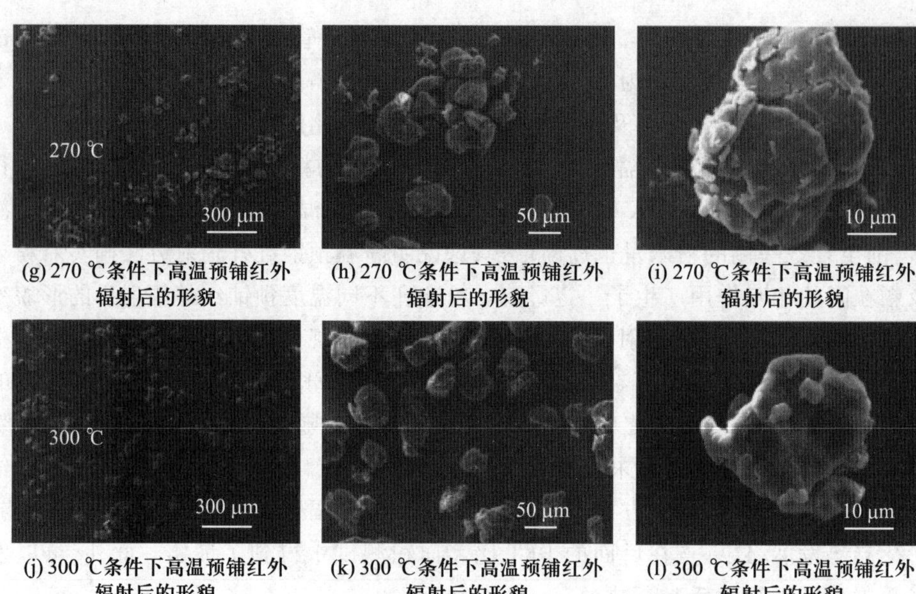

(g) 270 ℃条件下高温预铺红外辐射后的形貌　(h) 270 ℃条件下高温预铺红外辐射后的形貌　(i) 270 ℃条件下高温预铺红外辐射后的形貌

(j) 300 ℃条件下高温预铺红外辐射后的形貌　(k) 300 ℃条件下高温预铺红外辐射后的形貌　(l) 300 ℃条件下高温预铺红外辐射后的形貌

图 1-58　粉末在不同温度预铺红外辐射后的形貌变化

从图 1-59 和表 1-21 中不同温度预铺红外辐射后的粒径及分布测试中也可以看出，300 ℃红外辐射粉末的 $D_v(10)$ 相比于原始粉末已从 19.3 μm 提升至 26.5 μm，即在 10 vol%临界点的粉末粒径在红外辐射后得到提升。

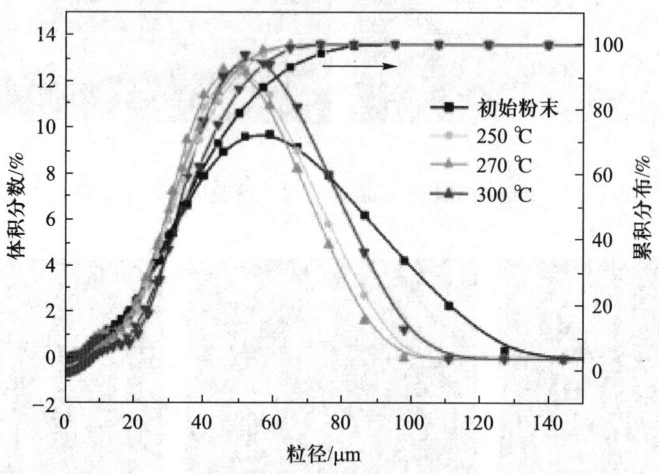

图 1-59　不同温度预铺红外辐射后粉末粒径及分布的变化

表 1-21　不同温度预铺红外辐射前后的粉末粒径变化

	初始粉末	250 ℃	270 ℃	300 ℃
$D_v(10)$/μm	19.3	20.8	20.2	26.5
$D_v(50)$/μm	51.4	47.4	45.9	52.1
$D_v(90)$/μm	92	74.5	72	80.8
$D[3,2]$/μm	34.8	33.5	32.9	37.3
$D[4,3]$/μm	53.9	47.7	46.1	52.6

PEEK 450PF 粉末经过不同温度预铺红外辐射后的 DSC 曲线如图 1-60 所示，其具体热性能数据列于表 1-22 中。可以看出，PEEK 450PF 粉末的烧结温度窗口在预铺红外辐射后逐渐变宽，在 300 ℃ 预铺红外辐射后，其理论烧结温度窗口可达 27.26 ℃。这与成熟的商用 PA12 粉末的烧结温度窗口基本一致，表示 PEEK 450PF 粉末具有良好的 SLS 加工性。通过起始熔点可以判定其加工温度可以设定在 322～324 ℃ 附近，但由于 PEEK 的高温成形温度与 PA12 的加工温度（168 ℃）存在非常大的区别，其实际加工温度仍需进一步摸索。

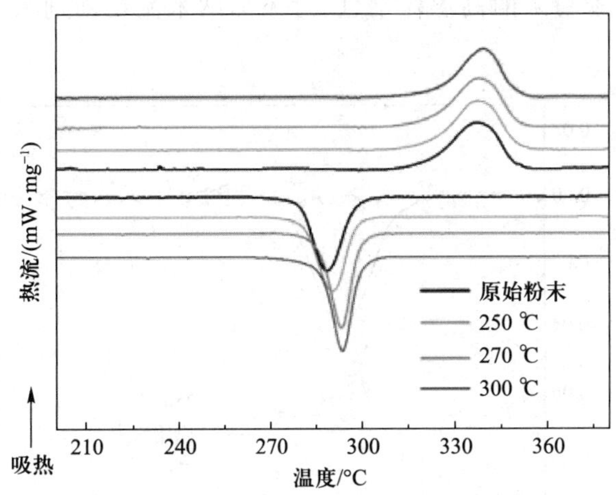

图 1-60　不同温度预铺红外辐射后 PEEK 450PF 粉末的 DSC 曲线

表 1-22　高温红外辐射前后粉末热性能数据

	初始粉末	250 ℃	270 ℃	300 ℃
T_{peak}^{m}/℃	336.53	336.71	337.05	338.46
M_r/℃	26.86 (322.45～349.31)	25.48 (323.19～348.67)	24.17 (324.02～348.19)	23.31 (324.76～348.07)
ΔH_m/(J/g)	37.39	36.63	35.93	32.45
X_c/%	28.76	28.18	27.64	24.96
S_w/℃	25 (297.45～322.45)	24.75 (298.44～323.19)	26.02 (298.74～324.76)	27.26 (296.76～324.02)
T_{peak}^{c}/℃	288.13	290.13	292.66	293.05
ΔH_c/(J/g)	-34.87	-38.62	-39.92	-39.93

此外，随着预铺温度的升高，PEEK 450PF 粉末的峰值熔点 T_{peak}^{m} 逐渐升高，熔程 M_r 逐渐缩短。这表明红外辐射后粉末的晶体结构趋向于更加有序。但需要注意的是，虽然其晶体结构趋向于有序，熔点升高，但熔融焓与结晶度却在预铺红外辐射后降低。这表明，在远高于玻璃化温度的预铺环境下，新形成的有序晶相结构并不是由无定形分子链排列形成的，而是由原本晶区内分子链重排所形成的。熔融焓的降低会在一定程度上导致

PEEK 450PF 粉末在 SLS 成形中二次烧结现象的加重，零件边界变得更加模糊。此外，发现原始 PEEK 粉末 155 ℃左右的冷结晶峰，经预铺红外辐射后已经消失（图 1-61），这一冷结晶峰是熔融态 PEEK 的骤冷所致。在远大于 155 ℃长时间的预铺红外辐射环境下，骤冷形成的不稳定晶型已发生完全转变，并形成熔程更窄的单一吸热峰。文献多有报道的 PEEK 经过缓慢结晶形成的双峰熔融现象在本实验中并未出现，这对于 SLS 也是非常有利的，可有效防止 PEEK 在预热过程中就发生结块现象而影响高温铺粉效果。高温预铺红外辐射方法对于 PEEK 450PF 粉末的 SLS 热性能、形貌变化、堆积密度均有一定程度的提升，为进一步改善粉末的高温流动性，可添加纳米流动助剂来改善颗粒间的相互作用。

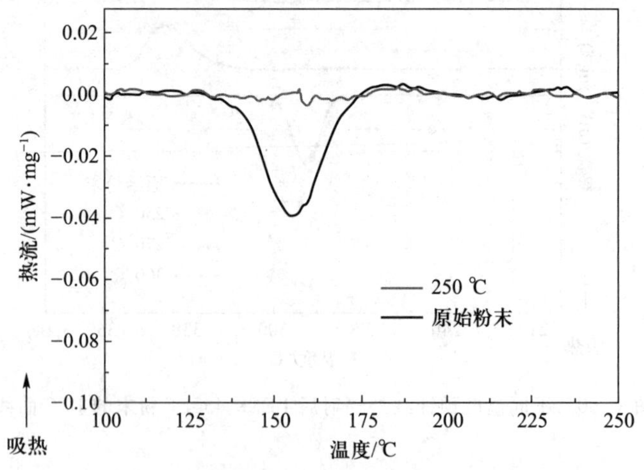

图 1-61　预铺红外辐射后 PEEK 粉末冷结晶峰的变化

1.3.7.2　激光能量输入对 PEEK 力学性能的影响

激光能量密度 E_d（energy density）由激光填充功率 P（power）、相同区域下的扫描次数 C（count）、激光扫描间距 S（scan spacing）以及激光填充速度 V（velocity）四个变量决定。其中，激光能量密度 E_d 与填充功率 P 和扫描次数 C 成正比，与扫描间距 S 和填充速度 V 成反比，可用下方公式表述：

$$E_d = \frac{PC}{SV} \tag{1-51}$$

式（1-51）的表述为激光面能量密度，其单位为 J/mm²，如果考虑分层厚度（h）的话，则式（1-51）可演化为激光体能量密度，单位为 J/mm³，如式（1-52）所示：

$$E_d^{vol} = \frac{E_d}{h} \tag{1-52}$$

从材料的角度出发，将使单位体积粉末熔融所需的能量定义为 E_m，其主要由粉末的表观堆积密度 P_d（packing density）、熔融焓 ΔH_m、比热容 C_p（specific heat capacity，C_p）以及粉末床体温度 T_b 与平衡熔点 T_m^0 之差所决定。平衡熔点可由 Hoffman-Weeks 图得到，本文根据已有文献报道将 T_m^0 定为 380.5 ℃。E_m 的计算可由公式（1-53）来表述：

$$E_m = [C_p(T_m^0 - T_b) + \Delta H_m]P_d \tag{1-53}$$

因此,粉末材料的能量熔融比 E_{mr}(energy melt ratio)可由激光体能量密度 E_d^{vol} 与单位体积粉末熔融所需的能量 E_m 之比来表述:

$$E_{mr}=\frac{E_d^{vol}}{E_m}=\frac{PC}{SVh[C_p(T_m^0-T_b)+\Delta H_m]P_d} \tag{1-54}$$

能量熔融比越高意味着相比于材料理论熔化所需能量越高,在 HT-SLS 加工中需耗费更多的能量才能使粉末发生熔化,但这并不表示粉末材料不发生降解。此外,能量熔融比可用来反求材料发生降解的 HT-SLS 工艺参数。此时的材料降解能量熔融比 E_{mr}^d(energy melt ratio of degradation)计算可由式(1-55)进行变形得到:

$$E_{mr}^d=\frac{E_d^{vol}}{E_d} \tag{1-55}$$

$$E_d=[C_p(T_d-T_m^0)+E_A/M_W]P_d \tag{1-56}$$

其中 E_d 为理论上材料降解所需能量,可由式(1-56)进行计算,T_d 为材料的起始降解温度,E_A 为材料的降解激发能,M_W 为材料的重均分子量,具体的 PEEK 450PF 粉末性质与能量熔融比 E_{mr} 计算相关参数列于表 1-23 中。将上述三式联立,可反求材料发生降解的 HT-SLS 工艺参数。式(1-57)所示为材料发生降解的激光功率:

$$P=\frac{E_{mr}^d SVh[C_p(T_d-T_m^0)+E_A/M_W]P_d}{C} \tag{1-57}$$

表 1-23　PEEK 450PF 粉末性质与能量熔融比 E_{mr} 计算相关参数

参数	代号	数值
平衡熔点	T_m^0	380.5 ℃
起始降解温度	T_d	559.97 ℃
降解激发能	E_A	249.7 kJ/mol
重均分子量	M_W	155 000 g/mol
熔融焓	ΔH_m	58.6 J/g
堆积密度	P_d	0.37 g/cm^3
比热容	C_p	2.2 kJ/(kg · ℃)
扫描次数	C	1
激光填充速度	V	500~3 000 mm/s
激光扫描间距	S	0.2 mm
激光填充功率	P	10~35 W
分层厚度	h	0.1~0.2 mm
粉末床体加工温度	T_b	330 ℃

在分层厚度及激光填充速度为定值的情况下,研究了 PEEK 材料抗拉强度及弹性模量与激光填充功率的影响关系,具体结果和数据见图 1-62 和表 1-24。通过整体变化趋势来看,随着激光填充功率的逐渐提升,PEEK 的抗拉强度及弹性模量均呈现上升趋势。与此同时,功率的提升使得制件强度及模量的误差也逐渐增大,材料的性能稳定性降低。在实际烧结过程中,功率的升高会导致制件表面的颜色逐渐加深。

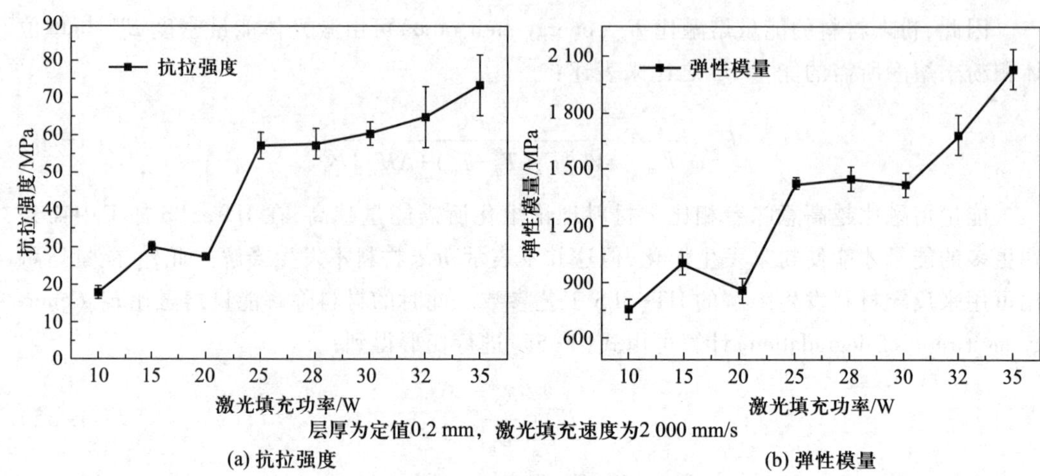

(a) 抗拉强度　　(b) 弹性模量

图 1-62　抗拉强度及弹性模量与激光填充功率的关系

表 1-24　不同激光填充功率下的抗拉强度及弹性模量

P/W	E_{mr}	抗拉强度/MPa	弹性模量/MPa
10	3.04	18.14±1.69	757.41±51.75
15	4.56	30.25±1.30	1 000.82±60.45
20	6.08	27.54±1.17	857.44±66.15
25	7.60	57.37±3.54	1 424.15±32.49
28	8.51	57.69±4.16	1 447.24±64.20
30	9.12	60.61±3.19	1 418.52±63.63
32	9.73	64.95±8.14	1 681.74±108.01
35	10.64	73.62±7.79	2 034.33±109.53

注：层厚为 0.2 mm，激光填充速度为 2 000 mm/s。

图 1-63 所示为能量熔融比为 10.64，激光填充功率为 35 W 时 PEEK 材料的烧结情况，可以发现，在激光扫描过后，烧结区域存在明显的分块现象，粉末熔融后来不及流平形成熔膜，需要额外热辐射一段时间，即扫描过后与下次铺粉之间需间隔一段时间，才能使其分块熔模流平并连接。这段间隔时间的设置对于材料性能及稳定性的提升具有重要作

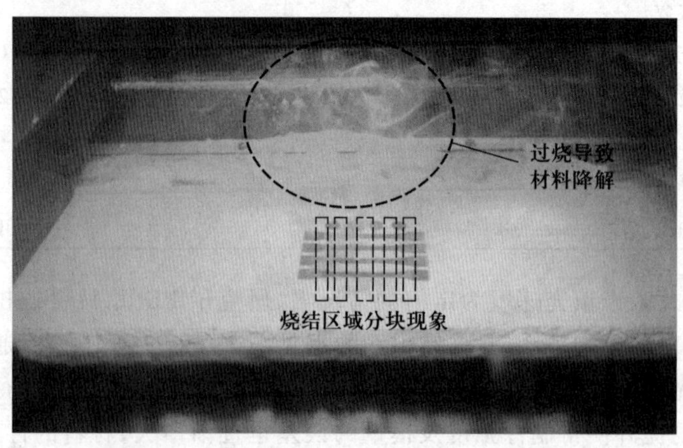

图 1-63　能量熔融比为 10.64，激光填充功率为 35 W 时 PEEK 材料的烧结情况

用。与此同时，35 W 激光扫描过后可以发现明显的烟雾现象，说明此时的 PEEK 材料已出现部分降解。此时的能量熔融比 E_{mr} 为 10.64，即激光的体输入能量是 PEEK 材料理论熔化所需能量的 10.64 倍，这与激光作用在材料上的瞬时能量过高及 PEEK 的激光吸收率具有较大关系。

当激光填充速度非常慢(500 mm/s)时，即使激光功率较低，烧结区域已经发黑严重。图 1-64 所示为激光填充速度为 500 mm/s，填充功率为 15 W 时的烧结情况，PEEK 已经发生过度降解，粉末之间无法有效烧结成形。此时的能量熔融比 E_{mr} 为 18.24，即激光的体输入能量是 PEEK 材料理论熔化所需能量的 18.24 倍。在低功率下单纯降低激光的填充速度对于力学性能的提升有限，15 W 的激光功率需在非常低的填充速度下制件性能才会有较大提升，由此导致加工效率的大幅降低。

图 1-64　激光填充速度为 500 mm/s，填充功率为 15 W 时的烧结情况

图 1-65 所示为抗拉强度及弹性模量与激光填充速度的关系。在 30 W 的激光填充功率下，随着激光填充速度的降低(即能量熔融比的升高)，PEEK 的抗拉强度及弹性模量呈现上下波动的动态平衡，并不具有明显的上升或下降趋势。这说明与低功率不同，在较高的激光填充功率下，填充速度的小幅度改变并不会对材料力学性能产生太

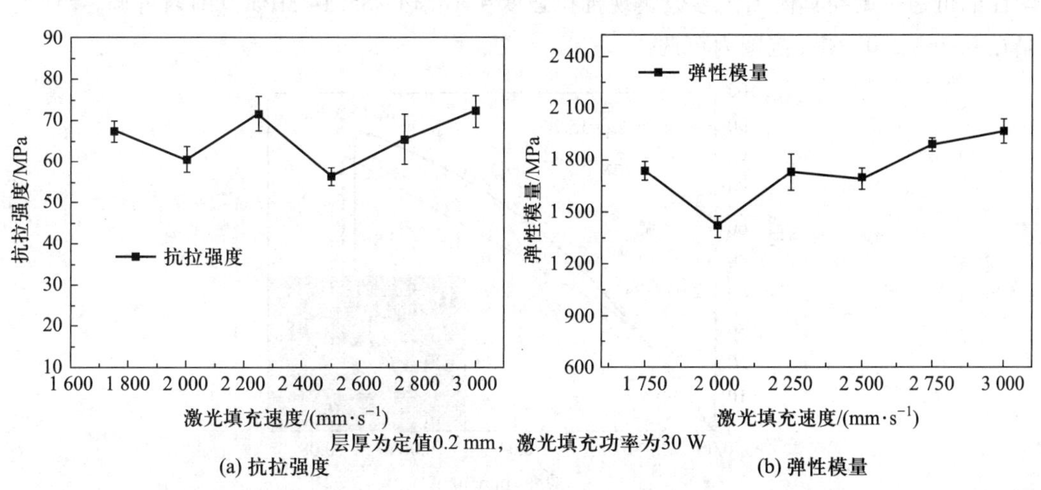

(a) 抗拉强度　　(b) 弹性模量

图 1-65　抗拉强度及弹性模量与激光填充速度的关系

大影响,其已基本进入平台阶段。其中,抗拉强度和弹性模量的最大值均在填充速度最快时出现,抗拉强度可达(72.42±3.95)MPa,弹性模量可达(1 968.24±69.13)MPa。此时的能量熔融比仅为6.08,这与前述实验同等能量熔融比下材料的力学性能具有明显区别(表1-24)。这说明即使激光能量输入相同的情况下,PEEK对于激光填充功率与填充速度的变化具有不同的敏感性。

图1-66为抗拉强度与E_{mr}关系散点图及其GaussAmp拟合曲线。PEEK的抗拉强度在能量熔融比E_{mr}为13~16范围内达到峰值,激光能量输入继续增大则导致材料强度的下降。

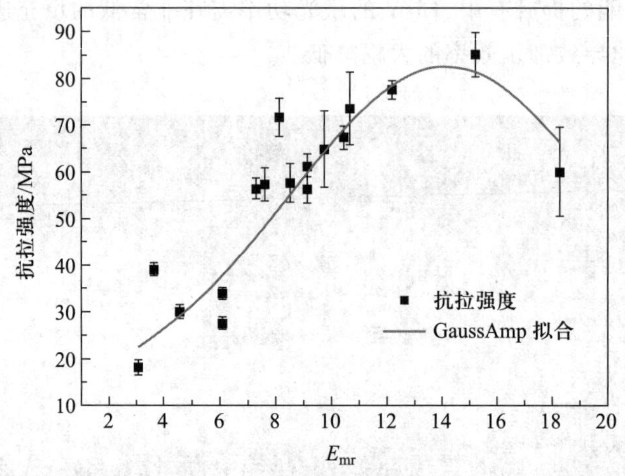

图1-66 抗拉强度与E_{mr}关系散点图及其GaussAmp拟合曲线

图1-67为最高抗拉强度与最大弹性模量的应力-应变曲线,在未经后处理的情况下,E_{mr}为15.20时,PEEK的抗拉强度达最高值(85.14±4.62)MPa,此时的弹性模量为(1 878.90±43.77)MPa。当能量熔融比E_{mr}为10.64时,PEEK的弹性模量达到最大值(2 034.33±109.53)MPa,此时材料的抗拉强度为(73.62±7.79)MPa。HT-SLS成形的PEEK制件最高强度已超过国外同行水平。此外,根据PEEK材料的实际应用场景,其力学性能可通过调控具体工艺参数实现抗拉强度在18.14~85.14 MPa范围内可调,弹性模量在0.76~2.03 GPa范围内可调。

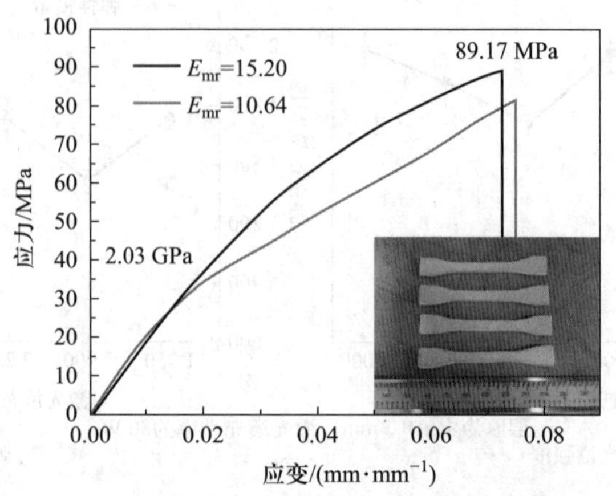

图1-67 最高抗拉强度与最大弹性模量的应力-应变曲线

图 1-68 所示为 PEEK 的高温激光烧结制件，上面两结构分别为 Gyriod 与 Diamond 极小曲面点阵结构，两者均是直径为 5 mm，高度为 10 mm 的圆柱，杆直径为 400～500 μm。最下面的图为椎间融合器部分零件。

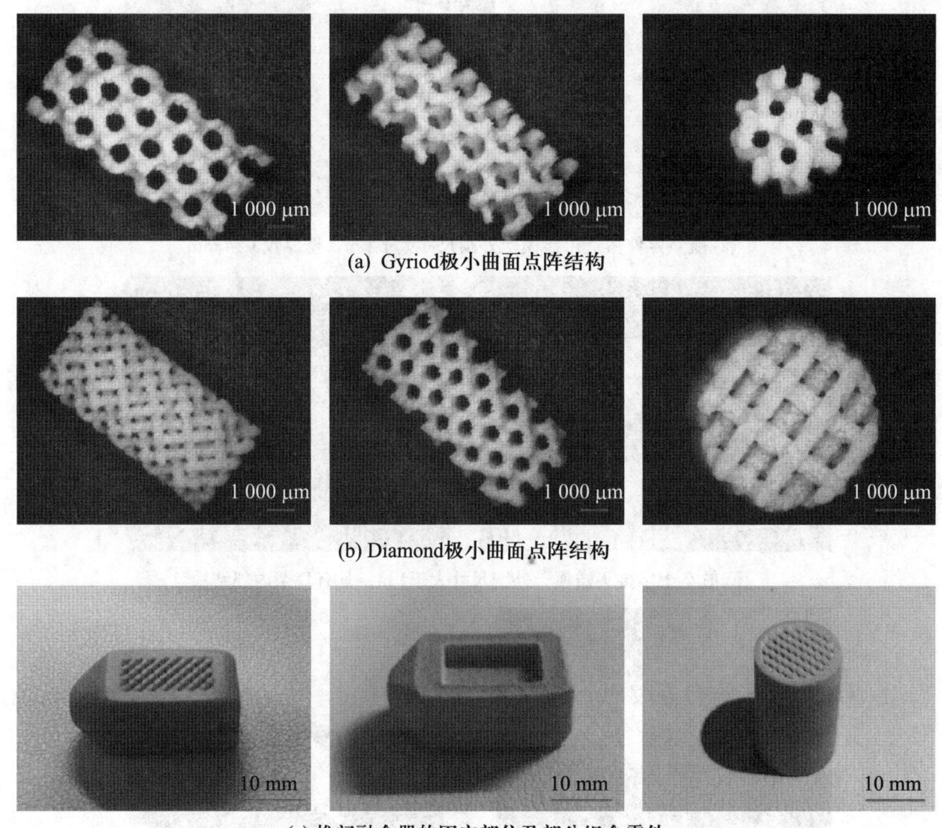

(a) Gyriod极小曲面点阵结构

(b) Diamond极小曲面点阵结构

(c) 椎间融合器的固定部位及部分组合零件

图 1-68　PEEK 的高温激光烧结制件

1.4　激光选区烧结高分子材料的典型应用

1.4.1　激光选区烧结高分子材料在成形铸造熔模中的应用

采用高分子粉末材料（如聚苯乙烯粉末），通过 SLS 技术成形大型复杂精密熔模，可免去模具设计与制造的步骤，减少工艺流程，缩短周期，降低成本，可实现铸造工艺"成本与周期双降一半"的目的，极大提升了传统铸造工艺水平，可用于制造航空航天、军工、船舶、汽车、机床等重大领域要求的关键零部件。

华中科技大学与英国伯明翰大学、英国罗尔斯-罗伊斯公司、法国空中客车公司、欧洲航天局、清华大学、中国航空研究院、北京航空材料研究院等单位共同承担欧盟框架七项目"Casting of Large Ti Structures"，华中科技大学主要研究航空领域大型复杂钛合金结构件铸造用蜡模的激光选区烧结制造技术，为空中客车公司提供制造大型钛合金航空零件所需的铸造熔模。图 1-69 为华中科技大学为空中客车公司制造的航空大型钛合金零件铸造蜡模及其铸件，图 1-70 为大型复杂航空发动机机匣的激光选区烧结成形熔模及其铸件。

(a) 航空零件铸造用蜡模，外围尺寸大于1 m，壁厚仅3~ 4 mm

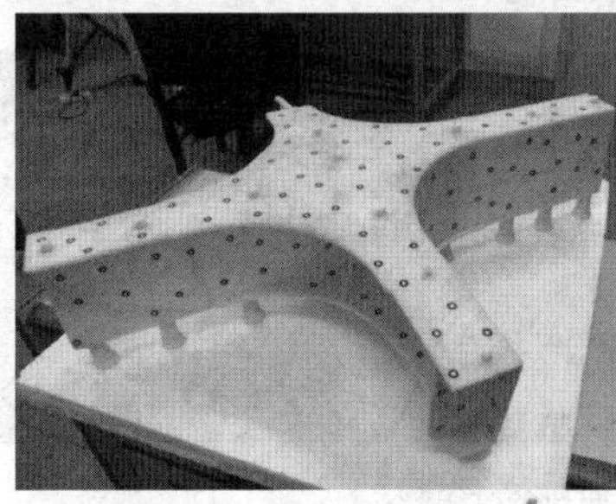
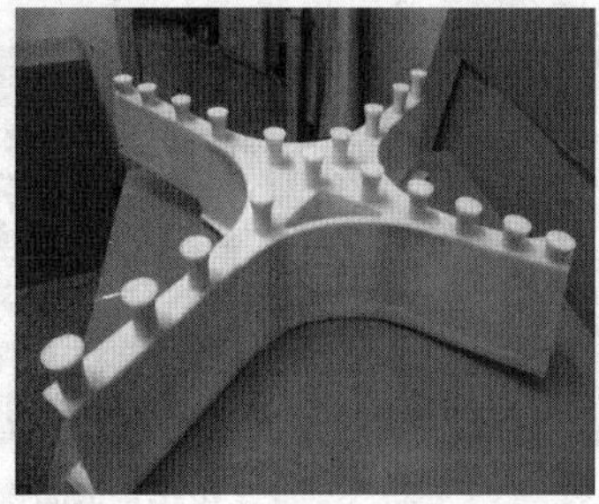

(b) 航空十字接头蜡模，外围尺寸大于1 m，具有复杂内部结构

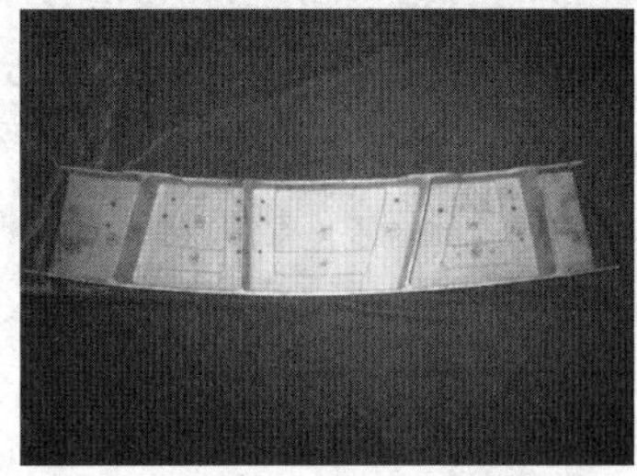
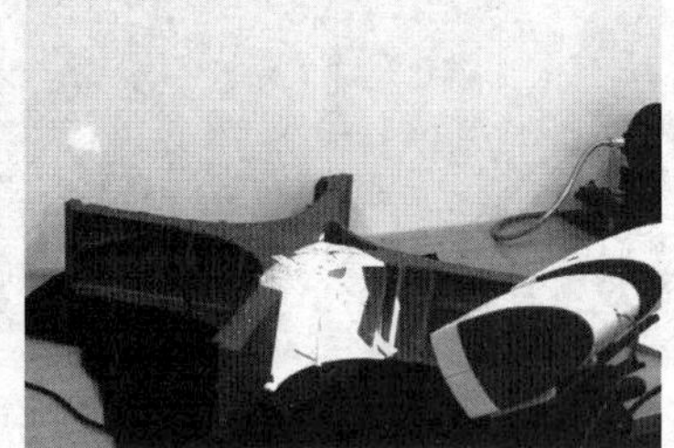

(c) 由大尺寸复杂蜡模铸造获得的航空钛合金零部件

图 1-69　华中科技大学为空中客车公司制造的航空大型钛合金零件铸造蜡模及其铸件

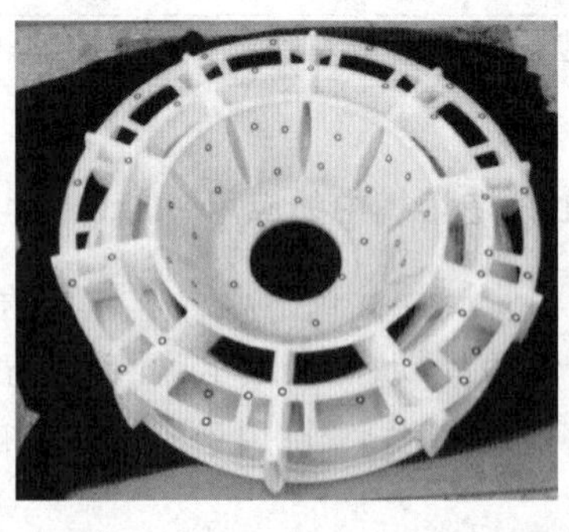

图 1-70　大型复杂航空发动机机匣的激光选区烧结成形熔模及其铸件

1.4.2　激光选区烧结高分子材料在成形假肢中的应用

为了更好地服务社会残障群体，满足其个性化、多样化的需求，2015 年底，湖北省康复辅具技术中心引进了华中科技大学研发的工业级激光选区烧结制造技术，致力于将 3D

打印技术应用于康复辅具行业。中心利用丰富的3D数字化平台和先进的康复辅具设计制造工艺，经过认真研究、科学认证，将3D打印技术应用到康复辅具的研发制作工艺中，研发出3D打印透气性接受腔一体化小腿假肢、3D打印脊柱矫形器、3D打印弹力仿生脚等产品，如图1-71所示。

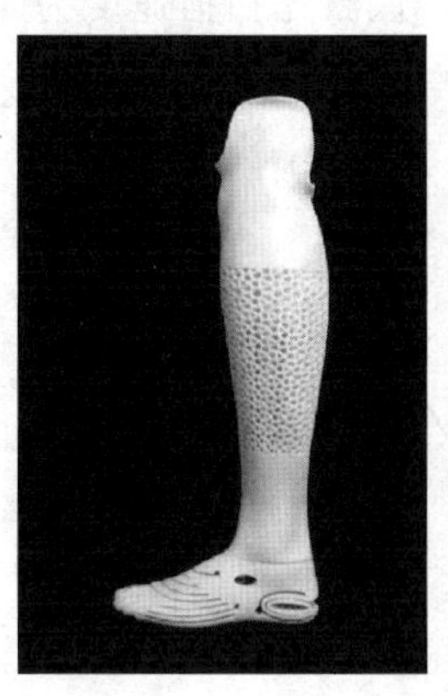
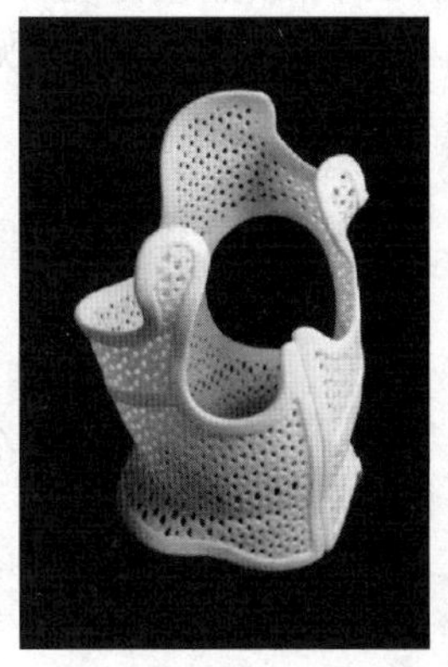
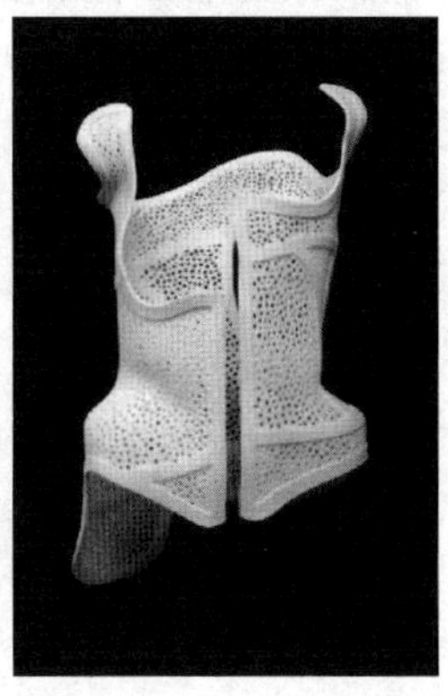

图1-71　采用SLS技术打印的假肢

本样件采用的是PA12粒料，随后采用溶剂沉淀法制粉。图1-72所示为溶剂沉淀法制备的粉末形貌及其粒径大小和分布情况。其颗粒接近于球形，粒径主要集中在40~70 μm之间，这样的粉末流动性好，适合于SLS的成形要求。选取加工参数如下：扫描速度为4 000 mm/s、激光功率为26 W、扫描间距为0.3 mm、铺粉层厚为0.1 mm。

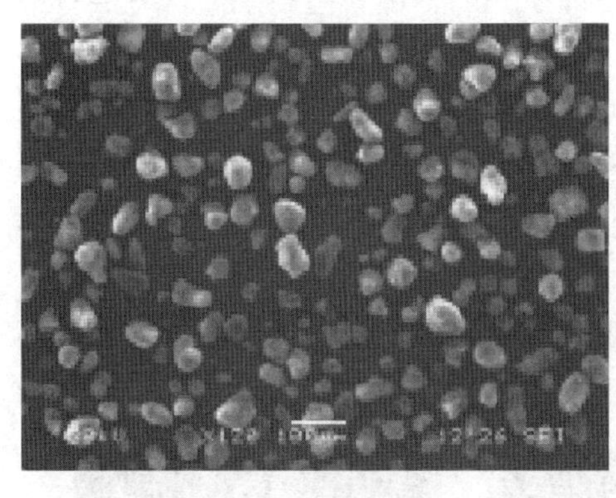
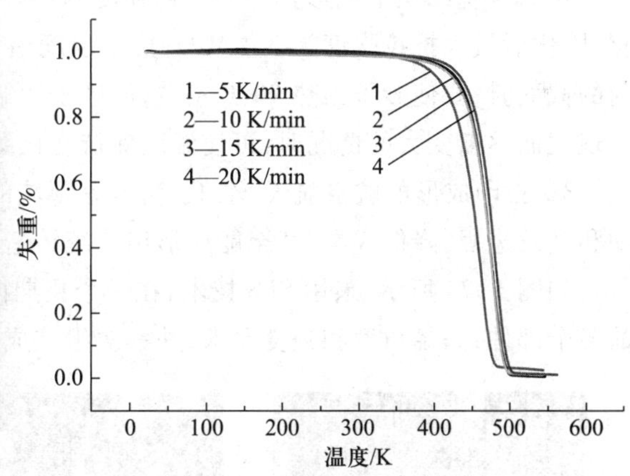

图1-72　溶剂沉淀法制备的粉末形貌及其粒径大小和分布

利用SLS技术工艺整体打印假肢，通过快速精准建模，制造周期短、过程智能化；卡扣结构设计可以使穿戴方便灵活，固定牢固可靠；通过专用软件系统设计矫形器力学结构，实现结构的局部增强，达到假肢功能性、透气性、美观性和轻量化的优化统一。

最后成形的假肢具有多样化仿生设计、个性化结构设计、个性化功能设计、标准化设计制造的特点，满足实际需求。

1.4.3 激光选区烧结高分子材料在成形铸造砂型中的应用

大型缸体砂型试样采用覆膜砂及酚醛树脂,覆膜砂采用热法覆膜制备,原砂为擦洗球形砂,粒型为多角形,颗粒粒径为74~149 μm,酚醛树脂含量为4%。图1-73为覆膜砂的DSC曲线。选取激光选区烧结参数如下:预热温度为50 ℃、激光扫描速度为100 mm/s、激光扫描间距为0.10 mm、激光功率为24 W、分层厚度为0.25 mm。

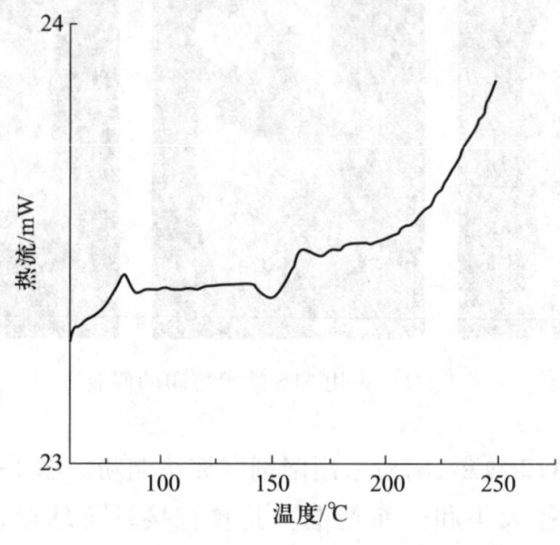

图1-73 覆膜砂的DSC曲线

在SLS烧结机上成形具有一定初强度的零件,然后在烘箱中加热到170 ℃后进行固化,固化后最大抗拉强度为3.4 MPa,抗弯强度最大值为5.43 MPa。成形过程中,在出现新的截面时,要使砂子预热90 ℃左右,使砂子微结块,成为零件的基底,起到固定作用,当出现截面逐渐变大的情况时,可使温度保持在比结块温度低5 ℃,这样避免产生翘曲。

3D打印成形的航空航天、军工、汽车等领域的大型关键零部件可以缩短设计制造周期和开发进程,降低成本,甚至能成形出传统铸造技术无法成形的一些复杂零部件。

如图1-74所示,采用SLS技术,在一个星期内成功地整体成形六缸发动机缸盖砂芯的各个部件,满足精度和强度要求,并一次组装成功。

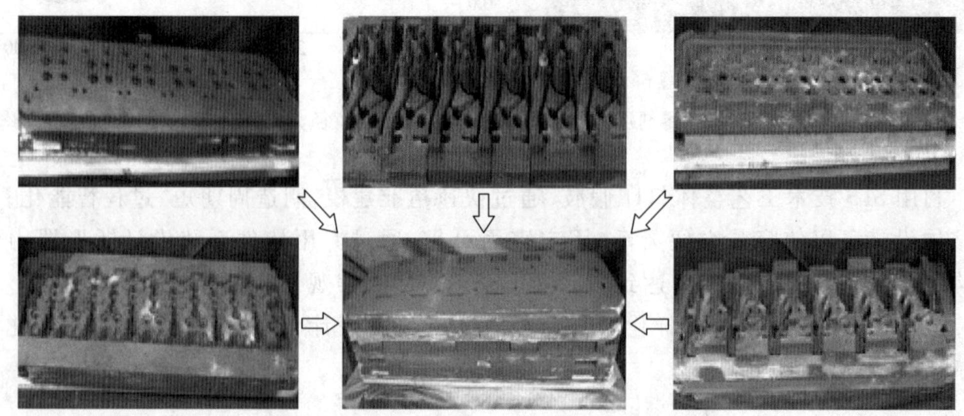

图1-74 采用SLS技术制造的六缸发动机缸盖砂芯(长×宽×高:1 072.19 mm ×397.42 mm ×221.90 mm)

图 1-75、图 1-76 为激光选区烧结高分子材料在成形铸造砂型中应用的举例。

下砂型

上砂型

尺寸：2 000 mm×1 000 mm×450 mm

图 1-75 采用 SLS 技术成形的 MJ100 缸体

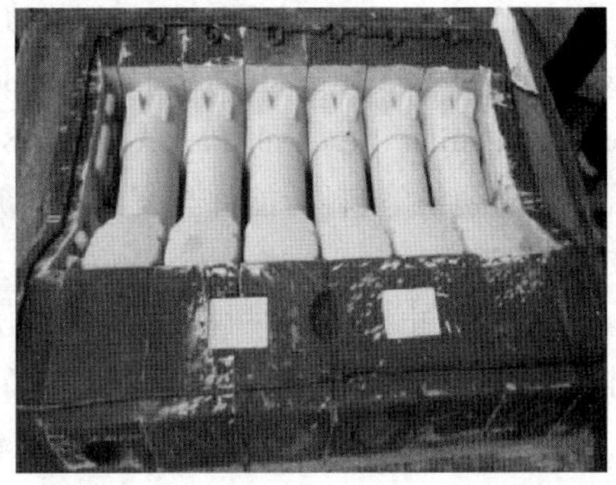

图 1-76 采用 SLS 技术制造的大型缸体砂型

思考题

1. 请简述激光选区烧结工艺的原理和成形过程。
2. 相对于其他增材制造工艺,SLS 技术的特点是什么?
3. 请简述 SLS 成形装备的组成。
4. 激光与高分子粉末的相互作用规律以及高分子粉末材料的烧结机理是什么?
5. 适用于 SLS 工艺的高分子粉末材料有哪些特性?
6. 高分子及其复合粉末材料的制备方法有哪些?
7. SLS 高分子粉末材料的关键参数及其表征方法是什么?
8. 常用的 SLS 高分子及其复合粉末材料有哪些?
9. SLS 成形过程的关键参数有哪些? 参数的变化如何影响成形件的力学性能?
10. SLS 高分子材料有哪些典型的应用?

参考文献

[1] 汪艳. 选择性激光烧结高分子材料及其制件性能研究[D]. 武汉:华中科技大学,

2005.

[2] SHI Y S, LI Z C, SUN H X, et al. Development of a polymer alloy of polystyrene(PS) and polyamide(PA) for building functional part based on selective laser sintering(SLS)[J]. Proc. Inst. Mech. Eng. Part L J. Mat. Des. Appl., 2004, 218:299-306.

[3] YANG J S, SHI Y S, SHEN Q W, et al. Selective laser sintering of HIPS and investment casting technology[J]. Mater. Process. Tech., 2008, (04).

[4] SHI Y S, WANG Y, CHEN J B, et al. Experimental investigation into the selective laser sintering of high-impact polystyrene[J]. Journal of Applied Polymer Science, 2008, 108(1):535-540.

[5] SAVALANI M M, HAO L, ZHANG Y, et al. Fabrication of porous bioactive structures using the selective laser sintering technique. Proceedings of the Institution of Mechanical Engineers Part H: J. Engineering in Medicine, 2007, 22:873-886.

[6] ZHANG Y, HAO L, SAVALANI M M, et al. Characterization and dynamic mechanical analysis of selective laser sintered hydroxyapatite-filled polymeric composites[J]. Journal of Biomedical Materials Research Part A, 2008, 86A:607-616.

[7] 杨劲松. 塑料功能件与复杂铸件用选择性激光烧结材料的研究[D]. 武汉:华中科技大学, 2008.

[8] 汪艳, 史玉升, 黄树槐. 激光烧结尼龙 12/累托石复合材料的结构与性能[J]. 复合材料学报, 2005, 22(2):52-56.

[9] 汪艳, 史玉升, 黄树槐. 激光烧结制备尼龙 12/累托石纳米复合材料[J]. 高分子学报, 2005, 5:683-686.

[10] 林柳兰, 史玉升, 曾繁涤, 等. 高分子粉末烧结件的增强后处理的研究[J]. 功能材料, 2003, 34(1):67-72.

[11] 王从军, 李湘生, 黄树槐. SLS 成形件的精度分析[J]. 华中科技大学学报, 2001, 29(6):77-79.

[12] 刘锦辉. 选择性激光烧结间接制造金属零件研究[D]. 武汉:华中科技大学, 2006.

[13] SCHINSTOCK D E, CUTTINO J F. Real time kinematic solutions of a non-contacting three dimensional metrology frame[J]. Precision Engineering, 2000, 24(1):70-76.

[14] 贾名宇. 工程硕士论文撰写规范[D]. 上海:上海交通大学, 2000.

第2章　熔融沉积成形高分子材料

2.1　熔融沉积成形技术概述

熔融沉积成形(fused deposition modeling,FDM)设备由送丝机构、喷嘴、热床、运动机构及控制系统组成。成形时,丝状材料通过送丝机构连续不断地运送到喷嘴。喷嘴加热材料使之达到熔融状态,计算机根据分层截面信息控制运动机构按照预设路径与速度运动,三轴控制系统移动熔丝材料经微细喷嘴直接挤出。这样挤出的材料与前一层材料熔接在一起。一个层面沉积完成以后,工作台按照预定的增量下降一个层的厚度,再继续熔融沉积,最终成形出三维实体。

熔融沉积成形技术原理如图2-1所示。材料(通常为低熔点塑料,如ABS等)先制成丝状,通过送丝机构送进喷嘴,在喷嘴内被加热熔化;喷嘴在计算机控制下沿零件界面轮廓和填充轨迹运动,将熔化的材料挤出,材料挤出后迅速固化,并与周围材料黏结,通过层层堆积成形,最终完成零件制造。熔融沉积成形零件强度好,精度略低,可作为功能零件使用,无需激光器等贵重元器件,系统成本低。

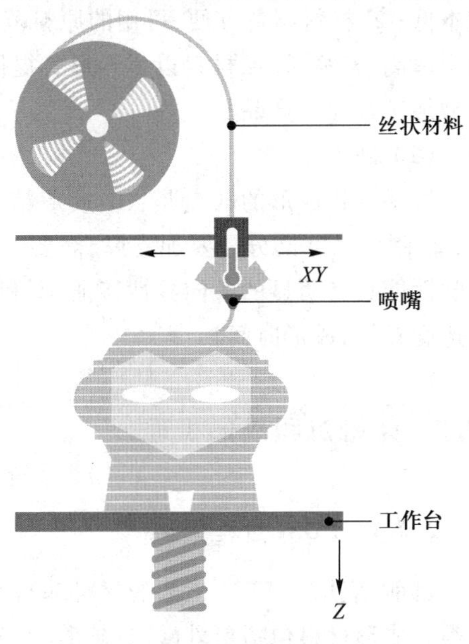

图2-1　熔融沉积成形技术原理图

2.1.1　熔融沉积成形工艺过程

FDM工艺过程分为前处理、打印成形及后处理三个阶段,如图2-2所示。

图2-2　FDM工艺过程

(1) 前处理

FDM前处理包括:① 三维模型的设计与修改;② 确定零件摆放位置;③ 设定工艺参数,如填充密度、喷嘴温度、层厚、打印速度等;④ 添加支撑材料;⑤ 切片输出截面数据。

前处理的目的是保证模型精度、强度,无裂纹、空洞等,在制件过程中不出现局部塌陷导致制件失败等现象。

(2) 打印成形

打印成形步骤如下:① 检查工作台面是否清洁、有无障碍,保证设备零件无损坏,插好电源线;② 打开设备,载入模型截面数据;③ 系统初始化,使 X、Y、Z 轴处于归零位置;④ 设备预热,打开温控设置;⑤ 检查运动系统及材料挤出是否正常;⑥ 调节喷嘴与工作台面的相对位置,可用 A4 纸进行辅助调平,当 A4 纸平铺于工作台面时,喷嘴与纸张刚好接触即可;⑦ 开始打印,注意观察前几层熔料与工作台面的接触情况;⑧ 打印结束,取下模型,清理工作台面,保证设备的清洁。

(3) 后处理

后处理内容包括:① 去除支撑;② 打磨零件表面;③ 上色。

2.1.2 熔融沉积成形的特点

(1) 优点

熔融沉积成形的优点包括:① 熔融沉积成形设备的结构及原理简单,操作方便,维护成本低;② 材料制备方便,可用的原料范围较广;③ 可成形任意复杂的零件;④ 原材料的利用率高、寿命长,原材料以料卷形式提供,易于储存和搬运;⑤ 制件性能佳,可媲美传统机械加工或注塑产品。

(2) 缺点

熔融沉积成形的缺点是:① 成形精度较低,制件表面有明显的条纹,且阶梯效应明显;② 制件悬空部分需要加支撑,需要一定的后处理工艺去除支撑材料;③ 成形零件的力学性能具有明显的各向异性特征,不利于实际应用;④ 相比其他 3D 打印工艺,FDM 成形速度较慢,成形时间长。

2.2 熔融沉积成形机理

2.2.1 FDM 过程

目前,应用于 FDM 工艺的材料基本上是聚合物丝状材料,分为成形材料和支撑材料两类。成形材料包括聚乳酸、聚碳酸酯、ABS 树脂、聚醚醚酮等高分子材料及其复合材料等。支撑材料分为两种类型:一种是剥离性支撑材料,需要手动剥离零件表面的支撑材料;另外一种是水溶性支撑材料,支撑材料可溶解于碱性水溶液中。

(1) 螺杆挤出制备丝状材料过程

由于 FDM 工艺所用的成形材料为丝状材料,粒状热塑性塑料需经 3D 耗材挤出机挤出,拉丝制成丝材。挤出成形机械的核心部分是螺杆,根据塑料在挤出机的三种物理状态的变化过程以及对螺杆各部位的工作要求,通常将螺杆分成加料段(又称固体输送段)、熔融段(又称压缩段)和均化段(又称计量段)。普通常规螺杆(又称三段式螺杆)如图 2-3 所示。

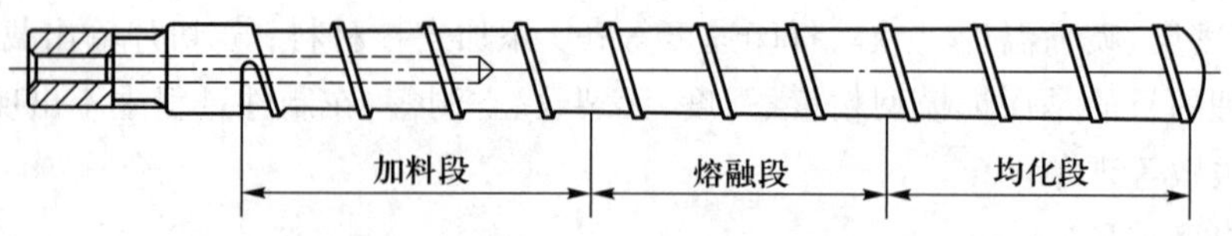

图 2-3 普通常规螺杆(三段式螺杆)

螺杆加料段的主要作用是对塑料进行预热、压实和输送。熔融段的作用是使塑料进一步压实和塑化,使包围在塑料内的空气压回到加料口处并排出,改善塑料的热传导性能,这一段的螺槽是压缩型的。均化段的作用是使熔体进一步塑化均匀,并使料流定量、定压地从机头流道均匀挤出。螺杆这三段的长度与结构应结合所用塑料的特性和所挤出制品的类型考虑。操作参数的变化将改变各功能区的长度和位置。理论上希望功能区和几何段吻合,然而,实际生产中功能区与几何段是不吻合的,但这并不影响挤出生产的进行。

(2) 熔融沉积成形过程

FDM 的加料系统(图 2-4)采用输送辊将直径约为 2 mm 的单丝插入加热腔入口,在温度达到单丝的软化点之前,单丝与加热腔之间有一段间隙不变的区域,称为加料段。随着单丝表面温度升高,材料熔融,形成一段单丝直径逐渐变细直到完全熔融的区域,称为熔化段。在材料被挤出模口(口模段)之前,有一段完全由熔融材料充满机筒的区域,称为熔融段。在这个过程中,单丝本身既是原料,又要起到活塞的作用,从而把熔融态的材料从喷嘴中挤出。

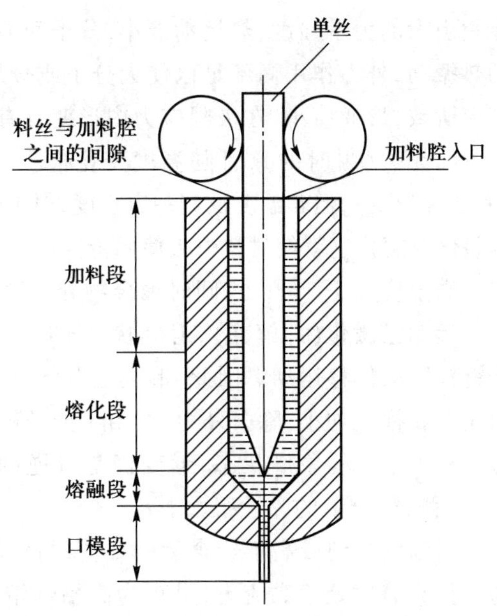

图 2-4 FDM 加料系统结构示意图

2.2.2 聚合物成形的热力学转变

(1) 聚合物的力学状态和热转变

高分子材料在整个加工及成形过程中历经了如图 2-5 所示的形态变化。

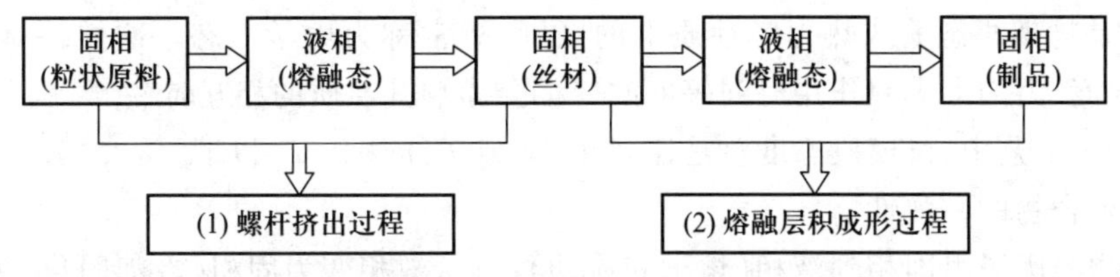

图 2-5 高分子材料在加工及成形过程中的形态变化

用聚合物材料的力学性能反映聚合物所处的物理状态,通常用温度-形变(或模量)曲线,又称为热-机械特性曲线来表示。这种曲线显示出形变特征与聚合物所处的物理状态之间的关系,如图 2-6 所示。

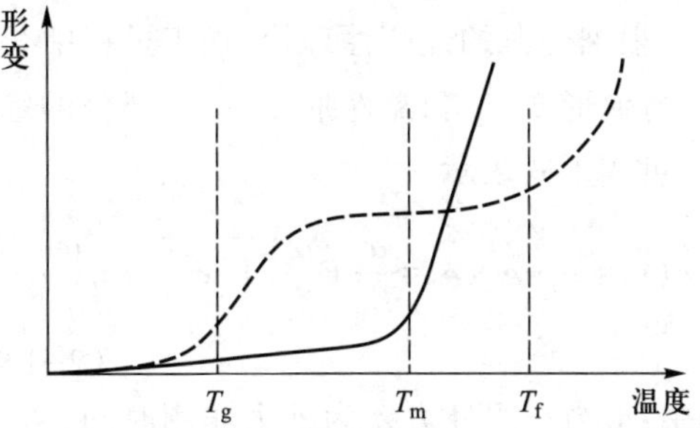

图 2-6 结晶和非结晶聚合物的温度-形变曲线

---非结晶聚合物

——结晶聚合物

T_g—玻璃化温度;T_m—结晶(晶态)聚合物的熔点;

T_f—非结晶聚合物的黏流温度

首先,对聚合物而言,引起聚合物聚集态转变的主要因素是温度。形变的发展是连续的,说明非结晶聚合物三种聚集态的转变不是相转变。当温度低于 T_g 时,聚合物处于玻璃态,呈现为刚硬固体。此时,聚合物的主价键和次价键形成的内聚力使材料有相当大的力学强度，热运动能小，分子间力大，大分子单键内旋被冻结，仅有原子或基团的热振动，外力作用尚不足以使大分子或分子链作取向位移运动。因此，形变主要由键角变形所致，形变值小，在极限应力内形变具有可逆性，内应力和模量均大，形变和形变恢复与时间无关（瞬时的），且随温度变化很小。所以，玻璃态固体的形变属于普通弹性形变（称普弹形变），但若温度低到一定程度，很小的外力即可使大分子链发生断裂（相应的温度为脆化温度），这就使材料失去使用价值。

当温度在 T_g 与 T_f 之间时聚合物处于高弹态，呈现类橡胶性质。这时，温度较高，分子链运动已激化（即解冻），但链状分子间的相对滑移运动仍受阻滞，外力作用只能使分子链作取向位移运动。因此，形变是由分子链取向引起大分子构象舒展所致，形变值大，内应力和模量均小；除去外力后，由于分子链无规则热运动而恢复了大分子的卷曲构象，即恢复了最大构象熵状态，形变仍是可逆的。而且，在 T_g 与 T_f（或 T_m）之间靠近 T_f（或 T_m）一侧，聚合物的黏性很大。

当温度达到或高于聚合物的黏流温度 T_f（非结晶聚合物）或熔融温度 T_m（结晶聚合物）时，聚合物处于黏流态，呈现为高黏性熔体（液相）。在这种状态下，分子间力能与热运动能的数量级相同，热能进一步激化了链状分子间的相对滑移运动，这时聚合物的两种运动单元同时显现，使聚集态（液态）与相态（液相结构）的性质一致。外力作用不仅使大分子链作取向舒展运动，而且使链与链之间发生相对滑动。因此，高黏性熔体在力的作用下表现出持续不断的不可逆形变，称为黏性流动，亦称为塑性形变。这时，冷却聚合物就能将形变永久保持下来。

当温度升高到聚合物的分解温度 T_d 附近时，将引起聚合物分解，以致降低制件的力学性能或引起外观不良等。

非结晶聚合物的三种聚集态，仅仅是动力学性质上的差异（因分子热运动形式不同），而不是物理相态上或热力学性质上的区别，故常称为力学三态。这样，一切动力学因素，如温度、力的大小和作用时间等的改变都会影响其性质的相互转变。

在 FDM 工艺中，口模段温度总是控制在 T_f（或 T_m）以上，T_d 以下。

（2）聚合物的黏弹性

聚合物经历了由固相到液相（熔融和流动），再从液相变为固相（冷却固化）的多次变化过程。聚合物在不同的力学状态会表现出不同的黏弹性行为。

根据经典的黏弹性理论，加工过程中线型聚合物的总形变 $\varepsilon(t)$ 可以看成是普弹形变 ε_1、高弹形变 ε_2 和黏性形变 ε_3 三部分的综合，可用下式表示：

$$\varepsilon(t)=\varepsilon_1+\varepsilon_2+\varepsilon_3=\frac{\sigma}{E_1}+\frac{\sigma}{E_2}(1-e^{-\frac{E_2}{\eta_2}t})+\frac{\sigma}{\eta_3}t \tag{2-1}$$

其中：σ 为作用外力；t 为外力作用时间；E_1、E_2 分别为聚合物的普弹形变模量和高弹形变模量；η_2、η_3 分别表示聚合物高弹形变和黏性形变时的黏度。图 2-7 为聚合物的蠕变曲线，直观地反映了聚合物在外力作用下

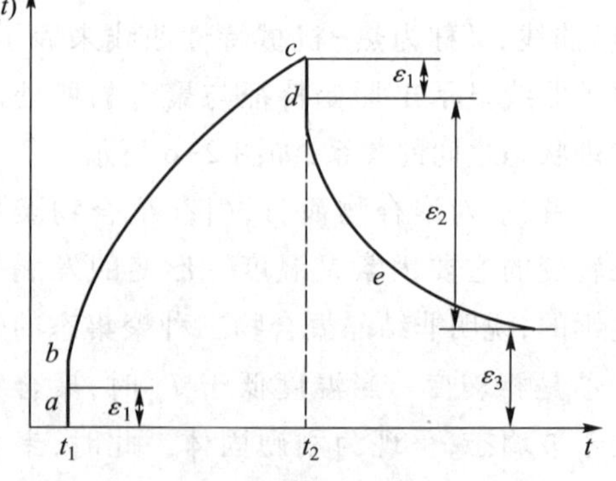

图 2-7 聚合物的蠕变曲线

随时间的形变过程。

在 t_1 时刻，聚合物受到外力作用产生的普弹形变如图中 ab 段所示，ε_1 很小；当到达 t_2时刻外力解除后，普弹形变立刻恢复（图中 cd 段）。在外力作用时间 $t(t=t_2-t_1)$ 内，高弹形变和黏性形变如图中 bc 段所示。在 t_2 时刻外力解除后，经过一定时间，高弹形变 ε_2 完全恢复，如图 de 段所示，而黏性形变 ε_3 则作为永久形变存留于聚合物中。

在通常的加工条件下，聚合物形变主要由高弹形变和黏性形变（或塑性形变）组成，从形变性质来看包括可逆形变和不可逆形变。

下面考察聚合物的形变特征与加工温度以及时间的关系。

从式（2-1）可知，随着温度升高，由于聚合物的黏度下降，即 η_2 和 η_3 都降低，ε_2 和 ε_3 形变值均增加。当加工温度高于 T_f（或 T_m）时，聚合物处于黏流态，形变主要以黏性形变为主。这时，一方面聚合物黏度低，流动性好，易于成形；另一方面由于黏性形变的不可逆性，降低了制件的弹性收缩，提高了制件形状和几何尺寸的稳定性。

值得注意的是在式（2-1）中，随着外力作用时间 t 延长，高弹形变 ε_2 和黏性形变 ε_3 均增加，但 ε_3 随时间成比例地增加，而 ε_2 增大的趋势逐渐减小。可见延长外力作用时间，可逆形变能部分地转变为不可逆形变，从而减小制件的收缩变形。

聚合物在加工过程中的形变都是在外力和温度共同作用下大分子形变和重排的结果。由于聚合物大分子的长链结构和大分子运动的逐步性，聚合物分子在外力作用下的形变不可能在瞬间完成。通常将聚合物在一定温度下，从受外力作用开始，大分子形变与外力相适应的平衡态过程看成是一个松弛过程，其所需时间记为 τ。

那么，式（2-1）又可以写成：

$$\varepsilon(t)=\frac{\sigma}{E_1}+\frac{\sigma}{E_2}(1-e^{-\frac{t}{\tau}})+\frac{\sigma}{\eta_3}t \tag{2-2}$$

式中，$\tau=\eta_2/E_2$，其数值等于应力松弛到最初应力值的 1/e（即 36.79%）时所需的时间。

由于松弛过程的存在，聚合物的形变必然落后于应力的变化。聚合物对外力响应的这种滞后现象称为“滞后效应”或“弹性滞后”。挤出成形时，滞后效应会导致离模膨胀现象。

熔融沉积成形时，滞后效应会引起制件的收缩和变形。因为细丝从喷嘴出来后骤冷，大分子堆积得较松散，之后大分子进行进一步重排运动，使堆积逐渐紧密，致密度增加，体积收缩。制件体积收缩的程度随冷却速度增大而变得严重，所以加工过程急冷（骤冷）对制件的质量通常是不利的。变形和收缩不但引起制件的形状和几何尺寸不稳定，严重的变形或收缩不匀还会在制件中引起过大的内应力，甚至引起制件开裂。对于结晶聚合物（如尼龙、聚丙烯），由于聚合物逐渐形成结晶结构，而使成形制件体积收缩。所以 FDM 选材时优先考虑非结晶聚合物，从而排除结晶聚合物收缩带来的影响。

在熔融沉积成形过程中，提高成形温度，延长成形材料处于熔融态时在液化管中受压挤出停留的时间，有利于减少材料的可逆变形，增加不可逆变形成分，从而降低材料在成形过程中的收缩量，提高制件的形状和几何尺寸稳定性，同时减缓熔体沉积到成形面后的冷却速度，有利于降低制件在室温条件下的体积收缩。

2.3 丝状材料的制备与熔融沉积成形

2.3.1 熔融沉积成形丝材的制备

2.3.1.1 熔融沉积成形对材料性能的要求

无论是成形材料还是支撑材料,在进行 FDM 工艺之前,首先都要经过挤出机挤出制成直径为 1.75 mm 的单丝,所以聚合物材料需满足挤出成形方面的要求。此外,针对 FDM 的工艺特点,聚合物材料还应满足以下要求:

(1) 黏度

材料的黏度低,流动性好,挤出时阻力就小,有助于材料顺利挤出,但是流动性太好的材料将导致流延的发生。材料的流动性差,需要很大的送丝压力才能挤出,会增加喷嘴的启停响应时间,从而影响成形精度。

(2) 熔融温度

熔融温度低可以使材料在较低温度下挤出,有利于提高喷嘴和整个机械系统的寿命,减小材料挤出前后的温差,减小热应力,从而提高制件的精度。如果熔融温度与分解温度太近,将使成形温度的控制变得极为困难。

(3) 收缩率

成形材料收缩率大会在 FDM 工艺中产生内应力,使零件产生变形甚至导致层间剥离和零件翘曲;支撑材料收缩率大会使支撑件产生变形而起不到支撑作用。所以,材料的收缩越小越好,可以提高模型或产品的尺寸精度,一般要求其线性收缩率小于 1%。

(4) 力学性能

成形材料的力学性能主要是强度,丝状进料方式要求单丝具有较好的抗弯强度、抗压强度、抗拉强度及较好的柔韧性,这样在驱动摩擦轮的牵引和驱动力作用才不会发生断丝和弯折现象。支撑材料只要保证不会轻易折断即可。

(5) 黏结性

FDM 工艺是基于叠层制造的一种工艺,层与层之间往往是零件强度最薄弱的地方,材料黏结性好坏决定了零件成形以后的强度。材料黏结性过低,在成形过程中因热应力会造成层与层之间的开裂。可剥离性支撑材料,应与成形材料之间形成较弱的黏结力。

(6) 吸湿性

材料吸湿性强,导致材料在高温熔融时因水分挥发而影响成形质量。所以用于成形的材料丝应干燥保存。

由以上材料特性对 FDM 工艺的影响来看,FDM 对成形材料的主要要求是黏度适宜、熔融温度低、力学性能好、黏结性好、收缩率小。水溶性支撑材料要保证良好的水溶性,能在一定时间内溶于水或碱性水溶液。

2.3.1.2 丝状材料的制备与可加工性

熔融沉积成形常用的单丝直径为 1.75 mm 或 3 mm,要求直径均匀(精度为±0.05 mm)、表面光滑、内部密实,无中空、表面凹凸等缺陷,在性能上要求柔韧性好。该单丝的成形方法称为精密挤出成形。

精密挤出成形是通过对制件工艺的控制、挤出机的优化设计、新型成形辅机的应用及机电气精密控制等手段，显著提高挤出成形制件精度的成形方法。制件精度主要指几何精度、重复精度和机能精度。几何精度包括尺寸精度和形位精度，是精密成形要解决的主要问题；重复精度主要反映挤出制件在轴向的尺寸稳定性；机能精度指成形制件的力学性能、光学性能、热学性能、表面质量等，不同制件要求的机能精度不同。

用单螺杆挤出机连续挤出塑料时，出料有时快时慢的现象，引起流率（体积流量）波动。流率（体积流量）波动是挤出生产的主要问题之一，会引起制件横截面尺寸忽大忽小，从而导致单丝直径不均匀。假定塑料在螺槽中是等温状态下均匀的牛顿流体，则挤出机体积流量的理论计算公式为

$$Q=\frac{\pi D^2 nh\sin\Phi\cos\Phi}{2}-\frac{\pi^2 D^2 E\delta^3\tan\Phi P}{12\eta_2 eL}-\frac{\pi D^3\sin 2\Phi P}{12\eta_1 L} \tag{2-3}$$

式中：Q 为体积流量（cm^3/s）；D 为螺杆外径（cm）；h 为计量段螺槽深（cm）；n 为螺杆转速（r/s）；Φ 为螺旋角（°）；e 为螺棱宽度（cm）；L 为螺杆计量段长度（cm）；δ 为螺杆与机筒的间隙（cm）；E 为螺杆偏心距校核因数，通常取 1.2；P 为螺杆计量段末段物料压力（$kg\cdot s/cm^3$）；η_1 为螺槽中熔融材料黏度（$kg\cdot s/cm^3$）；η_2 为间隙中熔融材料黏度（$kg\cdot s/cm^3$）。

由此可知，体积流量随转速的增加而增加，随着压力增加而减小。而黏度又受温度影响，所以在设备固定的情况下，温度、压力、转速是影响流率（体积流量）的主要因素。

（1）温度

挤出制件的质量很大程度上取决于挤出机螺杆头部熔体的温度波动 ΔT_m。ΔT_m 取决于材料的自身性能和制件的要求。研究发现：ΔT_m 达到±1 ℃时仍能在最终制件中检测到某种缺陷。为了使塑料挤出过程顺利进行，以提高效率，关键要控制好料筒各段的温度。较高的料筒温度使材料黏度降低，高分子材料黏度和温度的关系可以用阿伦尼乌斯（Arrhenius）方程表示［见式（1-34）］。

（2）螺杆转速

螺杆转速是挤出成形中极为重要的工艺参数之一。转速增加，剪切速率增大，有利于材料均匀化。但转速增加还需考虑主机的负载能力和熔体压力范围，否则材料还未塑化即被送入机头，造成质量下降。因此，刚开车时螺杆转速通常调得较低，加料量也较少，待材料由机头挤出后，慢慢提高转速，加大进料量。与此同时要密切观察主机电流及熔体压力的大小，直至达到设定转速。提高转速即可大幅度地提高挤出机的流率。

（3）压力

在挤出过程中，由于料流的阻力，螺槽深度的改变，滤网、过滤板、口模的阻力将在材料内部建立起一定的压力。压力是使材料变为熔融状而得到均匀熔体，最后挤出致密制件的重要条件之一。增加熔体压力，会造成体积压缩，分子链堆集紧密，黏度增大，流动性减小，挤出量下降，但制件密实，有利于提高产品质量。

（4）温度、压力和流率波动的相互影响

对于精密挤出成形过程来说，要求挤出物具有稳定的流率、恒定的压力、恒定的温度和均匀理化性能，其中任意参数的变化都影响制件的质量。然而这些变量不是独立的。例如压力的波动会引起流率的波动；温度的波动将引起黏度的波动，而黏度的波动又将引起压力波动以及流率波动。为了保证挤出制件的质量，必须尽可能减少以上

参数的波动。

① 压力波动和流率波动的相互影响

通过口模的流率决定于在口模前建立起来的压力。如表 2-1 所示,压力的微小变化能使流率产生很大的变化。

表 2-1 压力波动 1%时塑料的流率波动

塑料名称	温度/℃	剪切速率 γ	非牛顿指数 n	流率波动 $\delta(Q)$
HIPS	170	100~7 000	0.21	5.00%
	190	100~7 000	0.20	4.76%
	210	100~7 000	0.19	5.26%
ABS	170	100~5 500	0.25	4.00%
	190	100~6 000	0.25	4.00%
	210	100~7 000	0.25	4.00%

② 温度波动和压力波动的相互影响

在保持流率不变的情况下,对牛顿流体来说,温度变化将引起黏度变化,而对幂律流体,温度变化则将引起非牛顿指数 n 的改变。为了保持恒定的流率,压力必须变化。如果在流率波动和温度波动的同时,还能观察到压力波动,那么两者之一会是问题的根源。温度波动和压力波动之间的关系意味着温度波动是问题的根源,而流率则可以是稳定的。如果存在压力波动而没有温度波动,那么可以确定同时伴随有流率波动。

(5) 挤出过程黏弹性效应的影响

前文分析了聚合物的黏弹性。在挤出成形时,聚合物的黏弹性会导致入口效应和离模膨胀。

① 入口效应

口模入口处,熔料从直径较大的流道进入直径较小的流道,流线发生收缩,这一过程具有过渡状态特点,它的扰动要在流过几倍直径的管道长度后才消失,这时聚合物熔体才可视为处于稳态剪切流动状态。

② 离模膨胀

挤出过程中,挤出物离开口模后其横截面尺寸因弹性回复而大于口模尺寸的现象称为离模膨胀,也就是收缩后紧接着的膨胀。离模膨胀对制件的尺寸精度和形状都会有影响。这种影响必须通过口模工艺参数设计和工艺条件控制解决。适当提高熔体温度有利于减轻离模膨胀程度。在实际生产中,只要生产能顺利进行,能生产出合格的制件,温度应尽量控制得低些。通过适当的牵引速度可以抵消离模膨胀的影响。但牵引速度也不能太快,否则,制件就会出现各向异性。

2.3.2 聚乳酸

2.3.2.1 聚乳酸简介

聚乳酸(polylactic acid,PLA)是一种新型的可生物降解的热塑性树脂,利用从可再生的植物资源中提取的淀粉经发酵制成乳酸,再通过化学方法将之转化为聚乳酸。聚乳酸又称为聚丙交酯,其结构为脱水乳酸单元的重复,乳酸分子中含有羟基和羧基,具有一定的反应活性，在适当条件下反应生成聚乳酸。PLA 的结构通式如图 2-8 所示。

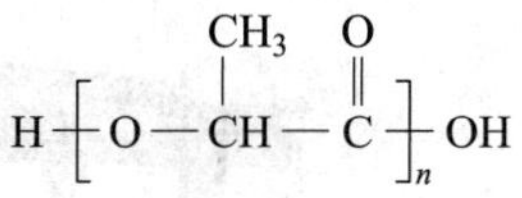

$$H-\left[O-\underset{CH_3}{CH}-\overset{O}{\overset{\|}{C}}\right]_n-OH$$

图 2-8 聚乳酸结构通式

PLA 的降解产物为二氧化碳和水，是一种环境友好型材料。聚乳酸加工温度为 170~230 ℃，热稳定性好，有良好的抗溶剂性，适于多种传统加工方法（如挤压、双轴拉伸、注射吹塑、纺丝等）。聚乳酸制成的产品不仅具有可降解性，还有生物相容性、透明性、光泽度、耐菌性和耐热性好等优点，广泛用于包装、纺织纤维、生物医疗等领域。

在国外，聚乳酸的研究可以追溯到 20 世纪 30 年代，当前大规模开发和生产聚乳酸原料的国家主要有德国、美国和日本。中国的聚乳酸工业起步较晚，研制聚乳酸纤维的有南开大学、东华大学、中国科学院长春应用化学研究所、华南理工大学等。现在国内越来越多的大型发酵和塑料加工企业加入 PLA 的研发和生产之中。随着 FDM 工艺的发展和普及，PLA 的市场潜力进一步被发掘，其生产成本也越来越低。另外，PLA 的改性研究也成为科研领域热点，FDM 工艺对新型聚乳酸材料的研发起到了推动作用。

2.3.2.2 聚乳酸的性能

熔融沉积成形聚乳酸丝状材料已经初具产业规模，PLA 固有的物理与化学性质完全能够满足 FDM 工艺的需求。聚乳酸材料在熔融沉积成形加工过程中只发生物理变化，本节聚焦基于 FDM 技术的聚乳酸材料性能。

（1）聚乳酸的热性能

在熔融沉积成形加工过程，PLA 首先要加热至熔融状态，然后高温状态下的熔体接触打印平台（通常打印平台要加热到 50~80 ℃，以防止温度梯度过大影响熔体的冷却成形）。熔料由点成线，由线到面，最终截面不断叠加形成三维构型。一般 PLA 的玻璃化转变温度为 60~65 ℃，熔点为 155~185 ℃，温度高于 210 ℃时会发生不同程度的降解现象，同时在 PLA 成形过程中还存在冷结晶行为。PLA 的成形温度通常设为 190~210 ℃。

（2）聚乳酸的流变性能

聚乳酸的流变性能对熔融沉积成形加工过程影响很大，PLA 的流变性能尤其是剪切黏度，在热成形加工中是重要的影响因素。流变性能主要包括蠕变和应力松弛两个方面。前文中提到，随着喷嘴温度增加，PLA 材料的黏度降低，流动性变好，易于成形；由于 PLA 黏性形变的不可逆性，也会提高制件形状和几何尺寸的稳定性。但是过高的温度会导致 PLA 流动性过高，引起流延现象的发生，制件的成形难以控制；温度梯度过大会造成冷却速度过快，制件收缩和变形增加，从而严重影响制件性能。因此，在进行 PLA 加工时，要根据其热性能特征选择合适的加工温度。

（3）聚乳酸的力学性能

随着 FDM 工艺的逐渐成熟，FDM 加工的聚乳酸产品的力学性能已经可以与传统注塑加工或机械加工制件相媲美，且在零件复杂性上具有绝对优势。通常情况下，影响 PLA 制件性能的因素包括机器设备及相应的工艺参数。目前较为流行的 FDM 打印机结构类型包括龙门式、三角洲式、方盒式等（图 2-9），相应 PLA 制件的力学性能存在一定差异；又由于不同结构类型打印机在品牌、硬件、装配等方面的差异，也会导致制件性能不同。设备软硬件可通过不断改进优化达到最佳状态，而工艺参数则是影响制件性能的根本原因。

(a) 龙门式

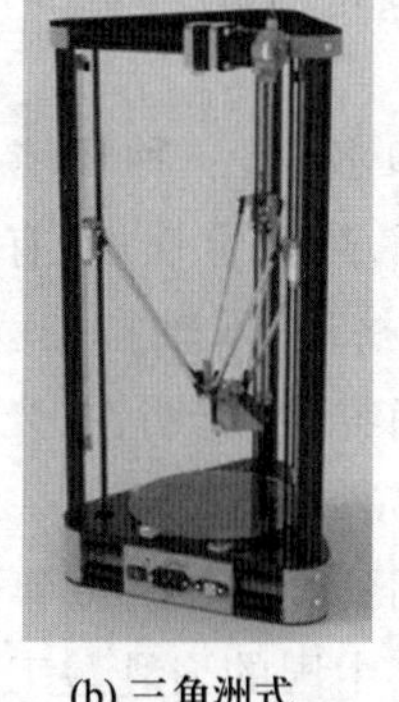
(b) 三角洲式

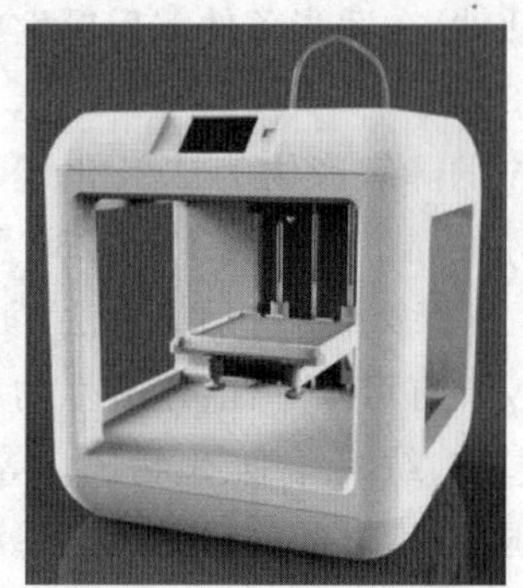
(c) 方盒式

图 2-9 FDM 打印机结构类型

由于 FDM 工艺参数较多,在研究最佳工艺参数时可通过正交实验设计进行。聚乳酸的制备工艺已经基本实现产业化,使其成为 3D 打印领域应用最为广泛的聚合物材料之一,随着聚乳酸改性研究的深入,聚乳酸基复合材料将会成为市场应用的主力军。表 2-2 是广东银禧科技股份有限公司生产的用于 FDM 工艺的三种 PLA 丝材的性能指标。

表 2-2 三种 FDM 工艺用 PLA 丝材的性能指标

试验项目	PLA-FF-HI	PLA-FF-MF	PLA-FF-FR
1. 密度/(g/cm^3)	1.15~1.35	1.25~1.55	1.30~1.60
2. 含水量/%	≤0.05	≤0.08	≤0.08
3. 熔点/℃		≥140	
4. 玻璃化温度/℃		≥90	
5. 抗拉强度(*XY* 方向打印,MPa)	≥40	≥25	≥60
6. 抗拉强度(*XZ* 方向打印,MPa)	≥30	≥18	≥40
7. 抗弯强度(*XY* 方向打印,MPa)	≥55	≥40	≥70
8. 抗弯强度(*XZ* 方向打印,MPa)	≥40	≥35	≥50
9. 缺口冲击强度(*XY* 方向打印,kJ/m^2)	≥3	≥2	≥3
10. 缺口冲击强度(*XZ* 方向打印,kJ/m^2)	≥1	≥1	≥1
11. 热变形温度(*XY* 方向打印,℃)	≥45	≥55	≥90
12. 热变形温度(*XZ* 方向打印,℃)	≥35	≥40	≥70

2.3.2.3 聚乳酸的改性

聚乳酸材料在 3D 打印领域已经得到了非常广泛的应用,但是纯聚乳酸材料存在强度低、韧性差、制件较脆等缺陷,因此聚乳酸的改性研究十分必要。目前常见的 3D 打印用聚乳酸改性方法包括物理改性和化学改性方法,其中物理改性方法可分为共混改性和复合改性,化学改性方法可分为共聚改性和接枝改性。物理改性工艺较为简单、经济,是目前使用较为普遍的聚乳酸改性方法。

(1) 共混改性

共混改性是指在保留聚乳酸原有结构和性能的前提下,将其与一种或多种物质相混合,从而改进聚乳酸原有性能缺陷的方法。例如,张向南等通过熔融共混法制备了通用注塑级聚乳酸材料，研究了刚性粒子种类、增韧剂种类和协同增韧剂等对 PLA 力学性能的影响，发现协同增韧剂较单一增韧剂对 PLA 有更好的增韧效果。汤一文等人研究了一些无机增韧剂对聚乳酸的增韧改性效果，与有机增韧剂相比，无机增韧剂不仅可以提高聚乳酸的韧性，还可以同时提高其刚度。成都新柯力化工科技有限公司发明了一种 3D 打印改性聚乳酸材料的制备方法，该发明主要是利用低温粉碎混合反应技术对 PLA 进行改性处理，提高了聚乳酸的韧性、冲击强度和热变形温度。增韧改性后的 PLA 材料用于 3D 打印，打印温度为 200~240 ℃，热床温度为 55~80 ℃，材料收缩率小，成形产品尺寸稳定，表面光洁，不易翘曲，打印过程流畅，无异味，适合大多数 FDM 型 3D 打印机。

（2）复合改性

复合改性是针对聚乳酸本身的弱点，与其他材料的优势进行复合重组，使得复合后的新材料性能得到改善或者具备新性能。例如，黎宇航等利用短切碳纤维与聚乳酸熔融共混复合，通过 FDM 制作成形的试样的抗拉强度、抗弯强度、冲击强度均比纯 PLA 有明显提高。西安交通大学科研团队研发了连续碳纤维增强复合材料，解决了传统复合材料制造工艺复杂的问题，同时也使得纤维材料可控制调节。聚乳酸固有的绿色环保特点十分符合生态文明的发展理念，而纤维复合工艺将会使其具有更广阔的应用前景。

（3）共聚改性

PLA 的共聚增韧改性是指调节 PLA 主链上其余多种分子链的比例来改变聚合物的性能，或利用共聚单体的特殊基团和性能来改性。通常挠性链段被保留到 PLA 分子链中，使 PLA 分子链的规整度下降，降低其结晶能力，PLA 分子间的相互作用被分解，PLA 的玻璃化温度（T_g）、熔点（T_m）均降低，从而提高 PLA 的柔和度。

2.3.3 聚碳酸酯

2.3.3.1 聚碳酸酯简介

聚碳酸酯（polycarbonate，PC）是大分子主链中含有碳酸酯基重复单元的线型高聚物，根据脂基结构可分为脂肪族、脂环族、芳香族或混合型等多种类型。目前仅有芳香族聚碳酸酯获得了工业化生产，以双酚 A 型（分子结构如图 2-10 所示）为主，产量仅次于聚酰胺。

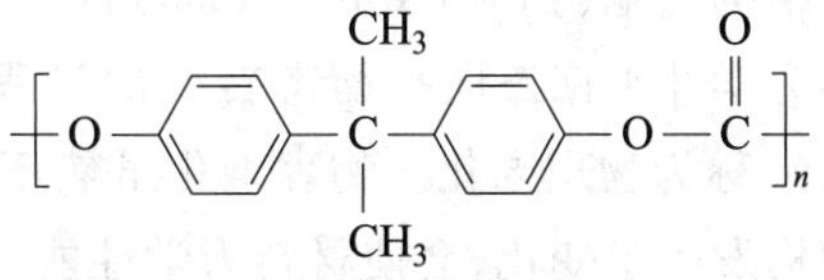

图 2-10 双酚 A 型聚碳酸酯分子结构

PC 是一种性能优良的热塑性工程塑料，也是当前用量最大的工程塑料之一。PC 几乎具备了工程塑料的全部优良特性，无味无毒、强度高、抗冲击性能好、收缩率低，此外还具备良好的阻燃特性和抗污染性等优点。将 PC 制成 3D 打印丝材，其强度比 ABS 高 60%左右，具备超强的工程材料属性。但 PC 材料也存在一些不足。颜色较单一，只有白色；PC 中一般都含有双酚 A，双酚 A 是一种致癌物质，欧盟认为其在加热时会析出而被人体吸收，影响人体的新陈代谢。

2.3.3.2 聚碳酸酯的性能

（1）聚碳酸酯的力学性能

聚碳酸酯具有优良的力学性能，冲击韧性、耐蠕变性和耐磨性较好，抗拉强度和弹性模量也较高，而且能在较宽的温度范围内保持较高的力学强度，但存在熔体黏度大、流动性差、易开裂、耐溶剂性强、易降解等缺点，其性能需要进一步提高。聚碳酸酯的力学性能见表2-3。

表 2-3 聚碳酸酯的力学性能

性能	数值
抗拉强度/MPa	61~70
断裂伸长率/%	80~100
拉伸弹性模量/MPa	80~100
抗弯强度/MPa	100~110
弯曲弹性模量/MPa	2 100
压缩强度/MPa	43~88
悬臂梁冲击强度/(J/m^2)	710~950

(2) 聚碳酸酯的热性能

PC具有优良的耐寒性,催化温度在-100 ℃以下,耐热性也可以达到120 ℃以上。热行为研究结果表明,PC热稳定性较差,初始分解温度约为350 ℃,主链断裂温度约为470 ℃。PC样品裂解的主要产物为苯酚、对甲基酚、对乙基酚、对异丙基酚和BPA,溶液法合成PC时因所用封端剂不同,裂解产物稍有不同。

(3) 聚碳酸酯的老化

光、氧、温度和湿度等环境因素均会作用于聚碳酸酯,导致其性能发生变化,这种现象被称为聚碳酸酯的老化。通常聚碳酸酯的老化机理可分为物理老化、光氧老化和热氧老化三种。

聚碳酸酯处于玻璃态时,聚合物分子链结构无法获得充分的时间向低能构象转变,处于热力学的非平衡状态。当聚合物处于这种状态时,会通过体积松弛(volume relaxation)和结构松弛(structure relaxation)将多余的能量释放出来,以达到热力学平衡态。这一由热力学非平衡态向平衡态转变的过程(聚合物体积、热焓、熵及多种力学性能都会有变化),称为物理老化。物理老化虽然不会改变PC的化学组成与基本结构,但是其聚集态结构发生了变化,会使材料力学性能、热性能和电性能等发生变化。

聚碳酸酯在受到光和氧共同作用时,会发生弗里斯重排反应和光氧化反应,PC的化学结构与组成发生一定的变化。光氧化后PC的刚性有所提高。随着光氧化时间延长,PC的抗拉强度增加,超过200 h时抗拉强度稍有下降,老化800 h后抗拉强度趋于稳定;PC的弯曲强度在老化200 h内增加很快,600 h后抗弯强度增加趋缓,最后趋于稳定。冲击性能测试结果表明,在光氧化200 h内,PC的冲击强度持续快速下降,200 h后冲击强度下降速度趋缓并逐步稳定。PC材料经过紫外光照射后,在表面形成降解薄层,分子链柔性降低,宏观表现为表面变硬,所以PC的抗拉强度、抗弯强度上升;同时,PC因老化诱发的细微缺陷在试样的缺口处扩展,导致老化后的抗冲击性能急剧下降。

在加工、贮存及应用中,PC都会与空气接触,在一定温度下会发生热氧降解。PC制件的加工往往要在高温环境下进行,所以PC的热氧降解也十分普遍。熔融沉积成形技术的加热温度区间为200~230 ℃,开放环境下会使PC部分降解。

2.3.3.3 聚碳酸酯的改性

聚碳酸酯是透明、具有优良的力学性能、热稳定性、耐候性和尺寸稳定性的热塑性高分子材料,但是由于其熔体黏度太高,不利于成形加工,并且制件缺口敏感性差,易于应力开裂,价格也较高。因此采用各种改性技术改善 PC 存在的问题,并提高其性能,就显得尤为重要。

聚碳酸酯可通过共聚、共混、复合增强等多种改性方法,形成数量众多的各种产品。玻璃纤维增强聚碳酸酯,可提高其抗拉强度、弹性模量、抗弯强度、疲劳强度等力学性能,显著改善其应力开裂问题,并且可较大幅度地提高其耐热性。有机硅嵌段共聚碳酸酯,可降低聚碳酸酯的软化温度,提高伸长率,增加其弹性,拓宽加工温度范围。PC/ABS 合金可以改善 ABS 的耐热性和耐冲击性,也可明显改善 PC 的熔体流动性和成形加工性,有利于成形薄壁长流程制件。

国内广州市傲趣电子科技有限公司于 2014 年正式发布了一款食品级 PC 线材,该款线材采用德国拜耳公司食品级 PC 原料,不含双酚 A,可用于 3D 打印。中国科学院化学研究所发明并公布了一种 3D 打印芳香族聚酯材料及其制备方法,该发明利用芳香族聚碳酸酯和芳族聚酯进行共混改性以提高其抗冲击性能,共混物经牵引拉伸成细条后,再用一定剂量的电子束辐射照射,使其发生一定程度的交联,达到本体增强的目的,同时保持了良好的熔融加工性能。此外,Stratasys 公司推出了 PC/ABS 材料,此种适合 FDM 成形的复合材料结合了 PC 的强度与 ABS 材料的韧性,力学性能优良。

2.3.4 ABS

2.3.4.1 ABS 简介

ABS 树脂一般由 50%以上的苯乙烯(ST 或 S)、25%~35%的丙烯腈(AN 或 A)和适量的丁二烯(BD 或 B)组成,三种组分各具特色,使其具有优良的综合性能。

如图 2-11 所示,丙烯腈赋予 ABS 良好的耐化学腐蚀性、耐油性和一定的刚性及表面硬度,丁二烯提高了 ABS 的韧性、耐冲击性和耐寒性,苯乙烯则使 ABS 具有良好的介电性能和光泽、良好的加工流动性以及高光洁度及高强度。

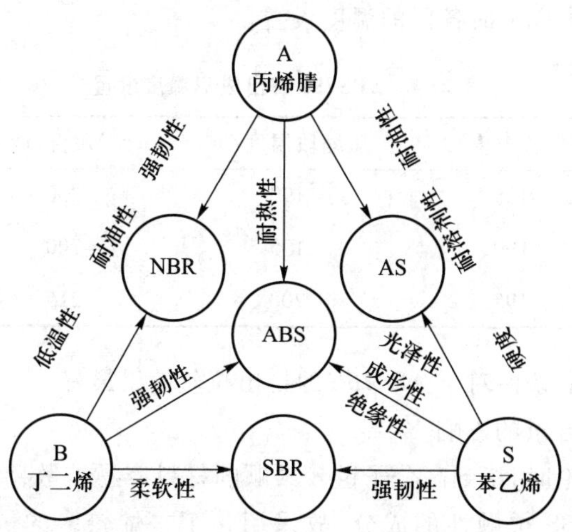

图 2-11 ABS 三元共聚物的组分特性

三种单体的聚合产生了具有两相的三元共聚物，一个是苯乙烯-丙烯腈的连续相，另一个是聚丁二烯橡胶分散相。ABS的特性主要取决于三种单体的比率以及两相中的分子结构。这就使产品的设计具有很大的灵活性，并且由此产生了市场上百种不同品质的ABS材料。不同品质的材料提供了不同的特性，例如从中等到高等的抗冲击性，从低到高的光洁度和高温扭曲特性等。ABS材料具有超强的易加工性、外观特性、低蠕变性和优异的尺寸稳定性以及很高的抗冲击强度。

截至目前，所有的FDM系统都提供ABS成形材料，而大多数FDM原型都由这种材料制造。

2.3.4.2 ABS的性能

ABS树脂属于无定形聚合物，无明显熔点，成形后无结晶，根据树脂种类不同，线膨胀系数一般为$(6.2\sim9.5)\times10^{-5}$℃，成形收缩率一般为0.3%~0.8%。

ABS的典型应用范围包括：汽车（仪表板、工具舱门、车轮盖、反光镜盒等）、电冰箱、大强度工具（烘干机、搅拌器、食品加工机、割草机等）、电话机壳体、打字机键盘、娱乐用车辆（如高尔夫球手推车以及喷气式雪橇车）等。

(1) ABS牌号的选择

ABS有适合各种成形工艺的牌号，其中使用最多的是注射成形ABS，其次是挤出成形ABS。适用于挤出成形ABS树脂的熔融指数比注塑成形ABS树脂的要小。

ABS的熔程较宽，成形温度一般控制在180~230℃，超过250℃会出现降解，甚至产生有毒的挥发性物质。ABS树脂的熔融黏度适中，在熔融状态下的流变特性为非牛顿型。ABS在成形加工时的流动性对温度不敏感，所以成形温度较容易控制。

实验中选用中国台湾奇美实业股份有限公司生产的ABS756、ABS757制备FDM丝材。由DSC测得的ABS757的$T_g=95.5$℃，比ABS P400的$T_g=94$℃稍大。

ABS757挤出成形后单丝的精度、表面质量、强度都很好，但将单丝应用到开放式的FDM系统上时，发现经FDM喷嘴后单丝很快固化并冷却，堆积时完全脱层。为了获得工艺性能更好的丝材，要重新选择材料。

ABS756在进行挤出拉丝时，挤出温度对单丝的表面质量和精度有一定的影响。表2-4是ABS756挤出成形时各段的温度设置。

表2-4 ABS756挤出成形温度设置

实验序号	加料段温度/℃	压缩段温度/℃	计量段温度/℃	口模段温度/℃
1	185	190	200	215
2	190	195	200	215
3	195	200	215	220

实验发现序号3的条件对于ABS756的挤出拉丝效果最好。

(2) ABS中橡胶含量的影响

前面讨论扩散理论时，谈到高分子链较柔顺的材料容易扩散，而在ABS三种成分中，丁二烯（B）是赋予ABS柔顺性的成分，故采用含丁二烯较多的ABS，即橡胶成分多的ABS。

ABS 中的橡胶含量(即橡胶粒子在 ABS 中所占的体积分数)是影响 ABS 性能的最重要因素。单纯增加橡胶体积分数,就会减小 ABS 的拉伸模量、屈服强度和硬度。图 2-12 为抗拉强度、拉伸模量与橡胶含量的关系曲线。ABS 树脂中的橡胶含量一般在 10%~30%的范围内。图 2-13 是抗弯强度与橡胶含量的关系,图 2-14 是熔融指数与橡胶含量的关系。由图 2-12、图 2-13、图 2-14 可见,ABS 的抗拉强度、拉伸模量、抗弯强度和熔融指数均随橡胶含量的增加而下降。

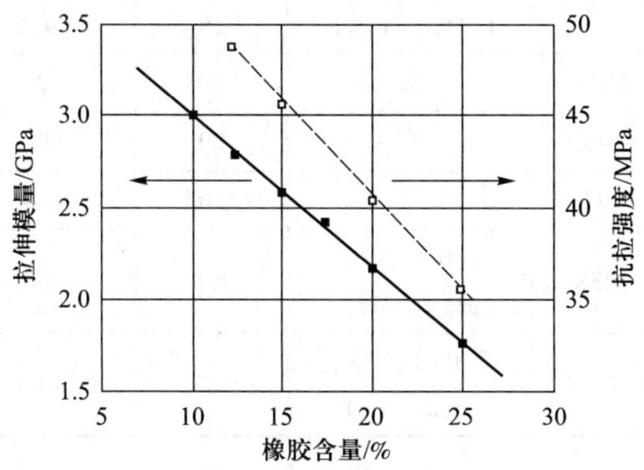

图 2-12 抗拉强度、拉伸模量与橡胶含量的关系

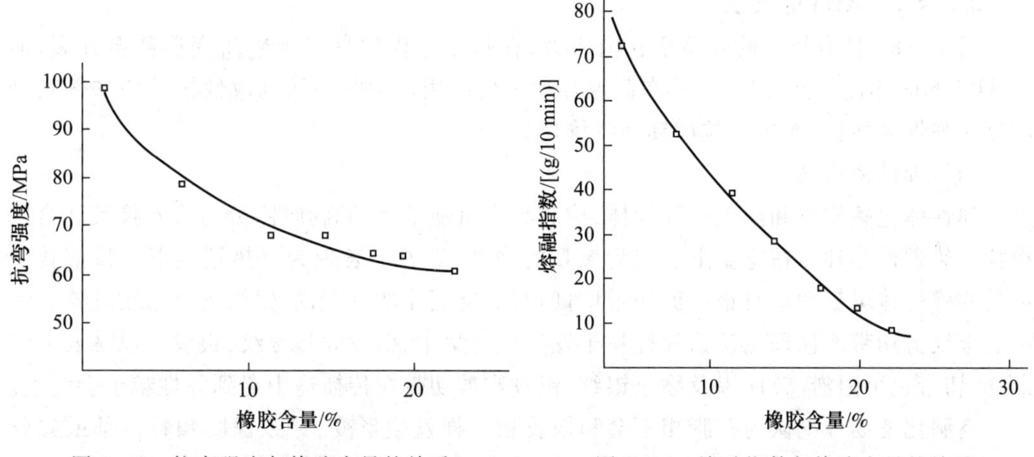

图 2-13 抗弯强度与橡胶含量的关系　　图 2-14 熔融指数与橡胶含量的关系

由于丙烯腈的含量多少对 ABS 的 FDM 成形影响不大,则这种 ABS 完全可以由 HIPS 取代。表 2-5 是 ABS757 和 HIPS PH-88、HIPS PH-888G 基本参数的比较。

表 2-5 ABS757、HIPS PH-88 和 HIPS PH-888G 基本参数

特性	试验法	单位	数据		
			ABS757	HIPS PH-88	HIPS PH-888G
抗拉强度	D-638	kg/cm^2	480	250	350
断裂伸长率	D-638	%	20	40	30
弯曲弹性率	D-790	$104\ kg/cm^2$	2.7	2.0	2.1

续表

特性	试验法	单位	数据		
			ABS757	HIPS PH-88	HIPS PH-888G
抗弯强度	D-790	kg/cm^2	790	380	540
洛氏硬度	D-785		R-116	L-75	L-85
IZOD 冲击强度	D-256	1/8″kg-cm/cm	20	11.0	9.5
		1/4″kg-cm/cm	18	9.0	8.5
软化点	D-1525	℃	105	99	102
热变形温度	D-648	℃	99	82	85
相对密度	D-792	23/23 ℃	1.05	1.05	1.05
流动系数	D-1238	200 ℃,5 kg g/(10 min)	1.8	5.0	4.0
	ISO-1133	220 ℃,10 kg g/(10 min)	22	15.0	11.0

由表 2-5 可以看出,HIPS 的抗拉强度、抗弯强度、冲击强度和硬度都要比 ABS 差一些,软化点和热变形温度要低些。

2.3.4.3 ABS 的改性

由于 ABS 具有较高的收缩率和内应力,在打印过程中易出现翘曲变形甚至开裂,而且 ABS 的耐热性不高,限制了其在高温环境下的应用。ABS 的增韧改性按照添加剂类型可分为弹性体增韧、无机颗粒增韧和纤维增韧。

(1) 弹性体增韧

弹性体包括橡胶和热塑性弹性体,橡胶具有可逆形变的高弹性,分为天然橡胶和合成橡胶。热塑性弹性体在室温下表现为橡胶的弹性,高温下表现为可热塑成形。目前普遍接受的弹性体增韧理论有银纹剪切带增韧理论、空洞化增韧理论、银纹支化增韧理论。

银纹剪切带增韧理论认为弹性粒子发生应力集中,引发大量银纹,银纹可以诱发剪切带,剪切带也可阻滞、转向以及终止银纹,银纹和剪切带在传播途中遇到弹性粒子会终止。

空洞化增韧理论认为树脂相不会和橡胶相一样发生形变,导致橡胶颗粒内部或橡胶颗粒与基体间的界面破裂而产生空洞,空洞既缓解裂纹尖端累积的三轴应力,又增加橡胶上的应力集中,并诱发剪切屈服。这种剪切屈服又会引起裂纹尖端的钝化,从而减少基体树脂的应力集中,并阻止断裂发生。

银纹支化增韧理论认为弹性粒子受到外力能作用产生银纹,诱发银纹发生强烈支化,支化不仅增加银纹的数目,而且降低每条银纹的前沿应力而导致银纹的终止。

(2) 无机颗粒增韧

无机纳米颗粒粒径小,比表面积大,可以与基体充分地吸附、键合,使无机颗粒均匀分散在基体中。此外,无机颗粒与基体界面形成钉扎效应,作为应力集中点,引发周围基体产生微开裂,使基体裂纹扩展受阻和钝化。

(3) 纤维增韧

纤维产生应力集中效应,引发体系产生大量裂纹,另外,材料在受冲击作用时,纤维拔出与断裂、纤维与基体的脱黏以及形成新表面、基体材料塑性变形等也吸收一定的能量。

2.3.5 聚醚醚酮

2.3.5.1 聚醚醚酮简介

聚醚醚酮(PEEK)为线性芳香族热塑性塑料,分子结构如图2-15所示。

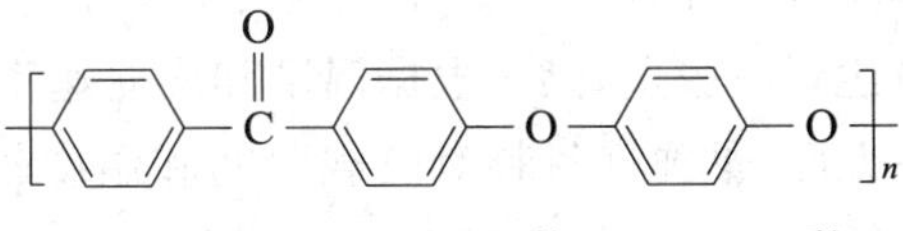

图2-15 聚醚醚酮分子结构

PEEK具有优异的耐磨性、耐化学腐蚀性以及生物相容性,是一种优秀的特种工程塑料,而且其模量与人体骨骼相当,是理想的人工骨替换材料,适合长期植入人体。吴文征等公开了一种PEEK仿生人工骨的3D打印方法,利用PEEK由3D打印方法制造仿生人工骨,省去了制造模具的时间和成本,并缩短了制造周期。该技术实现了熔点高、黏度大、流动性差的生物相容的结晶性聚合物PEEK人工骨的3D打印。

2.3.5.2 聚醚醚酮的性能

(1) 聚醚醚酮的热性能

由于聚醚醚酮是半结晶聚合物,由熔融温度缓慢冷却后可以使结晶度高达48%,而正常冷却速度只有30%~35%。

常见FDM设备加工温度为190~230 ℃,且一般不具备成形腔室加热功能,故用于PEEK加工的FDM设备需要专门设计。华中科技大学史长春等为解决PEEK加工问题,基于传统FDM设备,辅以高温成形腔体(图2-16),通过仿真分析与工艺实验开展了对PEEK成形效果的研究。结果表明,当成形腔室的温度维持在PEEK玻璃化温度左右时,PEEK具有良好的成形强度,接近注塑成形制件。

(a) PEEK 3D打印整机设备　　(b) 高温成形腔体结构

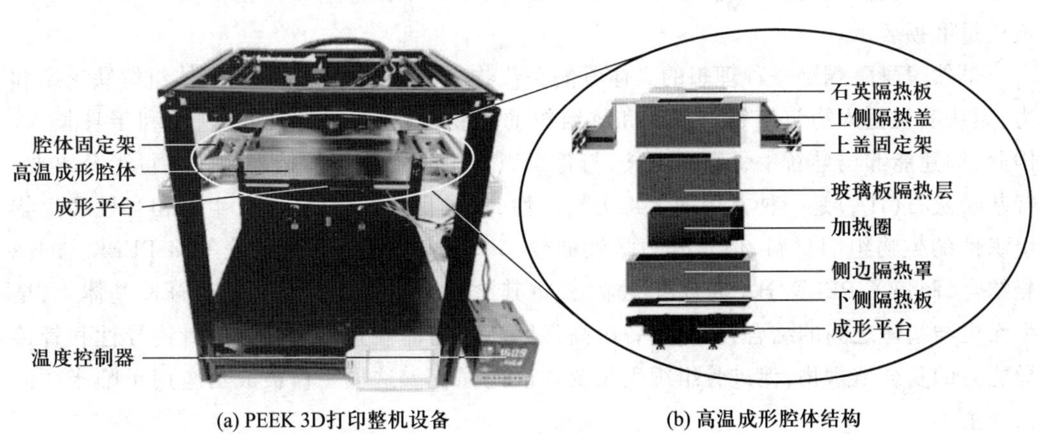

图2-16 PEEK专用熔融沉积设备

(2) 聚醚醚酮的力学性能

聚醚醚酮(PEEK)具有良好的韧性和刚性,它具备与合金材料媲美的对交变应力的耐疲劳性。作为一种半结晶材料,PEEK 的力学性能主要由其结晶相决定。此外,PEEK 的晶粒尺寸、结晶完善程度以及结晶度等还受热处理过程的影响。在静态、疲劳和冲击条件下,晶体或增强体影响 PEEK 的力学性能,并且结晶度越高的材料弹性模量和屈服应力越大。相比之下,材料的韧性和伸长率则依赖于晶体大小和非晶态相,通过不同热处理方法可以有效控制结晶过程与结晶度等。在拉伸和压缩过程中,PEEK 对温度和应变速率的敏感性与大多数半结晶聚合物相同。当处于小应变拉伸和压缩过程中,PEEK 的应力应变表现为线性关系。当达到屈服点之后,根据温度和应变速率的不同,呈现出不同程度的硬化或软化现象。另一方面,黏弹性材料对负载时间和温度较为敏感,但在 37 ℃体温环境下表现出较弱的温度敏感性。此外,PEEK 是一种缺口敏感性材料,假体设计或表面划痕所导致的应力-应变集中都会大大弱化材料的力学性能。FDM 打印聚醚醚酮材料具有良好的力学性能,抗拉强度约为 95 MPa,抗弯强度约为 141 MPa,抗压强度约为 142 MPa。从制备方法上来看,3D 打印、注塑与机械加工制备的 PEEK 材料人工假体力学性能并没有太大差异,且 3D 打印更容易集材料、设计、加工于一体,更好地满足定制化的需求。

(3) 聚醚醚酮的生物摩擦性能

生物摩擦性能是根据关节自然工况和润滑情况而提出的新概念,既关注 FDM 打印聚醚醚酮假体的生物活性,又考虑摩擦学问题。聚醚醚酮的良好性能在生物组织工程中得到应用,而熔融沉积个性化定制假体的功能符合患者需求。

PEEK 材料在临床使用之前的性能检测十分重要,主要通过现有关节材料的体外检测设备来进行,比如材料摩擦试验机和关节模拟机等。材料摩擦试验机大多为“销-盘”“球-盘”等简单接触形式,采用旋转、往复滑动或旋转-往复等单一运动模式。由于试验条件过于简化,因而所获得的磨损结果通常不具备临床指导意义,仅适用于假体设计中配副材料的初期筛选。相比之下,关节模拟机针对真实假体设计,可实现多自由度运动与载荷的共同作用,能更为准确地模拟复杂而多变的生理运行轨迹与力学环境,因而磨损测量结果更为准确。但是,该方法耗时长、费用高、通用性不强。磨损率指标大多以磨损因子或质量磨损表示。

虽然聚醚醚酮是一种理想的人体骨骼替代物,但它是惰性材料,与人体组织缺乏亲和力,无法实现植入物与相邻骨组织和软组织的生物连接,骨诱导性较差,不利于骨长入。因此,构建能够诱导新生骨组织生长,与骨组织产生生物连接的植入物就显得十分重要。羟基磷灰石(HA)是一种常用的无毒无抗原性,兼具良好的生物活性、生物相容性和生物组织性的生物组织材料,但是其力学性能较差。西安交通大学赵广宾等将 PEEK 与 HA 相结合,制备了 PEEK/HA 混合溶液涂层,将其涂敷于熔融沉积制备的 PEEK 基体上,增强涂层与基体之间的结合,从而制备出高强度高生物活性且具有良好的骨诱导性和骨传导能力的复合植入物,促进骨组织生长及骨改建强化。这项工作被成功应用于临床颅颌面骨植入。

2.3.5.3 聚醚醚酮的改性

PEEK 改性方法可分为化学改性、填充改性、纤维增强、混合型改性以及表面改性等。化学改性是指通过引入不同的分子链或一定性能的基团来改进聚合物的整体分子结构,以达到增强复合材料各种性能的方法,可以将化学反应分为共聚合反应、交联反应、聚合物主链反应和侧基反应等;填充改性及纤维增强是指通过在本体材料中添加不同量的粉体、纤维和偶联剂等使其性能得到改进的方法;混合型改性是指将两种或两种以上的改性剂(聚合物、无机粉体或纤维等)以一定的比例共混,得到采用单一改性剂无法获得的性能的方法;表面改性是指在保持原材料优异性能的基础上,增加其表面新性能的方法,大体上可以归结为表面化学反应法、表面接枝法、表面复合化法等。通过对 PEEK 进行不同方式的改性,可以进一步提高其力学性能,摩擦学性能,抗疲劳、抗腐蚀等性能,并且可以提高其稳定性,降低材料成本,扩大其应用范围。

2.3.6 纤维增强型聚合物复合材料及其他高分子材料

2.3.6.1 纤维增强型聚合物简介

随着用于熔融沉积的聚合物改性研究的深入,碳纤维、玻璃纤维、植物纤维等已被广泛应用为增强体,近年来关于连续纤维增强聚乳酸复合材料的研究逐渐进入人们的视野,纤维与聚合物复合已经成为主流的改性方式。

碳纤维是碳含量在 90% 以上的高强度高模量纤维,其耐高温性能居所有化纤之首。碳纤维是用腈纶和黏胶纤维做原料,经高温氧化碳化而成的。碳纤维的生产工艺已经十分成熟,在航空航天等领域得到了广泛应用。玻璃纤维是一种性能优异的无机非金属材料,种类繁多,其优点是绝缘性好、耐热性好、抗腐蚀性好,但是其较脆,耐磨性差。植物纤维是纤维素与各种营养物质结合生成的丝状或者絮状物,对于植物具有支撑、连接、包裹、充填等作用,广泛存在于植物秆茎、根系、果实、果壳中。植物纤维具有成本上的优势,常用于增强体的有黄麻纤维、竹纤维等。

2.3.6.2 短纤维增强聚合物复合材料

短纤维是指化学纤维经过切断加工形成的一定长度的制品。短纤维与聚合物的复合工艺通常采用熔融共混挤出工艺,根据所需纤维与聚合物的比例将两种材料充分混合,然后由挤出机加工成单丝直径为 1.75 mm 的成品,供熔融沉积成形使用。短纤维与聚合物的复合关键在于纤维走向的精确调控,由于纤维长度小于 100 μm,对纤维走向的精确调控十分困难,从而导致聚合物复合材料内部纤维分布、走向不均匀,影响制件的成形效果与力学性能。

2.3.6.3 连续纤维增强型聚合物复合材料

相比于短纤维,连续纤维 3D 打印工艺更易于实现对纤维走向的精确调控,连续纤维与熔融沉积技术形成了材料与工艺的良性互补。传统连续纤维加工技术复杂烦琐,成本较高,难以实现复杂形状模型的加工,而增材制造则解决了复杂形体的加工问题。目前,连续纤维增强型聚合物丝材可以通过熔融浸渍工艺提前制备,将其作为打印耗材用于熔融沉积成形;连续纤维与聚合物的浸渍与成形过程也可在 FDM 打印过程中同步实现。

(1) 连续纤维预浸聚合物丝材

连续纤维预浸聚合物制备丝材需要专用装备,其优点是纤维束(丝)在聚合物熔体中可以得到足够的浸渍压力和浸渍时间,从而使得浸渍后的复合材料品质较好,纤维与聚合物界面结合强,复合丝材适于市场现有 FDM 设备的加工成形。其缺点在于专用装备需要特殊设计,增加丝材成本,同时模型若出现"空跳"部分,聚合物抽丝回退时连续纤维无法实现同步剪断,这将成为成形过程中的隐患,可能会导致喷嘴堵塞以至于无法成形。

图 2-17 为连续纤维预浸聚合物制备装置原理示意图。

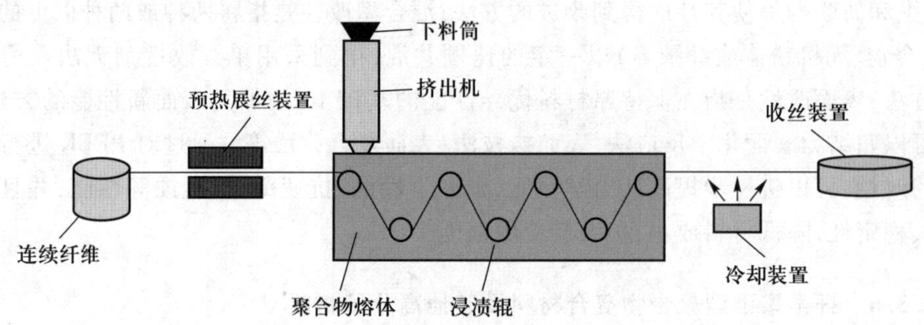

图 2-17 连续纤维预浸聚合物制备装置原理示意图

(2) 连续纤维与聚合物同步熔融沉积成形

连续纤维与聚合物同步熔融沉积工艺简化了加工工艺,降低了材料加工成本,且制件性能具备高比强度、高比模量、可设计性强及可实现多功能融合等特性。连续纤维增强聚合物的 FDM 工艺分为在线预浸和离线预浸(图 2-18)。在线预浸是指连续干纤维持续进入 FDM 打印头内,浸润在熔融的聚乳酸材料之中,在挤出机的推力作用下挤出成形。在离线预浸时,连续纤维束和聚乳酸材料分别由两个不同的喷嘴来控制,前者用于成形制件的增强体,后者进行孔隙和外形框架填充。

在线预浸与离线预浸均需要对 FDM 打印机送丝装置与喷嘴加以改进。由于离线预浸由两个喷嘴分别完成增强体和基体成形,还需要对设备软件系统进行适应性调整,因此二者均需要专用的 FDM 设备。另外,由于同步沉积过程中基体对增强体浸润时间短、冷却过程快,所以制件层间结合力较弱,各向异性特征更加明显,这一缺陷需要通过后处理工艺解决,增加了制件成本。同步沉积过程也存在连续纤维无法剪断现象,这一问题需要通过装备的改进解决。

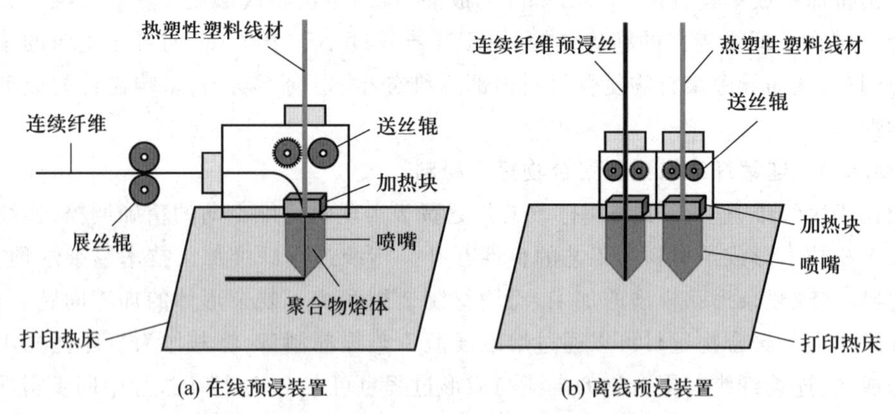

图 2-18 连续纤维与聚合物同步熔融沉积成形原理示意图

2.3.7 支撑材料

2.3.7.1 FDM 支撑材料简介

根据 FDM 的工艺特点,系统必须对产品三维 CAD 模型做支撑处理,否则在分层制造过程中,当上层截面大于下层截面时,上层截面的多出部分将悬空,从而使截面部分发生塌陷或变形,影响零件的成形精度,甚至零件不能成形。支撑的另一个重要目的是建立基础层,在工作平台和原型的底层之间建立缓冲层,使原型制作完成后便于与工作平台剥离。此外,支撑还可以给制造过程提供一个基准面。

支撑可以用同一种材料制备,只需要一个喷嘴,通过控制喷嘴在支撑部位和成形零件部位的移动速度控制材料密度,以区分成形零件和支撑。现在一般都采用双喷嘴独立加热,一个喷嘴用来喷出模型材料制造成形零件;另一个喷嘴用来喷出支撑材料作支撑,两种材料的特性不同,制作完毕后去除支撑相当容易。

目前 FDM 工艺常用的支撑材料有剥离性支撑材料和水溶性支撑材料两种。在成形结构简单、中空较少的零件时,使用剥离性支撑较为方便。水溶性支撑为一体成形的装配件提供了独特的解决方案,因为水溶性支撑可以进行分解,一个装配件可以在一次机械运转中建构完成。如用 FDM 技术制造脑型齿轮组,可不用手工劳动就能完成,并能在很短时间内分解水溶性支撑,而用粉末烧结技术制作相同的工件,可能需要 1 h 以上的手工劳动清除齿轮与轴柄之间的粉末。另外,在制造工艺早期,评估装配件的设计与功能性是很重要的,有了水溶性支撑,整个装配件的 CAD 数据可以当作一个工件处理,不需要手工劳动或花时间进行工件的装配。

鉴于支撑材料在成形过程中起到的作用和成形后的去除步骤,FDM 对支撑材料也有一定的要求。

剥离性支撑材料和成形材料在收缩率和吸湿性等方面的要求一样,其他特殊要求具体说明如下:

(1) 能承受一定高温

由于支撑材料要与成形材料在支撑面上接触,所以支撑材料必须能够承受成形材料承受的高温,在此温度下不产生分解与熔化。由于 FDM 工艺挤出的丝比较细,在空气中快速冷却,所以支撑材料能承受 100 ℃以下的温度即可。

(2) 材料的力学性能

FDM 对支撑材料的力学性能要求不高,只要其有一定的强度,便于单丝的传送即可;剥离性支撑材料需要一定的脆性,便于剥离时折断,同时又要保证单丝在驱动摩擦轮的牵引和驱动力作用下不可轻易弯折或折断。

(3) 流动性

由于支撑材料的成形精度要求不高,为了提高机器的扫描速度,要求支撑材料具有很好的流动性。

(4) 黏结性

支撑材料是加工中采取的辅助手段,在加工完毕后必须去除,所以相对成形材料而言,剥离性支撑材料的黏结性可以差一些。

(5) 制丝要求

熔融挤压快速成形所用的丝状材料直径大约为 2 mm,要求表面光滑、直径均匀、内部密实,无中空、表面疙瘩等缺陷。另外在性能上要求其柔韧性好,所以应对常温下呈脆性的原材料进行改性,以提高剥离性支撑材料的柔韧性。

(6) 剥离性

剥离性支撑材料最为关键的性能要求,是要保证材料能在一定的受力下易于剥离,可方便地从成形材料上去除支撑材料，而不会损坏成形件的表面精度。这样有利于加工出具有空腔或悬臂结构的复杂成形件。

对于水溶性支撑材料，除了应具有成形材料的一般性能以外，还要求其遇到碱性水溶液即会溶解。水溶性支撑材料特别适合制造空心及具有微细特征的零件，解决人手不易拆除支撑的问题，避免因结构太脆弱而被拆破的可能性，还可提高支撑接触面的光洁度。

2.3.7.2 剥离性支撑材料

(1) 黏结模型

在熔融沉积成形技术中，层间的结合是依靠材料熔融后的黏结完成的。层间黏结和两种高分子之间的黏结相似，喷出的丝和上一层黏结在一起，不同的是黏结接触面积非常小，并且黏结强度有限。图 2-19 为 FDM 层间黏结微观模型。

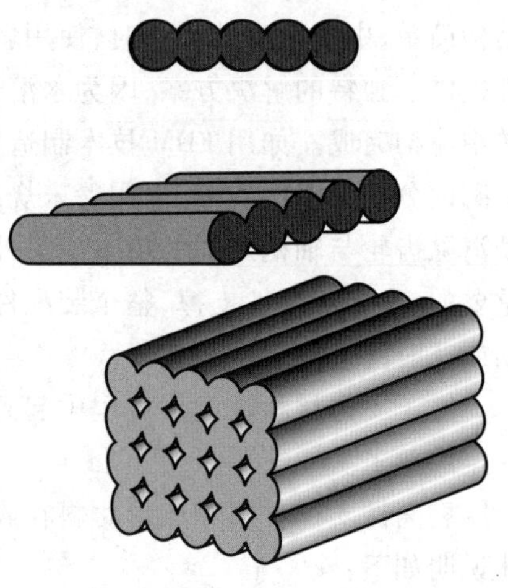

图 2-19 FDM 层间黏结微观模型

(2) 黏结机理以及影响黏结强度的材料因素

有关两物体间实现黏结的机理有多种物理模型，其中主要有机械结合理论、吸附理论、扩散理论和静电理论。FDM 层间的黏结是依靠材料本身熔融后在温度势驱动下的分子扩散过程实现的。

① 扩散理论

也称分子渗透理论，这种理论认为，高聚物间的黏结是由于分子扩散作用造成的。高分子化合物的高分子链具有柔顺性，层间分子彼此之间处在不停的热运动之中。由于长链段产生相互扩散，使层间的界面消失，形成相互“交织”的牢固结合，其黏结处强度随时间的增加增至最大值。

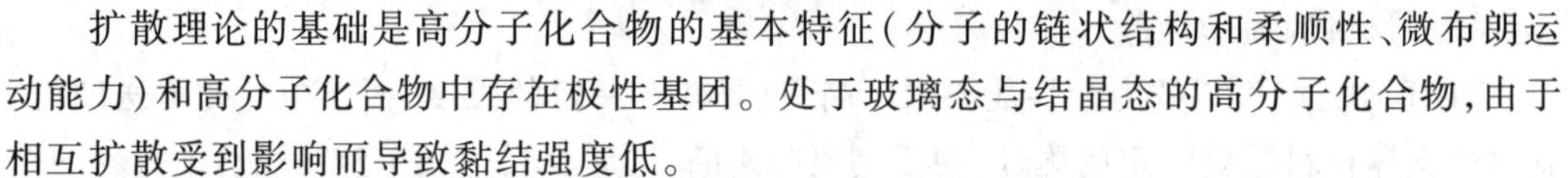

扩散理论的基础是高分子化合物的基本特征(分子的链状结构和柔顺性、微布朗运动能力)和高分子化合物中存在极性基团。处于玻璃态与结晶态的高分子化合物，由于相互扩散受到影响而导致黏结强度低。

② 影响黏结强度的材料因素

黏结强度随着接触时间的增加、黏结温度的提高、黏结压力的增加、分子量的降低、链柔顺性的增加以及交联度的降低而增加。此外，庞大的短侧基团的消失也会使黏结强度增加。这些现象都可作为黏结过程中扩散起重要作用的例证。

分子量的影响：一般讨论分子量与黏结强度的关系，仅限于直链状高分子。增加分子量会增加材料的自黏结强度，因而有利于得到高的黏结强度，但是黏度增加也会妨碍扩散。所以分子量对黏结强度的影响是不确定的，它取决于材料的性质。

分子结构的影响：链的刚性会增加材料的自黏结强度，但也使其黏度增加，并使扩散受到阻滞，因而链的刚性对黏结的影响是不确定的。但在通常情况下，随着链刚性的增加其黏结强度往往减少。对含有苯环的高分子化合物，由于其链的柔顺性受到影响，不易扩散，故其黏结强度往往低。

③ 黏结过程

图 2-20 是 FDM 两层间黏结过程放大图，可以看到，随着时间的增加，层间分子不断

扩散,由图 a 到图 d,分子逐渐黏结为一体,最后成为零件。

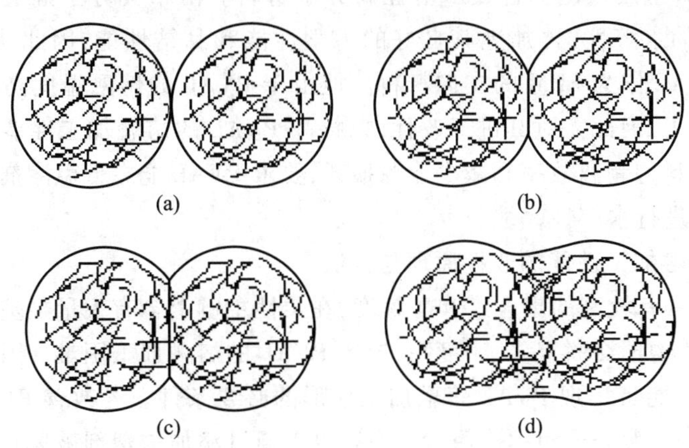

图 2-20 FDM 两层间黏结过程放大图

图 2-21 是支撑材料和成形材料之间黏结的示意图,两种材料扩散后的界面层厚度为界面(a)。

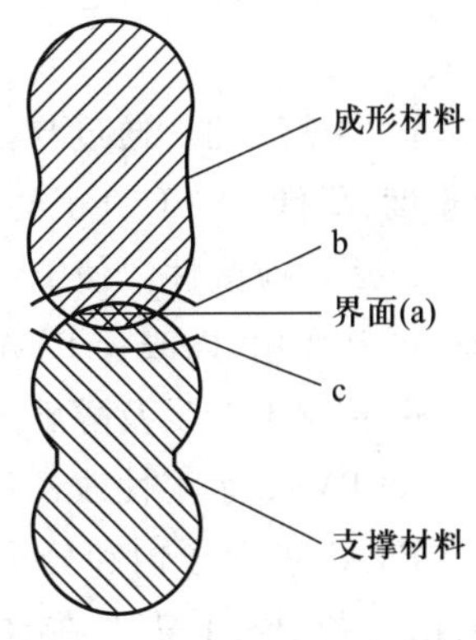

图 2-21 支撑材料和成形材料之间的黏结

当施加一定的外力时,断裂总是发生在机械强度较弱的部位。若断裂发生在 b(成形材料)上,则制件的表面上容易出现小凹坑;若断裂发生在 c(支撑材料)上,则制件的表面上容易留下毛刺。后续必须进行表面光滑处理,才能得到希望的表面粗糙度。在去除支撑材料时,希望在界面(a)处断裂。为了便于支撑材料的去除,应保证相对于成形材料各层间,支撑材料和成形材料之间形成相对较弱的黏结力。最后,应保证支撑各层之间有一定的黏结强度,以避免脱层现象。黏结性是支撑材料开发时关注的重点。

2.3.7.3 水溶性支撑材料

水溶性支撑材料可以任意落于工件深处的嵌壁式区域,接触细小特征部位,工艺上可以不考虑机械式移除方式。此外,水溶性支撑可以保护细小的特征部位不受损害,而在 FDM 技术中,如何移除支撑而不造成特征部位的损坏是一项极大的挑战。

对于有空腔和悬臂结构的工件必须使用两种材料,一种是成形材料,另一种是专门用于沉积空腔部分的支撑材料。水溶性支撑材料可溶于碱性水溶液(如浓缩洗衣粉),特别适合制造空心及微细特征零件,解决了人工去除支撑材料的难题。目前,国内外对于水溶性支撑材料的研究还处于初步阶段,在国外,只有 Stratasys 公司开发出的丙烯酸酯共聚物,可通过超声波清洗器或碱水等部分溶解。在国内,华中科技大学的余梦等对丙烯酸类高分子、聚乙烯醇类高分子、甲基丙烯酸甲酯进行了初步的研究,取得了一定的进展,不过都处于实验室阶段,离产品商业化生产还有一定的距离。水溶性支撑材料由于其突出的优点,将来取代剥离性支撑材料成为主流支撑材料是必然的。目前,可用于 FDM 工艺的水溶性支撑材料主要有两大类:一类是聚乙烯醇(PVAL)水溶性支撑材料,另一类是丙烯酸类(AA)共聚物水溶性支撑材料。

(1) 聚乙烯醇(PVAL)水溶性支撑材料

PVAL是一种应用广泛的合成水溶性高分子材料。由于其分子链上含有大量羟基,PVAL具有良好的水溶性,再加上其良好的力学性能和黏结性能,因此从性能要求上来讲,可以选择PVAL作为FDM的支撑材料。但由于PVAL的熔融温度高于其分解温度,不能进行熔融加工,因此需对其进行改性,以提高PVAL的熔融加工性能。另外,为了提高水溶性支撑材料的剥离效率和减少能源损耗,要求PVAL能在低温溶剂中快速溶解,因此还需对PVAL进行水溶性改性。

① PVAL熔融加工性能的改性原理与方法

由于PVAL具有较高的聚合度和醇解度,在柔性主链上含有大量羟基,分子间和分子内存在大量氢键,物理交联点多、密度高,导致PVAL的熔融加工困难。因此,降低熔融温度、提高热稳定性能是实现PVAL熔融加工成形的必要条件。若改善PVAL熔融加工性能,必须减弱PVAL大分子间的作用力。一般可以通过添加增塑剂破坏其分子间作用力,或降低羟基含量、增加羟基间距,改善PVAL的熔融加工性能。常用的改性方法有:

a. 共混改性。通过添加增塑剂降低分子间作用力,从而降低熔融温度,改善熔融加工性能。

b. 共聚改性。通过与其他单体共聚引入共聚组分,改变PVAL分子链的化学结构和规整度,降低PVAL分子间、分子内的羟基作用,以改善其熔融加工性能。

c. 后反应改性。使PVAL部分羟基发生化学反应,引入其他基团,减小分子内、分子间的羟基作用,以改善PVAL的熔融加工性能。

d. 控制聚合度及醇解度。PVAL的聚合度越小,醇解度越低,其熔融温度越低。

② PVAL水溶性改性原理与方法

PVAL的分子内和分子间都存在氢键,所以PVAL虽然具有水溶性,但溶解性并不是很好,有的PVAL需要在水中加热搅拌数小时才溶解。为了使PVAL类材料具有低温速溶的效果,主要采用适当减少羟基或增加分子间距两种手段,向PVAL分子链中引入具有可以水溶的阴离子基团,以增强溶解性。常用的改性方法有:

a. 共聚改性。引入共聚组分,改变PVAL分子链的化学结构和规整度,降低分子间、分子内羟基作用,可大大提高其水溶性。

b. 后反应改性。用聚合度和醇解度一定的PVAL与甲基丙烯酸(MA)系化合物在碱性条件下进行迈克尔加成反应,充分反应后在碱性条件下进行部分或完全水解,得到羧酸改性PVAL。

(2) 丙烯酸类(AA)共聚物水溶性支撑材料

聚丙烯酸(PAA)、聚甲基丙烯酸(PMA)及其共聚物是一类重要的水溶性材料。AA类共聚物有许多优异的性能,不同相对分子质量的共聚物,其水溶性、强度、硬度、附着力等性能差别很大。AA和MA易于和其他单体共聚,可以根据用户需要设计出符合所需性能的产品。

合成水溶性AA类共聚物的单体种类很多,它们对共聚物性能的影响也有很大差别。具体来说,影响共聚物硬度的单体有甲基丙烯酸甲酯(MMA)、苯乙烯、乙烯基甲苯、丙烯腈(AA)等;影响共聚物水溶性酸值的单体有AA、顺丁烯二酸酐(MAH)、甲叉丁二酸等;影响共聚物柔软性的单体有丙烯酸乙酯、丙烯酸丁酯(BA)、丙烯酸2-乙基己酯、甲基丙烯酸乙(丁)酯、甲基丙烯酸2-乙基己酯等;影响共聚物交联的单体有丙烯酸β-羟乙酯、甲基丙烯酸β-羟丙酯、丙烯酸缩水甘油醚酯、丙烯酰胺、N-丁氧基羟甲基丙烯酰胺等。现就各种单体对共聚物的影响进一步介绍如下:

a. MMA是硬单体,BA属于软单体。调整二者比例,可以使共聚物的T_g在一个较宽的范围内变化,从而对材料的硬度、柔韧性和耐冲击性产生很大的影响。

b. AA、MA在共聚物中的比例太小时,共聚物的水溶性差;比例增加,共聚物的水溶性变好,附着力增加,但对材料的综合性能有不良影响,故在满足高分子水溶性的前提下,引入高分子中—COOH的量需加以控制。

c. 含羟基的(甲基)丙烯酸烷基酯单体的引入,能使共聚物的水溶性增加,并且可使高分子交联固化,提高材料的强度。一般认为引入单体的质量分数以8%~12%为最佳,且丙烯酸β-羟乙酯比丙烯酸β-羟丙酯好。

d. 欲获得硬度较高的AA类高分子,还可以添加苯乙烯等单体改性,并可以降低成本。

① AA类高分子的聚合方法

制备水溶性AA类共聚物常采用溶液聚合和乳液聚合两种方法。乳液聚合所制AA类共聚物的相对分子质量较高,后期经盐化可使共聚物具有一定的水溶性,但乳液聚合法不如溶液聚合法合成的共聚物的水溶性好,故水溶性AA类共聚物一般采用溶液聚合法制备。

② AA类高分子的水化方法

为了提高共聚物的水溶性,对制得的共聚物需进一步水性化。水溶性AA类共聚物的水化方法有两种:a. 醇解法,即将丙烯酸酯在溶液中共聚成黏稠状的聚丙烯酸酯,然后部分醇解;b. 成盐法,即以丙烯酸酯类和含有不饱和双键的羧酸单体(如AA、MA、MAH等)在溶液中共聚,然后加胺中和成盐。其中成盐法最为常用。

水溶性高分子PVAL和AA类共聚物基本符合FDM支撑材料的性能要求。PVAL类水溶性支撑材料的开发关键在于改善PVAL的熔融加工性能,目前这方面的改性研究已经取得了一定成果。另外,由于PVAL在以低浓度的氢氧化钠、碳酸钙、硫酸钠和硫酸钾等溶液作为沉淀剂时能从水溶液中沉淀出来加以回收,因此PVAL类水溶性支撑材料是一种很有潜力、绿色环保的材料。由于AA类共聚物水溶性支撑材料可供选择的单体种类较多,且不同单体的性能差异较大,所以可开发出与不同种类成形材料相适应的水溶性支撑材料,但是不足之处在于其力学性能、熔融加工性能和水溶性难以兼顾,且要开发出性能稳定的水溶性支撑材料需要的周期较长。总的来说,在FDM工艺中应根据不同需求选择水溶性高分子材料作为支撑材料,通过对其进行改性研究,可望开发出具有国内自主知识产权的FDM水溶性支撑材料。

2.4 熔融沉积成形技术的典型应用

2.4.1 教育科研

FDM技术可以快速实现从理论设计到实际运用的转变,比如在课堂上教学用的几何体、化学结构等,可以通过FDM技术制作出实物模型,帮助学生更直观地学习。

目前可用于FDM打印的材料范围很广,一些新型高分子材料的测试工作可以通过

FDM 技术完成,这样做的优点有以下几个方面:(1) 节约成本,FDM 测试所需材料较少,不需要大量制备;(2) 节省时间,提高效率,FDM 所需的时间周期很短,短时间内就可完成从材料制备到成形测试的过程;(3) 结果可靠,目前 FDM 制件的性能略低于或接近传统工艺条件,因此测试结果也较为保守,从而能提供可靠的测试指标。

图 2-22 为采用熔融沉积成形技术打印的教具。

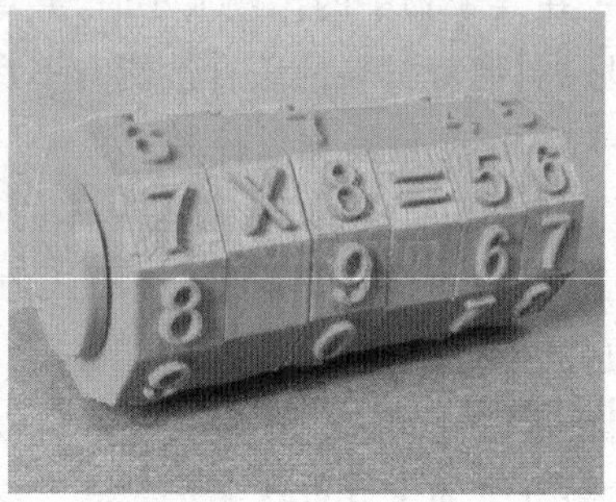

图 2-22　采用熔融沉积成形技术打印的教具

2.4.2　医疗行业

FDM 技术可以快速制作出优质三维模型和假体器官,更好地获取病例信息,提高手术效率。图 2-23 为在 2020 年新型冠状病毒性肺炎疫情最危急的关头,湖南云箭集团有限公司利用自身成熟的 3D 打印技术和军工资源,紧急研制生产的医用护目镜。该企业在七天之内完成了医用护目镜的产品设计、方案改进及批量生产,缓解了前线医用护目镜紧张的情势。这一案例充分体现了 FDM 技术生产周期短、定制化程度高的优势,同时还发掘了 3D 打印技术批量生产的潜质。

图 2-23　3D 打印护目镜

2.4.3 建筑行业

FDM 技术在建筑行业的应用可以分为两个方面：一是建筑展示模型的加工；二是实体建筑的建造（图 2-24）。建筑技术正朝着自动化、智能化方向发展，提出智能建造的概念。智能建造基于土木行业，深度融合工业化、数字化与智能化技术，充分交叉工程管理、材料科学与工程、计算机科学与技术、机械科学与工程等学科。3D 打印技术恰恰契合建造过程数字化的特征，能够满足智能建造对材料、装备的特殊要求。目前，已经运用于建筑行业的 3D 打印技术多为液料沉积叠加式技术，其在形式上与熔融沉积成形技术颇为相似。

图 2-24　熔融沉积建筑相关实例

2.4.4 工业设计

FDM 技术在工业设计方面的应用已经非常普遍，设计师的新思路可以通过 3D 打印快速实现。通常一款新的产品包含很多塑料零件，按照传统的思路就是采用注塑加工的方法完成样品制作，而注塑加工离不开模具，新产品又往往具有很多不确定性，使开模的代价极高。FDM 技术则为工业设计师提供了简单的新产品制作方式，不仅可以为设计师节省大量的成本，还可以大大缩短新产品的设计周期，是传统加工方法不能比拟的。

2.4.5 消费娱乐

FDM 技术应用于消费娱乐领域更多的是利用了其在个性化定制方面的优势。为了拓展 FDM 在消费娱乐领域的应用，自助式的 FDM 打印机崭露头角。FDM 打印机与先进的人工智能相结合，使得普通用户在使用 3D 打印机时像使用自动售货机一样简便。比如在景区、商场等可以配置自助 FDM 打印机，消费者可以随时随地完成 3D 打印照片、玩具等。

思考题

1. 请简述 FDM 的成形原理。
2. 以 ABS 为例，谈谈熔融沉积成形线材如何制备。
3. 为什么聚合物及其复合材料的玻璃化温度是一个重要物性参数？

4. 熔融沉积技术成形丝材关键技术指标包括哪些?

5. 当实体零部件存在尖锐转折面时,在 FDM 成形过程中如何减小打印误差?

6. 以聚碳酸脂为例,谈谈为什么在生产中使用这种材料要对其进行改性处理? 改性处理能增强聚碳酸酯的哪些性能?

7. 聚醚醚酮材料是一种较难加工的热塑性材料,书中只进行了简要介绍,试查阅文献,确定 FDM 打印聚醚醚酮需要做的表征测试方法及流程,并说出理由。

8. TPU 材料是熔融沉积丝材中较为特殊的一种柔性材料,尝试预测一下使用该材料的 FDM 工艺中层高过大对制件成形性的影响。

9. 在 FDM 工艺中,需要用到支撑材料,这些材料分为哪几类? 每一类材料需要具有哪些特殊的性能?

10. 发挥想象力,预测未来 FDM 技术在日常生活中的使用方式。

参考文献

[1] 益小苏,李岩. 生物质树脂、纤维及生物复合材料[M]. 北京:中国建材工业出版社,2017.

[2] 蔡云冰,刘志鹏,张子龙,等. 聚乳酸材料在 3D 打印中的研究与应用进展[J]. 应用化工,2019,48(6):1463-1468.

[3] 张向南,何文滚. 聚乳酸增韧改性研究[J]. 塑料科技,2013,41(6):63-66.

[4] 汤一文,张世杰. 聚乳酸无机增韧改性的研究进展[J]. 广州化工,2013,41(23):35-36,68.

[5] 黎宇航,董齐,郃清安,等. 熔融沉积增材制造成形碳纤维复合材料的力学性能[J]. 塑性工程学报,2017,(3):225-230.

[6] 田小永,王清瑞,李涤尘,等. 可控变形复合材料结构 4D 打印[J]. 航空制造技术,2019,(Z1):20-27.

[7] 张玥珺,余晓磊,赵西坡,等. 聚乳酸共聚增韧研究及其应用进展[J]. 化工新型材料,2018,46(10):280-283.

[8] 佚名. 聚碳酸酯的热性能和化学性能[J]. 杭州化工,1974,(3):22-38.

[9] 柳鑫龙,朱晓明,安江峰,等. 聚碳酸酯老化研究进展[J]. 高分子通报,2014,(1):72-75.

[10] 苏坤梅,李振环,程博闻,等. 双酚 A 型聚碳酸酯的合成与性能研究进展[J]. 科技导报,2009,27(8):80-86.

[11] 钱治宏,曹新鑫,王凯歌,等. 增韧改性 ABS 及其复合材料的研究进展[J]. 现代塑料加工应用,2019,31(1):57-60.

[12] WANG J F,GUO J W,LI C H,et al. Crystallization kinetics behavior,molecular interaction,and impact-induced morphological evolution of polypropylene/poly(ethylene-co-octene) blends:insight into toughening mechanism[J]. Journal of Polymer Research,2014,21:1-13.

[13] HAO Y P,YANG H L,ZHANG H L,et al. Miscibility,crystallization behaviors and

toughening mechanism poly(butylene terephthalate)/thermoplastic polyurethane blends[J]. Fibers and polymers,2018,19(1):1-10.

[14] XIONG K,WANG L S,CAI T M,et al. Synthesis of POE-graft-methyl methacrylate and acrylonitrile and acrylonitrile and its toughening effect on SAN resin[J]. Polymer Bulletin, 2012,69(5):527-544.

[15] JUNG W Y,WEON J I. Impact performance and toughening mechanism of toughness-tailored polypropylene impact copolymers[J]. Journal of Materials Science,2013,48(3): 1275-1282.

[16] STEPHAN S. Fiber-reinforced composites based on epoxy resins modified with elastomers and surface-modified silica nanoparticles[J]. Journal of Materials Science, 2014, 49 (6):2391-2402.

[17] 朱美芳,朱波. 中国战略性新兴产业——新材料:纤维复合材料[M]. 北京:中国铁道出版社,2017.

[18] 史长春,胡镔,陈定方,等. 聚醚醚酮 3D 打印成形工艺的仿真和实验研究[J]. 中国机械工程,2018,29(17):2119-2124,2130.

[19] 高东强,张蕾,刘瑞娟,等. 聚醚醚酮及其复合材料的生物摩擦学研究进展[J]. 工程塑料应用,2019,47(10):140-143,149.

[20] KURTZ S M. PEEK Biomaterial Handbook[M]. Oxford:William Andrew Publishing,2012.

[21] RAE P,et al. The mechanical properties of poly(ether-ether-ketone)(PEEK) with emphasis on the large compressive strain response[J]. Polymer,2007,48(2):598-615.

[22] KURTZ S M,et al. PEEK biomaterials in trauma,orthopedic,and spinal implants [J]. Biomaterials,2007,28(32):4845-4869.

[23] JONES D P,et al. Polymer,1985,26(9):1385-1393.

[24] 赵广宾,安超,秦勉,等. 聚醚醚酮/羟基磷灰石复合植入物的制备及性能研究[J]. 西安交通大学学报,2019,53(4):72-78.

[25] 赵广宾,秦勉,刘雨,等. 聚醚醚酮熔融沉积成形强度工艺参数的优化[J]. 机械工程学报,2019,(期缺失):1-7.

[26] 文怀兴,刘杏,陈威. 聚醚醚酮复合材料的改性研究及应用进展[J]. 工程塑料应用,2017,45(1):123-127,136.

[27] 王红蕾,李鹏,陶毓博. 植物纤维/聚乳酸复合材料研究现状及 3D 打印应用展望[J]. 科技创新导报,2018,15(2):108-110.

[28] 黄无云,程军,刘益剑,等. 纤维增强树脂复合材料 3D 打印流场分析与仿真[J]. 塑料,2019,48(2):54-58,62.

[29] 崔永辉,贾明印,薛平,等. 连续玻璃纤维增强 PLA 复合材料 3D 打印技术研究[J]. 塑料工业,2020,48(1):51-54,77.

[30] BI X,et al. Research Progress in 3D Printing Technology of Continuous Fiber Reinforced Thermoplastic Composites[J]. Engineering Plastics Application,2019,47(2):138-142.

[31] TIAN X,et al. Interface and performance of 3D printed continuous carbon fiber rein-

forced PLA composites[J]. Composites Part a-Applied Science and Manufacturing, 2016,(88):198-205.

[32] LIU T, et al. Interfacial performance and fracture patterns of 3D printed continuous carbon fiber with sizing reinforced PA6 composites[J]. Composites Part a-Applied Science and Manufacturing, 2018, 114:368-376.

[33] HOU Z, et al. 3D printed continuous fibre reinforced composite corrugated structure. Composite Structures, 2018, 184:1005-1010.

[34] YANG C, et al. 3D printing for continuous fiber reinforced thermoplastic composites: mechanism and performance[J]. Rapid Prototyping Journal, 2017, 23(1):209-215.

[35] WANG, Q R, et al. Programmable morphing composites with embedded continuous fibers by 4D printing[J]. Materials & Design, 2018, 155:404-413.

[36] TIAN X, et al. Recycling and remanufacturing of 3D printed continuous carbon fiber reinforced PLA composites[J]. Journal of Cleaner Production, 2017, 142:1609-1618.

第 3 章　光固化成形高分子材料

3.1　光固化成形技术概述

3.1.1　液态树脂光固化成形技术

光固化成形(stereo lithography apparatus,SLA),是世界上最早出现并实现商品化的一种增材制造(additive manufacturing,AM)技术,也是研究最深入、应用最广泛的快速成形技术之一。其工艺基于液态光敏树脂的光聚合原理,直译为“立体光固化成形法”。

SLA 的基本原理是利用光能的化学和热作用使液态树脂材料产生变化,对液态树脂进行有选择地固化,在不接触的情况下制造所需的三维实体原型。SLA 成形过程如图 3-1 所示:首先在计算机上用三维 CAD 系统构成产品的三维实体模型(图 3-1a),然后生成并输出 STL 文件格式的模型(图 3-1b)。再利用切片软件对该模型沿高度方向进行分层切片,得到模型各层断面的二维数据群 $S_n(n=1,2,\cdots,N)$,如图 3-1c 所示。依据这些数据,计算机从下层 S_1 开始按顺序将数据取出,通过扫描头控制紫外激光束,在液态光敏树脂表面扫描出第一层模型的断面形状。被紫外激光束扫描辐射过的部分,由于光引发剂的作用,预聚体和活性单体发生聚合反应而固化,产生一薄层固化层(图 3-1d)。形成了第一层断面的固化层后,将基座下降一个设定高度 d,在该固化层表面再涂敷上一层液态树脂。接着重复上述过程,取出第二层 S_2 断面的数据进行扫描曝光、固化(图 3-1e)。当切片分层的高度 d 小于树脂可以固化的厚度时,上一层固化的树脂就可与下层固化的树脂黏结在一起。然后第三层 S_3、第四层 S_4……这样层层固化、黏结,逐步按顺序叠加,直到 S_n 层为止,最终形成一个立体的实体原型(图 3-1f)。

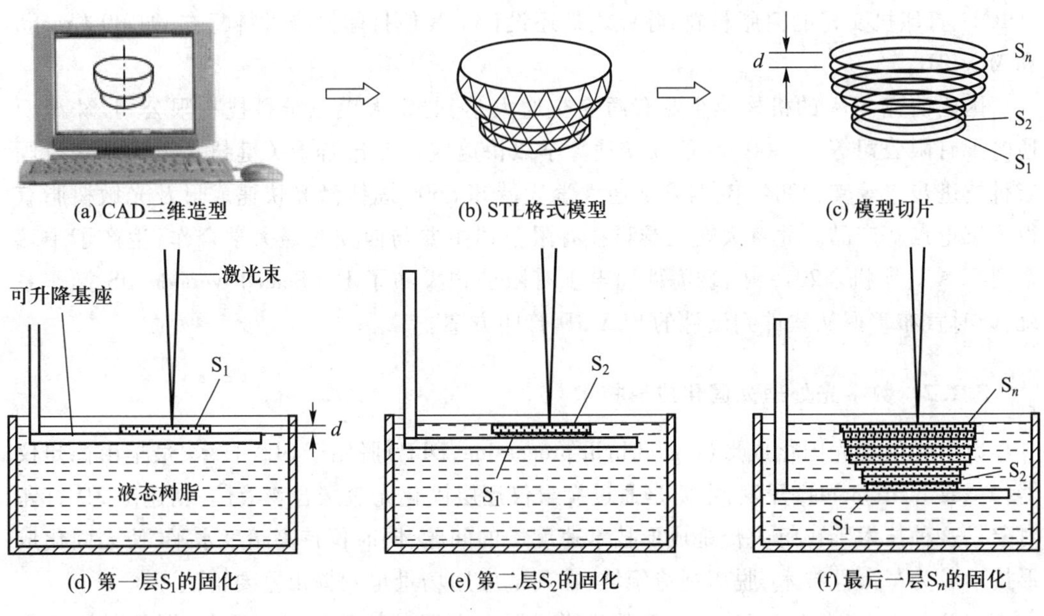

(a) CAD三维造型　(b) STL格式模型　(c) 模型切片

(d) 第一层S_1的固化　(e) 第二层S_2的固化　(f) 最后一层S_n的固化

图 3-1　SLA 成形过程

1981 年,名古屋市工业研究所的小玉秀男发明了两种利用紫外光硬化聚合物生产三维塑料模型的增材制造方法,其紫外线照射面积由掩模图形或扫描光纤发射机控制。1984 年,Charles Hull 开发了从数字数据打印出 3D 零件的技术。1986 年,Charles Hull 将他的技术命名为立体平版印刷,并获得专利。Charles Hull 用紫外光固化高分子光聚合物,将原材料层叠起来,以实现 SLA。Charles Hull 称这一程序可以“通过建立打印目标物体每部分之间的联系来打印三维物体”。1986 年,Charles Hull 创立世界上第一家 3D 打印公司——3D Systems,并开发了第一台商业 3D 打印机。1988 年,3D Systems 针对普通公众开发出 SLA-250 新机型。日本的 CMET 和 SONY/D-MEC 公司也分别在 1988 年和 1989 年将立体光固化技术以另外的形式商业化。1990 年,德国 EOS 公司卖出了他们的第一套立体光固化系统。1997 年,EOS 将其立体光固化成形业务出售给 3D Systems 公司,但其仍然是欧洲最大的立体光固化成形生产商。2001,日本德岛大学研发出基于飞秒激光原理的 SLA 微制造技术,实现了微米级复杂三维结构的打印。

进入 20 世纪以后,SLA 技术发展速度趋缓,此时 SLA 技术在应用领域中主要分为两类。一类针对要求研发周期短、产品验证成本低的企业,比如消费电子、计算机相关产品、玩具手枪等;另一类是需要制造复杂机构的行业,比如航空航天、汽车复杂零部件、珠宝、医学等。但是高昂的设备价格一直制约着 SLA 装备的进一步发展。2009 年,美国总统奥巴马将 3D 打印技术作为振兴美国制造业的关键技术之一,该技术又得到了进一步推动,发展速度加速。2011 年 6 月,维也纳技术大学 Markus Hatzenbichler 和 Klaus Stadlmann 研制了世界上基于 SLA 技术最小的 3D 打印机,该打印机只有牛奶盒大小,质量约 3.3 磅(约 1.5 kg)。2012 年 9 月,麻省理工学院媒体研究室研究出一款新型基于 SLA 技术的 3D 打印机——FORM1,这款 3D 打印机可以制作层厚仅 25 μm 的物体,这是 3D 打印中精度最高的打印方法之一,但成本昂贵。麻省理工学院媒体研究室成立了一家名为 FormLabs 的公司。目前 FORM 1 售价 2 500 美元。2013 年 6 月,MadeSolid 创立一个专门研发 3D 打印材料的公司,位于奥克兰。MadeSolid 的化学家和工程师不断研究 FormLabs 的 FORM1 打印机支持的树脂材料,除此之外还设计了其他打印机的材料配方,如 B9 Creator 和 Muve3D。

国内研究 SLA 的机构及企业有西安交通大学、北京大璞三维科技有限公司、珠海西通电子有限公司等。2000 年,西安交通大学以快速成形制造若干关键技术及设备获得国家科技进步二等奖;2004 年,西安交通大学凭借 SPS600 固体激光快速成形及光敏树脂获得国家重点新产品。北京大璞三维科技有限公司主要与西安交通大学合作,生产了中瑞系列 SLA 打印机。2015 年,珠海西通电子有限公司发布了 Dot-Scan Riverside OS 操作系统,同时宣布掌握从软件到硬件的 SLA 3D 打印方案。

3.1.2 数字光处理光固化成形技术

数字光处理光固化成形(digital light processing,DLP)脱胎于 SLA 技术,最早由德州仪器(Texas Instruments)开发,主要是通过投影仪逐层固化光敏聚合物液体,创建出 3D 打印对象。这种技术不仅解决传统成形技术速度慢的问题,同时保持高精度水平,使光固化成形技术成为革命性技术,脱离制造领域,在其他应用场景也发挥出重要价值。

DLP 技术可以实现高清晰图像的投影显示。由于其特殊的显示原理,图像对比度很高，在显示暗背景时，几乎没有光从投影系统中射出，保证了当该技术应用在光固化成形中，光敏树脂不会在长时间工作时由于溢出光的持续照射而发生聚合反应，从而确保DLP技术能够实现与掩膜板相似的功能，并应用于3D打印领域。

DLP固化成形过程如图3-2所示。首先，液槽中盛满液态光敏树脂，主控系统对模型进行分层计算，并根据精度需求生成对应的分层图像，之后将分层图像传递给DLP投影设备，投影设备根据分层图像控制紫外光，把分层图像成像在光敏树脂液体的上表面。靠近液体表面的光敏树脂受到紫外光照射后，发生光聚合反应进行固化，形成对应分层图像的已固化薄层。此时，单层成形工作完毕，工作台向下移动一定距离，在固化好的树脂表面上补充未固化的液态树脂，而后控制工作台移动，使得顶面补充的液体树脂厚度和分层精度保持一致。使用刮板将树脂液面刮平，即可进行下一层的成形工作，如此反复直到整个零件制造完成。

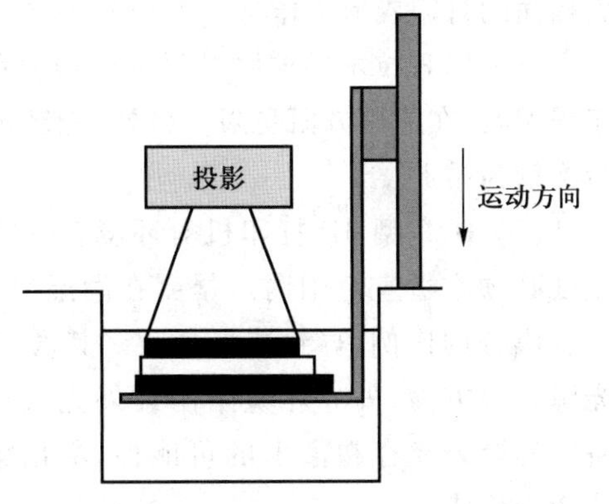

图3-2　DLP固化成形过程

DLP技术相对于SLA技术，具有以下优势：

(1) 单层固化速度快。该技术通过单层图像的投影曝光实现树脂的固化并完成打印，不需要扫描过程，单层打印时间与分层图像复杂程度无关，仅与树脂所需曝光时间有关，将打印过程进一步简化。

(2) 打印精度高于一般增材制造技术。DLP投影系统中，DMD芯片是核心元件。它是一种可对光进行调制的电子器件，具有独特的光学特性和电学特性。DMD芯片由光电单元阵列组成，每个光电单元由一块方形微镜面和控制镜面偏转角度的电路组成，通过控制电信号的大小控制微镜面的偏转角度，完成对光的调制。DMD芯片的本质是一组可控的反射镜阵列器件，其单个反射镜尺寸为微米量级。因此，在DLP投影系统中，单个镜片光斑尺寸可以控制在100 μm以下，实现高精度打印。

(3) 系统结构简单，稳定性好，对外界环境要求相对低。DLP型3D打印机使用DMD芯片作为核心器件，系统内没有复杂的运动机构，各部分相对独立，方便维护。光机系统在工作时处于静止状态，不受其他因素干扰，可以提供稳定的打印精度。

(4) 易于实现。3D打印机内使用的DLP投影系统与用于显示的DLP投影系统在结构上基本一致，主要区别在于使用的光源不同。用于3D打印的DLP投影系统光源多为紫外光，而普通显示系统光源多为白光LED或三色LED。若选用固化峰值在可见光波段的光敏树脂，可以使用普通DLP投影机作为3D打印系统的核心。普通DLP投影系统对蓝紫光的损耗相对较低，可以选择蓝紫光波长的光敏树脂材料，配合运动系统，即可实现初级DLP打印。

以DLP技术为基础的3D打印技术正处于快速发展阶段。由于DLP型3D打印机的投影图像分辨率高，所以其成形精度普遍高于传统激光扫描型打印机，而且单层固化时间短，制作时间短，在制作小尺寸精细工件时具有强大优势。

DLP技术同样具有不足之处：

(1) 由于DMD镜片的偏转误差使光斑尺寸发生变化,随着放大倍数的增大,有效光斑尺寸在总光斑尺寸中的比例逐渐减小(最终减小至0),限制了光学系统的放大倍数。又因为DMD芯片尺寸较小,使得DLP型3D打印机无法形成较大的投影幅面,很难完成大幅面的打印成形工作。

(2) DLP技术要求原材料为光敏树脂,材料种类较少,而且材料性能难以取代现有工程塑料,在应用方面受限。另外,光敏树脂类材料中只有一部分能用于3D打印,材料价格较为昂贵。

(3) DLP型3D打印机对环境有一些基本要求。首先,DLP型3D打印机要求空气湿度必须在适宜范围内。暴露在潮湿空气中的树脂会吸收水分而被稀释,改变原材料中各成分的比例,导致成形失败。其次,DLP型3D打印机要求周围环境中不存在紫外光源。一方面,外界环境中的紫外光会使树脂逐渐固化,造成材料浪费;另一方面,设备中的紫外光存在溢出的可能性,溢出紫外光虽然较弱,但如果长时间照射仍会对人体产生伤害。

3.1.3 光固化成形设备

美国的3D Systems是光固化3D打印技术的诞生地,该公司具有一系列技术成熟的光固化产品。该公司最早使用激光扫描技术完成光固化快速成形,至今该公司的Pro X系列仍采用激光扫描实现光固化成形,以超大幅面加工为最大优势。Pro X系列设备使用两个激光器配合工作,可完成1 500 mm×750 mm×550 mm尺寸的模型一次性整体制作,制作的模型边缘清晰,可用于大批量生产。之后该公司发布了采用DLP技术实现光固化成形的Projet 1200设备,面向小尺寸零件制造,具有精度高,成形速度快等优势。Projet系列的其他设备则采用喷墨工艺技术(polyjet)实现光固化成形,工作原理类似于家用2D喷墨打印机,只不过它可以通过光源将聚合物材料以三维形式固化。Projet 1000系列至Projet 7000系列均采用该技术,其特点是能够实现超高精度的模型制作,平均精度在1 000DPI左右,其中Projet 7000系列可实现精度为1 600DPI的极高精度成形。

2015年3D Systems推出以Polyjet技术为基础的新型设备Projet MJP 2500。Projet MJP 2500基于3D Systems的3D喷射打印而设计,可以实现多喷头打印(MJP),将替代基于DLP设计的Projet 1500。

Stratasys公司于2015年发布了Dental Series 3D打印机,以牙科医疗应用方向为主。Dental Series 3D打印机同样以Polyjet技术为后盾,可以用牙科和畸齿矫正专用材料打印出平滑的表面和精微细节。利用口腔扫描和CAD设计所得的3D数据,可以精确地制作3D打印手术导板、义齿贴面试戴装置、石膏模型和各种牙齿矫正器。

Polyjet技术成形过程分为如下几步:

预处理:软件自动根据3D CAD文件计算光敏树脂和支撑材料的位置。

生产:3D打印机喷射细小光敏树脂液滴,并立即使用紫外线将其固化。薄层聚集在托盘上,形成精确的3D模型或零件。3D打印机在悬垂部分或形状复杂部分等需要支撑处喷射可去除的凝胶状支撑材料。

支撑去除:用户可轻松地用手或水去除支撑材料,直接对3D打印机生成的模型和零件进行处理和使用,无须后续固化。

图 3-3 所示为 Polyjet 技术示意图。使用 Polyjet 技术的 3D 打印机所用材料包括色彩鲜亮的刚性不透明类橡胶材料、透明与带色彩的半透明类聚丙烯材料以及用于牙科和医学行业 3D 打印的专用光敏树脂,材料选择范围非常广泛。

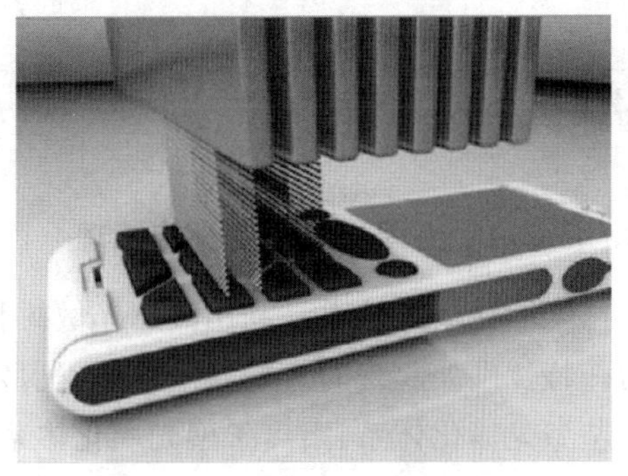

图 3-3 Polyjet 技术示意图

3D 打印机厂商 EnvisionTEC 于 2016 年 5 月推出了专为牙科正畸业务和牙科实验室设计的 3D 打印机 Perfactory Vida,并在最近推出了具有更高分辨率的 Perfactory Vida Hi-Res 设备。不同于前文所述两家公司的产品,这两款打印机属于桌面式 3D 打印机,整机尺寸较小,使用 DLP 投影技术,价格经济,结构紧凑,方便易用,同时又能够获得非常精细和专业的成形效果。

FormLabs 公司于 2014 年开发出下曝光激光扫描式光固化成形系统 Form1+,该设备使用 405 nm 激光光源配合激光扫描完成 3D 打印。2016 年,FormLabs 公司发布了该设备的升级款 Form2,成形尺寸进一步扩大,提高了光源的光功率,缩小光斑尺寸,能够完成更为精细的成形。通过对整机机械结构进行改进,提高了 Form2 设备的稳定性。

英国的 Carbon 3D 公司于 2015 年推出了基于连续液相界面固化技术(continuous liquid interface pulling,CLIP)的连续成形 3D 打印设备,可实现整个 3D 打印过程连续无停顿。该设备制作了特殊的树脂槽,在底部利用氧阻聚效应阻碍树脂与底板的黏连,利用强透射光配合 Z 轴精确运动固化光敏树脂,使光敏树脂不再黏连到成形槽底板,从而实现连续打印。CLIP 技术打破了以往 3D 打印精度与速度不可兼得的困境。该设备的连续照射过程令打印速度不再受切片层数量的影响,仅取决于紫外光照射时的聚合速度以及聚合的黏性,而切片层厚决定最终成品的表面精度。经试验验证,在 1 μm 的切片精度下,可打印出肉眼难以辨识缺陷的光滑表面。目前,CLIP 技术原型 3D 打印机可打印 50 μm 至 25 cm 的物体。图 3-4 为 CLIP 技术宣传图。

图 3-4 CLIP 技术宣传图

国内,3D 打印企业珠海西通电子有限公司推出采用高速激光振镜扫描技术的 3D 打印机 Riverbase 500 和 Riverside 2.0,分别对应工业级应用和桌面应用。Riverbase 500 使用 355nm 紫外激光器,有效光斑直径为 0.1~0.16 mm,使用 Gcode 格式配合该公司开发的 Riverside OS 数据处理软件完成 3D 打印。

由以上几家公司的产品性能可知,目前光固化成形技术的发展中心以高精度、使用多喷射头实现多种材料混合打印为主要发展方向。以 Polyjet 技术为主要发展对象,并在快速成形系统中整合三维扫描等模型快速重建设备,以完成实体-打印模型的一体化解决方案。

3.2 光固化成形机理

3.2.1 光固化成形的反应机理

光固化成形技术是利用液态光敏树脂能在紫外光的照射下发生化学反应而快速固化这一特性发展起来的。按照成形过程引发产生的活性中心不同,光固化成形可以分为自由基型光固化体系、阳离子型光固化体系和自由基-阳离子混杂型光固化体系。

自由基光固化体系具有固化速度快、原料丰富和性能可调的优点,主要缺点是受氧阻、收缩严重、成形精度不高、层与层间附着力差等问题。阳离子光固化体系的主要优点是耐磨、硬度高、力学性能好、体积收缩率小、层与层间附着力强等,因此特别适用于需要高精度的光固化成形技术。阳离子光固化体系的主要缺点是固化受潮气影响、固化速度慢、原料种类少、价格高和性能不易调节等。自由基-阳离子混杂光固化体系则综合了前两者的优点,同时尽量避免两者的缺点,在一定程度上拓宽了光固化体系的使用范围。自由基-阳离子混杂聚合体系表现出很好的协同作用。不同于自由基单体的共聚过程,自由基-阳离子混杂聚合生成的不是共聚物而是高分子合金,在反应聚合过程中,自由基聚合和阳离子聚合分别进行,得到一种互穿网络结构(IPN)的产物,使光固化后的产物具有较好的综合性能。自由基引发体系和阳离子引发体系协同作用,相互促进引发反应。

由于光固化体系的固化过程是由光照射而产生的聚合反应,因此光固化方式存在一些无法避免的缺陷,如固化深度受到限制、阴影部分无法固化、固化对象的形状受到光固化设备的限制等。针对这些缺点,又开发了多重固化体系,如光热双重固化体系、光热潮气三重固化体系等。

下面分节介绍自由基型光固化体系、阳离子型光固化体系和自由基-阳离子混杂型光固化体系的化学反应过程和特点。

3.2.1.1 自由基型光固化体系

(1) 自由基光引发聚合机理

自由基光固化体系光敏树脂的典型特征是发生自由基聚合反应,其主要反应机理过程可以分为三个阶段:链引发、链增长和链终止反应。

首先光引发剂在一定波长的光的照射下吸收紫外光能量,引发剂分子从基态跃迁变成激发态,其分子结构中的共价键经过单线态或三线态断裂或提氢,产生能够引发单体聚合的活性碎片初级自由基,初级自由基与单体加成,形成单体自由基;在链引发阶段产生的单体自由基活性不减,它与第二个单体或齐聚物分子反应生成新的自由基,新的自由基活性仍然不衰减,继续与其他反应性分子结合成重复单元更多的链自由基,最终生成大分子,随着反应程度的迅速提高,光敏树脂固化;除了极其少数的自由基活性中心不能终止以外,活性自由基最终以偶合方式和歧化方式相互作用,进而终止。

(2) 自由基体系收缩的化学反应机理

从化学反应过程来讲,光敏树脂的固化过程是从小分子向长链或体型大分子转变的过程,其分子结构发生了很大变化,所以在固化过程中的收缩是必然的。光敏树脂的收缩主要由两部分组成,一是化学反应固化收缩造成的;二是光敏树脂温度变化引起的热胀冷缩。一般光敏树脂的热膨胀系数为 10^{-4} 左右,因此温度变化引起的收缩量极小,可以忽略不计。而由于自由基化学反应固化而造成的体积收缩则不可忽视。

现从高分子物理学的角度解释化学反应产生体积收缩的主要原因。光敏树脂未固化前,单体或齐聚物之间的作用力是范德瓦耳斯力,分子之间的距离是范德瓦耳斯距离;当光敏树脂发生聚合反应而固化后,原来的分子间距离变成共价键键长,共价键键长远小于范德瓦耳斯力作用距离,分子间距离的大幅变化,导致聚合固化过程中体积收缩的产生。体积收缩严重意味有收缩应力,因此必然会存在成形零件的翘曲变形等现象。图 3-5 所示为自由基单体聚合时结构单元距离的变化,说明了自由基体系光敏树脂发生聚合固化反应时收缩的原因。

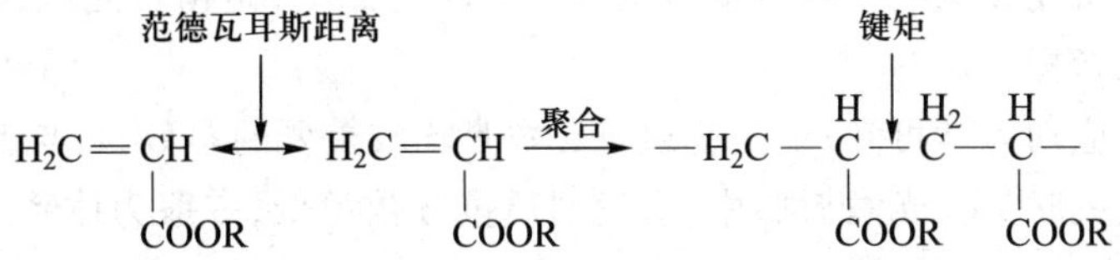

图 3-5　自由基单体聚合时结构单元距离的变化

3.2.1.2　阳离子型光固化体系

阳离子型光固化体系的光聚合固化过程是以阳离子机理进行的,引发剂在一定波长范围的紫外光照射下生成阳离子活性中心,阳离子再引发环氧类或乙烯基醚等的聚合。阳离子光引发剂包括重氮盐、二芳基碘鎓盐、三芳基硫鎓盐、烷基硫鎓盐、铁芳烃盐、磺酰氧基酮及三芳基硅氧醚等。适用于阳离子光聚合的单体主要有环氧化合物、乙烯基醚、内酯、缩醛、环醚等。

阳离子光引发体系的基本作用是光活化到激发态,引发剂分子发生系列分解反应,产生超强质子酸或路易斯酸,引发阳离子光聚合。酸的强弱是阳离子聚合能否引发并进行下去的关键,酸性不强,则配对的阴离子具有较强的亲核性,容易与碳正离子中心结合,从而阻止聚合。与自由基光引发体系相比,阳离子体系具有引发聚合后可暗反应、不受氧阻、固化相对较慢、固化受潮气影响等特点。

3.2.1.3　自由基-阳离子混杂型光固化体系

自由基-阳离子混杂型光固化体系大致包括两类:一是丙烯酸酯和环氧化合物组成的混杂体系,二是丙烯酸酯和乙烯基醚类组成的混杂体系。混杂体系在光固化速度、体积变化互补、性能调节等方面具有很好的协同效应。SLA 树脂主要是以混杂光固化体系为主。混杂聚合体系的光敏树脂同样可以应用到 3D 打印的实体材料中,并表现出良好的性能。

在混杂聚合体系中,一般使用硫鎓盐或碘鎓盐阳离子光引发剂与自由基光引发剂协同引发树脂体系聚合。此体系在紫外光的照射下,可同时产生阳离子和自由基,从而分别引发体系中自由基单体和阳离子单体聚合,得到具有互穿网络结构的光固化产物。

由于阳离子光引发剂二芳基碘鎓盐和三芳基硫鎓盐的吸收波长较短,为了与金属卤化物灯发出的紫外光相匹配,通常会加入一些增感剂,以充分利用长波紫外光。而自由基光引发剂可有效地通过电子转移作用对鎓盐类阳离子光引发剂进行增感。其增感机理是:自由基光引发剂光解产生自由基碎片,这种自由基碎片再还原鎓盐,生成阳离子和自由基,分别引发阳离子和自由基聚合反应。这里的自由基光引发剂要求具有适当的氧化-还原电位,能够还原相应的阳离子光引发剂。

3.2.2 光敏树脂和紫外光源的特性参数

3.2.2.1 光敏树脂的特性参数

不同的光敏树脂材料在光固化时性能有所差异,即树脂的光敏性不同。光敏树脂的光敏性可以用临界曝光量 E_c 和透射深度 D_p 两个特性参数来表征。光敏树脂的临界曝光量是指树脂在紫外光照射下发生光聚合产生凝胶时,树脂液层需要获得的最低能量。光敏树脂的光敏性也与树脂固化时的透射深度密切相关,光敏树脂的透射深度 D_p 是指树脂中紫外光能量密度衰减到入射能量密度的 1/e 时的深度,是衡量光敏树脂吸收紫外光能量强弱的性能指标。

根据聚合反应动力学可知,引发剂质量分数是比较重要的参数,它与上述光敏树脂的特性参数有直接关联。在光敏树脂中,引发剂质量分数很低,一般为体系总质量的5%以下。因此,可以将光敏树脂看成光引发剂的稀溶液。当紫外光照射光敏树脂时,光敏树脂对紫外光的吸收符合 Beer-Lambert 规则,即

$$E(z)=E_0\exp(-\varepsilon[I]z) \tag{3-1}$$

式中,$E(z)$是深度 z 处的曝光能量,E_0 是入射紫外光的曝光能量,ε 是引发剂的摩尔消光系数,$[I]$为引发剂质量分数。

当深度 z 为成形时的最大层厚 d 时,则有:

$$E(d)=E_0\exp(-\varepsilon[I]d)=E_c \tag{3-2}$$

这里紫外光到达树脂深度为 d 时,紫外光的能量已经衰减到不足以继续固化深度大于 d 处的树脂,即衰减到发生凝胶时的最小曝光能量,因此在到达树脂深度 d 处的曝光能量等于临界曝光量。

将式(3-2)进行数学变换,则可以得到:

$$\ln(E_0/E_c)=\varepsilon[I]d \tag{3-3}$$

$$d=(1/\varepsilon[I])\ln(E_0/E_c) \tag{3-4}$$

根据(3-4)的结果,可以看出光敏树脂的实际固化深度由摩尔消光系数、引发剂质量分数、入射紫外光的曝光能量和临界曝光量决定。

另外,根据光敏树脂透射深度 D_p 的定义,则有:

$$E(z)=E_0\exp(-z/D_p) \tag{3-5}$$

把式(3-1)与(3-5)进行比较,可得出:

$$D_p=\frac{1}{\varepsilon[I]} \tag{3-6}$$

从式(3-6)知,光敏树脂的透射深度 D_p 与引发剂质量分数成反比。从式(3-4)知 E_c 与引发剂质量分数也有数学关系。所以,可以通过改变光敏树脂中引发剂的含量来改变其树脂特性参数。

对于光敏树脂而言,树脂特性参数 E_c 越小,说明树脂的光敏性越好;D_p 越大,说明树脂对紫外光的吸收越弱。在3D打印成形过程中,较小的 D_p 有利于提高成形精度。较小的 D_p 说明树脂中光引发剂吸收到的紫外光能量多,固化速率快,固化所得到的层片薄。

但是,这并不意味着 D_p 越小越好。如果 D_p 太小,一方面意味着光引发剂的质量分数较大,树脂成本较高;另一方面在同样功率的紫外光照射下,要固化规定层厚的树脂薄层时,就必须增加入射紫外光的能量,因此要降低紫外灯的扫描速率,这样会降低成形效率。所以,研制 3D 打印光敏树脂时,必须结合 3D 打印快速成形设备的特点及成形工艺要求,调整光敏树脂中有关成分的质量分数,获得合理的树脂特性参数 E_c 和 D_p。

3.2.2.2 紫外光源的特性参数

光固化中最常用的辐射源是 UV 光源。UV 灯是 UV 光源的核心部分,因此,UV 灯的合理选择十分重要。UV 灯有多种类型可供选择,在选择 UV 灯时,主要从技术方面的要求考虑,同时也要兼顾成本方面的因素。从技术的角度考虑,选择 UV 灯要从影响光敏树脂材料固化速度和效率两个重要因素着手,即考虑 UV 灯的输出光谱和光强。如果光强不稳定,就使用曝光量衡量 UV 灯的性能。

(1) 输出光谱

输出光谱即在 UV 灯发射的波长范围内,每个波长对应的光强度。当输出光谱与光引发剂所需的吸收光谱保持一致时,UV 固化的效率最高。一般通过调整 UV 灯管中的材料(即填充物)、压力等因素得到在不同波长高强度光谱输出的分布规律。由于不同的固化系统往往需要特定波长的吸收光谱,对于给定的光敏树脂,考虑 UV 灯的匹配性是十分重要的。3D 打印使用的光源是金属卤化物灯,它是在普通汞灯灯管中加入少量的金属卤化物,使其发射光谱发生变化,改善了普通高压汞灯的辐射效率。3D 打印实验样机的紫外灯为金属卤素灯,主发射波长范围为 36~390 nm,最强发射谱线为 365 nm,约占总能量输出的 40%左右。

(2) 光强

光强是光化学研究和光固化应用中表征光源最重要的一个参数。UV 灯的光强定义为 UV 灯的整个输出功率,也被称为功率密度谱,是指 UV 灯在整个电磁光谱范围内的全部输出强度总和。通常,UV 灯的强度影响光敏树脂的固化速度,这是因为 UV 灯的强度影响 UV 光到达光敏树脂表面的实际光强度,而实际光强度是诱发光敏树脂产生化学反应从而固化的直接因素。这里 UV 灯的强度和光敏树脂表面接收的实际光强度是两个概念。在 3D 打印快速成形领域提到的光强,是指在特定紫外光波长范围内,到达光敏树脂表面的光强度总和。

测定光强的仪器称为紫外光照度计,采用光电管将光能转化为电能后,测定光电流值可得到光强大小的相对值,通过校正即得到光强值,一般以 W/cm^2 表示。由于光电管所用的光电材料(即探头)的光谱灵敏区的限制,所测得的光强只是该光谱灵敏区范围内的值。

(3) 曝光量

曝光量是指光强在时间上的积分,在光强不随时间变化的情况下,曝光量等于光强和曝光时间的乘积。此时只使用光照度计测得光强,就很容易求得曝光量。但在光强不稳定的情况下,就必须使用曝光量测定仪,测定指定光谱区域的曝光量。一般曝光量测定仪可以同时显示光强和曝光量。

(4) 光强损耗

一般而言,电极高压汞蒸气灯的输出光强度随着使用时间的增加逐渐降低。例如,高压汞蒸气灯使用 1 000 h 后,该灯的输出光强度将下降 15%~25%。这种损耗的发生很缓慢且不容易察觉,因此对光敏树脂表面接收的实际光强度的定期监测就显得非常重要。

3.2.3 光敏树脂材料成形特性

3.2.3.1 光敏树脂材料的光固化特性

(1) 光敏树脂的固化形状

SLA 技术的高精度要求决定了最适宜该技术的光源为激光器——激光的单一性使其可以将光斑聚集得非常小。在 SLA 光敏树脂的成形过程中,影响光聚合反应的因素很多,如材料本身的组成(尤其是引发体系的种类与质量分数)、曝光能量、温度等。在众多的因素之中,照射到材料上的激光光强度(即曝光能量)是影响材料固化行为的最大因素。激光束的光强度沿光斑半径方向呈高斯分布状态(图 3-6),其中 I 表示单位面积上的光强度。

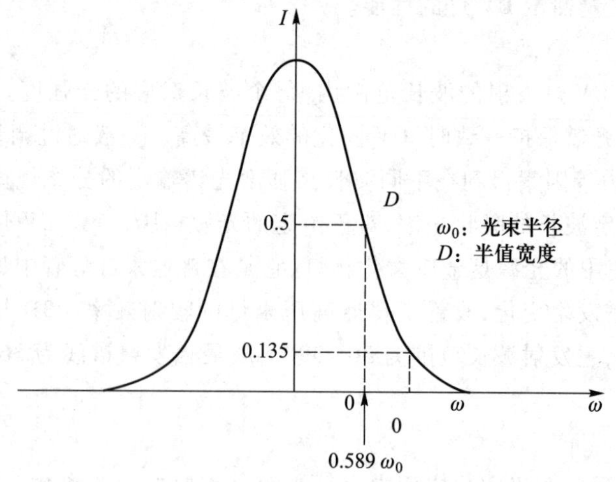

图 3-6 单一模式激光的光强度分布

如图 3-7 所示,Z 轴方向为光束的照射方向,取直角坐标系 X、Y 平面垂直于光束轴线,则光强度在 X、Y 平面内的分布可用式(3-7)来表示。

$$I(x,y)=\{2P_t/\pi\omega_0^2\}\exp(-2\omega^2/\omega_0^2) \tag{3-7}$$

式中 P_t 为激光总功率,ω 是距光轴原点(x_0,y_0)的距离,可用式(3-8)表示,

$$\omega=\{(x-x_0)^2+(y-y_0)^2\}^{1/2} \tag{3-8}$$

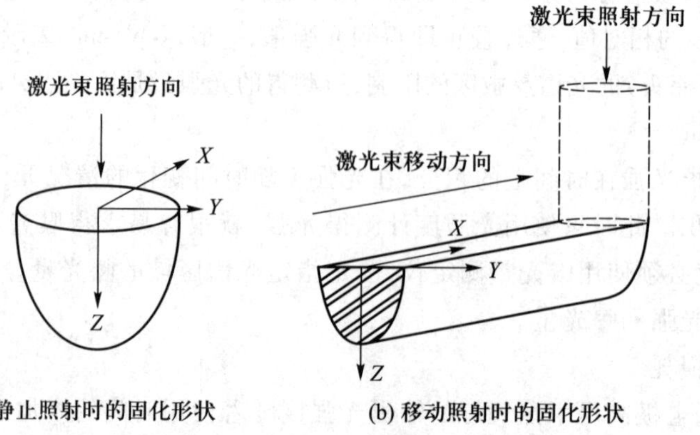

图 3-7 树脂被激光束照射形成的固化形状

ω_0 是激光束中心光强度值为 $1/e^2$（约 13.5%）处的半径。研究表明，光波在 SLA 树脂中的传递遵循 Beer-Lambert 规则，因此，当激光束垂直照射在树脂液面时，设液面为 Z 轴的原点所在平面，激光强度 $I(x,y,z)$ 沿树脂的深度方向 Z 分布，光强度 I 沿 Z 向衰减，即：

$$I(x,y,z)=\{2P_t/\pi\omega_0^2\}\exp(-2r^2/r_0^2)\exp(-z/D_p) \tag{3-9}$$

照射在树脂上的激光束处于静止状态时，该处树脂的曝光量 E 是时间 τ 的函数，可表示为：

$$E(x,y,z)=I(x,y,z)\cdot\tau \tag{3-10}$$

此时树脂光固化的形状呈旋转抛物面状（图 3-7a）。

光固化成形时激光束是按一定的速度扫描的，当其沿 X 轴方向以速度 V 进行扫描时，在某时刻 t 树脂中某点的光强度可以表示为 $I(x-Vt,y,z)$。当扫描范围在 $-\infty<x<\infty$ 之间时，树脂各部分的曝光量为：

$$E(x,y,z)=\int_{-\infty}^{\infty}I(x-Vt,y,z)\,\mathrm{d}t=\{(\sqrt{2/\pi})P_t/(\omega_0V)\}\exp(-2y^2/\omega_0^2)\exp(-z/D_p) \tag{3-11}$$

当 $E=E_c$（临界曝光量）时树脂开始固化，在 $E\geqslant E_c$，$Z\geqslant0$ 的空间范围内固化成形时，则式（3-11）转为式（3-12）：

$$2y^2\omega_0^2+z/D_p=\ln\{(\sqrt{2/\pi})P_t/(\omega_0VE_c)\} \tag{3-12}$$

此时，树脂光固化形状如图 3-7b 所示，其中（Y,Z）平面是关于 Z 轴的抛物线，沿 X 方向是等截面的柱体。

当 $Z=0$ 时，代入式（3-12）中，求出 y 值，得到单根扫描线的固化宽度 L_w，即

$$L_w=2\omega_0\{\ln(\sqrt{2/\pi})P_t/(\omega_0VE_c)\}^{1/2} \tag{3-13}$$

单根扫描线截面的形状和尺寸由激光总功率 P_t、激光光斑半径 ω_0、扫描速度 V 和临界曝光量 E_c 决定。

图 3-8 所示为光固化成形过程示意图，图中单根树脂固化扫描线分别沿水平方向和垂直方向重叠扫描，使多个固化扫描单元相互黏结而形成一个整体的形状。图 3-9 为同一种树脂在激光功率和树脂温度相同，而扫描速度不同的情况下得到的单根扫描线固化截面显微图。从图中可看出单根固化线的截面形状与激光光强度的分布形状相似，外形轮廓近似抛物线。

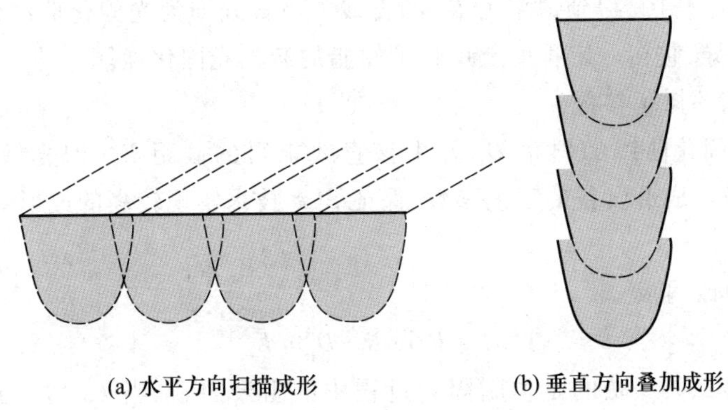

(a) 水平方向扫描成形
(b) 垂直方向叠加成形

图 3-8　光固化成形过程示意图

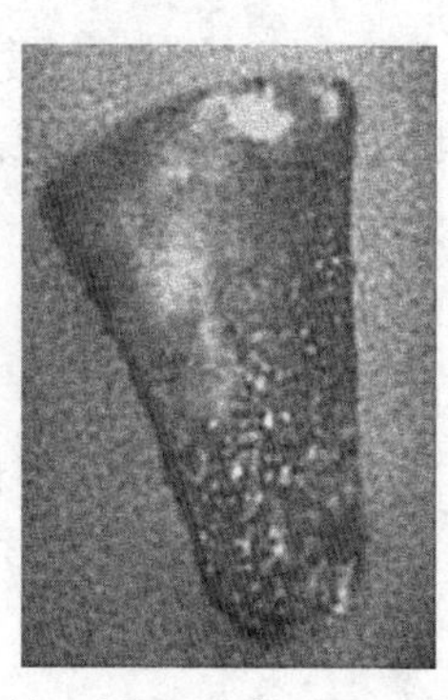
(a) P=160 mW, V= 100 mm/s

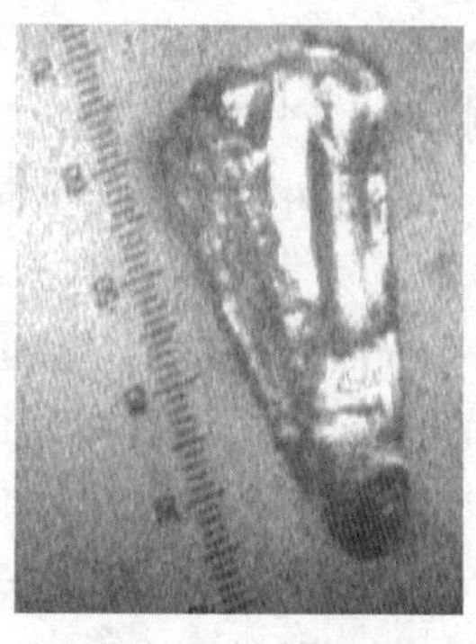
(b) P=160 mW, V= 200 mm/s

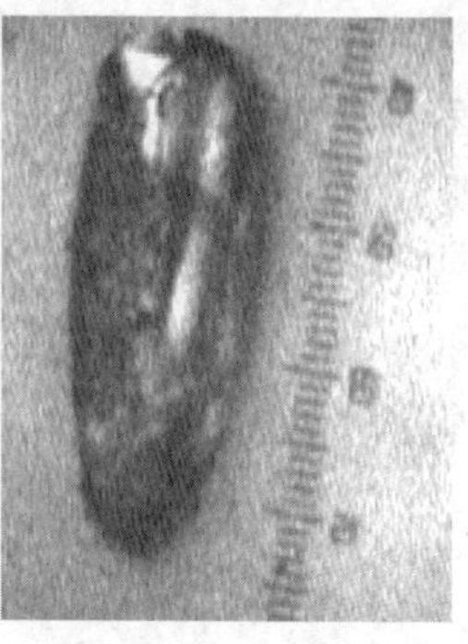
(c) P=160 mW, V= 400 mm/s

图 3-9 不同扫描速度下的扫描线固化截面显微图

(2) 光敏树脂的光固化曲线

SLA 光敏树脂最重要的两个指标是光敏性和临界曝光量 E_c。而树脂的光敏性与成形时树脂固化的透射深度 D_p 密切相关,在 SLA 材料成形时,D_p 是一个非常重要的参数。

① 光敏树脂的光固化曲线

虽然不同的光敏树脂具有不同的特性参数(即临界曝光量和透射深度),但是,同一种光敏树脂的临界曝光量和透射深度之间存在着必然的联系,可用光固化方程描述。

当一束均匀的激光从液面上方垂直照射到液态树脂上时,在树脂液面下某一深度 z 处曝光量为 E,用曝光时间 τ 乘 I,即 $I\tau=E$,$I_0\tau=E_0$,则得到

$$E(z)=E_0\exp(-z/D_p) \tag{3-14}$$

式中,E_0 为液面的曝光量。

在以丙烯酸酯类树脂为典型代表的自由基型光固化树脂的固化过程中,存在氧的阻聚作用,即光引发剂在光的照射下发生分解所产生的自由基开始时被溶解在树脂中的氧消耗掉了,致使光聚合反应不能发生。但是当 E 超过某个值后,引发剂分解产生的自由基足以完全消耗树脂中的氧,这时开始出现聚合反应,在一定的深度范围内产生固化,该临界值即为 E_c(临界曝光量)。当 $E(z)\geqslant E_0$ 时,固化深度为

$$z\leqslant D_p\ln(E_0/E_c) \tag{3-15}$$

等号左边的 z 为固化深度,设其值为 C_d,则

$$C_d=D_p\ln(E_0/E_c) \tag{3-16}$$

以 C_d 对 $\ln E_0$ 作图,得到斜率为 D_p 的直线。该直线即为光固化曲线,该曲线的斜率因树脂的种类而异,它在一定程度上反映了树脂的激光光固化性能。

② 光敏树脂的树脂参数

SLA 树脂光固化曲线的斜率 D_p 及由该直线求得的截距 E_c(即光敏树脂的树脂参数),对于确定 SLA 成形设备的工艺参数,保证 SLA 技术实现较高的成形效率及成形精度具有重要意义。

将式(3-16)改写成

$$C_d=D_p\ln E_0-D_p\ln E_c \tag{3-17}$$

式(3-17)中的第二项反映的是树脂固化过程中的阻聚因素,当 E_0 增加到使 C_d 为正值时,固化开始。在自由基型 SLA 材料的固化过程中,阻聚的主要因素为氧气,所以要在固

化过程中避免氧气阻聚，如果使 E_c 很小，C_d 很快就达到正值，即固化成形迅速开始。在阳离子型 SLA 成形材料的光聚合过程中，不存在氧的阻聚，与自由基型材料的固化情况相比，式(3-17)中的第二项较小，导致 C_d 值增大。

由于 SLA 光敏树脂的特性参数 D_p 与引发剂质量分数成反比，从式(3-3)中可以看出 E_c 与引发剂质量分数也存在比例关系，所以在研究 SLA 成形材料时可以通过改变引发剂的含量改变光敏树脂参数。

SLA 光敏树脂的 D_p 是衡量光敏树脂吸收紫外光能量性能强弱的指标，D_p 越大表明光敏树脂对紫外光的吸收越弱。在 SLA 成形过程中，从制件精度要求出发，较小的 D_p 是有利的。因为较小的 D_p 意味着树脂在激光照射下固化得到的层片较薄。但是，这并不意味着 D_p 越小越好，如果 D_p 太小，那么在同样功率的激光照射下，要固化规定层厚的薄片时就必须降低激光扫描速率，从而降低成形效率，而且，为了保证成形过程中树脂固化后层与层之间的黏结，固化深度必须大于分层厚度 d，即要求：

$$D_p = d + h_0 \tag{3-18}$$

其中 h_0 称为过固化深度。D_p 越小，要求 d 越小，而树脂黏度决定了分层厚度减小的幅度，并且层厚小到一定程度后，不但将降低成形效率，而且将使得成形过程中树脂液面的精度难以控制，或引起制件较大的内应力，甚至使层间剥离，导致制件失败。所以，研制 SLA 光敏树脂时，必须结合 SLA 设备特点及成形工艺要求，通过调整树脂配方中有关成分的质量分数精确控制树脂参数 D_p。

③ 光敏树脂参数的确定

从上文分析可知，只要测得光敏树脂一系列的固化深度和曝光量，即可求得 D_p 和 C_d 之值。具体测定树脂参数的方法为：将一定量的光敏树脂置于一直径为 20 cm 的培养皿中，准确测定激光光斑照射在液体树脂表面的功率，然后以一系列扫描速率在树脂自由表面扫描，固化得到一系列均为一个层厚的薄片。用镊子将薄片小心夹出，并用异丙醇清洗干净，用千分尺准确测量其厚度 d。在该实验方法中，扫描速率的选取以固化的薄片具有一定强度为准。在激光功率确定的情况下，扫描速率越高，树脂曝光量越小，固化层厚度越薄，当厚度过薄时，薄片强度不够，影响其厚度测量的精度。

激光扫描薄片时，照射在树脂液面的能量 E_0（即曝光量）的计算式为：

$$E_0 = P/(V \cdot S) \tag{3-19}$$

其中 P 为照射在液体树脂表面的激光功率，V 为扫描速度，S 为扫描间距。

根据所测一系列薄片的厚度 d，由式(3-19)求得对应的 E_0 值，以 d 对 $\ln E_0$ 作图，用最小二乘法求出拟合直线的斜率和在 x 轴的截距，便得到树脂的固化深度 D_p 及临界曝光量 E_c。

3.2.3.2 光敏树脂材料的固化收缩表征

(1) 光敏树脂的固化收缩

前面已讲述光敏树脂材料固化收缩的原因，本节主要对光敏树脂固化收缩的表征进行探讨，其表征主要有体积收缩率和线收缩率。

① 体积收缩率的测定

利用比重瓶法在 25 ℃下测定树脂体系固化前的密度 ρ_1 及其完全固化后的密度 ρ_2，从而得到体系的体积收缩率：

$$体积收缩率\% = \frac{\rho_2 - \rho_1}{\rho_2} \times 100\% \tag{3-20}$$

② 线收缩率的测定

将一定量的树脂倒入 $L_0 \times W_0 \times H_0$(长×宽×高)的模具中,放入曝光箱中,待其完全固化后,测出其长度方向的实际尺寸 L,则线收缩率为:

$$线收缩率 = \frac{L_0 - L}{L_0} \times 100\% \tag{3-21}$$

(2) 光固化制件翘曲变形的形成机理

① 制件翘曲变形的形成机理

从上文的讨论可知,光敏树脂固化收缩的根本原因是分子之间的聚合反应,是不可避免的,而这一现象直接导致了制件翘曲变形的发生。制件翘曲变形的方向有两个,一个是水平方向,另一个是垂直方向,图 3-10 所示为单根扫描线收缩模型。

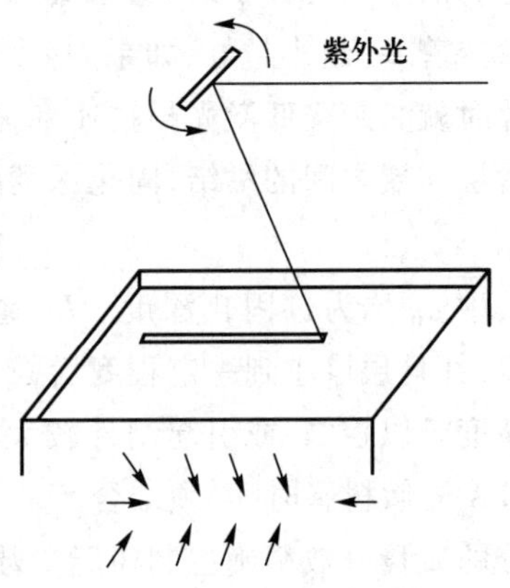

图 3-10 单根扫描线收缩模型

当紫外光扫描到液面时,树脂受激光激发产生固化反应,这种反应的完成需要一定的时间。在这段时间内分子间距离由液态时的范德瓦耳斯距离变化到共价键距离,收缩产生。由于扫描线周围充满了液态树脂,扫描线收缩的部分得到了充分补充,在扫描线方向上尺寸不会发生变化。在扫描线的平面内,因为收缩以扫描方向呈对称分布,扫描线不会发生变形,此时沿垂直方向的变形也可以忽略。

图 3-11 所示为平面扫描变形模型,说明了紫外光在 X-Y 平面以确定的顺序扫描时的收缩情况。在平面扫描过程中,该层面由若干固化扫描线固化而成,相邻的两根固化线条相互嵌入成为一体。由上述单根扫描线的收缩模型可知扫描第一根固化线时,该固化线虽然有收缩,但是由于该固化单元漂浮于液面上,没有受到外界的约束,所以没有发生变形。当扫描第二根固化线时,该固化线产生收缩,同时因为该固化线有部分嵌入到第一根固化线,其收缩受到第一根固化线的约束,产生了变形,变形方向同扫描顺序一致。之后的第三根固化线同样受到来自前面固化体的约束而产生变形。但随着扫描的进行,当前端的固化体强度足以抵抗单根固化线的收缩变形力时,该固化线不会发生明显的变形,见图 3-11c。

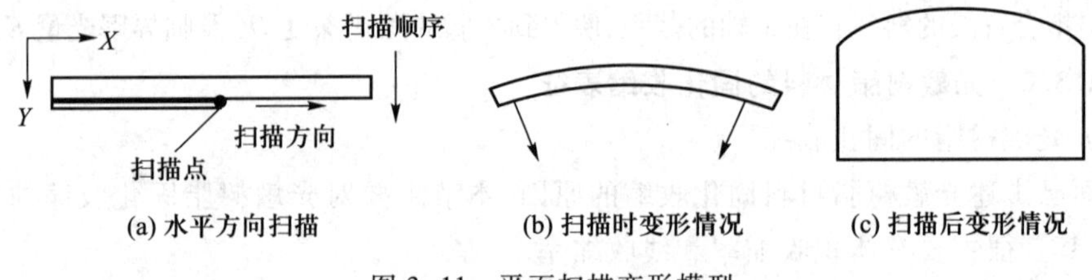

图 3-11 平面扫描变形模型

光敏树脂垂直方向的变形与水平面内的变形具有相似性,都是因为树脂的体积收缩引起的,但垂直方向的变形单元是每一个层面。光固化成形方式要求制件的层与层之间必须固化连接。垂直方向的变形中最典型的悬臂梁翘曲变形,如图 3-12 所示。

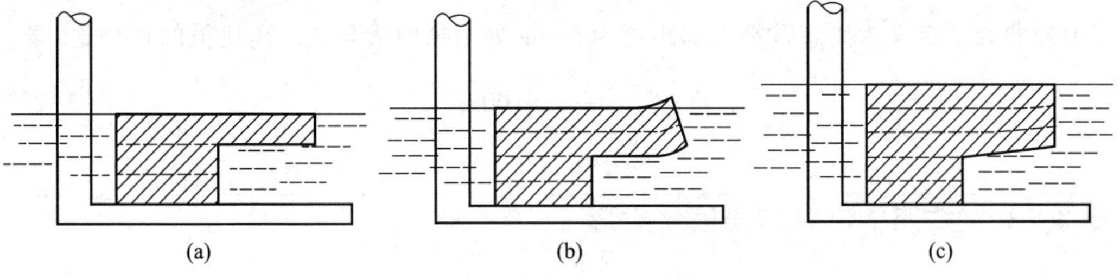

图 3-12 垂直方向的悬臂梁翘曲变形模型

图 3-12a 为制件的悬臂端第一层,最初产生于液体树脂之上,因其底部没有支撑,在固化过程中可以自由收缩而不受力的约束,不表现出翘曲变形。

图 3-12b 为扫描固化第二层时,该层累加在第一层之上,两层之间有部分嵌入而固化成一体,第二层不能自由收缩,由此对第一层产生一个向上的拉应力作用,导致翘曲变形的发生。

在图 3-12c 中随着固化层的多次叠加,出现自身相互交错反应的影响,并且由于固化成形有自校正的效应,翘曲变形逐渐消失。

在一般情况下,不管制件中有无悬臂特征存在,导致翘曲变形的收缩应力都会存在,最终表现为翘曲变形行为。

在极端的情况下,因收缩应力引起的翘曲变形会损坏制件与升降台之间的连接,引起制件内部的开裂,或者导致刮板与制件的碰撞而使成形过程终止。

② 制件翘曲变形的表征

SLA 制件在成形过程中的翘曲变形与树脂本身的特性密切相关。树脂固化收缩产生的应力是制件在成形过程中发生翘曲变形的最主要因素,但目前还不能建立 SLA 光敏树脂的固化体积收缩率与制件翘曲变形程度之间的严格定量关系,因此,必须用另外的参数评价光敏树脂的固化翘曲变形。因为悬臂梁的翘曲变形在 SLA 技术中最为典型,所以可通过测定翘曲因子(C_f)表征光敏树脂在 SLA 成形过程中的翘曲程度。一般来说,不同的光敏树脂具有不同的翘曲因子,该因子的度量可以通过以下实验确定。

如图 3-13 所示,实验选用一个具有双悬臂梁结构的制件作为翘曲变形模型,通过改变激光的扫描参数、制作方式和后固化方式,均可以从测试件的翘曲变形率得出翘曲变形与以上因素的关系。实验中翘曲因子 C_f 定义为:在垂直于悬臂方向的悬臂端位移 σ 与悬臂端长度 L 的比值,L 从悬臂端根部算起。为了方便起见,该值用百分比表示,即

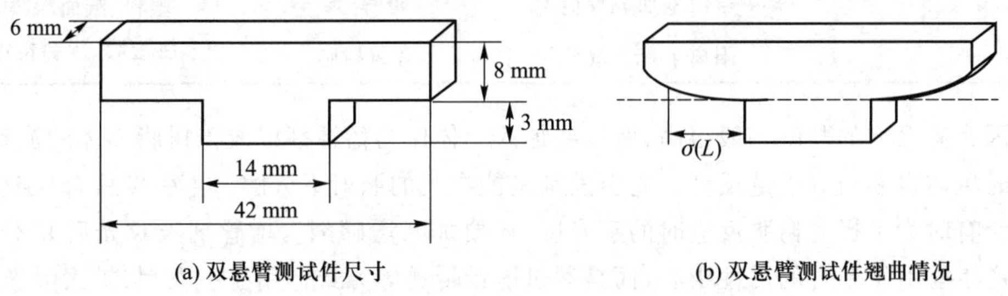

(a) 双悬臂测试件尺寸　　(b) 双悬臂测试件翘曲情况

图 3-13 测试翘曲因子用的双悬臂测试件

$$C_f = \frac{\sigma(L)}{L} \times 100\% \tag{3-22}$$

其中翘曲因子定义为离悬臂端根部距离为 6 mm 处的翘曲量与该距离比值的百分比，即

$$C_f = \frac{\sigma(6)}{6} \times 100\% \tag{3-23}$$

3.3 光敏树脂的制备与光固化成形

不同于粉末床体的 SLS 成形，光固化成形主要利用液态光敏树脂在光照下的固化反应成形具有复杂结构的制件。SLA 成形所用材料为液态的光敏树脂，如丙烯酸酯体系、环氧树脂体系等，当紫外光照射到该液体上时，曝光部位发生光引发聚合反应而固化，成形时发生的主要是化学反应。SLA 成形材料是紫外光固化树脂应用的延伸，紫外光固化涂料的发展在一定程度上也促进着 SLA 成形材料的发展。

3.3.1 光固化成形材料的组成及要求

3.3.1.1 光固化成形材料的组成

(1) 光敏树脂

光敏树脂材料指的是在光的作用下能表现出特殊功能的树脂材料，其范围很广，表 3-1 中列出了光敏树脂的应用及分类情况。其中在光化学反应作用下，从液态转变成固态的树脂称为光固化性树脂。它是以可光聚合的预聚合物或齐聚物、单体以及光引发剂等为主要成分的混合物。齐聚物（如丙烯酸酯、环氧树脂等）为光敏树脂的主要成分，它们决定了光固化产物的物理特性。

表 3-1 光敏树脂的应用及分类

光反应分类	化学反应分类	树脂的种类	用途
光降解型	加成反应	叠氮化合物体系	制版材料光致抗蚀剂
	重排反应	石油脑-苯醌体系	
光交联型	螯合物交联	重铬酸体系	制版材料光致抗蚀剂
	二聚反应	聚乙烯肉桂酸酯体系	
光引发聚合型	自由基聚合反应	不饱和聚酯	木工涂装
		丙烯酸酯	印刷油墨、黏结剂、塑料、纸面涂膜、金属覆膜、焊料抗蚀剂
	自由基加成反应	硫醇/烯	
	阳离子聚合反应	环氧树脂	

因为齐聚物的黏度一般很高，所以要加入单体作为稀释剂以改善树脂整体的流动性，固化时单体也参与分子链反应。光引发剂是能在光的照射下分解产生引发聚合反应的活性种。有时为了提高树脂反应时的感光度，还要加入增感剂。增感剂吸收光后并不直接反应产生能引发聚合的活性中心，而是通过能量传递等方式作用于引发剂，扩大吸光波长带和吸收系数，从而提高光的效率。此外，体系中还要加入消泡剂、流平剂等助剂。

随着光固化技术的不断发展,光固化树脂从第一代的不饱和聚酯体系发展到第二代的丙烯酸酯类体系及阳离子固化体系。不同的固化机理对树脂有不同的要求,并且使用的引发剂类型也不同。表 3-2 所示为光固化树脂分类,列出了目前常用的自由基与阳离子聚合型树脂及光引发剂。

表 3-2　光固化树脂分类

类型		预聚物	引发剂
自由基聚合型	不饱和聚酯	不饱和聚酯树脂	苯偶姻烷基醚类
		聚酯丙烯酸酯	苯偶姻烷基醚类
		聚醚丙烯酸酯	二苯甲酮类
	丙烯酸酯类	聚氨酯丙烯酸酯	乙酰苯类
		环氧丙烯酸酯等	米蚩酮类
阳离子聚合型		环氧树脂 多环单体 乙烯基醚类	路易斯酸的重氮盐 超强酸二苯碘盐 三苯硫盐 芳茂铁盐

(2) 预聚物

预聚物是一种分子量相对较低且具有光固化反应基团的树脂,其为光敏树脂的主要组成部分,也是决定光敏树脂性能的主要因素。光敏树脂预聚物需要含有参与反应的官能团,如不饱和双键、环氧基团、乙烯基醚基团等。根据光固化反应机理可将光敏树脂预聚物分为丙烯酸酯类、乙烯基醚类和环氧树脂。

环氧丙烯酸酯是紫外光固化领域中用量最大的一类光敏树脂预聚物,具有硬度高、固化速度快、光泽度高和耐化学性好等优点,但是其黏度高、冲击强度低、耐黄变和耐老化性差,因而不能作为光敏树脂的单一预聚物。根据环氧丙烯酸酯结构的不同,可将其分为双酚 A 环氧丙烯酸酯、脂肪族环氧丙烯酸酯和改性环氧丙烯酸酯。双酚 A 环氧丙烯酸酯是将反应物双酚 A 环氧树脂与丙烯酸混合后在胺盐的催化剂作用下进行开环酯化制得,其消耗量在丙烯酸树脂用量中占比最大。

聚氨酯丙烯酸酯是一种含有不饱和官能团的端丙烯酸酯预聚物,其分子中有氨酯键,可以在高分子聚合链之间形成多种多样的氢键,使固化后的树脂具有良好的柔韧性与耐磨性,可以提高复合树脂的断裂伸长率,同时也具有良好的耐温变性能与耐化学药品性。聚氨酯丙烯酸酯可以分为芳香族聚氨酯丙烯酸酯和脂肪族聚氨酯丙烯酸酯。其中芳香族聚氨酯丙烯酸酯固化后树脂硬度较大,易黄变;脂肪族聚氨酯丙烯酸酯固化后耐光、耐候性好,黏度低,柔韧性好。聚氨酯丙烯酸酯具有柔韧性好、耐磨性高、附着力强、撕裂强度高及耐候性和光学性能良好等优点,但其光固化速度慢、黏度高、价格高,因此一般将其与环氧丙烯酸酯搭配使用,以取得优势互补的效果。聚氨酯丙烯酸酯是目前用量仅次于环氧丙烯酸酯的光固化单体。

以饱和聚酯为基础树脂,通过丙烯酸酯化反应引入光活性基团,从而得到聚酯丙烯酸酯。聚酯丙烯酸酯价格适宜,反应活性高,柔韧性佳,耐化学性和耐磨性好,通常其分子量为几百到几千,低的相对分子质量赋予其较低的黏度,既可以用作低聚物,又可以充当活性稀释剂。其缺点为具有明显的氧阻聚性以及较低的光固化速率,因此,为增加光固化反应速率,可合成带有多官能度的聚酯丙烯酸酯或在其主链上引入醚键或芳环。聚酯丙烯酸酯具有良好的环境友好性,刺激性气味小,且成膜性较好(膜具有较好的柔韧性),在涂料、胶黏剂、油墨及其电子通信等行业得到广泛应用。

环氧树脂是一种含有环氧基团的低聚物,属于热固性材料,跟固化剂反应时可形成三维网状结构,一般在液态情况下使用。因为其具有在反应中收缩率小、产品耐热性强以及力学性能优异等优点,环氧树脂已被广泛应用于涂料、机械制造、航空航天、化工防腐等工业领域。按规格的不同,环氧丙烯酸酯大致可分为:酚醛环氧丙烯酸酯、改性环氧丙烯酸酯以及双酚 A 型环氧丙烯酸酯等,其中应用最广的为双酚 A 环氧丙烯酸酯。双酚 A 环氧树脂与丙烯酸发生酯化反应,将丙烯酸所具有的活性双键与环氧树脂相连,从而得到双酚 A 环氧丙烯酸酯。双酚 A 环氧丙烯酸酯用作低聚物使用时,由于其分子结构中含有大量的苯环,所得到的光固化产物具有较高的刚性和耐热性,同时具备高光泽以及良好的耐化学腐蚀性和电性能,分子侧链羟基的存在还会促使其与极性基材产生较强的黏结作用。在诸多光固化低聚物中,双酚 A 环氧丙烯酸酯的光固化速度相对较快。同时其原料来源广泛、价格低廉、合成简单,因此被广泛用作光固化涂料的低聚物。由于双酚 A 环氧丙烯酸酯中刚性链段的存在,在一定程度上导致了其脆性高、易断裂、柔韧性差,固化过程中形成的刚性网络链段易“冻结”,同时残余基团对膜层耐黄变和耐老化性能有负面影响,再加上双酚 A 环氧丙烯酸酯本身所具有的芳香醚键,从而导致涂膜在长期辐射照射后易降解断裂,产生粉化现象。

(3) 活性稀释剂

活性稀释剂是一种功能性单体,它的作用是调节光敏树脂的黏度,控制树脂固化交联密度,改善固化件的物理、力学性能。目前使用的活性稀释剂大多为丙烯酸酯类单体,根据分子中所含双键数目不同可分为单官能团、双官能团和多官能团活性稀释剂三类。由于活性稀释剂的结构和活性不同,因此在选用活性稀释剂时要综合考虑稀释剂的溶解性、挥发性、闪点、气味、毒性、反应活性、官能度、均聚物、玻璃化温度、聚合反应收缩率、表面张力等各种因素。

常用的活性稀释剂种类见表 3-3。

表 3-3 活性稀释剂种类

类型	单体名称	代号	黏度/(mPa·s)(25 ℃)
单官能	苯乙烯	St	2.07
	N-乙烯基吡咯烷酮	N-VP	1.70
	丙烯酸异辛酯	EHA	5.34
	丙烯酸羟乙酯	HEA	7.5
	丙烯酸异冰片酯	IBOA	
双官能	三乙二醇二丙烯酸酯	TEGDA	18
	三丙二醇二丙烯酸酯	TPGDA	13~15
	乙二醇二丙烯酸酯	PEGDA	20
	聚乙二醇二丙烯酸酯	NPGDA	10
	新戊二醇二丙烯酸酯	PONPGDA	5
	丙氧基新戊二醇二丙烯酸酯		

续表

类型	单体名称	代号	黏度/(mPa·s)(25 ℃)
多官能	三羟甲基丙烷三丙烯酸酯	TMPTA	70~100
	乙氧基化三羟甲基丙烷三丙烯酸酯	EO-TMPTA	25
	季戊四醇三丙烯酸酯	PETA	600~800
	丙氧基化季戊四醇三丙烯酸酯	PO-PETA	225

从活性稀释剂的稀释效果看:单官能团活性稀释剂>双官能团活性稀释剂>多官能团活性稀释剂;但从光固化速度看:多官能团活性稀释剂>双官能团活性稀释剂>单官能团活性稀释剂,乙氧基化改性活性稀释剂>未改性的活性稀释剂>丙氧基化的活性稀释剂;对皮肤的刺激性:未改性的活性稀释剂>乙氧基化(丙氧基化)改性的活性稀释剂。

在实际配方中,根据光固化制件性能要求,往往选用两个或两个以上的活性稀释剂组合使用。一般说来,要提高光固化速度,增加交联密度,提高硬度,选用多官能活性稀释剂,如 TMPTA、EO-TMPTA、PETA、PO-PETA;要改善固化膜的柔韧性则选用 2-EHA、TEGDA、TPGDA 和 HDDA 等;a-EHA、HEA、NPGDA、N-VP 对降低体系的黏度有好处,特别是 N-VP,由于它可以破坏 UV 体系中分子间的氢键,因此,降黏效果特别好,在单官能稀释剂中挥发性相对较低,光固化速度最高,而且还可以增加固化膜的抗张强度,类似于交联单体,对体系的弹性影响很小。

(4) 光引发剂

光引发剂是决定光敏树脂固化程度和固化速度的主要因素。按照活性游离基的不同,光引发剂可分为阳离子型、自由基型和自由基-阳离子复合型三类。根据光引发剂受激发分解机理的不同,主要分为下面几类:

① 阳离子引发剂

目前最常用的阳离子光引发剂是二芳基碘鎓盐和三芳基硫鎓盐。阳离子光引发剂在光的作用下裂解产生可引发环氧化合物开环聚合的质子酸或路易斯酸,同时也有自由基产生,所以,它们也可以作为自由基型光聚合的引发剂。

② 自由基引发剂

自由基光引发剂目前发展比较成熟,商品化品种繁多。根据生成自由基的机理不同,自由基光引发剂可分为两大类:一类是分裂型光引发剂,也称为第一型光引发剂;另一类是提氢型光引发剂,也称为第二型光引发剂。

分裂型光引发剂的共同特点是按 Norrish Ⅰ型机制,在吸收 UV 后,分子中与羰基相邻的碳-碳 σ 键发生断裂。分裂型光引发剂包括一些能够发生 Norrish Ⅰ型断裂的芳香族羰基化合物,苯偶姻及其衍生物、苯偶酰缩酮、苯乙酮衍生物以及部分含硫光引发剂。

提氢型光引发剂一般为芳香酮类化合物,如二苯甲酮及其衍生物、硫杂蒽酮等大多数含硫引发剂等。这类引发剂吸收紫外光后按 Norrish Ⅱ型机制光解,提取氢后生成可引发聚合的活性自由基。

③ 高分子光引发体系

光引发剂在光固化中往往不是完全消耗尽的,未光解的部分会迁移到涂层的表面,造成涂层泛黄、老化,影响产品质量;另一方面,一些光引发剂和体系相容性不好,使其应用受到限制。高分子光引发剂则可克服这些缺点。光引发剂的高分子化一方面可将引发剂直接连到高分子或低聚物上，例如将二苯酮、硫杂蒽酮、酰基氧化磷等引入高分子链。

④ 复合引发剂

将能产生自由基的基团与阳离子引发的基团引入同一分子中，可获得自由基-阳离子混杂型光固化体系。

各种光引发剂配合使用既可降低成本，又可扩大吸收波长的区域，提高紫外光辐射量的吸收。各种光引发剂的配合既可以是同一类型之间的（如同是自由基型的光引发剂），也可以是不同类型之间的，如自由基型和阳离子型光引发剂的配合使用。

⑤ 光敏助剂

光敏助剂本身没有光敏作用，但作为助剂可以产生抗氧作用，增加敏感度，促使光能变化，如叔胺化合物即属于这类助剂，常用的光敏助剂化合物有二甲基乙醇胺、三乙胺、N，N-二甲基苄胺等。

光固化树脂本身也是热敏性的，一些光引发剂受热时也能发生热分解，引发聚合，所以需要加入助剂，阻止树脂受热时聚合。光固化树脂多使用热阻聚剂。

3.3.1.2 光固化成形材料的要求

SLA树脂虽然在主要成分上与一般的光固化树脂差不多，固化前类似于涂料，固化后与一般塑料相似，但由于SLA成形工艺的独特性，使其不同于普通的光固化树脂。用SLA技术制造原型，要求快速准确，对制件的精度和性能要求比较严格，而且要求在成形过程中便于操作。SLA树脂一般应满足以下几个方面的要求：固化前树脂的黏度、光敏性能、固化后材料的精度及力学性能。SLA树脂必须具有下列特征：

（1）固化前性能稳定

SLA树脂要便于运输、贮存，且基本无暗反应发生。

用于SLA的光敏树脂通常注入树脂槽中不再取出，以后随着不断的使用消耗往槽中补加，所以一般树脂的使用时间都很长，要求树脂不会发生热聚合，对可见光也应有较高的稳定性，以保证长时间成形过程中树脂的性能稳定。

（2）黏度低

SLA制造过程是材料一层层叠加，当完成一层的制作时，由于液体表面张力的作用，使得树脂很难自动覆盖固化层的表面，做完一层后需要使用自动刮板将树脂液面刮平，涂覆，等液面流平稳后才能进行扫描，否则制件会产生缺陷。所以树脂的黏度就成为一个重要的性能指标，在其他性能不变的情况下，树脂的黏度越小越好，这样不仅可以缩短制作时间，还便于树脂的加料及废液的清理。

（3）固化收缩小

SLA的主要问题就是制造精度。成形时材料的收缩不仅会降低制件的精度，更重要的是固化收缩还会导致零件的翘曲、变形、开裂等，严重时会使制件在成形过程中被刮板移动，使成形完全失败。所以用于SLA的树脂应尽量选用收缩较小的材料。

（4）一次固化程度高

有些SLA材料在制成零件后还不能直接应用，需要在紫外曝光箱中进行后固化，但后固化过程中不可能保证各个方向和面所接受的光强度完全一样，结果是制件产生整体变形，严重影响制件的精度。

(5) 溶胀小

在 SLA 成形过程中,固化产物浸润在液态树脂中,如果固化物发生溶胀,不仅会使制件失去强度,还会使固化部分发生肿胀,产生溢出现象,严重影响制件的精度。经成形后的制件表面有较多的未固化树脂,需要用溶剂清洗,洗涤时希望只清除未固化部分,而对制件的表面不产生影响,所以希望固化物有较好的耐溶剂性能。

(6) 光固化速度快

SLA 成形一般都用紫外激光器,激光的能量集中能保证成形具有较高的精度,但激光的扫描速度很快,一般大于 1 m/s,所以光作用于树脂的时间极短,树脂只有对波长为 355 nm 的光有较强的吸收和较高的响应速度,才能迅速固化。

(7) 半成品强度高

SLA 树脂的半成品强度要高,以保证制件在后固化过程中不发生变形、膨胀,不出现气泡及层分离。

(8) 固化产物具有较好的力学性能

SLA 树脂的固化产物要有较高的断裂强度、抗冲击强度、硬度和韧性,耐化学试剂性,易于洗涤和干燥,并要具有良好的热稳定性。其中制件的精度和强度是快速成形的两个最重要指标。快速成形制件的强度普遍不高,特别是 SLA 材料一般都较脆,难以满足功能件的要求,但近年来一些公司也推出了韧性较好的 SLA 材料。

(9) 毒性小

SLA 树脂应尽量避免使用有毒的齐聚物、单体和光引发剂,以保障操作人员的健康,同时避免环境污染。未来的快速成形可以在办公室中完成,因此设计配方时更要考虑这一点。

3.3.2 阳离子型光固化体系实体材料的配制与性能

阳离子光固化体系材料是光固化成形技术较常用的树脂类型,具有体积收缩率小、尺寸稳定性好、成形精度高、再涂覆容易、耐磨损性好、模量高、抗拉强度大、不易变形、光固化时不受氧阻聚等优点。尤其是不受氧阻聚的特性特别重要,因为在喷墨打印过程中,墨滴的尺寸非常小,与空气接触的表面积相对而言特别大,不可避免会溶入大量氧气。自由基光固化体系要特别设计防止氧阻聚的配方,可加大光引发剂质量分数,或者加大紫外光照射强度。而纯阳离子光固化体系则不存在这个问题,简化了材料配方和成形工艺。

3.3.2.1 阳离子型体系实体材料原料的选择原则

(1) 单体和齐聚物的选择

对于实体材料而言,单体和齐聚物的选择是最重要的,关系到实体材料的喷射性能、成形精度、固化成形件的力学性能等。脂环族环氧化合物和氧杂环丁烷是实体材料首选组分,因为脂环族环氧化合物的环氧基团和氧杂环丁烷的四元杂环是富电性基团,极易与阳离子光引发剂光解产生的质子酸或路易斯酸反应,引发光聚合反应。

(2) 光引发剂的选择

紫外光引发剂的选择主要考虑因素有:紫外光源的主发射波长范围,光引发剂的光解效率和光引发活性,光引发剂的引发效率,光引发剂的复配。3D 打印实验样机的紫外光源主发射波长范围为 360~390 nm,最强发射谱线为 365 nm,阳离子光引发剂对紫外光的吸收要尽量与紫外光源的发射波长相匹配。芳香茂铁盐阳离子引发剂虽然在 390~400 nm

对紫外光有较强的吸收，但在可见光区 530~540 nm 对其他光也有较强的吸收。如果用芳香茂铁盐作为引发剂配制实体光敏树脂，则光敏树脂在贮存时接受到可见光，容易固化变质，影响喷射稳定性，所以芳香茂铁盐不适合用作光引发剂。三芳基硫鎓六氟锑酸盐、三芳基硫鎓六氟砷酸盐、三芳基硫鎓六氟磷酸盐的紫外光吸收波长可伸展至 300~360 nm，它们的吸收波长可以与紫外光源较好地匹配，而且三芳基硫鎓盐因为硫原子可与三个芳环部分共轭，正电荷得到分散，分子热稳定性较好，加热到 300 ℃不分解，适合用于中高温喷射材料。三芳基硫鎓六氟锑酸盐的引发活性远大于三芳基硫鎓六氟砷酸盐和三芳基硫鎓六氟磷酸盐的引发活性，所以本实验选用三芳基硫鎓六氟锑酸盐（美国陶氏化学公司的商品名为 UVI6976）作为阳离子引发剂。

UVI6976 的吸收波长仍然太小，对金属卤素灯发射的紫外光仍不能充分利用。因此将其与 Darocur ITX（Darocur ITX 是一种自由基型的光敏剂）复配，可通过电子转移活化和直接光敏化两种机理扩展 UVI6976 的吸收波长，促进 UVI6976 的光解过程。Darocur ITX 的最大吸收波长可达 380~420 nm，相应的摩尔消光系数也较高，约为 10^2 数量级，可充分利用紫外光源的 365 nm 发射线。

（3）醇类的选择

3,4-二甲氧基苄醇是阳离子聚合固化加速剂；聚己内酯三元醇（Polyol0301）主要起到增加固化产物柔韧性，降低交联密度等作用，同时还可以加速脂环族环氧化合物的光固化速度；三丙二醇单甲醚（TPM）是一种比较有效的润湿剂，可以改善光敏树脂的润湿和流动性，同时也可以参与阳离子光聚合。三种醇类总的质量分数一般不能超过 25%，否则反而降低阳离子型光固化体系的光聚合速率。

（4）其他助剂的选择

颜料：要求尽量不含亲核性较强的基团（如氨基等），否则容易中止阳离子活性中心，减缓阳离子光聚合速率，甚至使光固化反应不能发生。颜料的粒径要求在 1.2 μm 以下，否则容易堵塞喷嘴，因此配制的光敏树脂一般要过 0.8~1.2 μm 的滤膜，有时候还要经过三级纳滤过滤。颜料需要专门的润湿分散剂分散，并保证颜料在分散后不易团聚。

表面活性剂：可以使光敏树脂的表面张力处于合理的范围。

消泡剂：可使喷射打印过程中少产生气泡。一旦出现气泡问题，打印机喷嘴就会出现断线现象，即部分喷嘴孔不出墨，严重影响成形时的喷射量和打印精度。

3.3.2.2 阳离子型光固化体系实体材料树脂配制

将光引发剂 Darocur ITX 用单体 DOX 溶解，加入三口瓶中，再加入适量的 UVR6105、Polyol0301、苄醇、UVI6976、消泡剂和流平剂，搅拌均匀；再将适量的三丙二醇单甲醚（TPM）、颜料和颜料润湿分散剂在烧杯中混合，让颜料充分润湿，分散均匀；将颜料组分倒入三口瓶，遮光加热到 45 ℃，搅拌 4 h，然后过滤待用。

3.3.2.3 阳离子型体系实体材料的主要喷射参数

（1）黏度

黏度是决定墨水能否从喷嘴喷出的一个重要因素。当黏度过高时，墨水流动和形成小液滴的过程需消耗大量动能，墨水不能从喷嘴喷出；而当黏度过低时，墨水拖尾，容易漏墨和飞溅。只有当实体材料树脂黏度在 5~20 mPa·s 时，树脂才能够连续稳定地喷出。

对于光固化 3D 打印材料来说，其理想的状态是室温下黏度较高，最好是在 150 mPa·s

以上,即从喷嘴喷出后落在工作面上时,液滴受工作面及空气传热的影响,其自身温度已经下降到接近室温。为了防止液滴在工作面上四处流动,要求材料的黏度大一些;而在工作温度下(50~55 ℃),要求其黏度较低(在 20 mPa · s 以下),以使材料能顺利从喷嘴中喷出。阳离子型光固化实体材料中主要原料的黏度如表 3-4 所示:

表 3-4 阳离子型光固化实体材料中主要原料的黏度

原料成分	黏度(25 ℃,mPa · s)
DOX	12.8
UVR6105	220~250
Polyol0301	2 250
TPM	5.5
DVE-3	2.67
UVI6976	60~90

如图 3-14 所示,阳离子型光固化体系实体材料在 25 ℃下的黏度约为 89.5 mPa · s。温度对黏度的影响比较明显,当温度升高时,黏度逐渐降低,最后达到一个临界值,继续升高温度对黏度降低影响很小。根据赛尔 XJ500 压电喷嘴工作温度范围,选定实体树脂的工作温度为 55 ℃,此时树脂黏度在 10.0 mPa · s 左右。

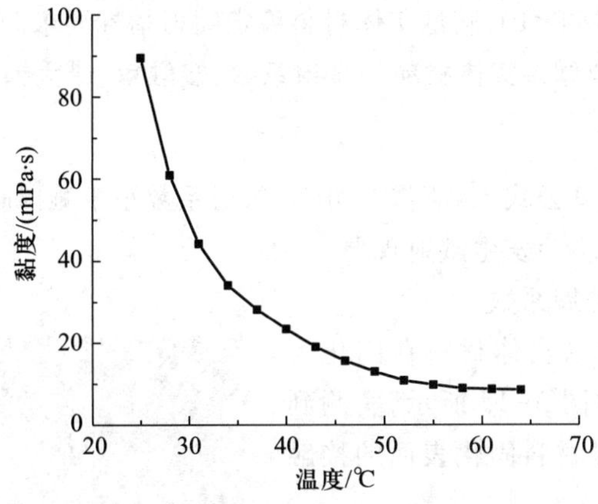

图 3-14 阳离子型实体材料不同温度下的黏度

(2) 表面张力

表面张力是决定墨水能否从喷嘴稳定喷出的另一个重要因素。当表面张力过高时,形成液滴所需表面能大,墨水不易形成小的液滴,难以喷射出来;而当表面张力过低时,液滴喷射出后迅速在工作面上铺展,一方面无法形成有效层高,另一方面影响制件的尺寸精度。一般当表面张力在 26~36 mN/m 时比较合适,表面张力在 30 mN/m 时最佳。

可以通过表面活性剂调节树脂的表面张力,加入少量的助剂,就可以调整树脂的表面张力至合适值。另外温度对表面张力有轻微影响,随着温度升高,树脂的表面张力稍有下降。阳离子型光固化体系实体材料在 55 ℃时表面张力实测值为 29.2 mN/m。

(3) 雷诺数和韦伯数

雷诺数 R_e 表示喷射液体在喷嘴中流动时的流动状态(层流或湍流),压电喷嘴中液体的流动状态一般是层流。韦伯数 W_e 表示喷射液体惯性力和表面张力效应之比(韦伯

数愈小代表表面张力愈重要)。雷诺数 R_e 和韦伯数 W_e 的计算公式分别为:

$$R_e=\frac{\rho vd}{\eta} \tag{3-24}$$

$$W_e=\frac{\rho v^2 d}{\sigma} \tag{3-25}$$

式中 ρ 为喷射液体密度,η 为喷射液体的动态黏度,v 为喷射液滴的切向速率,σ 为喷射液体的表面张力,d 为喷嘴孔直径。计算可得到:

$$\frac{R}{W}=\frac{R_e}{\sqrt{W_e}} \tag{3-26}$$

R/W 值对液滴喷射过程和喷射中液滴形状的影响如下:

① 只有当 $1<R/W<10$ 时,液滴才能够正常稳定地从压电喷嘴中喷出。

② 如果 R/W 较大,则喷射液体工作温度下的黏度是影响喷射过程的主要参数,这时喷嘴需要产生较大的压力喷射液体,液体的喷射速率降低,液体喷射前的延伸柱变短。

③ 如果 R/W 较小,液体喷射前的延伸柱变长,液滴喷射前易膨胀产生慧尾。

根据雷诺数的计算公式(3-24)和韦伯数的计算公式(3-25),计算阳离子型光固化体系实体材料在工作温度 55 ℃下的雷诺数和韦伯数。其中实体材料的密度为 1.08 g/cm³,黏度为 10.0 mPa·s,表面张力为 29.2 mN/m,喷嘴的喷射速度为 6.0 m/s,喷嘴孔径为 50 μm。

从上述雷诺数和韦伯数的计算结果,根据式(3-26)可以得到实体材料稳定喷射参数 R/W 的值。计算得 $1<R/W<10$,满足实体材料稳定喷射指标要求。

3.3.2.4 阳离子型体系实体材料的溅射系数、接触角、最大铺展系数和铺展时间

(1) 溅射系数

根据溅射系数的计算公式 $K=W_e^{\frac{1}{2}}R_e^{\frac{1}{4}}$ 可知,溅射系数小于溅射临界值 $K_C(57.7)$,实体材料喷射到工作面上时不会发生溅射现象。

(2) 接触角、最大铺展系数

阳离子型光固化体系实体材料在固化表面的接触角测量照片如图 3-15 所示,实测到的接触角为 44°,与支撑材料固化表面的接触角为 52°。

图 3-15 阳离子型光固化体系实体材料在固化表面的接触角测量照片

根据上述接触角的测量结果,利用公式 $\xi=\frac{d_{max}}{d_0}=\left[\frac{W_e+12}{3(1-\cos\theta)+4(W_e/\sqrt{R_e})}\right]^{1/2}$ 计算实体材料在自身固化表面的铺展系数 ξ_1 和在支撑材料固化表面的铺展系数 ξ_2。由具体计算可得:阳离子型实体材料在自身固化表面和支撑材料固化表面的铺展直径相同,接触角对铺展直径的影响较小。

(3) 铺展时间

根据计算公式 $t_{spread}=\sqrt{\frac{\rho d_0^3}{\sigma}}$ 预测实体材料液滴在工作面上的铺展时间,可知液滴在工

作面上的铺展速度极快，可以忽略不计。

3.3.2.5 阳离子型体系实体材料的打印稳定性

一般来说，打印时喷嘴堵孔数越少说明墨水越稳定，墨水和喷嘴越兼容。喷嘴打印测试时，通过打印指定形状的测试条查看喷嘴的状态，喷嘴打印测试条的形状如图 3-16 所示。每一个喷嘴孔对应一条打印线，一个赛尔 XJ500 喷嘴有 500 个喷嘴孔，则对应 500 条打印线。

图 3-16 喷嘴打印测试条的形状

表 3-5 是实体材料打印稳定性测试结果。从表 3-5 中可以看出，当温度较低时，树脂不能持续稳定地从喷嘴喷出，因为树脂黏度大，不易喷射；而温度太高，喷嘴本身工作不稳定，喷射效果也不好。结果表明当温度为 55 ℃时，树脂可持续稳定喷出。从打印测试条的情况来看，实体材料喷射到工作面上时没有发生溅射现象，验证了前文关于溅射现象的理论计算分析。

表 3-5 实体材料打印稳定性测试结果

打印温度＼打印持续时间	0h	6h	12h	18h
45 ℃	21	76	不喷	—
50 ℃	3	8	31	不喷
55 ℃	0	1	3	3
60 ℃	0	1	15	—
65 ℃	0	6	—	—

3.3.2.6 阳离子型体系实体材料的光固化性能

(1) 特性参数

测量阳离子型实体材料的光固化特性参数，将不同曝光时间下实体材料的曝光量 E_0 和固化深度 C_d 的数据记录下来，以 C_d 对 $\ln E_0$ 作图，如图 3-17 所示。

从图 3-17 可见，C_d 与 $\ln E_0$ 成线性关系，线性相关系数为 0.978 04，符合 Beer-Lambert 规则。用最小二乘法求出拟合直线的斜率和横坐标轴的截距，从而可得：实体材料的 $E_c=22.4\ \mathrm{mJ/cm^2}$，$D_p=0.147$ mm。3D 打印过程中，实体材料的固化层厚设置为 0.03~0.05 mm，阳离子型实体材料的透射深度满足 3D 打印的要求，可以实现层间黏结。而临界曝光量给出了阳离子型实体材料可固化的最低吸光量，这个值不是很大，300 W 的金属卤素灯完全可以满足实体材料光固化的要求。

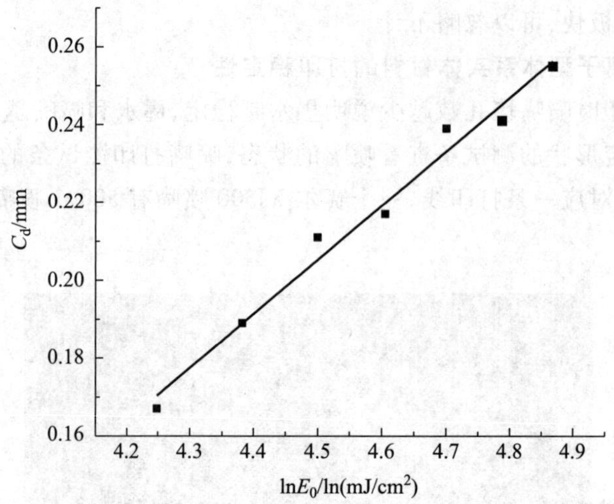

图 3-17　阳离子型实体材料的光固化曲线

(2) 光固化动力学研究

图 3-18 是三种单体官能团转化率随光照时间变化的曲线(25 ℃,6.0 mW/cm²),从图中可以看出,树脂在室温光固化的过程中,存在一定的诱导期。DOX 单体转化率最高,其次是 UVR6105,DVE-3 单体转化率最低。从这个顺序可以看出,三者的相对活性是 DOX>UVR6105>DVE-3。DOX 和 UVR6105 都是高活性的光固化单体,聚合速度比较快,两者配合使用可以互相促进,提高单体转化率。UVR6105 自身分子体积比较大且黏度大,分子运动困难,因此转化率比 DOX 低。

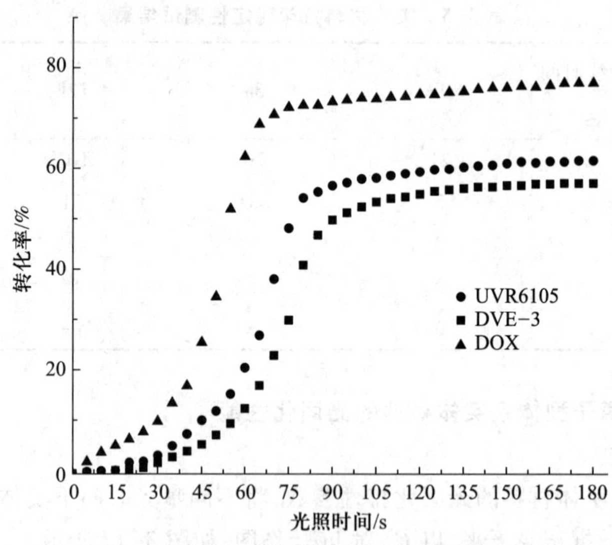

图 3-18　三种单体官能团转化率随光照时间变化的曲线(25 ℃,6.0 mW/cm²)

图 3-19 为三种单体官能团转化率随光照时间变化的曲线(55 ℃,6.0 mW/cm²),从图中可以看出,当树脂在 55 ℃光固化时,诱导期消失,并且转化率明显提高。DOX 单体转化率在光辐射 60 s 时达到 97.4%;UVR6105 单体转化率达到 77.8%,DVE-3 转化率达到 70.8%。由于光聚合初始反应温度升高,单体分子动能增大,易克服聚合反应活化能,使诱导期消失;另外树脂黏度下降,单体分子热运动更加自由,转化率升高。3D 打印机实

机测试表明，实体树脂加热到 55 ℃喷射，经 UV 光照，固化效果比较好，能够达到瞬时表干（灯照速度为 0.8 m/s，灯功率为 300 W）。

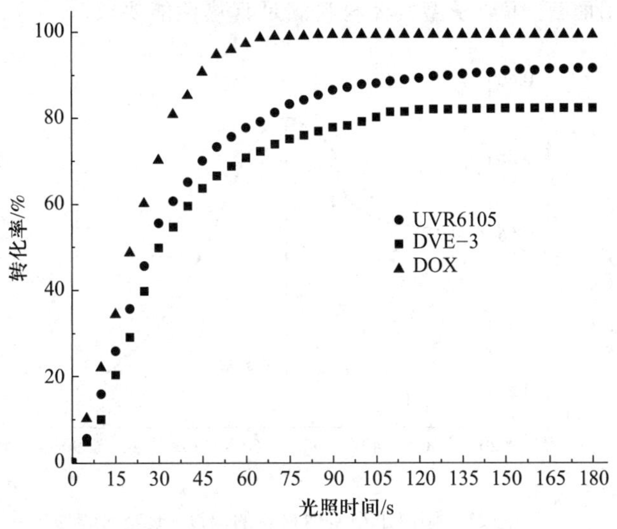

图 3-19　三种单体官能团转化率随光照时间变化的曲线（55 ℃，6.0 mW/cm²）

3.3.2.7　阳离子型体系实体材料的光固化后性能

（1）收缩系数和翘曲因子

分别测试实体材料的体积收缩率和线收缩率，从计算结果看出，阳离子型实体材料的固化收缩率极低，小于一些文献报道的混杂型体系光敏树脂的收缩率，完全能够满足 3D 打印尺寸精度的要求。通过 3D 打印机实机测试，得到阳离子型实体材料的翘曲因子为 1.26%，成形时变形量较小。

（2）固化后的力学性能

阳离子型实体材料固化后的力学性能列于表 3-6 中，从表中测试结果可以看出，光敏树脂的抗拉强度较大、韧性好、硬度大，满足 3D 打印零件力学性能的要求。图 3-20 是进行硬度测试的 3D 打印成形测试件。

表 3-6　阳离子型实体材料固化后的力学性能

抗拉强度/MPa	拉伸模量/MPa	断裂伸长率/%	抗弯强度/MPa	弯曲模量/MPa	冲击强度/（J/m²）	硬度/HRM
59.4	1074	11.5	70.2	1451	50.3	81

图 3-20　进行硬度测试的 3D 打印成形测试件

(3) 固化后的玻璃化转变温度

阳离子型实体材料固化后的玻璃化转变温度为 54.5 ℃,如图 3-21 所示。对于一般 3D 打印零件的使用而言,阳离子型实体材料满足其热性能要求。

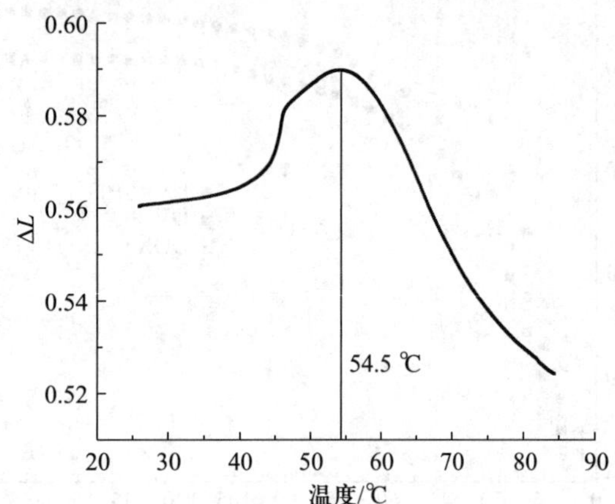

图 3-21　阳离子型实体材料的温度-形变曲线

(4) 阳离子型实体材料成形件照片

图 3-22 所示为阳离子型实体材料成形件照片。

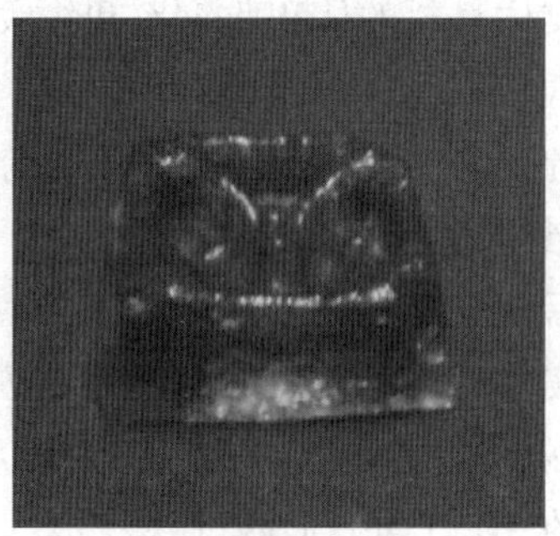

图 3-22　阳离子型实体材料成形件照片

3.3.3　自由基型光固化体系实体材料的配制与性能

自由基型光固化体系用于快速成形领域还是比较少见的,其主要的缺点是固化收缩率大、容易发生氧阻聚。但是自由基型体系性能可调,被广泛应用于 UV 喷墨打印墨水中。氨基甲酸酯丙烯酸酯具有耐低温、柔韧性好、黏结强度大等优点。本节将以氨基甲酸酯丙烯酸酯为主要齐聚物,配制自由基体系的 3D 打印实体材料,并通过对引发体系的设计,改善丙烯酸酯体系容易发生氧阻聚的特点。

3.3.3.1　自由基型体系实体材料原料选择原则

(1) 单体的选择

丙烯酸酯单体的种类较多,用于 3D 打印时,应选用黏度较低、固化速率较快的单体。2-(2-乙氧基乙氧基)乙基丙烯酸酯(SR256)的黏度很低,25 ℃时为 6 mPa · s;1,6-己二醇二丙烯酸酯(SR238)的固化速率快,黏度低,25 ℃时为 9 mPa·s;二缩三丙二醇二丙烯酸酯(SR306)和三乙氧化三羟甲基丙烷三丙烯酸酯(SR454)的黏度分别为 15 mPa·s 和 60 mPa·s,并且固化速率也较快。一般将单官能团、双官能团、三官能团的单体搭配使用,既具有较低的黏度,又有较快的固化速率,固化收缩率也小一些。

(2) 引发体系的选择

自由基聚合最大的缺点是容易氧阻聚,因此要特别设计引发体系,将分裂型和提氢型引发剂配合使用,具有很好的抗氧阻聚效果。如 Irgacure184 和二苯甲酮混合使用,二苯甲酮的激发三线态能有效地促进氢过氧化物的分解,而 Irgacure184 光解产生的自由基与氧反应消耗了氧,使氧对二苯甲酮激发三线态的猝灭作用受到抑制,两者有协同作用。反应性胺助引发剂也可以抑制氧阻聚,并且可以参与双键反应,不会产生表面迁移。丙烯酸酯在稍高温度使用时容易发生热聚合,为了保证树脂的长期稳定性,一般需要加入阻聚剂。

3.3.3.2 自由基型体系实体材料的配制

将光引发剂 Irgacure184 溶于丙烯酸酯单体,并加入表面活性剂和阻聚剂,连同以上组分倒入三口瓶,遮光加热到 45 ℃,搅拌 4h,然后过滤待用。

3.3.3.3 自由基型体系实体材料的性能

(1) 自由基型实体材料的主要物性和喷射参数

表 3-7 是自由基型实体材料的主要物性和喷射参数(黏度、表面张力、固化前后密度、雷诺数和韦伯数的实测值或理论计算值)。

表 3-7 自由基型实体材料的主要物性和喷射参数

黏度/(mPa·s)		密度/(g/cm^3)		表面张力	雷诺数	韦伯数
25 ℃	50 ℃	固化前	固化后	(50 ℃,mN/m)	(R_e)	(W_e)
51.2	8.5	1.04	1.11	31.2	36.7	60.0

从表 3-7 中数据可以计算得到 $R/W=4.74$,$1<R/W<10$,满足实体材料稳定喷射指标要求,喷嘴的工作温度设定为 50 ℃。赛尔 XJ500 喷嘴长期在高温下工作时稳定性很差,经常出现斜喷、打印故障,因此本节以低黏度氨基甲酸酯丙烯酸酯配制的实体材料在稍低的温度下使用,可减少喷嘴工作不稳定情况的发生。

(2) 自由基型实体材料的溅射系数、接触角、铺展系数和铺展时间

表 3-8 是自由基型实体材料的溅射系数、接触角、铺展系数和铺展时间的实测值或理论计算值。

表 3-8 自由基型实体材料的溅射系数、接触角、铺展系数和铺展时间

接触角		铺展系数		铺展时间/s	溅射系数(K)
与自身的接触角	与支撑材料的接触角	与自身的铺展系数	与支撑材料的铺展系数		
41°	49°	1.34	1.33	7.1×10^{-5}	19.1

从表中数据可知溅射系数小于溅射临界值 K_C(57.7),自由基型实体材料喷射到工作

面上时不会发生溅射现象。实机测试也没有发现有溅射现象。自由基型实体材料在喷射过程中铺展直径很大,其室温下的黏度又太低,因此在打印的过程中会出现打印成形件的垂直面变成斜面的现象,可考虑通过加入触变剂来解决这个难题,但是触变剂很容易引起堵头现象。

(3) 打印稳定性实验

表 3-9 是自由基型实体材料打印稳定性测试结果(喷嘴堵孔数目)。

表 3-9　自由基型实体材料打印稳定性测试结果

打印温度＼打印持续时间	0 h	6 h	12 h	18 h
50 ℃	0	1	2	2
55 ℃	0	1	2	2

从表中数据中可以看出,自由基型实体材料的喷射稳定性较好,很少有堵孔现象。

(4) 特性参数

根据 3.3.2.6 小节特性参数的测试方法,得到自由基型实体材料的 $E_c = 31.5\ \mathrm{mJ/cm^2}$, $D_p = 0.102\ \mathrm{mm}$。其临界曝光量比较高,主要原因是自由基型实体材料容易发生氧阻聚现象。前面讨论过自由基型实体材料的固化速率相对较慢,氧阻聚也是其中的一个原因。除了对自由基引发体系进行特别设计以外,实验中采用 800 W 的金属卤素灯代替原来的 300 W 金属卤素灯,通过提高光照强度彻底解决这个问题,实验证明灯照速度为 0.8 m/s 时,能够达到瞬时表干。

(5) 收缩率与翘曲因子

自由基型实体材料的收缩率、翘曲因子和玻璃化转变温度列于表 3-10。与其他两种实体材料(阳离子基型和混杂型实体材料)相比,自由基型实体材料的收缩率大一些,这也是自由基型实体材料的主要缺点之一。

表 3-10　自由基型实体材料的收缩率、翘曲因子和玻璃化转变温度

体积收缩率	线收缩率	翘曲因子	玻璃化转变温度
6.3%	0.175%	1.70%	55 ℃

(6) 力学性能与玻璃化转变温度

表 3-11 是自由基型实体材料固化后的力学性能。从表 3-10 和表 3-11 可以看出,自由基型实体材料的力学性能和热性能满足 3D 打印零件的一般力学性能和热性能要求。

表 3-11　自由基型实体材料固化后的力学性能

抗拉强度/MPa	拉伸模量/MPa	断裂伸长率/%	抗弯强度/MPa	弯曲模量/MPa	冲击强度/(J/m²)	硬度/HRM
60.5	1 091	10.8	74.9	1 391	50.6	78

(7) 自由基型实体材料成形件照片

图 3-23 所示为自由基型实体材料成形件的照片(珠宝镶件)。

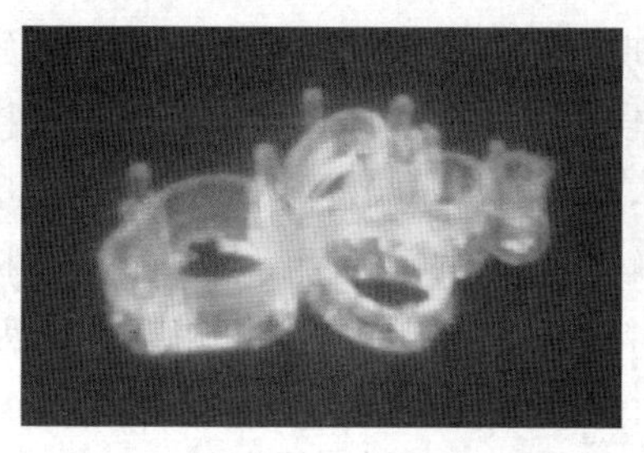
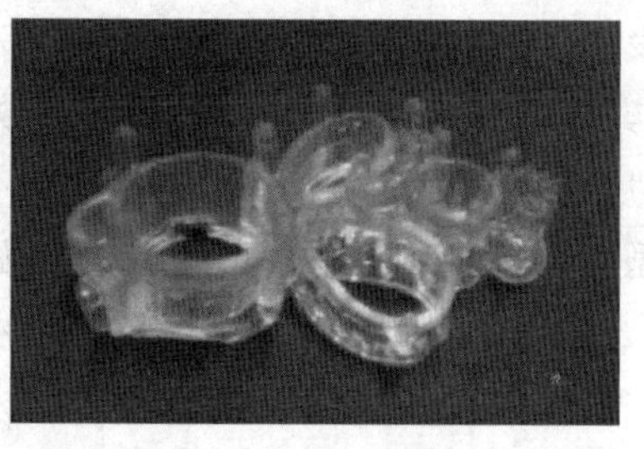

图 3-23 自由基型实体材料成形件的照片(珠宝镶件)

3.3.4 自由基-阳离子混杂型光固化体系实体材料的配制与性能

混杂型光固化体系兼具自由基型固化体系的光固化速率快、对湿气不敏感、性能可调的优点,以及阳离子型固化体系的体积收缩率小、固化后性能佳、成形精度高、再涂覆容易、无氧阻聚、可暗反应等的优点。因此混杂型光固化体系是快速成形光固化材料的一类主要产品。本节主要研究用于光固化 3D 打印成形的混杂型实体材料。

3.3.4.1 混杂型实体材料的配制

混杂型实体材料的配制方法如下:将光引发剂 Irgacure184 溶于三丙二醇二丙烯酸酯,并加入表面活性剂和消泡剂,连同阳离子体系组分倒入三口瓶,遮光加热到 45 ℃,搅拌 4 h,然后过滤待用。

3.3.4.2 混杂型实体材料的性能

(1) 混杂型实体材料的主要物性和喷射参数

表 3-12 是混杂型实体材料的主要物性和喷射参数(黏度、表面张力、固化前后密度、雷诺数和韦伯数的实测值或理论计算值)。

表 3-12 混杂型实体材料的主要物性和喷射参数

黏度/(mPa·s)		密度/(g/cm^3)		表面张力	雷诺数	韦伯数
25 ℃	50 ℃	固化前	固化后	(50 ℃,mN/m)	(R_e)	(W_e)
115	13.8	1.12	1.17	27.4	24.3	73.6

从表中数据,可以计算得到 $R/W=2.83$,$1<R/W<10$,满足实体材料稳定喷射指标要求,喷嘴的工作温度设定为 55 ℃。

(2) 混杂型实体材料的溅射系数、接触角、铺展系数和铺展时间

表 3-13 是混杂型实体材料的溅射系数、接触角、铺展系数和铺展时间的实测值或理论计算值。

表 3-13 混杂型实体材料的溅射系数、接触角、铺展系数和铺展时间

接触角		铺展系数		铺展时间/s	溅射系数 (K)
与自身的接触角	与支撑材料的接触角	与自身的铺展系数	与支撑材料的铺展系数		
32°	46°	1.19	1.19	7.9×10^{-5}	19.0

从表中数据可知溅射系数小于溅射临界值 K_C(57.7),混杂型实体材料喷射到工作面

上时不会发生溅射现象。实机测试也没有发现有溅射现象。混杂型实体材料的接触角偏小,可能与其表面张力偏小有关,其铺展系数较阳离子型实体材料也小。因为接触角是静态值,而铺展系数是在喷射过程中有喷射力作用时的动态尺寸变化,所以混杂型实体材料比阳离子型实体材料铺展系数小的现象与接触角数据并不矛盾。混杂型实体材料的密度和黏度稍大,表面张力稍小,使混杂型实体材料的雷诺数和韦伯数差值更大,因其在铺展系数中占主要因素,所以喷射时混杂型实体材料的铺展系数要小一些。

(3) 打印稳定性实验

表 3-14 是混杂型实体材料打印稳定性测试结果(喷嘴堵孔数目)。

表 3-14 混杂型实体材料打印稳定性测试结果

打印温度 \ 打印持续时间	0 h	6 h	12 h	18 h
50 ℃	5	47	不喷	/
55 ℃	0	4	7	22
60 ℃	0	3	19	/

从表 3-14 的数据中可以看出,混杂型实体材料的喷射稳定性没有阳离子型实体材料的喷射稳定性好。在 50 ℃时,喷射 12 h 后即停止喷射,主要原因是 50 ℃时材料黏度较大,赛尔 XJ500 喷嘴的喷射力量没有 SPECTRA 喷嘴大,所以喷嘴对墨水的适应力较差。55 ℃时,喷射 18 h,就有 22 个喷嘴无法正常出墨,实验中发现了气泡的存在,与消泡剂的选择有关。60 ℃对于赛尔 XJ500 喷头而言工作温度稍高,喷射 6 h 就发现了斜喷现象。

(4) 特性参数和光固化速率

混杂型实体材料的光固化曲线见图 3-24。从中可见,C_d 与 $\ln E_0$ 呈线性关系,线性相关系数为 0.987 29,符合 Beer-Lambert 规则。用最小二乘法求出拟合直线的斜率和横坐标轴截距,从而可得:混杂型实体材料的 $E_c = 15.6\ \mathrm{mJ/cm^2}$,$D_p = 0.165\ \mathrm{mm}$。其临界曝光量稍低于阳离子型实体材料,说明混杂型实体材料的光敏性好于阳离子型实体材料。其主要原因有两个,一是聚丙二醇二丙烯酸酯的光固化速率较高,二是混杂型实体材料中没有加颜料,所以临界曝光量较小,相比之下,其透射深度也就较大。

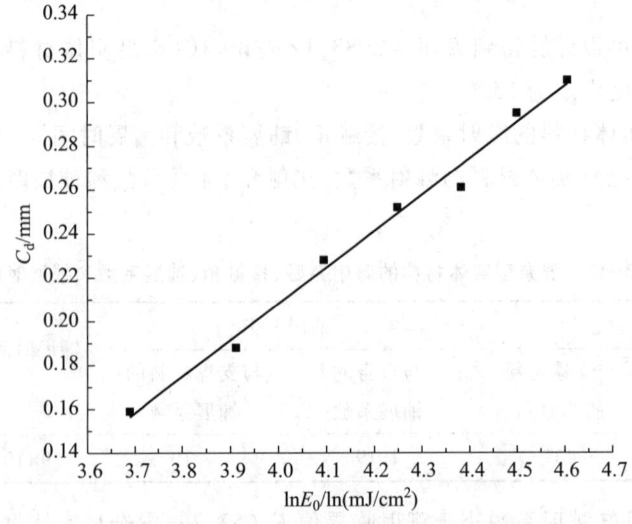

图 3-24 混杂型实体材料的光固化曲线

图 3-25 是阳离子型实体材料、混杂型实体材料和自由基型实体材料的光固化凝胶含量随曝光时间的变化关系曲线。从图中可以看出,混杂型实体材料的光固化速率最高,阳离子型实体材料的光固化速率次之,自由基型实体材料的光固化速率最慢。混杂型实体材料光固化时,自由基和阳离子聚合反应同时进行,并且形成互穿网络结构,光固化凝胶含量较高,相应的总体反应转化率要高。自由基型实体材料以氨基甲酸酯丙烯酸酯为主要齐聚物,其光固化速率与环氧丙烯酸酯相比要慢一些,同时自由基光引发聚合存在氧阻聚作用,对于喷墨打印而言阻聚作用更明显,因此总体聚合反应速率要慢。

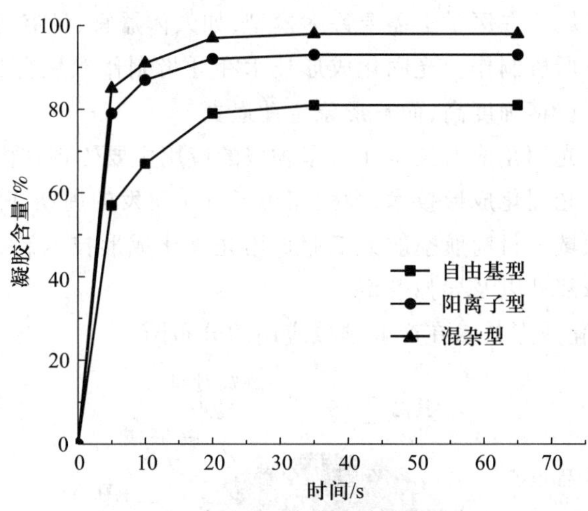

图 3-25 三种实体材料的光固化凝胶含量随曝光时间的变化关系曲线

(5) 收缩率与翘曲因子

混杂型实体材料的收缩率、翘曲因子和玻璃化转变温度列于表 3-15,与阳离子型实体材料相比,混杂型实体材料的收缩率较大,主要原因是混杂型实体材料中两种类型单体或齐聚物各自反应,并且形成互穿网络结构,固化后体系更密实,因此收缩量稍大。

表 3-15 混杂型实体材料的收缩率、翘曲因子和玻璃化转变温度

体积收缩率	线收缩率	翘曲因子	玻璃化转变温度
4.27%	0.092%	1.43%	58 ℃

(6) 力学性能与玻璃化转变温度

表 3-16 是混杂型实体材料固化后的力学性能。从表中可以看出,混杂型实体材料与阳离子型实体材料相比,固化后抗拉强度提高,断裂伸长率和冲击强度下降,硬度提高。说明混杂型实体材料的力学强度提高,而韧性下降。虽然聚丙二醇二丙烯酸酯的柔韧性较好,但是其黏度较大,加入量较少,对韧性的改善不明显。混杂型实体材料的玻璃化转变温度也稍高于阳离子型实体材料。

表 3-16 混杂型实体材料固化后的力学性能

抗拉强度/MPa	拉伸模量/MPa	断裂伸长率/%	抗弯强度/MPa	弯曲模量/MPa	冲击强度/(J/m^2)	硬度/HRM
64.5	1 121	9.7	67.8	1 487	46.7	85

3.4 光固化成形技术的典型应用

由于光固化成形技术存在产品制作周期短、尺寸精确度好、能够制作造型复杂的样件等优点，目前已经得到广泛应用。其应用领域主要集中在以下方面：

（1）消费品/电子领域。光固化成形技术可以运用到工艺品领域，制造传统工业难以加工或成形周期比较长的工艺品，在电子领域也应用比较广泛。

（2）医学医疗领域。在医学上需要许多模型，如人体器官、骨骼、血管等模型，这些模型可以使用光固化成形机制作。光固化成形技术在牙齿制作领域得到了极大的应用，制作出来的牙齿模型不仅精确度高，而且形象生动逼真。

（3）汽车领域。光固化成形技术在汽车领域的应用主要体现在模型的设计与制作方面。在汽车领域引入光固化成形技术，大大缩短了汽车研发的周期，降低了研发成本。

（4）航空航天领域。目前航空航天工业采用光固化成形技术制造飞机模型、机翼模型、螺旋桨叶片、引擎部件以及导弹模型。

图 3-26 为光固化成形技术在产业领域应用的分布图。

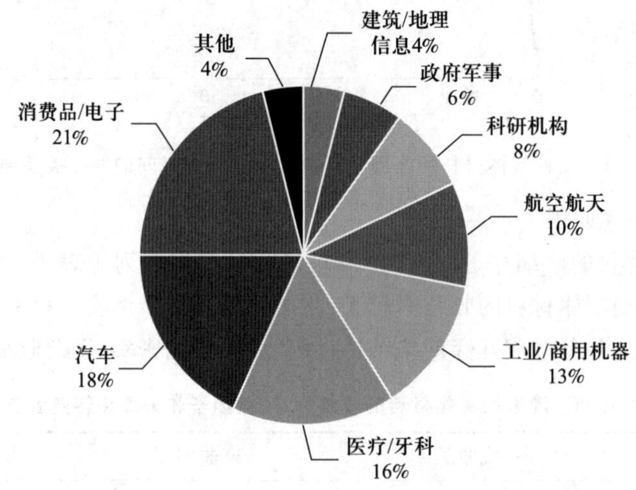

图 3-26　光固化成形技术在产业领域应用分布图

思考题

1. 请简述 SLA 和 DLP 两种成形技术的原理，并比较其异同。
2. 请简述几种常见的光固化成形反应机理。
3. 光固化材料由哪几部分组成？在光固化反应中各起什么作用？
4. 光固化成形对树脂材料的要求有哪些？
5. 光固化成形所使用的紫外光源如何影响光固化成形过程？
6. 试述自由基型光固化体系和阳离子型光固化体系的优缺点？
7. 阳离子型实体材料原料的选择原则是什么？
8. 什么是光固化实体材料中的齐聚物？光固化实体材料中有哪些常见的齐聚物？

9. 为什么要对光固化成形材料进行改性？举例介绍有哪些常见的改性方法。

参考文献

[1] LIU H T,MO J H,HUANG X M. Research on the Mechanism of Accelerator for Photocurable Resin in 3D Printing[J]. Journal of Donghua University(English Edition),2009,26(1):16-20.

[2] 刘海涛,黄树槐,莫健华,等. 光敏树脂对快速原型件表面质量的影响[J]. 高分子材料科学与工程,2007,23(5):170-173.

[3] 刘海涛,莫健华,刘厚才. 氧杂环丁烷光固化动力学研究[J]. 华中科技大学学报(自然科学版),2008,36(11):129-132.

[4] LIU H T,MO J H. Study on the Nanosilica Reinforcing Stereolithography Resin[J]. Journal of Reinforced Plastics and Composites,2009.

[5] KIM G D,OH Y T. A benchmark study on rapid prototyping processes and machines: quantitative comparisons of mechanical properties,accuracy,roughness,speed,and material cost[J]. Proceedings of the Institution of Mechanical Engineers Part B: Journal of Engineering Manufacture,2008,222(2):201-215.

[6] ZHANG H,MASSINGILL J L,WOO J T K. Low VOC,low viscosity UV cationic radiation-cured ink-jet ink system[J]. Journal of Coatings Technology,2000,72(905):45-52.

[7] 段玉岗,王素琴,卢秉恒. 用于立体光造型法的光固化树脂的收缩性研究[J]. 西安交通大学学报,2000,34(3):45-48,59.

[8] 刘海涛. 光固化三维打印成形材料的研究与应用[D]. 武汉:华中科技大学,2009.

[9] LIU Y X,CUI T H. Polymeric integrated AC follower circuit with a JFET as an active device[J]. Solid-State Electronics,2005,49(3):445-448.

[10] YIN X W,TRAVITZKY N,GREIL P. Three-dimensional printing of nanolaminated Ti_3AlC_2 toughened $TiAl_3-Al_2O_3$ composites[J]. Journal of the American Ceramic Society,2007,90(7):2128-2134.

[11] DIMITROV D,VAN WIJCK W,DE BEER N,et al. Development,evaluation,and selection of rapid tooling process chains for sand casting of functional prototypes[J]. Proceedings of the Institution of Mechanical Engineers Part B:Journal of Engineering Manufacture,2007,221(9):1441-1450.

[12] TAY B Y,ZHANG S X,MYINT M H,et al. Processing of polycaprolactone porous structure for scaffold development[J]. Journal of Materials Processing Technology,2006,182(1-3):1.

[13] 吴丽珍,邓昌云,傅兵,等. 3D 打印用光敏树脂的制备及改性研究进展[J]. 塑料科技,2017,(7).

[14] 方浩博. 基于数字光处理技术的 3D 打印设备研制[D]. 2016.

[15] 杨锐. 双固化体系的 3D 打印光敏树脂的研究[D]. 2018.

[16] 张思财. 功能化 3D 打印用光固化树脂的制备及其应用[D]. 2017.

第4章 其他3D打印高分子材料

4.1 飞秒激光双光子聚合

飞秒激光双光子聚合(two-photon polymerization,简称 TPP)被认为是最具发展前景的三维微纳结构功能器件加工工艺方法之一,具有精度高、良好的空间选择性和真三维加工能力,在微电子、光电子、通信、生物医药、微机电系统和超材料等领域都具有广泛的应用前景。

4.1.1 飞秒激光双光子聚合成形原理

飞秒激光双光子聚合技术通过高数值孔径(NA)的物镜将飞秒激光束聚焦在光敏树脂内部,引发光化学反应。典型的聚合反应通常包括 3 个阶段:引发过程、传播过程和终止过程,如式(4-1)~式(4-3)所示。在引发过程中,光引发剂(PI)通过吸收 2 个光子达到激光态(PI^*),并分解成自由基(R·),如式(4-1)所示。在传播过程中,聚合链通过自由基(R·)与单体(M)结合、单体自由基(RM_n·)与一个或多个单体结合而不断变长,如式(4-2)所示。如果两个单体自由基结合,则光聚合反应终止,如式(4-3)所示。

$$PI \xrightarrow{hv+hv} PI^* \rightarrow R\cdot + R\cdot \tag{4-1}$$

$$R\cdot + M \rightarrow RM\cdot \xrightarrow{m} RM_m\cdot \cdots \rightarrow RM_n \tag{4-2}$$

$$RM_n\cdot + RM_m\cdot \rightarrow RM_{n+m}R \tag{4-3}$$

双光子吸收(TPA)是双光子聚合的基础,是多光子吸收(MPP)的一种。与单光子吸收(1PA)不同,在 TPA 过程中,光引发剂分子同时吸收两个光子,并从低能级跃迁至高能级状态。两个光子的能量和两个能级的能量差相等。通常有两种类型的 TPA,退化(degenerate)和非退化(non-degenerate)过程。在退化过程中,光引发剂吸收两个相同频率的光子,而在非退化过程中,光引发剂吸收两个不同频率的光子。通常 TPP 过程中的 TPA 是退化过程。TPA 是一个三阶非线性光学过程,能量的吸收概率正比于光强度的平方。

TPA 的截面积比 1PA 小很多,因此只有 TW/cm^2 强度的极短脉冲激光才能引发 TPA 反应。此外,只有当自由基的浓度超过聚合阈值才会发生聚合反应,如图 4-1 所示。1 线代表光强度分布,2 线代表光强度的平方。在一定聚合阈值下,双光子聚合的区域明显比单光子聚合的区域小。因此 TPP 反应被限制在焦点处的一个较小区域,最小可达 100 nm 以下。与传统的光刻(photo lithography)技术不同,TPP 技术可以深入树脂内部发生反应,因此可以加工真正的三维结构。

根据飞秒激光束与试件间扫描系统的不同,TPP 加工系统可分为四种,如图 4-2 所示。图 4-2a 为 S. Maruo 等人采用三维压电平台作为扫描系统的 TPP 加工系统。图 4-2b 为 T. W. Lim、Sun H B 等人采用压电平台与二维振镜的组合作为扫描系统的 TPP 加工系统。与三维压电平台相比,二维振镜的优点是质量小、动态响应快、扫描速度高,因此可以大大提高加工效率,但由于物镜口径有限,振镜扫描角度不宜太大,因此加工范围比较小。图 4-2c 为 M. A. Maher 等人采用三轴直线平台作为扫描系统的 TPP 加工系统,其中,X、Y 直线平台行程为 150 mm,Z 直线平台行程为 4 mm,最大速度为 300 mm/s,可重复加工的最小特征尺寸为 200 nm。图 4-2d 为 Passinger S、Ostendorf A 等人采用三轴气浮平台和二维振镜作为扫描系统的 TPP 加工系统。其中,X、Y、Z 轴行程均为 100 mm,振镜的写入精度为 100 nm,三轴气浮平台的定位精度为 400 nm。当加工的面积较小时用二维振镜,而当加工的面积较大时用三轴气浮平台。因此,三轴气浮平台与二维振镜的结合不仅提高了加工面积,同时还能保证加工的精度。

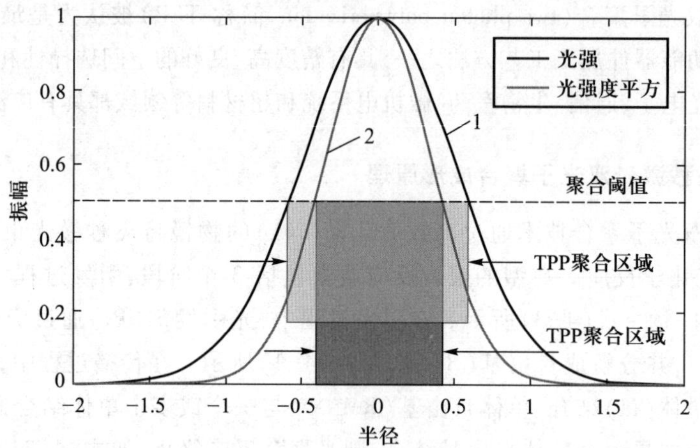

图 4-1　高斯光束的光强度分布图

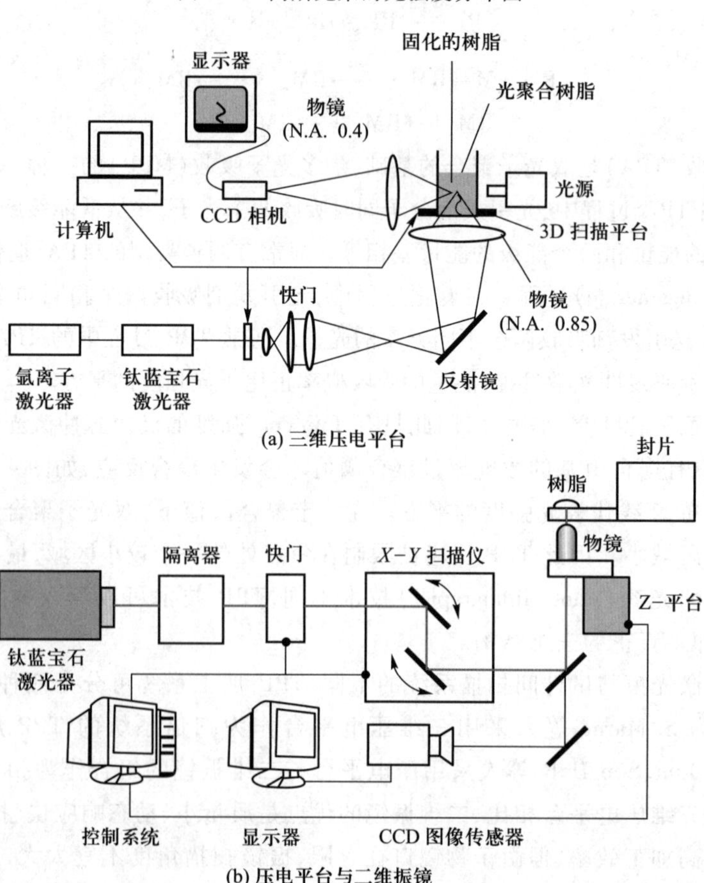

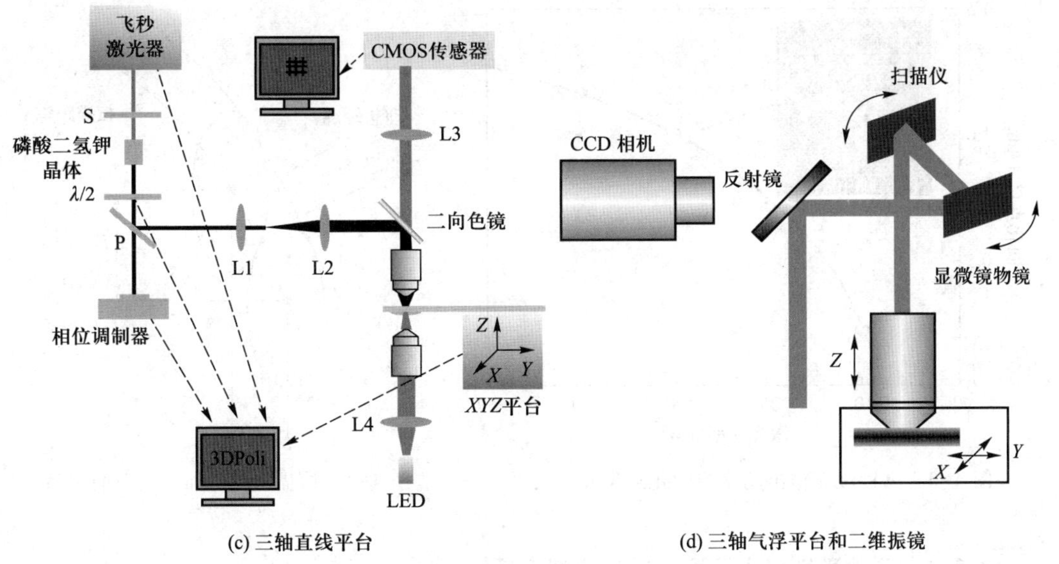

(c) 三轴直线平台　　(d) 三轴气浮平台和二维振镜

图 4-2　采用不同扫描方案的 TPP 加工系统

4.1.2　飞秒激光双光子聚合成形材料

飞秒激光双光子聚合成形材料主要有以下几种:有机/无机混合聚合物;环氧树脂;SCR 系列树脂——丙烯酸酯、氨基甲酸乙酯的单体及低聚体;聚甲基丙烯酸甲酯、有机玻璃、陶瓷/有机聚合物覆膜材料等。

飞秒激光双光子聚合所用材料一般由聚合物单体、交联剂、光敏剂和光引发剂按一定比例构成。在光敏剂和光引发剂作用下,聚合物单体和交联剂吸收光子产生自由基,进而发生交联聚合固化成形。

4.1.3　飞秒激光双光子聚合成形工艺

实验材料选用液态聚合物,其成分由聚甲基丙烯酸甲酯、交联剂、光引发剂和光敏剂四种成分按照 49∶49∶1∶1 的比例构成。飞秒激光双光子聚合的加工机理如下:飞秒激光通过物镜聚焦到液态聚合物内部,在焦点附近的液态聚合物同时吸收两个光子发生光致聚合反应,形成椭球形的固化点,随着工作台的移动,固化点累积成形,由点成线,由线成面,由面成体,从而实现三维微纳器件的制造成形。试验表明,在其他参数不变时,激光输出功率越大,单个固化点的尺寸越大,加工分辨率越低。飞秒激光输出功率与固化点尺寸的关系如图 4-3 所示。

扫描步距是影响加工效率和表面粗糙度的重要参数,扫描步距分为水平扫描步距(用 S_h 表示)和垂直扫描步距(用 S_v 表示)。如图 4-4 所示,在其他参数不变时,扫描步距越大,加工效率越高,但制件的表面粗糙度数值越大。

飞秒激光双光子聚合加工试验结果表明:扫描步距越小,所加工工件的表面粗糙度数值越大,反之,则表面粗糙度数值越小。扫描步距与加工效率近似成正比;当扫描步距比单个固化点直径小得多时,飞秒激光的稳定性、材料的性能 、固化点重叠导致的膨胀和变形等因素对加工精度和表面粗糙度产生不可忽视的影响。

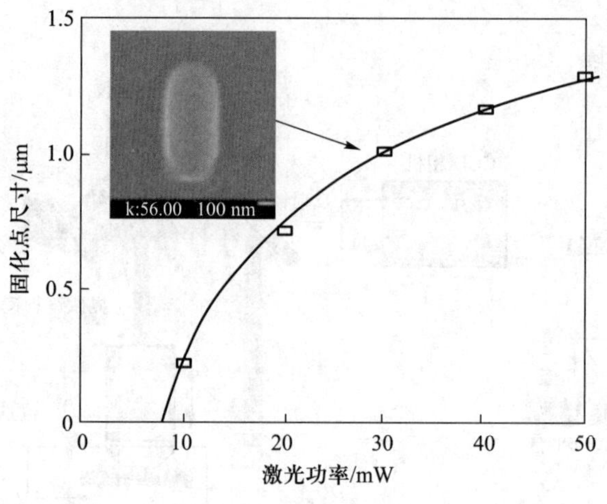

图 4-3 飞秒激光输出功率与固化点尺寸的关系

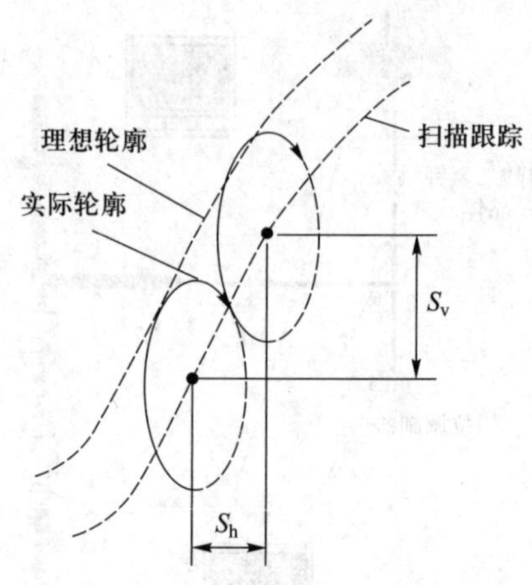

图 4-4 扫描步距与加工质量的关系

4.1.4 飞秒激光双光子聚合成形典型应用

与其他微纳加工方法相比,TPP 技术可以加工多种工程材料(如聚合物、陶瓷、金属、杂化材料等)任意复杂三维结构制件,且分辨率可达 100 nm 以下,可以直接加工而不需要光掩模。因此,TPP 技术被广泛应用于微光学器件、超材料(如光子晶体)、微机械和微流体器件、生物医学等领域。利用 TPP 技术加工的微纳结构如图 4-5 所示。

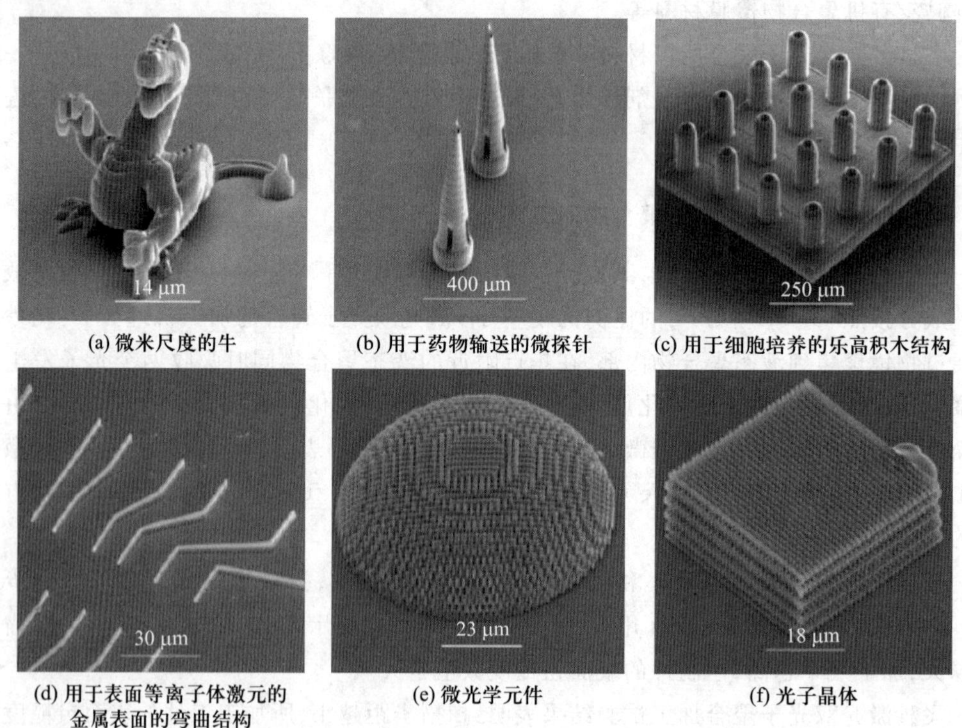

(a) 微米尺度的牛　(b) 用于药物输送的微探针　(c) 用于细胞培养的乐高积木结构

(d) 用于表面等离子体激元的金属表面的弯曲结构　(e) 微光学元件　(f) 光子晶体

图 4-5 利用 TPP 技术加工的微纳结构

4.1.4.1 集成微光子器件

由于常用的光聚合材料在可见波段基本呈透明状态，而 TPP 技术具有分辨率高、加工结构表面粗糙度低、可实现复杂三维结构成形等优点，因此可以实现诸如微光学元件、光子晶体、超材料等微光学器件的高质量制备。飞秒激光可以在光聚合材料内部灵活直写出各种平面、三维微光学器件。微光学器件目前已经广泛应用在光学成像、聚焦、光通信等领域。

4.1.4.2 光子晶体

光子晶体是一种具有光子带隙的周期性结构。利用飞秒激光的真三维加工能力，可以在透明聚合材料内部灵活高效地制备出各种三维非线性光子晶体，并实现各种功能。

4.1.4.3 超材料

超材料是一种具有独特性质的人造材料，可以利用光或电磁波改变其固有性质，目前超材料已经广泛应用于各种领域。配合其他后续工艺处理，TPP 技术同样可以制备具有特殊性能的复杂三维超材料结构。

4.2 分层实体制造

4.2.1 分层实体制造成形原理

分层实体制造技术(laminated object Manufacturing,LOM)，又称为薄层材料选择性切割技术，是目前应用较为成熟的增材制造技术之一。1984 年 Michael Feygin 提出了分层实体制造的方法，并于 1985 年组建 Helisys 公司。该方法和设备自问世以来，得到迅速发展，目前世界上已有 100 多套该类设备投入使用。除了制造模具、模型外，该方法还可以直接制造结构件或功能件，具有较广的应用前景。

LOM 成形技术的工艺原理如图 4-6 所示：进料机构带动成形材料在切割台面上沿进料方向移动预定的距离，同时工作台升高至切割位置，热压辊对工作台上方的成形材料及涂覆于材料表面的热熔胶进行热碾压，从而固化胶黏剂；激光切割器依据分层截面轮廓线对成形材料进行切割，并在余料上切割出长方形网格，工作台连同被切割出的轮廓层下降一层高度，进料电机再次驱动进料辊，带动新的一层材料铺装在已成形的截面轮廓上，重复上述动作，直到最后一层截面轮廓黏合切割完毕，工件便完成了由二维加工到三维成形的制作过程。

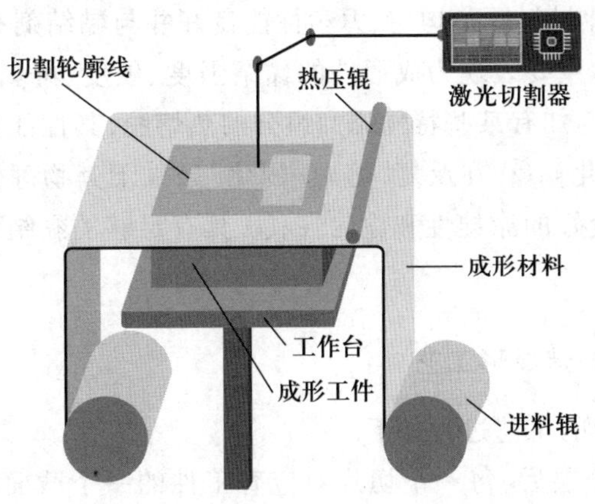

图 4-6 LOM 成形技术的工艺原理图

LOM 成形技术具有成形厚壁零件速度较快、易于制造大型零件和制造精度较高等优点。相比其他快速成形技术,LOM 成形过程中只需要激光束完成工件截面轮廓曲线的切割,不需要对整个截面进行扫描或烧结等加工;同时 LOM 成形技术采用的成形材料价格低廉,降低了制作成本。但是 LOM 成形技术同样存在缺点。首先成形所用的材料(如纸张、塑料薄层片材)自身强度较低,致使成形后工件的强度得不到保证;其次成形材料的利用率低,大部分废料被切割成网格状,在后处理时被剥离出去,造成材料的浪费;最后,工件成形后的废料剔除较为烦琐。

4.2.2 分层实体制造成形材料

LOM 成形材料一般由薄片材料和黏结剂两部分组成。薄片材料根据对原型性能要求的不同可分为:纸片材、金属片材、陶瓷片材、塑料薄膜和复合材料片材。用于 LOM 纸基的热熔性黏结剂按基体树脂类型分,主要有乙烯-醋酸乙烯酯共聚物型热熔胶、聚酯类热熔胶、尼龙类热熔胶或其混合物。

目前 LOM 基体薄片材料主要是纸材。这种纸由纸质基底和涂覆的黏结剂、改性添加剂组成 。纸材成本低,基底在成形过程中始终为固态,没有状态变化,因此翘曲变形小,最适合中、大型零件的成形。在 KINERGY 公司生产的纸材中,采用了熔化温度较高的黏结剂和特殊的改性添加剂,所以,用这种材料成形的制件坚如硬木(制件水平面上的硬度为 18HR,垂直面上的硬度为 100HR),表面光滑,有的材料能在 200 ℃下工作,制件的最小壁厚可达 0.3~0.5 mm,成形过程中只有很小的翘曲变形,即使间断进行成形也不会出现不黏结的裂缝,成形后工件与废料易分离,经表面涂覆处理后不吸水,有良好的稳定性。

作为纸基黏结剂的热熔胶是一种可塑性的黏结剂,在一定温度范围内其物理状态随温度而改变,而化学特性不变。困扰分层实体制造的一个重要问题是翘曲问题,而黏结剂的选择往往对零件的翘曲有着重要影响。

目前国外 3D 打印的材料已有 100 多种,而国产材料仅几十种,许多材料还依赖进口,价格相对高昂。国内对于金属分层实体制造材料和工艺的研究较少,可以搜集的资料不多,而纸材、塑料的分层实体制造技术大多在模具成形和模型制造方面应用,陶瓷基的 3D 打印主要应用于工艺品的制备,距离将分层实体制造应用于工程结构件的生产尚存一定差距。

LOM 要求基体薄片材料厚薄均匀、力学性能良好并与黏结剂有较好的涂挂性和黏结能力。材料品质的优劣主要表现为成形件的黏结强度、硬度、可剥离性、防潮性能等。用于 LOM 的黏结剂通常为加有某些特殊添加组分的热熔胶,其性能要求是:① 具有良好的热熔冷固性能(室温固化);② 在反复“熔融-固化”条件下其物理化学性能稳定;③ 熔融状态下与薄片材料有较好的涂挂性和涂匀性;④ 具有足够的黏结强度;⑤ 具有良好的废料分离性能。

4.2.3 分层实体制造成形工艺

分层实体制造成形的工艺过程如下。

切片软件对模型分层后,每一个切片对应着工件的一个截面轮廓,根据提取的二维轮廓信息,开始进行工件的成形加工。控制系统根据计算机提供的二维轮廓信息驱动进给电机,带动激光器对工作台上方的单板进行切割,逐一切割出每一个分层所对应的截面轮廓线,并在无轮廓区将单板切割成小方网格。通过激光器在单板上加工出工件某一分层截面的内外轮廓曲线,并将废料区加工成网格状,以便成形后将废料与工件进行剥离。

工件的二维轮廓加工完毕后,传动辊带动单板向前移动,将加工完成的截面轮廓运送到下一工位,并将新的原材料运送至激光切割区域,进行下一截面的轮廓加工;涂胶装置对每一层轮廓底面涂覆黏结剂,热压机构对每层轮廓进行热压处理,每热压一层轮廓,升降台下降一层轮廓的高度;待热熔胶固化以后,取下定位销,将废料剥离,便可将工件取出。从工作台上取下成形工件,首先用小锤敲打,使大部分块状废料与成形工件分离,再用小刀从成形工件上剔除残余的小块废料,得到三维原型制品。

分层实体成形后的工件通常需要进行后处理,后处理包括对工件进行打磨、抛光以及表面强化处理等,从而提高工件的表面精度以及工件的强度、刚度等性能。

4.2.4 分层实体制造成形典型应用

增材制造技术仅有三十几年的发展历史,早期的研究主要集中于开发快速原型的构造方法及其商品化设备。随着增材制造设备的日趋完善和市场需求的日渐强烈,近期LOM 技术研究的热点便转向开发快速原型的应用领域、完善制作工艺、提高原型制作质量。分层实体制造技术的应用领域主要有以下几个方面。

4.2.4.1 产品概念设计可视化和造型设计评估

产品的开发与创新是决定企业生存的重要环节,过去所用的产品开发模式是产品开发→生产→市场开拓三者逐一开展,这种模式的主要问题是将设计缺陷直接带入生产,并最终影响产品的市场推广及销售,而分层实体制造技术可以解决这一问题。通过该技术可将产品概念设计转化为实体,为设计开发提供了直观参考模型。大体说来,分层实体制造技术可以发挥以下作用:① 为产品外形的调整和检验产品各项性能指标提供依据; ② 检验产品结构的合理性,提高新产品开发的可靠性; ③ 用样品面对市场,调整开发思路,保证产品适销对路,使产品开发和市场开发同步进行,缩短新产品投放市场的时间。

4.2.4.2 熔模铸造型芯

LOM 实体在精密铸造中用作可废弃的模型,即作为熔模铸造的型芯。由于燃烧时LOM 实体不膨胀,也不会破坏壳体,所以在传统的壳体铸造中可以采用此种技术。

4.2.4.3 砂型铸造木模

传统砂型铸造中的木模主要由木工手工制作,其精度不高,无法制作形状复杂的薄壁件,LOM 成形技术则可以制作任何复杂形状的实体,而且可以满足高精度要求。

4.2.4.4 快速制模的母模

LOM 成形技术可以为快速翻制模具提供母模原型。目前已开发出多种快速模具制造工艺方法。按模具材料和生产成本可分为软质模具(或简易模具)和钢质模具两大类,其中软质模具主要用于小批量零件生产或者用于产品的试生产。此类模具一般先用LOM 等技术制作零件原型,然后根据原型翻制成硅橡胶模、金属树脂模和石膏模等,然后再利用软质模具制作产品。

思考题

1. 请简述 TPP 成形技术的原理,并说明其与光固化成形技术的差别。
2. TPP 采用的材料包含哪几部分?
3. 简述 TPP 成形工艺主要参数,并分析其对成形质量的影响。
4. 简述 LOM 成形技术的原理及其优缺点。
5. 简述 LOM 成形材料的特点及其要求。

参考文献

[1] PINER R D,ZHU J,XU F,et al. “Dip-pen” nanolithography[J]. Science,1999,283(5402):661-3.

[2] PACHOLSKI C,KORNOWSKI A,WELLER H. Self - assembly of ZnO:from nanodots to nanorods[J]. Angewandte Chemie International Edition,2002,41(7):1188-91.

[3] LIM T W,PARK S H,YANG D Y. Contour offset algorithm for precise patterning in two-photon polymerization[J]. Microelectronic Engineering,2005,77(3-4):382-8.

[4] LEE K S,KIM R H,YANG D Y,et al. Advances in 3D nano/microfabrication using two-photon initiated polymerization[J]. Progress in Polymer Science,2008,33(6):631-81.

[5] WU S,SERBIN J,GU M. Two-photon polymerisation for three-dimensional micro-fabrication[J]. Journal of Photochemistry and Photobiology A:Chemistry,2006,181(1):1-11.

[6] MARUO S,NAKAMURA O,KAWATA S. Three-dimensional microfabrication with two-photon-absorbed photopolymerization[J]. Opt Lett,1997,22(2):132-4.

[7] SUN H B,KAWATA S. Two-photon laser precision microfabrication and its applications to micro-nano devices and systems[J]. J Lightwave Technol,2003,21(3):624-33.

[8] PASSINGER S,KIYAN R,OVSIANIKOV A,et al. 3D nanomanufacturing with femtosecond lasers and applications-art. no. 659104[M]//BRIONES F. Nanotechnology Ⅲ. Bellingham,Spie-Int Soc Optical Engineering,2007.

[9] OSTENDORF A,CHICHKOV B N. Two-photon polymerization:a new approach to micromachining[J]. Photonics spectra,2006,40(10):72.

[10] KAWATA S,SUN H B,TANAKA T,et al. Finer features for functional microdevices[J]. Nature,2001,412(6848):697-8.

[11] KATSTA W E,et al. Oral dosage forms fabricated by three dimensional printing[J]. J. ControlledRelease,2000,66(1):1-9.

[12] LAM C,MO X,et al. Scaffold development using 3D printing with astarch-based polymer[J]. Matereials Science and Engineering,2002,(C20):49-56.

第二篇　3D 打印金属材料

第 5 章　激光选区熔化成形金属材料

直接制造金属零件是 3D 打印技术由“快速原型”向“快速制造”转变的重要标志之一。2002 年,德国成功研制了激光选区熔化(selective laser melting,SLM)装备,可成形致密的复杂结构金属零件,其性能接近同质锻件水平。SLM 成形技术是在 SLS 技术的基础上发展起来的,它利用高能激光束将金属粉体熔化并迅速冷却凝固,该过程利用激光与粉体之间的相互作用,包括能量传递和物态变化等一系列物理化学过程。

5.1　激光选区熔化成形原理及工艺

5.1.1　激光能量传递及金属粉体对激光的吸收

SLM 成形过程是将光能转变为热能并引起粉体物态转变的过程,根据激光能量的大小及其作用于粉体的时间,金属粉体吸收不同的激光能量,并发生相应的物态变化。当激光能量较低时,金属粉体吸收的能量较少,仅引起粉体表面温度的升高而发生软化变形,粉体仍表现为固态。当激光能量过高时,金属熔体会发生汽化,还会引起零部件的球化、热应力和翘曲变形等缺陷。在合适的激光能量下,作用在金属粉体的激光能量瞬间消失时,金属熔体会快速冷却,凝固形成晶粒细小的固态。

除了激光能量,金属粉体对激光的吸收率也会直接影响 SLM 成形零件的性能。激光与金属的相互作用既有复杂的微观量子过程,也有宏观现象,如激光的反射、吸收、折射、衍射、偏振、光电效应、气体击穿等。激光与金属相互作用时,两者的能量转换遵守能量守恒定律。设 E_0 表示入射到金属表面的激光能量,$E_{反射}$ 表示被金属表面反射的激光能量,$E_{吸收}$ 表示被金属表面吸收的激光能量,$E_{透射}$ 表示透过金属的激光能量,则有

$$E_0 = E_{反射} + E_{吸收} + E_{透射} \tag{5-1}$$

$$1 = \frac{E_{吸收}}{E_0} + \frac{E_{反射}}{E_0} + \frac{E_{透射}}{E_0} \tag{5-2}$$

由于金属粉体一般为非透明材料,可认为 $E_{透}$ 为 0,即在 SLM 成形过程中,激光能量作用于金属粉体时,只存在吸收和反射两种情况。金属对激光的吸收取决于金属材料种类、激光波长。由式(5-2)可知,当金属粉体的激光吸收率较低时,激光能量大部分被反射,无法实现金属粉体的熔化。当金属粉体的激光吸收率较高时,激光能量大部分被吸收,比较容易实现金属粉体的熔化,激光能量的利用率较高。

单质粉末对不同激光波长的吸收率如表 5-1 所示,其测试条件为:激光功率密度为 $1 \sim 10^4\ W/cm^2$;高纯氩气氛。表 5-1 表明,粉末对不同波长激光吸收机理不同,导致其吸收率不同。通常,同一材料对激光的吸收机理非常复杂,其机理也会因激光光谱区的变化而变化。

表 5-1 单质粉末对不同激光波长(λ)的吸收率

粉末	λ = 1 064 nm	λ = 10 640 nm
Cu	0.59	0.26
Fe	0.64	0.45
Sn	0.66	0.23
Ti	0.77	0.59
Pb	0.79	
Co 合金(1% C; 28% Cr; 4% W)	0.58	0.25
Cu 合金(10% Al)	0.63	0.32
Ni 合金 I(13% Cr; 3% B; 4% Si; 0.6% C)	0.64	0.42
Ni 合金 II(15% Cr; 3.1% Si; 0.8% C)	0.72	0.51

综上所述,金属粉体的激光吸收率对 SLM 成形过程中的激光利用率及材料成形性能有重要影响,通过各种途径提高金属粉体的激光吸收率也是推动 SLM 成形工艺发展的重要方法。

5.1.2 熔池动力学及稳定性

激光束作为加热并熔化金属粉末材料的热源,当其作用到粉末表面时,被作用的粉末经历了加热(温度升高)和发生变化的过程。在激光束与金属材料作用的过程中,激光束向金属表面层的热传递是通过逆韧致辐射效应实现的,高功率密度的激光束(10^5~10^7 W/cm^2)在很短的时间(10^{-4}~10^{-2} s)内与材料发生交互作用。这样高的能量足以使材料表面局部区域很快被加热到上千摄氏度,使之熔化甚至汽化,随后借助尚处于冷态的基材的换热作用,使很薄的表面熔化层在激光束离开之后快速凝固,冷却速度可达 10^5~10^9 K/s。

在 SLM 成形过程中,高能激光束连续不断地熔化金属粉末,形成连续的熔池,熔池内的流体动力学状态及传热传质状态是影响 SLM 成形过程稳定性和零件质量的主要因素。在 SLM 成形过程中,由于光纤激光的高斯分布特性,光束中心处光强度最大,材料吸收激光能量后熔化,在熔池表面沿径向方向存在温度梯度,即熔池中心温度高于边缘区域温度。由于熔池表面的温度分布不均匀,带来了表面张力的不均匀分布,从而在熔池表面存在表面张力梯度。而表面张力梯度是熔池中流体流动的主要驱动力之一,它使流体从表面张力低的部位流向表面张力高的部位。对于 SLM 成形工艺形成的熔池,熔池中心部位温度高,表面张力小;而熔池边缘温度低,表面张力大。因此,在表面张力梯度作用下,熔池内液态金属沿径向从中心向边缘流动,在熔池中心处由下向上流动。同时剪切力促使边缘处的材料沿着固液线流动,在熔池的底部中心熔流相遇然后上升到表面,这样在熔池中形成了两个独特的熔流漩涡,这个过程称为 Marangoni 对流。在这个过程中,向外流动的熔流造成了熔池的变形,从而导致熔池表面呈现出鱼鳞状的特征,如图 5-1 所示。

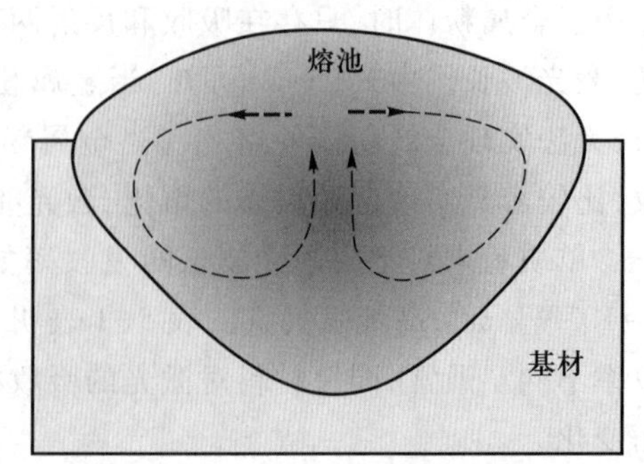

图 5-1 熔池内部熔体流动示意图

SLM 成形过程是由线到面、由面到体的增材制造过程。在高能激光束作用下形成的金属熔体能否稳定连续存在,直接决定了最终零件的质量。由不稳定收缩理论(pinch instability theory,PIT)可知,液态金属体积越小,其稳定性越好;同时,球体比圆柱体具有更低的自由能。液态金属的体积主要由激光光斑的尺寸和能量决定,故需要控制好光斑的尺寸才能保证熔池的稳定性。尺寸大的光斑更易形成尺寸大的熔池,熔池的不稳定程度就会增加。同时,光斑太大会显著降低激光功率密度,由此易产生黏粉、孔洞、结合强度下降等一系列缺陷。光斑的尺寸太小,激光照射的金属粉末就会吸收太多的能量而汽化,显著增加等离子流对熔池的反冲作用。

因球体比圆柱体具有更低的自由能,所以液柱状的熔池有不断收缩、形成小液滴的趋势,引起表面发生波动,当符合一定条件时,液柱上两点的压力差会促使液柱转变为球体。这就要求激光功率和激光扫描速率具有合适的匹配性。在 SLM 成形过程中,随着激光功率的增大,熔池中的金属液增多,熔池形成的液柱稳定性减弱。一方面,激光功率越大,所形成的熔池面积越大,就会有更多的粉末进入熔池,从而导致熔池的不稳定性增加;另一方面,当激光功率太大时,会使熔池深度增大,当液态金属的表面张力无法与其重力平衡时将沿着两侧向下流动,直至熔池变宽变浅,使二者重新达到平衡状态。

5.1.3 激光选区熔化成形材料的特点

SLM 成形工艺的特征是金属材料的完全熔化和凝固,金属粉末材料特性对 SLM 成形零件的质量影响较大,因此 SLM 工艺对粉末材料的堆积特性、粒径分布、颗粒形状、流动性、氧含量及对激光的吸收率等均有较严格的要求。

5.1.3.1 粉末堆积特性

粉末装入容器时颗粒群的空隙率因为粉末的装法不同而不同:未摇实的粉末密度为松装密度,经振动摇实后的粉末密度为振实密度。由于铺粉辊在垂直方向上对粉末床体的振动和轻压作用,所以 SLM 工艺的铺粉采用振实密度较为合理。粉末预铺设的初始密度越高,SLM 成形零件的致密度越高。

粉末床层(床层)颗粒之间的空隙体积与整个床层体积之比称为空隙率(或称为空隙度),用 ρ_b 表示,即

$$\rho_b=\frac{\text{床层体积}-\text{颗粒体积}}{\text{床层体积}} \tag{5-3}$$

空隙率的大小与粉末颗粒形状、表面粗糙度、粒径及粒径分布、颗粒直径与床层直径的比值、床层的填充方式等因素有关。一般说来空隙率随着颗粒球形度的增加而降低;颗粒表面越光滑,床层的空隙率越小;粉末粒径大小级配(不同级别粒径的搭配)合理则空隙率也越小。

制粉方法对粉末的颗粒形状、表面粗糙度、粒径及粒径分布及含氧量产生显著影响。SLM 成形常用的水雾化和气雾化制粉法将熔融金属雾化成细小液滴,在冷却介质中凝固成粉末。就粉末形状而言,水雾化粉末为条形,气雾化粉末接近球形,所以气雾化法制备的粉末球形度远高于水雾化法。就表面粗糙度而言,水雾化粉末表面粗糙度值高于气雾化粉末。旋转电极法是以金属或合金制成自耗电极,其端面受电弧加热而熔融为液体,通过电极高速旋转的离心力将液滴抛出并粉碎为细小液滴,继而冷凝为粉末的制粉方法。

与气雾化制粉法相比,旋转电极法制备的粉末非常接近球形,表面更光洁,空隙率更低,如图 5-2 所示。

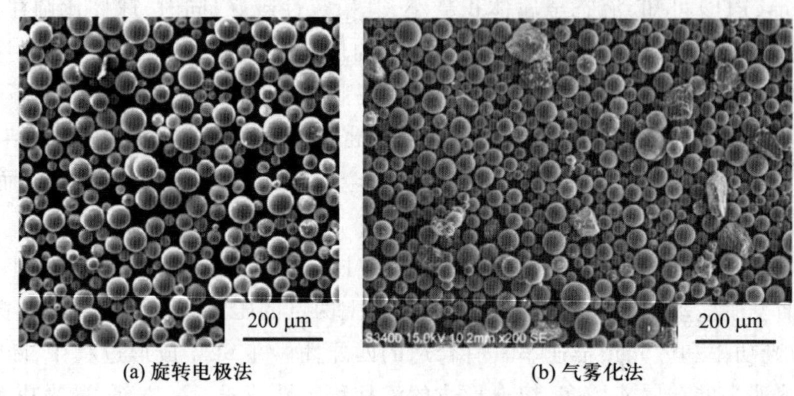

(a) 旋转电极法 (b) 气雾化法

图 5-2 不同方法制备的 Ti6Al4V 粉末形貌

5.1.3.2 粒径分布

粒径是金属粉末的基本特性之一,是表示粉末颗粒尺寸大小的参数。粒径的表示方法因粉末颗粒的形状、大小和组成而不同,粒度值通常用颗粒的平均粒径表示。对于颗粒群,除了平均粒径指标外,不同粒径的颗粒所占分量,即粒径分布也是表示粒径大小的重要指标。理论上可搭配使用多种粒径级别的粉末,使颗粒群的空隙率接近零,但实际上很难做到。由多种粒径级别的粉末颗粒填充成的床层,小颗粒可以嵌入大颗粒间的空隙中,因此床层空隙率比单一粒径颗粒填充的床层小。因此,可以通过筛分方法分出不同粒径的粉末,再将不同粒径粉末合理级配形成高致密度粉床。

SLM 工艺适合采用二组分体系级配达到高的铺粉致密度。例如,通过旋转电极法制备的 Ti6Al4V 粉末能保持 65%理论密度的稳定振实密度,通过气雾化法制备的 Ti6Al4V 粉末的振实密度约为 62%。将两种粉进行级配实验,可达到高于 65%的振实密度,有利于制造完全致密的复杂形状零件。

5.1.3.3 粉末的流动性

粉末的流动性是金属粉末又一基本特性。粉末流动时的阻力是由粉末颗粒直接或间接接触而妨碍其他颗粒自由运动引起的,主要由颗粒间的摩擦系数决定。粉末流动时的阻力与粉末种类、粒径、粒径分布、形状、松装密度、含水量、含气量及颗粒的流动方法等相关。例如,通过旋转电极法制备的 Ti6Al4V 粉末呈现标准球形,主要粒度分布在 4~10 μm,颗粒之间的摩擦多为滚动摩擦,摩擦系数小,流动性好。而气雾化粉末的流动性稍差。可将两种粉末混合,利用旋转电极法粉末的滚珠效应提高混合粉末的流动性,从而提高粉末床体铺粉密度。

5.1.3.4 粉末的氧含量

粉末的氧含量也是金属粉末的基本特性之一,随着粉末氧含量的增加,零件的相对密度和抗拉强度明显下降。当氧的质量分数超过一定限度时,零件性能急剧恶化。一方面,在成形过程中,金属粉末在激光作用下短时间内吸收高密度的激光能量,温度急剧上升,若有氧存在,则零件极易被氧化;另一方面,粉末表面的氧化物或氧化膜降低了 SLM 过程中液态金属与基板或已凝固部分的润湿性,从而使液相熔池的表面张力增大,加剧球化效应,导致零件出现分层和裂纹,降低其致密度。此外,氧化物的存在还直接影响零件的微观组织和力学性能。因此,一般要求 SLM 成形用的金属粉末氧含量低于 1 000 ppm。

5.1.3.5 粉末的激光吸收率

SLM 过程是激光与金属粉末相互作用,从而使金属粉末熔化与凝固的过程,因此,金属粉末的激光吸收率非常重要。表 5-2 为几种常见金属材料对不同波长激光的吸收率,激光波长越短,金属对其吸收率越高。Ag、Cu 和 Al 等金属粉末对配备了波长为 1 060 nm 的激光器的 SLM 设备的激光吸收率非常低,因此,用 SLM 技术成形上述金属时存在一定困难。

表 5-2 几种常见金属材料对不同波长激光的吸收率 %

	CO_2(10 600 nm)	Nd:YAG(1 060 nm)	准分子(193~351 nm)
Al	2	10	18
Fe	4	35	60
Cu	1	8	70
Mo	4	42	60
Ni	5	25	58
Ag	1	3	77

5.1.4 激光选区熔化成形工艺

SLM 成形工艺流程包括材料准备、工作腔处理、模型制备、零件加工及零件后处理等步骤。

5.1.4.1 材料准备

材料准备包括 SLM 用金属粉末、基板以及工具箱等的准备工作。SLM 用金属粉末需满足球形度高要求,其平均粒径为 20~50 μm(图 5-3),一般采用气雾化法制备粉末;基板需要根据成形粉末种类选择与之成分相近的材料,根据零件的最大截面尺寸选择大小合适的基板,基板的加工和定位尺寸需要与设备的工作平台匹配(图 5-4),并要保持清洁干净;准备一套工具箱用于基板的紧固和设备的密封。

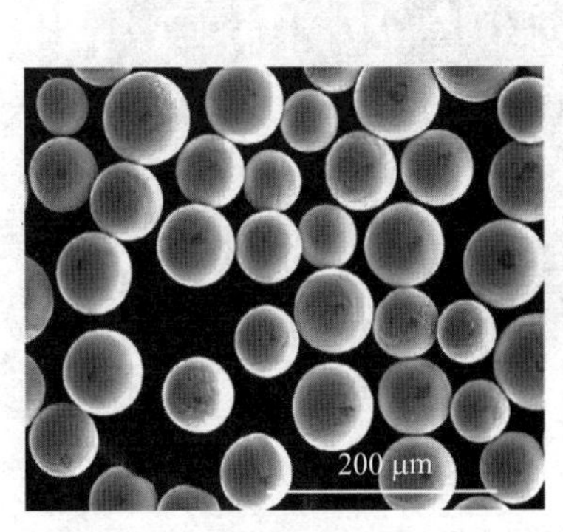

图 5-3 SLM 成形用球形 Ti6Al4V 粉末

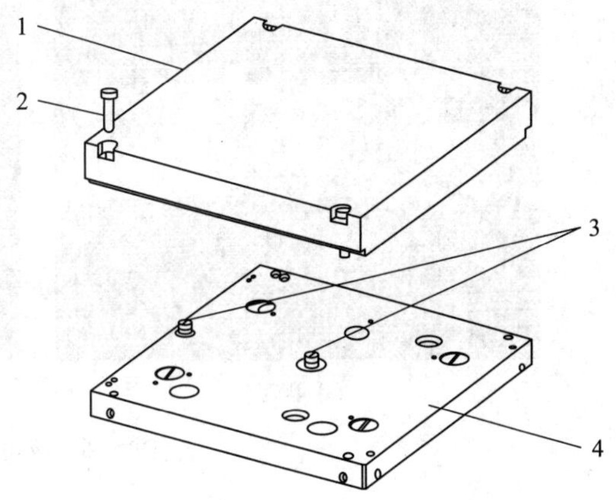

图 5-4 SLM 成形用基板示意图

1—基板;2—紧固螺栓;3—定位销;4—放置基板的载体

5.1.4.2 工作腔处理

铺粉前首先需要将工作腔(成形腔)清理干净,包括缸体、腔壁、LENS 和铺粉辊/刮刀等;然后将需要接触粉末的地方用酒精润湿过的脱脂棉擦拭干净,以保证粉末尽可能不被污染,最后将基板安装在工作缸上表面,并紧固。

5.1.4.3 模型制备

利用 CAD 软件对成形零件进行三维建模,并转换成 STL 文件,传输至 SLM 设备 PC 端,在设备配置的工作软件中导入 STL 文件,进行切片处理,生成每一层的二维信息。SLM 工艺数据传输过程如图 5-5 所示。

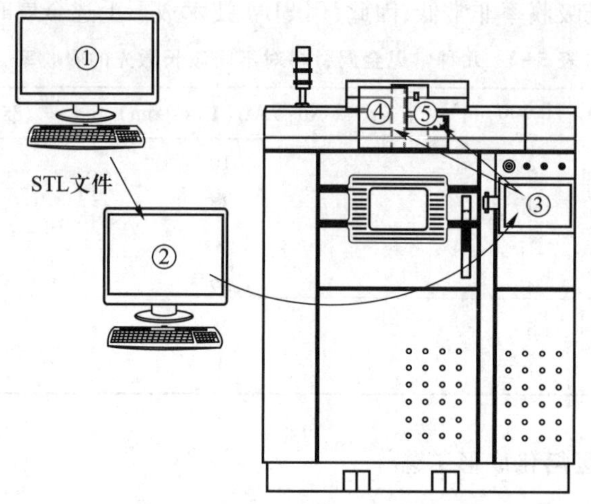

图 5-5 SLM 工艺数据传输示意图

1—准备 CAD 数据;2—生成工作任务;3—传输到设备控制端;4—激光偏转头;5—激光

5.1.4.4 零件加工

数据导入完毕后,将设备腔门密封。抽真空后通入保护气体,设置基板预热温度。将工艺参数输入控制面板,包括激光功率、扫描速率、铺粉层厚、扫描间距及扫描路径等。加工过程涉及的工艺参数如下。

(1) 熔覆道。指激光熔化粉末凝固后形成的熔池,如图 5-6 所示。

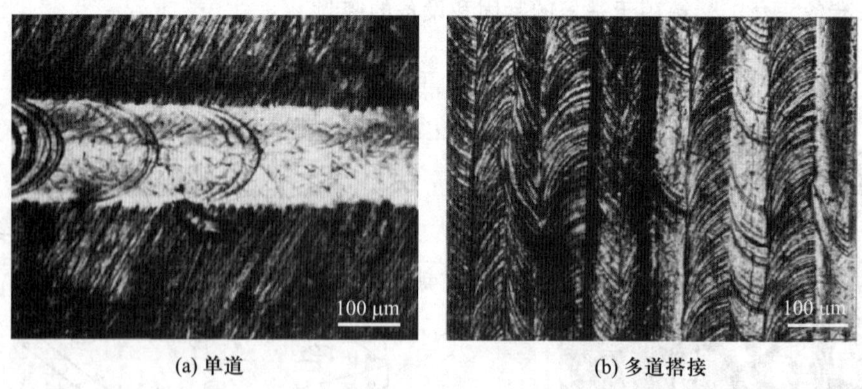

(a) 单道　(b) 多道搭接

图 5-6 熔覆道形貌

(2) 激光功率。指激光器的实际输出功率,输入值不超过激光器的额定功率,单位为 W。

(3) 扫描速率。指激光光斑沿扫描轨迹运动的速度,单位为 mm/s。

(4) 铺粉层厚。指每一次铺粉前工作缸下降的高度,单位为 mm。

(5) 扫描间距。指激光扫描相邻两条熔覆道时光斑移动的距离,如图 5-7 所示,单位为 mm。

图 5-7　扫描间距示意图

(6) 扫描路径。指激光光斑的移动方式。常见的扫描路径有逐行扫描(每一层沿 x 或 y 方向交替扫描)、分行扫描(根据设置的方块尺寸将截面信息分成若干小方块进行扫描)、带状扫描(根据设置的带状尺寸将截面信息分成若干小长方体进行扫描)、分区扫描(将截面信息分成若干大小不等的区域进行扫描)、螺旋扫描(激光扫描轨迹呈螺旋线)等,如图 5-8 所示。

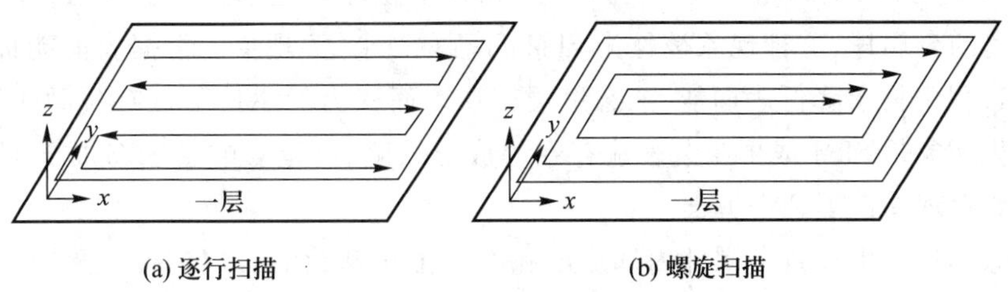

(a) 逐行扫描　　(b) 螺旋扫描

图 5-8　扫描路径示意图

(7) 扫描边框。由于粉末熔化、热量传递与累积导致熔覆道边缘变高,对零件边框进行扫描熔化可以减小边缘高度增加的影响。

(8) 搭接率。指相邻两条熔覆道重合的区域宽度占单条熔覆道宽度的比例,其直接影响垂直于制造方向的 x-y 面上的单层粉末的成形效果,如图 5-9 所示。

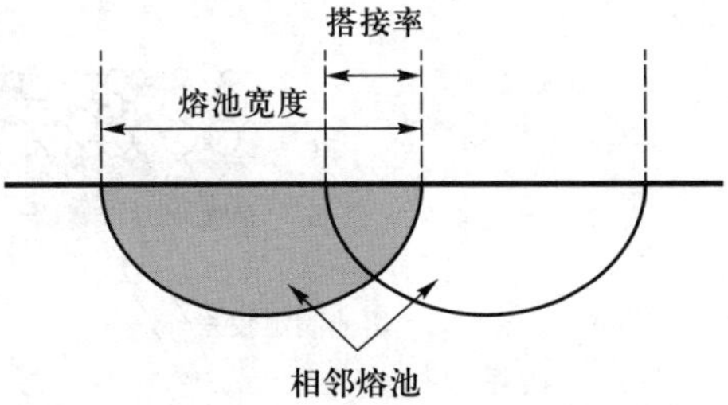

搭接率
熔池宽度
相邻熔池

图 5-9　搭接率示意图

(9) 重复扫描。指对每层已熔化的区域重新扫描一次或多次,可以提高制件层与层之间的冶金结合,提高零件的表面光洁度。

(10) 能量密度。分为线能量密度和体能量密度,是用来表征 SLM 工艺特点的指标。前者指激光功率与扫描速率之比,单位为 J/mm;后者指激光功率与扫描速率、扫描间距和铺粉层厚之比,单位为 J/mm^3。

(11) 支撑结构。支撑结构设置在零件的悬臂结构、大平面、一定角度下的斜面等位置,可以防止零件局部翘曲与变形,保持加工的稳定性,便于加工完成后去除,如图 5-10 所示。

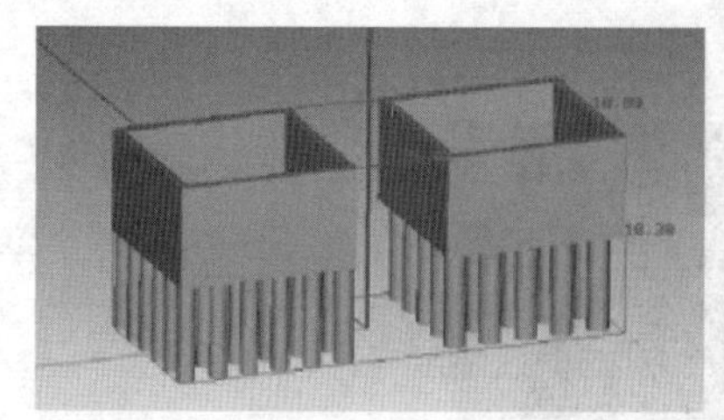
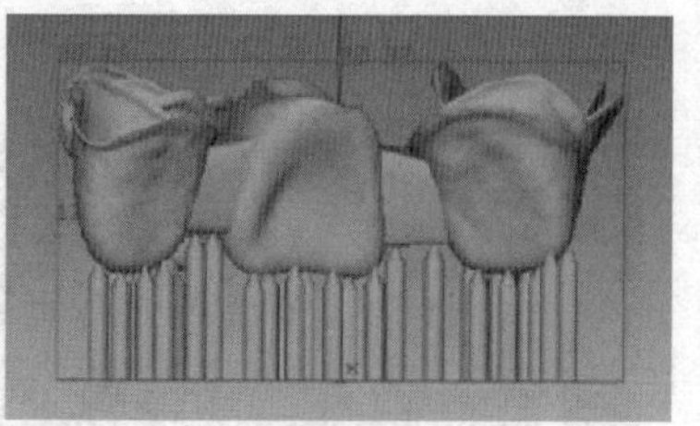
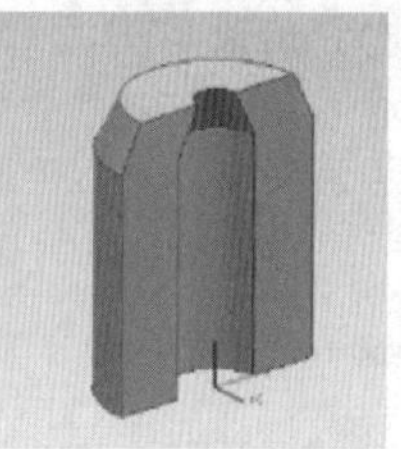

图 5-10 支撑结构示意图

5.1.4.5 零件后处理

零件加工完成后,首先要进行喷砂或高压气处理,以去除表面或内部残留的粉末。有支撑结构的零件还需要进行机加工,去除支撑,最后用乙醇清洗干净。

5.1.5 激光选区熔化成形的冶金特点

SLM 成形工艺是利用高能激光将金属粉末熔化并迅速冷却的过程,而该过程激光的快热快冷导致一系列典型的冶金缺陷产生,如球化、残余应力、裂纹、孔隙及各向异性等,这些缺陷影响零件的组织及性能。

5.1.5.1 球化

在 SLM 过程中,金属粉末经激光熔化后如果不能均匀地铺展于前一层,而是形成大量彼此隔离的金属球,这种现象被称为 SLM 过程的"球化"现象。根据表面能最低原理,SLM 成形过程中为了降低表面能,液态熔覆道在表面张力的驱使下具有凝固收缩成球的趋势。球化现象是 SLM 成形工艺普遍存在的成形缺陷,严重影响了 SLM 成形件的质量,其危害主要表现在以下两个方面。

(1) 球化的产生导致金属件内部形成孔隙。由于球化后金属球彼此隔离,隔离的金属球之间存在大量孔隙,大大降低了成形件的力学性能,并增加了成形件的表面粗糙度,如图 5-11 所示。

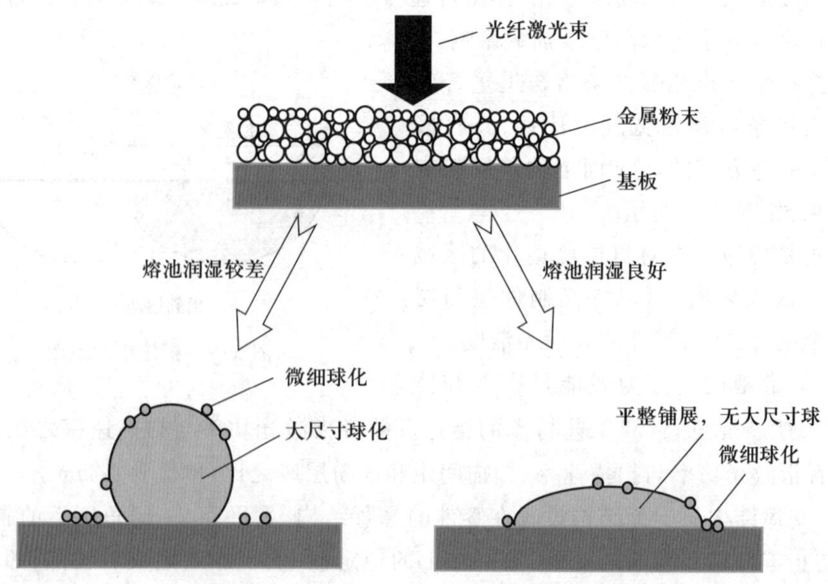

图 5-11 SLM 成形过程中球化现象示意图

(2) 球化的产生使铺粉辊在铺粉过程中与前一层金属材料产生较大的摩擦力。不仅会降低金属成形件的表面质量,严重时还会阻碍铺粉辊使其无法运动,最终导致零件成形失败。

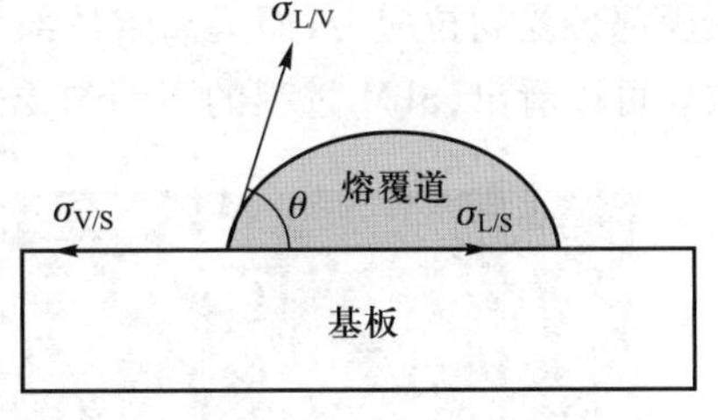

图 5-12 熔池与基板润湿状况示意图

球化现象的产生归结为液态金属与固态表面的润湿问题。图 5-12 为熔池与基板润湿状况示意图。其中,θ 为液气间表面张力 $\sigma_{L/V}$ 与液固间表面张力 $\sigma_{L/S}$ 的夹角。三应力接触点达到平衡状态时的合力为零,即

$$\sigma_{V/S}=\sigma_{L/V}\cos\theta+\sigma_{L/S} \tag{5-4}$$

当 $\theta<90°$时,SLM 形成的熔池可以均匀地铺展在前一层上,不形成球化。反之,当 $\theta>90°$时,SLM 形成的熔池将凝固成金属球后黏附于前一层上,这时,$-1<\cos\theta<0$,由球化时界面张力之间的关系式(5-4)可见,激光熔化金属粉末形成的液态金属润湿后的表面能小于润湿前的表面能,因此从热力学的角度看,SLM 工艺的润湿是自由能降低的过程。产生球化的主要原因是吉布斯自由能的能量最低原理。金属熔池的凝固过程中,在表面张力的作用下,熔池形成球形以降低其表面能。目前,SLM 过程中球化的形成过程、机理与控制方法是工艺研究难点。

5.1.5.2 孔隙

SLM 成形工艺另一个成形缺陷是易形成孔隙,孔隙的存在导致零件的力学性能急剧降低。孔隙形成的主要原因是 SLM 过程的球化,当 SLM 的熔覆道中形成大量分散的金属球时,金属球之间存在大量的孔隙。当进行第二层扫描时,由于金属粉末无法进入前一层金属球之间的孔隙,前一层未填充的间隙就成了 SLM 零件内部的孔隙。孔隙形成的第二个原因是气孔的引入,由于激光熔化金属粉末非常快,一部分吸附在粉末中的气体来不及溢出金属就已经固化,因此在熔池中形成了气孔。

假设粉末颗粒的平均尺寸为 45 μm,颗粒中的孔隙在粉末熔化后自动收缩成球形,由体积相等可求得形成气泡的体积为 10 μm。斯托克斯公式指出,气体上浮速度 v_μ 的表达式为

$$v_\mu=\frac{2r_g^2(\gamma_1-\gamma_g)}{9\eta_1} \tag{5-5}$$

式中:r_g 为气泡的半径;η_1 为液体的黏度;γ_1、γ_g 分别为液体和气体的重度,其数值约为密度的 10 倍。从公式可知,气泡的体积越大,上浮的速度也越快。假设铺粉层厚为 0.02 mm,则计算得出上升所用的时间约为 8×10^{-5} s,而 SLM 冷却凝固所用的时间约为 5×10^{-4} s,因此金属液中的气泡可以逃逸出液体,所以很难在 SLM 零件中观察到宏观气泡。同理,根据凝固时间及铺粉层厚,可以推导出未能溢出的气泡半径小于 3 μm。

5.1.5.3 裂纹

SLM 成形过程中容易产生裂纹,SLM 制件的裂纹如图 5-13 所示。由于熔体具有较高的温度梯度与冷却速度,SLM 熔化凝固的过程在瞬间完成,产生较大的热应力。SLM 热应力是激光热源对金属作用时,各部位的热膨胀与收缩变形趋势不一致造成的。在熔化过程中,由于 SLM 形成的熔池瞬间升至较高的温度,熔池及熔池周边区域有膨胀的趋势,而远离熔池的区域温度较低,没有膨胀的趋势。两部分相互牵制,熔池位置受到压应力,而远离熔池的部位则受到拉应力。相反,在熔体冷却过程中,熔体逐渐收缩,导致熔体

凝固部位受到拉应力,而远离熔体部位则受到压应力。积累的应力最后以裂纹的形式释放。可以看出,SLM 过程的不均匀受热是产生热应力的主要原因。

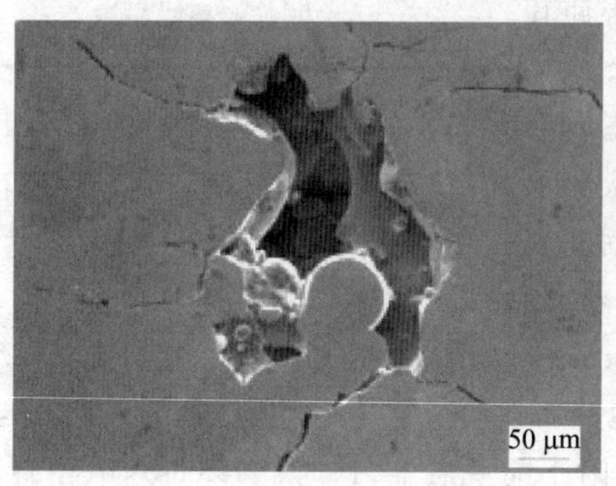

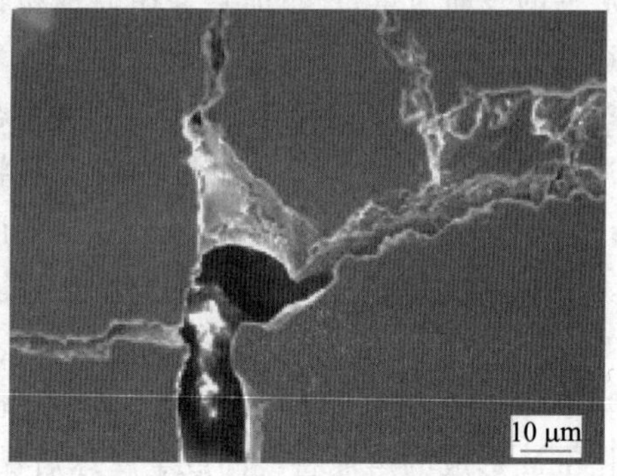

图 5-13　SLM 制件的裂纹

热应力的存在是 SLM 过程产生裂纹的主要因素。当 SLM 成形零件内部应力超过材料的屈服强度时,即产生裂纹以释放热应力。微裂纹的存在降低零件的力学性能,损害零件的质量,限制其应用。目前,消除 SLM 成形零件内部裂纹的方法有热等静压(hot isostatic pressing,HIP)等方法。例如,采用 SLM 成形复杂形状的 Hastelloy X 镍基高温合金后,由于镍基合金具有较高的热膨胀系数,其内部热应力较高,从而形成裂纹。对其进行 HIP 处理之后,内部裂纹闭合,制件的力学性能得到大幅度提高。

5.1.6　典型 SLM 成形材料的微观特征与力学性能

几种常见金属(如铁基、镍基、钛基及其复合材料)的 SLM 成形零件性能与传统零件性能的比较见表 5-3。由表可知,SLM 成形零件的强度和硬度一般大于锻件或铸件,而韧性却较低。

表 5-3　几种常见金属的 SLM 成形零件性能与传统零件性能的比较

材料	抗拉强度/MPa	屈服强度/MPa	延伸率/%	硬度/HV	传统零件的性能
316L	600~800	450~550	10~15	250~350	铸件:抗拉强度 500~550 MPa 延伸率 20%~40%
304	400~500	190~230	8~25	200~250	铸件:抗拉强度 400~500 MPa 延伸率 20%~40%
Ti6Al4V	1 150~1 300	1 050~1 100	10~13	300~400	锻件:抗拉强度 900~1 000 MPa 延伸率 8%~10%
Inconel625	800~1 000	700~800	7~12	300~400	锻件:抗拉强度 900~1 000 MPa 延伸率 40%
AlSi10Mg	400~500	180~250	3~5	120~150	铸件:抗拉强度 300~400 MPa 延伸率 2.5%~3%

SLM 成形零件的微观组织与其他工艺成形零件不同,如图 5-14 所示。因为激光与粉末作用时间非常短,冷却速度可达 10^6 K/s,熔池在凝固过程中较快的冷却速度及较大

的过冷度导致 SLM 成形零件的晶粒非常细小。由 Hall-Petch 关系可知,对于致密金属材料而言,晶粒尺寸越细小,越有利于金属材料力学性能的提高。

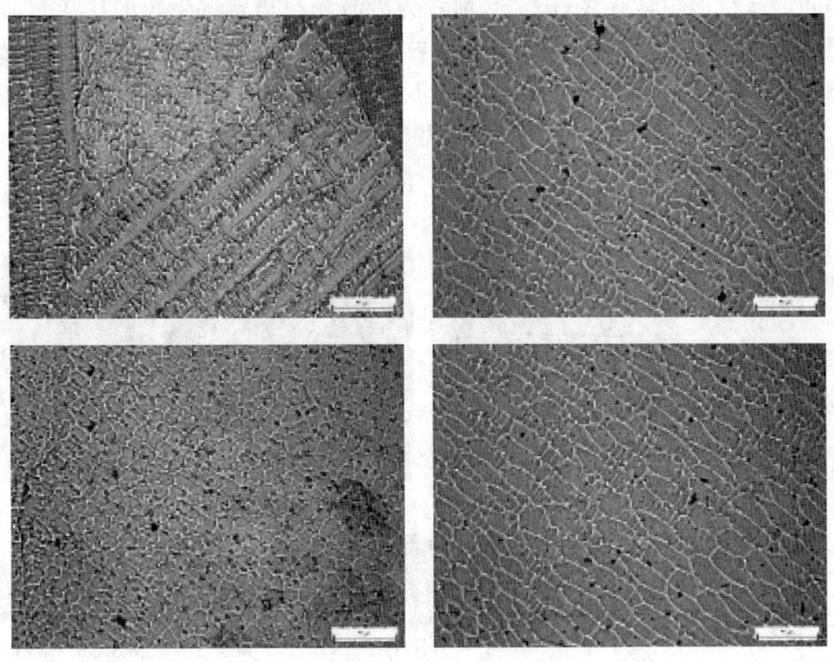

图 5-14　SLM 成形 304 不锈钢的微观组织

5.2　铁基合金材料

铁基合金是工程应用中使用最广泛的金属材料,也是增材制造研究比较深入的合金类型之一,主要涉及不锈钢、工具钢、模具钢、高速钢、超高强度钢等。激光选区熔化成形铁基合金主要广泛应用于模具、汽车零部件及国防等领域。目前,用于激光选区熔化成形的铁基合金材料主要有 316L 不锈钢、H13 工具钢、M2 高速钢、超高强度 TRIP 钢及 TWIP 钢等。SLM 成形的铁合金燃油滤清器底座如图 5-15 所示。

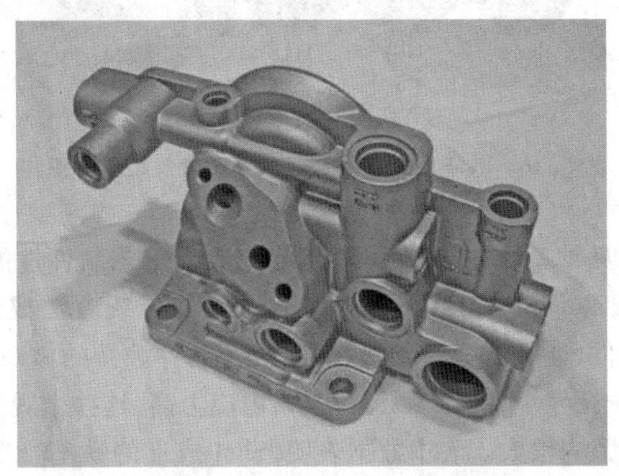

图 5-15　SLM 成形的铁合金燃油滤清器底座

SLM 成形铁基合金的典型微观形貌特征（结构与织构）如图 5-16 所示。从成形面来看，试样的微观组织与扫描策略紧密相关，层间不换向（图 5-16b）与层间 90°换向（图 5-16h）的晶粒形貌具有显著差异，前者为沿激光扫描轨迹生长的柱状晶，其宽度与扫描间距相当，后者呈现出菱形的棋盘状晶粒结构。两种扫描策略下试样的侧面均为沿成形方向生长的柱状晶。在织构方面，层间不换向扫描策略试样呈现出平行于成形方向<001>方向的弱织构（图 5-16e 和 f），而层间 90°换向下的试样呈现出沿成形方向的优先<110>和<111>排列（图 5-16k 和 l）。

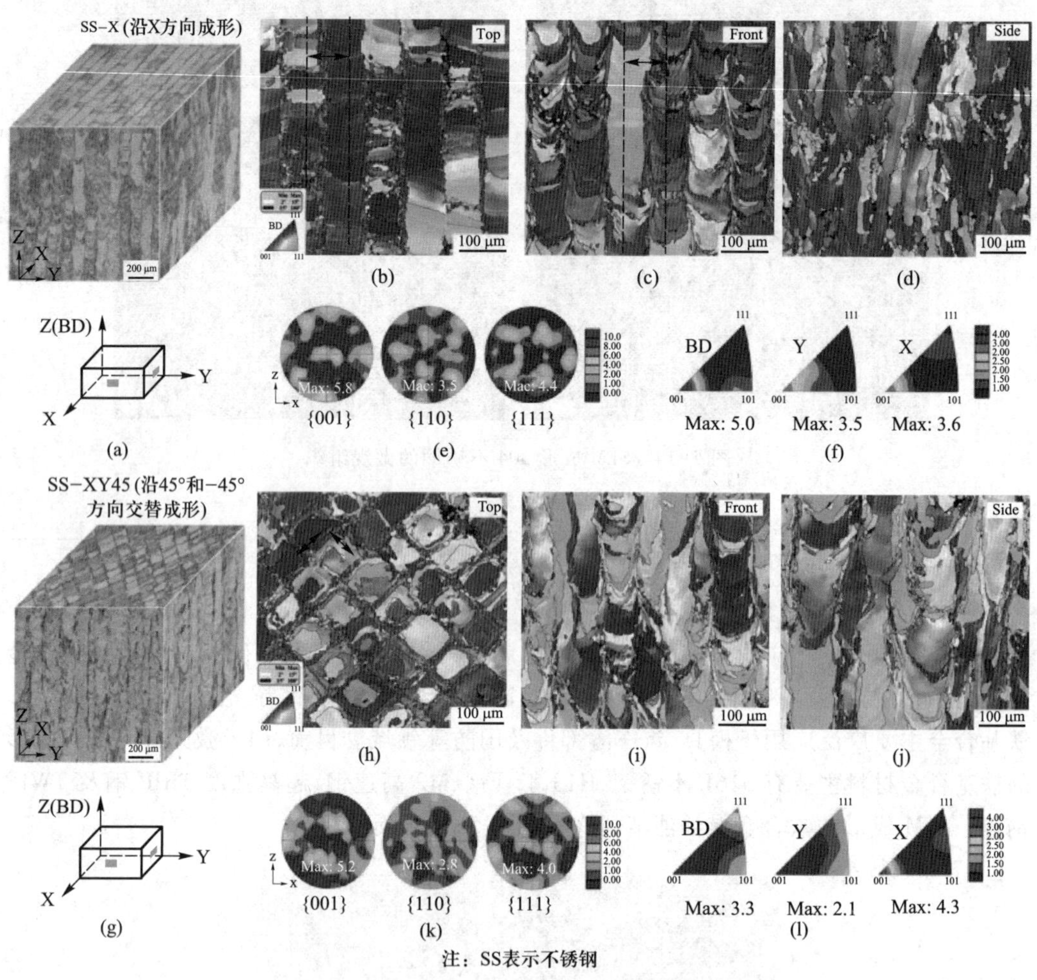

图 5-16　SLM 成形铁基合金的典型微观结构与织构

表 5-4 统计了常见铁基合金 SLM 成形与传统成形工艺制件性能对比数据。从表中可以看出，在显微硬度方面，SLM 成形的各牌号试样与传统方法成形的试样大致相当。SLM 过程中的工艺条件（主要是高冷却速率）造成了制件独特的微观组织，其组织特征为各类析出物细小，晶粒尺寸小，试样无宏观偏析，内应力高，这些微观组织特征对各类牌号铁基合金的力学性能影响很大。表中数据表明，SLM 成形的铁基合金在抗拉强度方面普遍高于传统方法成形的铁基合金。

表 5-4 常见铁基合金 SLM 成形与传统成形工艺制件性能对比数据

材料牌号	硬度/HV		抗拉强度/MPa		延伸率/%	
	SLM	传统工艺	SLM	传统工艺	SLM	传统工艺
AISI316L[2]	230±10	<200	630±10	>480	50	>40
H13[3]	561	568	1 909	1 962	12.4	4.4
HSS-M2	811±58[4]	780	1 620±283[5]	989[6]	5.8	7.1
TRIP[7]	748±31	330[8]	1013±28	972±32	1.9±0.02	1.1±0.1

5.3 钛基合金材料

钛基合金材料具有比强度高,耐蚀性、耐热性以及生物相容性优异的特点,但钛合金的机械加工性能差,加工成本高,采用增材制造技术有利于降低其加工成本,减少原材料的浪费。激光选区熔化成形的钛基合金广泛应用于航空航天、生物医学等领域。钛基合金也是目前激光选区熔化成形研究最为系统和成熟的合金体系,主要牌号包括 TC4(Ti6Al4V)、TiAl 合金等。

图 5-17 为激光选区熔化成形钛基合金试样典型微观形貌特征,激光工艺参数对钛基合金试样的显微组织有显著影响。当能量密度较低时,熔池内由于能量热化,凝固过程中将发生 β 相向 α 相的完全转变;而当能量密度较高时,熔池冷却时的动力学和热特性都有所提高,导致熔池内温度梯度的增加,从而引起最终 SLM 钛基合金零件中针状马氏体 α′相的形成。研究表明,钛合金中的马氏体 α′相可提高合金的强度,但将影响其塑性,而马氏体 α 相可在提高合金强度的同时不影响塑性。因此增加合金中 α/α′的比值可以显著提升其力学性能。

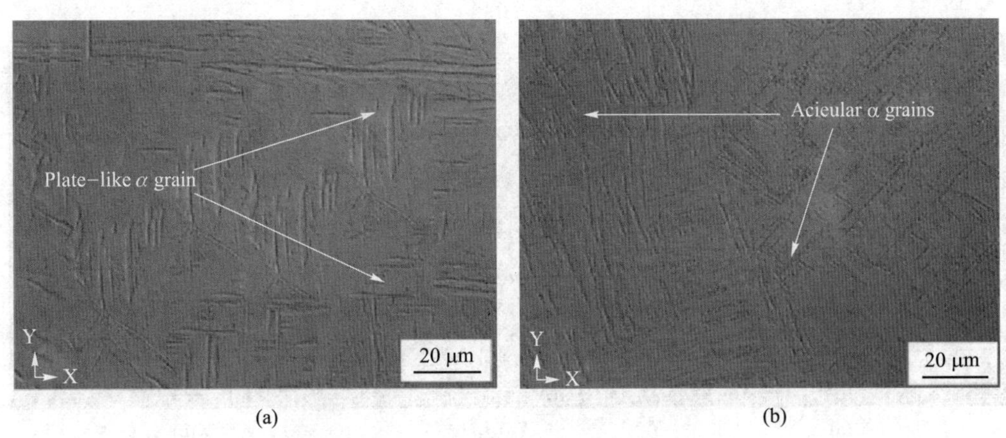

图 5-17 激光选区熔化成形钛基合金试样典型微观形貌特征(板状 α 相及针状 α′相)

表 5-5 统计了几种常见钛基合金的 SLM 成形零件性能与传统方法制造零件性能对比数据,在显微硬度方面,激光选区熔化成形的 Ti6Al4V 及 TiAl 合金零件与传统方法成形的零件差别不大,但在抗拉强度方面,SLM 成形的零件相比于传统方法制造的零件有

显著的提升。在激光选区熔化成形过程中，高的冷却速率使得 β 相易于转化为细小的马氏体 α 相，其在合金中的弥散分布可显著改善成形零件的力学性能。

表 5-5　几种常见钛基合金 SLM 成形零件性能与传统方法制造零件性能对比

材料牌号	硬度/HV		极限抗拉强度/MPa		延伸率/%	
	SLM	传统	SLM	传统	SLM	传统
Ti6Al4V[9]	409	346	1 236	976	8.5	5.1
TiAl[10-11]	368	410	1 390	950	24.5	21.2

5.4　铝基合金材料

铝基合金密度低、比强度高、耐腐蚀性强、成形性好，具有良好的物理特性和力学性能，是工业中应用最为广泛的有色金属结构材料。激光选区熔化成形的轻质结构铝合金广泛应用于对零件轻量化、结构功能一体化需求强烈的交通运输及航空航天等领域。目前，应用于增材制造的铝合金主要为 Al-Si 合金，其中具有良好流动性的 AlSi10Mg 和 AlSi12 得到了较为广泛的研究。

图 5-18 为激光选区熔化成形铝合金试样典型的微观组织形貌，图中显示出快速凝固导致的细胞状共晶形态，细胞状结构的形态纹理均匀、连续。在较高的放大倍率下，可以清晰地观察到亮区的共晶结构（图 5-18a），还可以清晰地观察到具有相对粗糙的微观结构的区域（图 5-18b 中用虚线标记）。这些区域位于熔池的边界，并在低温梯度的作用下凝固，这是由于前一层热影响区的作用。粗糙区域包含了很大一部分铝基体中相对较小的孔隙（图 5-18c 中用箭头标记），这些孔隙可能是在凝固过程中收缩形成的。

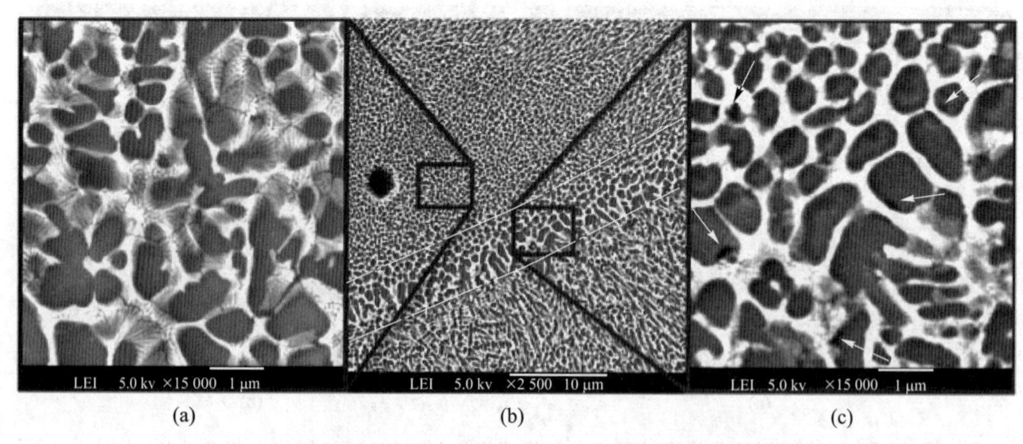

图 5-18　激光选区熔化成形铝合金试样典型的微观组织形貌

表 5-6 统计了几种常见铝基合金的 SLM 成形零件性能与传统零件性能的对比数据，可见，与传统压铸方法制备的铝合金零件相比，无论是在显微硬度还是在拉伸性能方面，SLM 成形的 AlSi10Mg 合金零件与 AlSi12 合金零件均有显著提升。

表 5-6　几种常见铝基合金的 SLM 成形零件性能与传统零件性能对比

材料牌号	硬度/HV		极限抗拉强度/MPa		延伸率/%	
	SLM	传统	SLM	传统	SLM	传统
AlSi10Mg	107±2	67±3	384	316	6±1	4.3
AlSi12	135	111.5	419±10	230	3.9	9

5.5　镍基合金材料

镍基合金具有优异的耐高温性能、良好的抗氧化性，广泛应用于航空发动机及地面燃机的热端部件。由于镍基合金含有大量 Nb、Mo、Ti 等元素，合金饱和度很高，采用常规铸造方法偏析严重。此外，镍基合金机械加工难度大，对刀具要求较高。激光选区熔化成形中的微区快速熔化凝固过程，能有效避免合金元素偏析，而其“近净成形”的制造特点又可使镍基合金构件少加工余量或无加工余量。目前，用于激光选区熔化成形的常见镍基合金主要有 Inconel718、K418 等。

图 5-19 为激光选区熔化成形镍基合金试样典型的微观组织形貌，展示了 SLM 处理后的样品横向截面和垂直截面的 SEM 形态。如图 5-19a、b 所示，在横向截面上（即沿扫描方向），晶粒形态呈现蜂窝状等轴晶粒结构。然而，由于熔池边缘的温度梯度较高，冷却速度较大，因此熔池边缘的晶粒较细，而熔池中心的冷却速度相对较慢，晶粒变得稍粗。另一方面，柱状晶粒优先沿构建方向生长，其外延生长穿透多层，如图 5-19c、d 所示。

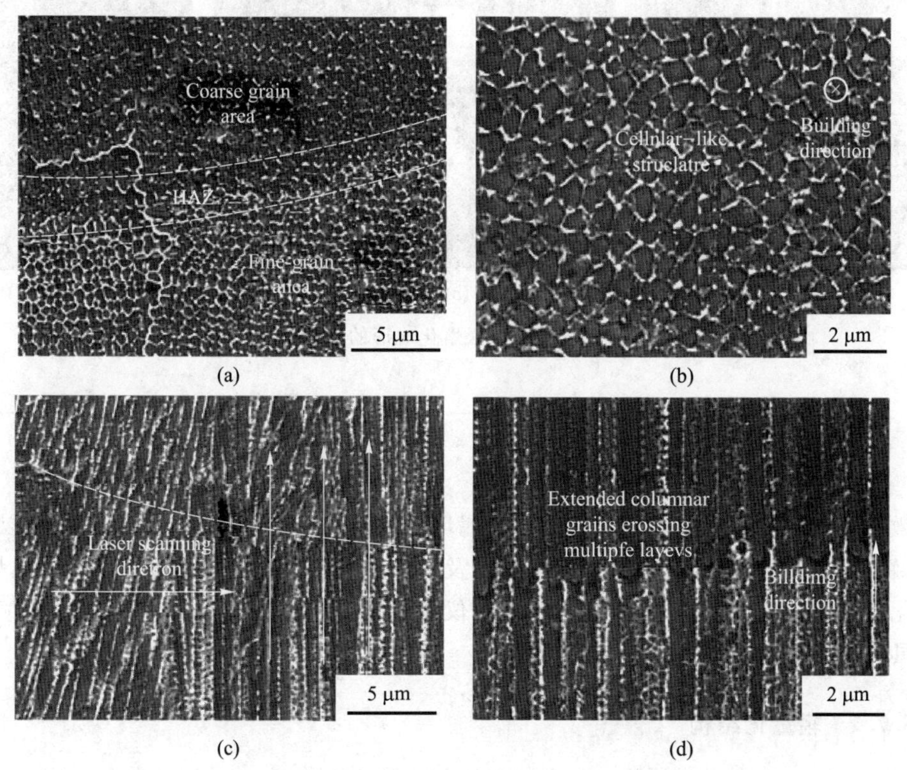

图 5-19　激光选区熔化成形镍基合金试样典型的微观组织形貌

表 5-7 统计了几种常见镍基合金的 SLM 成形零件性能与传统零件性能的对比数据，可见，K418 镍基高温合金经 SLM 成形后，其显微硬度与力学性能均强于浇铸零件，而 SLM 成形的 Inconel718 镍基高温合金的力学性能与锻压成形的零件大致相当。

表 5-7　几种常见镍基合金的 SLM 成形零件性能与传统零件性能对比

材料牌号	硬度/HV		极限抗拉强度/MPa		延伸率/%	
	SLM	传统	SLM	传统	SLM	传统
K418	490	330	1 102±34	875	30.4±1.7	7.6
Inconel718	339	340	1 430	1 380	18.6	19.1

5.6　其他材料

上述几种金属基材料在激光选区熔化成形技术领域的应用较为成熟，但其他材料，诸如铜基材料、陶瓷材料、钴铬合金材料及贵金属材料等，由于其本身的优异性能及较大的应用市场，在激光选区熔化成形技术领域也得到大量学者的关注。铜基合金材料的激光吸收率低，故成形较为困难。钴铬合金材料的 SLM 成形件具有内部孔隙度小、边缘质量好、黏结强度大，生物相容性、耐腐蚀耐磨损等力学性能和生物化学性能优异等特点，广泛用于牙科领域。贵金属材料（例如黄金和白银等材料）更多应用于首饰和饰品。用于激光选区熔化成形的其他材料示例如图 5-20 所示。

(a) 铜基合金

(b) 陶瓷材料

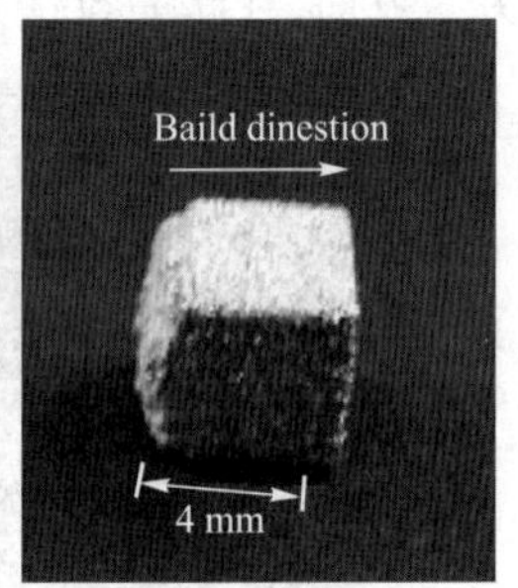

(c) 纯金材料

图 5-20　用于激光选区熔化成形的其他材料示例

5.7　激光选区熔化成形典型应用

激光选区熔化成形技术是目前用于金属增材制造的主要工艺之一。粉末工艺以及高能束微细激光束在成形复杂结构零件、精度及表面质量要求高的零件等方面更具优势，在整体化航空航天复杂零件、个性化生物医疗仪器器件以及具有复杂内流道的模具镶块等领域具有广泛的应用前景。

5.7.1　轻量化结构

激光选区熔化技术能成形传统方法无法制造的多孔轻量化结构。多孔结构的特征在于孔隙率大,能够以实体线或面进行单元的集合。多孔轻量化结构将力学和热力学性能结合,如高刚度与低比重、高能量吸收率和低热导率,广泛用在航空航天、汽车结构件、生物植入体、土木结构、减震器及绝热体等领域。传统制造多孔结构的方法有铸造法、气相沉积法、喷涂法和粉末烧结法等。其中,铸造多孔结构孔形无法控制,外界影响因素大;气相沉积法沉积速度慢,且成本高;喷涂法工序复杂,且需致密基体;粉末烧结法容易产生裂纹,影响制件的力学性能。特别是,上述传统工艺方法均无法实现多孔结构尺度和形状的精确调控,更难实现梯度孔隙等复杂拓扑结构的制造。

与传统工艺相比,激光选区熔化技术可以实现复杂多孔结构的精确可控成形。面向不同领域,用于激光选区熔化技术成形多孔轻量化结构的材料主要有钛合金、不锈钢、钴铬合金及纯钛等,根据材料的不同,激光选区熔化技术的最优成形工艺也有所变化。图 5-21 展示了 SLM 制造的复杂空间多孔零件。

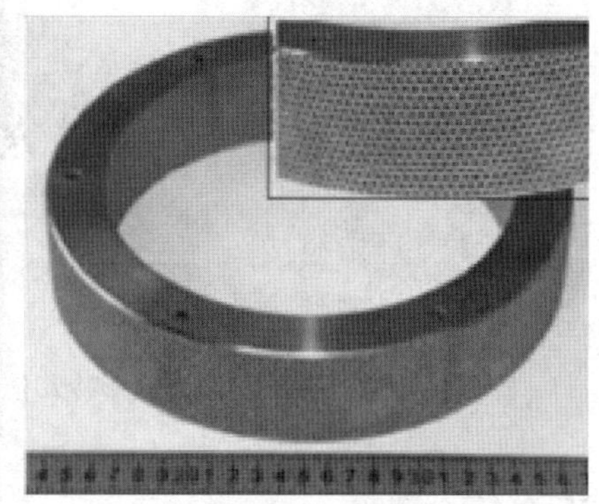

图 5-21　SLM 制造的复杂空间多孔零件

生物支架与修复体要求材料具有良好的生物相容性、匹配人体组织的力学性能,还要求其内部具有一定尺度的孔隙,以利于细胞寄生与生长,促进组织的再生与重建。图 5-22 是激光选区熔化技术制造的钴铬合金三维多孔结构,内部孔隙保证了良好的连通性,二维截面显示多孔连接区域支柱的尺度均匀性好。经压缩实验表明,多孔结构的弹性模量为 11 GPa,与人体松质骨的力学性能接近。多孔结构中不同的孔形和孔径显著影响结构的力学性能及生物相容性,孔径越小,越有利于细胞生长;而孔形影响尖角的数量,在尖角区域,细胞分布更为密集。

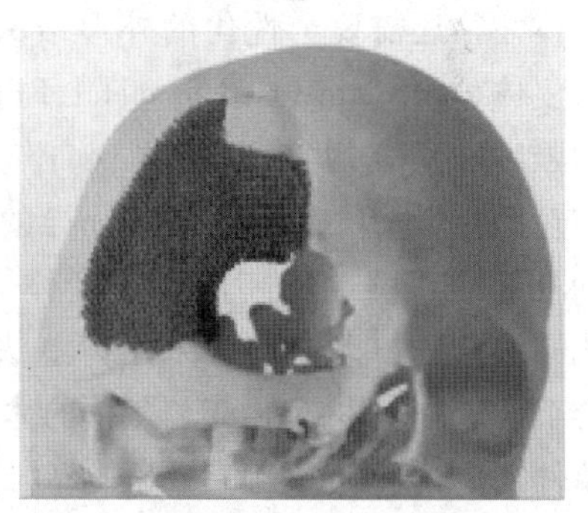

图 5-22　激光选区熔化技术制造的钴铬合金三维多孔结构

5.7.2　随形冷却流道

模具在汽车、医疗器械、电子产品及航空航天领域应用十分广泛。例如,汽车覆盖件全部采用冲压模具,内饰塑料件采用注塑模具,发动机铸件铸型需模具成形等。模具功能的多样化带来了模具结构的复杂化。例如,飞机叶片、模具等零件由于受长期高温作用,往往需要在零件内部设计复杂的随形冷却流道,以提高零件的使用寿命。直流道与型腔几何形状匹配性差，导致温度场不均，易引起制件的变形，并降低模具的寿命。随形冷却水道的布置与型腔几何形状基本一致，可提升温度场的均匀性，但异形水道加工困难，采用传统机械加工方法难加工甚至无法加工。激光选区熔化技术采用逐层堆积成形方法，在制造复杂模具结构方面较传统工艺具有明显优势，可实现复杂冷却流道的增材制造。用于 SLM 成形复杂冷却流道的主要材料有 S136、420 和 H13 等模具钢系列。图 5-23 为德国 EOS 公司采用激光选区熔化技术制造的具有复杂内部流道的 S136 零件及模具，其冷却周期从 24 s 减少到 7 s，温度梯度由 12 ℃减少为 4 ℃，产品缺陷率由 60%降为 0，制造效率提高 3 件/min。

图 5-23　随形冷却流道举例

5.7.3　个性化植入体

除了内部复杂的多孔结构外，人体组织修复体往往还需要个性化的外形结构。金属烤瓷修复体(porcelain fused to metal，PFM)具有金属的强度和陶瓷的美观，可再现自然牙齿的形态和色泽。Co-Cr 合金凭借其优异的生物相容性和良好的力学性能广泛用于牙体、牙列的缺损或缺失修复。以前通常采用铸造法制造 Co-Cr 合金牙齿修复体，但由于修复体的体积小，且仅需单件制造，导致材料浪费严重，而铸造缺陷也极大影响了修复体合格率。近年来 SLM 开始用于口腔修复体的制造，制造的义齿金属烤瓷修复体已获临床应用。图 5-24 为 SLM 制造的个性化骨植入体多孔结构。采用 SLM 可以大大缩短各类人体金属植入体和代用器官的制造周期，并且可以针对个体情况，进行个性化优化设计，大大缩短手术的周期，提高人们的生活质量。

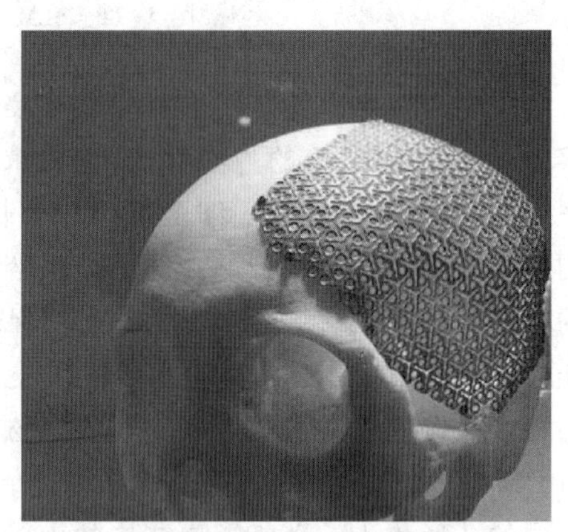

图 5-24　SLM 制造的个性化骨植入体多孔结构

思考题

1. SLM 工艺和 SLS 工艺的区别是什么？各有何特点？

2. 影响 SLM 成形件表面质量的因素有哪些?

3. SLM 独特的冶金缺陷(区别于铸造)有哪些? 如何优化 SLM 成形工艺?

4. 阐述 SLM 设备的组成、核心元器件及其作用。

5. 阐述 SLM 技术的应用领域。

参考文献

[1] 章媛洁,宋波,赵晓,等.激光选区熔化增材与机加工复合制造 AISI 420 不锈钢:表面粗糙度与残余应力演变规律研究[J].机械工程学报,2018,54(13):170-178.

[2] 文聘,叶红玲,杨庆生.激光选区烧结马氏体时效钢多孔框架的微结构缺陷及力学性能影响分析[J].机械工程学报,2018,54(17):173-180.

[3] KRUTH J P,FROYEN L,VAN VAERENBERGH J,et al. Selective laser melting of iron-based powder[J]. Journal of materials processing technology,2004,149(1-3):616-622.

[4] 赵晓.激光选区熔化成形模具钢材料的组织与性能演变基础研究[D].武汉:华中科技大学,2016.

[5] 陈玉娟.选区激光熔化 316 L 不锈钢复合材料工艺及性能研究[D].哈尔滨:哈尔滨工程大学,2019.

[6] TERHAAR G M,BECKER T H. Selective Laser Melting Produced Ti-6Al-4V:Post-process Heat Treatment to Achieve Superior Tensile Properties[J]. Materials,2018,11(1).

[7] 王俊飞,袁军堂,汪振华,等.激光选区熔化成形 TC4 钛合金薄壁件变形与残余应力研究[J].激光技术:(期缺失)1-9.

[8] 宦君,田宗军,梁绘昕,等.选区激光熔化钛合金成形工艺和表面形貌研究[J].应用激光,2018,(2).

[9] KEMPEN K,THIJS L,YASA E,et al. Process optimization and microstructural analysis for selective laser melting of AlSi10Mg[C]//Solid Freeform Fabrication Symposium. 2011,(22):484-495.

[10] LOUVIS E,FOX P,SUTCLIFFE C J. Selective laser melting of aluminium components[J]. Journal of Materials Processing Technology,2011,211(2):275-284.

[11] 赵官源,王东东,白培康,等.铝合金激光快速成型技术研究进展[J].热加工工艺,2010,39(9):170-173.

[12] WANG L F,SUN J,YU X L,et al. Enhancement in mechanical properties of selectively laser melted AlSi10Mg aluminum alloys by T6-like heat treatment[J]. Materials Science and Engineering,A,2018.

[13] LI C,WHITE R,FANG X Y,WEAVER M,et al. Micro structure evolution characteristics of Inconel 625 alloy from selective laser melting to heat treatment[J]. Materials Science and Engineering:A,2017,20-31.

[14] WANG Z,GUAN K,GAO M,et al. The micro structure and mechanical properties of deposited-IN718 by selective laser melting[J]. Journal of Alloys and Compounds,2012,513(none):0-523.

[15] 黄文普,喻寒琛,殷杰,等.激光选区熔化成形 K4202 镍基铸造高温合金的组织和性能[J].金属学报,2016,52(9):1089-1095.

[16] REYES G,WALCZAK M,RAMOS MOORE E,et al. Towards direct metal laser fabrication of Cu-based shape memory alloys[J]. Rapid Prototyping Journal,2017,23(2):329-336.

[17] LIU,C Y,TONG J D,JIANG M G,et al. Effect of scanning strategy on microstructure and mechanical properties of selective laser melted reduced activation ferritic/martensitic steel[J]. Materials Science and Engineering:A,766,138364.

[18] LIVERANI E, TOSCHI S, CESCHINI L, et al. Effect of selective laser melting (SLM) process parameters on microstructure and mechanical properties of 316L austenitic stainless steel[J]. Journal of Materials Processing Technology,249:255-263.

[19] KATANCIK M,MIRZABABAEI S,GHAYOOR M,et al. Selective laser melting and tempering of H13 tool steel for rapid tooling applications[J]. Journal of Alloys and Compounds, 849,156319.

[20] LIU Z H,CHUA C K,LEONG K F,et al. Microstructural investigation of M2 high speed steel produced by selective laser melting:microstructural investigation of M2 high speed steel[C]. In 2012 Symposium on Photonics and Optoelectronics. IEEE.

[21] KEMPEN K,VRANCKEN B,BULS S,et al. Selective laser melting of crack-free high density M2 high speed steel parts by baseplate preheating[J]. Journal of Manufacturing Science and Engineering,136(6).

[22] 刘瑞卿,何浩,娄嘉,等.真空度及碳含量对 M2 高速钢组织和拉伸性能的影响[J].粉末冶金材料科学与工程,2019,(6).

[23] SANDER J,HUFENBACH J,BLECKMANN M,et al. Selective laser melting of ultra-high-strength TRIP steel:processing,microstructure,and properties[J]. Journal of Materials Science,52(9):4944-4956.

[24] 申坤.TRIP 钢及其 TIG 焊焊接接头组织与性能研究[D].成都:西南石油大学.

[25] XIE Z,DAI Y,OU X,et al. Effects of selective laser melting build orientations on the microstructure and tensile performance of Ti-6Al-4V alloy[J]. Materials Science and Engineering:A,776,139001.

[26] ISMAEEL A,WANG C S. Effect of Nb additions on microstructure and properties of γ-TiAl based alloys fabricated by selective laser melting[J]. Transactions of Nonferrous Metals Society of China,29(5):1007-1016.

[27] SCHWAIGHOFER E,CLEMENS H,MAYER S,et al. Microstructural design and mechanical properties of a cast and heat-treated intermetallic multi-phase γ-TiAl based alloy [J]. Intermetallics,(44):128-140.

[28] LEE M H,KIM J J,KIM K H,et al. Effects of HIPping on high-cycle fatigue properties of investment cast A356 aluminum alloys[J]. Materials Science and Engineering:A,340 (1-2):123-129.

[29] BERETTA S,ROMANO S. A comparison of fatigue strength sensitivity to defects for

materials manufactured by AM or traditional processes[J]. International Journal of Fatigue, (94):178-191.

[30] CHEN Z, CHEN S, WEI, Z, et al. Anisotropy of nickel-based superalloy K418 fabricated by selective laser melting[J]. Progress in Natural Science: Materials International, 28 (4):496-504.

[31] TROSCH T, STRÖßNER J, VÖLKL R, et al. Microstructure and mechanical properties of selective laser melted Inconel 718 compared to forging and casting[J]. Materials letters, (164):428-431.

第6章　激光工程净成形金属材料

6.1　激光工程净成形原理及工艺

激光工程净成形(laser engineered net shaping,LENS)技术是以激光作为热源,以预置或同步送粉/丝为成形材料,在增材制造(additive manufacturing,AM)技术的基础上融合激光熔覆技术而形成的先进制造技术。该技术集计算机技术、数控技术、激光熔覆、增材制造、材料科学于一体,在无需模具的情况下,制备出不受材料限制、致密度高、力学性能优良的金属零件。其成形原理示意图如图6-1所示,先由计算机辅助设计或反求技术生成零件的实体模型,按照一定的厚度对实体模型进行切片处理,使复杂的三维实体零件离散为二维平面,获取各二维平面信息,进行数据处理并加入合适的加工参数,将其转化为计算机数控机床(CNC)工作台运动的轨迹信息,以此驱动激光工作头和工作台运动。在激光工作头和工作台运动的过程中,金属粉末通过送粉装置和喷嘴送到激光所形成的熔池中,熔化的金属粉末沉积在基板表面,凝固后形成沉积层。激光束相对金属基体微平面运动并扫描,从而在金属基体上按扫描路径逐点、逐线熔覆出具有定宽度和高度的连续金属层,成形一层后在垂直方向上相对运动,接着成形后一层,如此循环,最后构成整个金属零件。

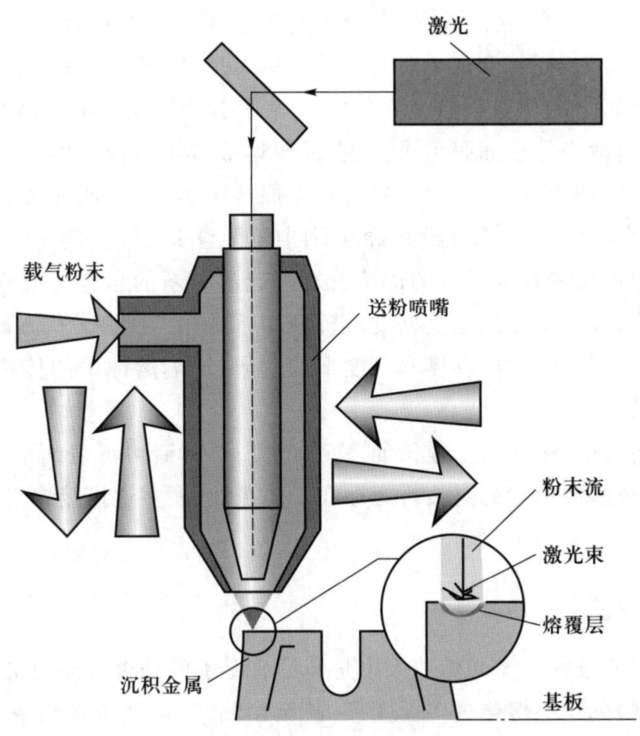

图6-1　激光工程净成形技术成形原理示意图

6.1.1 粉末熔化和凝固过程

激光工程净成形的组织形成过程与金属焊接和激光合金化的组织形成过程有类似之处,均表现为动态凝固过程,但它们之间还是有区别的。金属焊接的热源能量密度低,加热和冷却速度慢。激光合金化和激光工程净成形都采用了极高能量密度的热源,加热速度极快,冷却速度也极快。在激光束连续扫描的作用下,金属熔体的凝固不是静态的,而是动态的。随着激光束的连续扫描,熔池中金属的熔化和凝固过程同时进行,其组织有快速凝固的外延式生长特征。在熔池的前半部分,固态金属粉末连续不断进入熔池熔化,形成熔体,而在熔池的后半部分,液态金属不断脱离熔池凝固,形成固体。其凝固特点是:成形层与已成形层必须牢固结合,扫描线间也必须是冶金结合,只有这样才能使成形过程正常进行,并使成形零件具备一定的力学性能。

在激光熔覆过程中,熔池内会产生对流,对成形制件的性能产生重要影响。激光熔覆过程中产生对流的机制分析如下:

(1) 熔覆粉末连续进入熔池时,在本身重力、保护气体压力、激光束压力的共同作用下,向下以较快的速度运动,并对熔池产生冲击作用。这个过程中的动量引起对流,甚至造成紊流,对熔体的组织、成分、结构产生重要影响。

(2) 凝固过程中熔液的温度差也会引起热对流。熔池形成时,沿熔池横截面的加热温度不均,造成热膨胀差异,从而引起熔液密度的不同。密度随温度升高而减小,因而熔池边缘密度大,熔池中心密度小,在重力场中密度较小的熔液受到浮力的作用。熔液成分的不均匀也会导致密度差,从而引起浮力。在熔体内,垂直方向上也存在温度梯度或浓度梯度,同样会因密度差而产生浮力。这种由于密度差而产生的浮力是对流的驱动力。当浮力大于熔液的黏滞力时,就会产生对流。浮力很大时,甚至产生紊流。

(3) 熔液表面张力的分布与温度分布相反,表面张力随温度的升高而降低,因而熔池边缘表面张力大,熔池中心表面张力小,也会促使熔液产生对流。由于表面张力的作用,阻止熔液沿基体表面铺展开,所产生的对流行为保持了熔池的形状(若其不存在,则熔体将沿基体表面铺展开来)。与单道激光熔覆不同的是,多道搭接熔覆时,熔池中必然要有一部分已凝固的熔覆层和连续送入的待熔粉末一起参与新的合金化过程。一方面,它影响熔池的能量吸收,改变熔体的温度梯度,进而影响熔体的对流;另一方面,由于已凝固的熔覆层与合金粉末之间在成分、黏度和密度上的差异,影响熔池中的传热和传质,从而影响熔体的对流运动。

在多道搭接熔覆中,熔覆合金层表面呈凸面状,与单道熔覆表面形状相同。不同的是,单道熔覆时保持熔池形状的对流行为存在于边缘处,而多道搭接熔覆时对流行为存在于两道搭接处。

6.1.2 熔池特征

激光工程净成形过程中激光熔池大小是衡量成形条件是否合理的主要因素。如果熔池过大,则使先前的沉积层熔化过多而变形,甚至塌陷,从而严重影响成形质量;反之,则会使沉积层之间的结合力不足,甚至产生缝隙,从而对零件的力学性能产生恶劣影响。因而保持合理且稳定的熔池大小是控制成形条件的关键。由于熔池大小由激光输入能量决定，因此，为获得合适大小的熔池，保证成形质量，就必须严格控制激光输入能量。另外，粉末到达沉积基体表面时，必须具有足够高的温度，才能在基体上形成熔覆层，但是粉末温度又不能过高，否则导致粉末汽化，形成等离子体，并干扰激光能量的吸收。因此每单位长度熔覆层和每单位质量粉末获得的激光能量及粉末与激光的交互作用时间便成为控制熔覆层质量的关键因素。

6.1.3 粉末流状态

激光工程净成形金属零件时，需要考虑激光束焦平面与加工平面的位置关系，两者位置关系是否合理将直接影响零件的成形质量。加工平面与激光束焦平面之间的距离称为离焦量。离焦有三种形式：焦点位置（零离焦）、负离焦和正离焦。焦平面位于加工面下方时是负离焦，反之是正离焦。由于激光自身的发散以及受镜片和装置精度的影响，光路聚焦点的半径不为零，而是外径为 0.5～1 mm 的圆环斑。粉末流穿过激光束到达熔覆层表面时的状态存在以下三种情况：固相颗粒、液体状态、固相颗粒与液体状态的混合。一般来说，载气固体粉末颗粒碰到熔覆层会有反弹，不利于熔覆层质量平衡，且粉末利用率不高；液态和固态混合颗粒将跟熔覆层黏结在一起；虽然固态颗粒进入液态熔池也会被吸收，但极有可能存在熔化不完全的情况，因此，在成形加工过程中，不希望粉末颗粒到达熔覆层表面时是固体状态。与零离焦和负离焦形式相比，正离焦时粉末颗粒到达熔覆层之前先穿过焦点位置，会吸收更多激光能量，颗粒以液态或者液固两态进入激光熔池，有利于形成更加致密的熔覆层，且粉末利用率更高；正离焦时加工表面与光学镜片间的距离较大，有利于保护光路系统；正离焦时的焦点位于喷嘴最底面以上，可以有效地保护送粉喷嘴。

6.1.4 激光工程净成形材料的特点

金属粉末材料特性对激光工程净成形质量的影响较大，因此其对粉末材料的堆积特性、粒径分布、颗粒形状、流动性、含氧量及激光吸收率等均有较严格的要求。

6.1.4.1 粉末粒度

一般情况下，直径较大的粉末颗粒流动性较好，易于传送，但是颗粒太大的粉末在熔覆成形过程中较难熔化，特别是在微成形时易使送粉喷嘴堵塞，使成形实验难以连续进行下去；若粉末颗粒太小，虽只需较小的激光功率就可将其熔化，但细粉末极易相互黏结在一起，流动性差，要均匀传送此类粉末有一定的难度，另外，颗粒小的粉末也易受到保护气的干扰，易飞溅到光学镜片上，直接导致镜片的损坏。

粉末粒度直接影响粉层厚度，粉层厚度必须至少大于粉末颗粒直径的两倍，才能有致密的熔覆层。尺寸较大的粉末颗粒比表面较小，在激光工程净成形过程中较难熔化，具有较好的浸溶性；尺寸较小的粉末颗粒比表面较大，在激光工程净成形过程中易于熔化。粉末粒度细，虽然较小的功率就可以使其熔化，但过于细小的粉末在室温下容易发生固结现象，且在重力作用下，极细的粉末流动性差，对成形过程不利。较大的粉末粒度需要较大的功率才能熔化，且粒度过大的粉末对制件的微观组织有不利影响。因此，实际使用的金属粉末并不要求粉末颗粒尺寸一致，而是希望粉末粒度大小不一，能够按一定规则进行匹配。

小颗粒与大颗粒尺寸之间的比值为常数,但各自的尺寸是可以变化的。粉末经由同轴送粉喷嘴出来之后,若能保持大小颗粒尺寸合理的匹配关系,则在成形过程中对颗粒间形成致密的层厚及材料的熔合是有利的。当具有一定粒度范围的粉末混合在一起时,由于尺寸较大的颗粒比表面较小,激光照射到大颗粒表面时,单位体积大颗粒吸收的能量小于小颗粒粉末,导致小颗粒粉末比大颗粒粉末容易熔化,液态的小颗粒粉末在表面张力的作用下填充于未熔化的大颗粒间的孔隙中。由此可知,在混合相的粉末系统中,小颗粒起着一种黏结剂的作用,大颗粒起着结构材料的作用。实际上,试验中使用的粉末体系并不是上面分析的理想状态,粉末制备过程中存在着尺寸误差,如果粉末间的粒度差别过大,会导致成形体有较大的孔隙率,并且会使成形体的表面凹凸不平,严重时使已成形层严重变形,导致成形过程不能进行下去。所以,在进行激光工程净成形试验之前,确定合理的粉末粒度范围是保证成形过程顺利进行和成形制件品质的基本条件。

6.1.4.2 粉末流动性

激光工程净成形过程中,应保证粉末颗粒的流动性良好。粉末的形状、粒度分布、表面状态及粉末的湿度等因素均对粉末的流动性有影响。粒度范围为 50~200 μm 的普通粒度粉末或粗粉末在金属的激光直接制造中一般均可使用,以圆球颗粒为最佳(圆球形颗粒的流动性较好)。熔覆粉末的粒度过大,成形过程中会导致粉末颗粒不能完全被加热熔化,易造成微观组织和性能的不均匀。成形粉末的粒度过小,送粉时送粉嘴又容易被堵塞,成形过程受到影响,不能稳定进行,会导致熔覆层表面质量极差。

6.1.4.3 成形材料的种类

目前用于激光工程净成形的材料主要为钢、钛、镍、铜等合金,见表 6-1。

表 6-1 目前用于激光工程净成形技术的主要材料

国家	研究机构	主要成形材料
美国	Sandia 国家实验室	钢、镍、钛等合金
美国	俄亥俄州立大学	钛铬、钛铌合金
英国	伯明翰大学	钛合金等
中国	北京有色金属研究院	钢、铜、镍等合金
中国	西北工业大学	镍、钛、钢等合金
中国	上海交通大学	镍、钛、钢等合金
中国	清华大学	镍基高温合金

6.1.5 激光工程净成形工艺

激光工程净成形过程由一系列点(激光光斑诱导产生的金属熔池)形成一维扫描线(单熔覆道),再由线搭接形成二维面,最后由面形成三维实体。激光工程净成形与激光选区熔化成形的加工工艺基本一样,区别在于其送粉部分,它通过喷嘴传送金属粉末,而激光选区熔化成形则通过粉末缸铺粉熔化。金属零件在基板上成形,在保护气的保护作用下,送料装置将粉末吹到熔池内熔化,通过激光工作头的移动以及工作台的移动变换零件熔化区域,如此循环进行,最终堆积成金属零件。在整个堆积过程中,通过控制堆积层的厚度和熔池的温度控制零件的成形,从而保证生产出来的零件能够满足加工要求。

激光工程净成形的控制原理是利用一个双输入单输出的混合温控系统控制,其中包含主要控制和辅助控制两个部分。当熔池高度大于设定值时,通过减小主要控制部分的功率降低高度;当熔池高度小于设定值时,通过辅助控制部分加大功率的输出,增加高度;通过调整温控系统得到一个稳定的堆积层厚度,从而得到结构稳定、力学性能均匀的零件。由于激光工程净成形的送粉特点,与激光选区熔化成形相比,它能够制造更大尺寸的金属零件。激光工程净成形制造技术不仅用于制造金属零件,还用于金属零件的修复包覆和添加等。同时,由于金属粉末在加热喷嘴中处于熔融状态,激光工程净成形特别适于高熔点金属的激光增材制造。

激光工程净成形的工艺流程包括模型准备、材料准备、送料工艺、零件加工、零件后处理等。

1. 模型制备

将 CAD 模型转换成 STL 文件,传输至激光工程净成形设备 PC 端,在设备配置的工作软件中导入 STL 文件,进行切片处理,生成每一层的二维信息。

2. 材料准备

包括激光工程净成形用金属粉末、基板以及工具箱等的准备工作。

3. 送料工艺

激光工程净成形的关键设备之一是送粉系统,该系统通常由两部分组成:送粉器和送粉喷嘴。送粉器要能保证送粉的均匀性、连续性和稳定性,送粉喷嘴则要保证将粉末准确、稳定地送入光斑内,这些都是制造出高质量零件的保证。

激光工程净成形的送料工艺分为送粉类工艺和送丝类工艺。随着送粉技术的发展,现在用得更多的是同轴送粉法。同轴送粉法的原理是将多束粉末流与光轴交汇,交汇后的粉末流送到光斑的中心位置。这种送粉方式避免了同步送粉法中粉末流入的方向性问题。实现激光同轴送粉的关键问题在于获得与激光束同轴输出的圆对称均匀分布的粉末流,一般采用多路送粉合成方案,即令多路粉末流均等地围绕中心轴线,输入送粉工作头的粉管区。分散后每路粉末流展成一个弧形粉帘,多路粉帘相接,合成一个圆形粉帘,从光轴中心喷出。

4. 零件加工

激光工程净成形的主要工艺参数包括:激光功率、扫描速率、光斑直径、送粉量、扫描线间搭接率等。在激光工程净成形过程中,激光功率直接影响零件能否最终成形。激光功率的大小决定功率密度,功率密度过低造成金属粉末的液相减少,降低其成形性;相反,若功率密度过高,则造成部分金属粉末发生汽化,增加孔隙率,并且使制件由于吸热过多而发生严重的翘曲变形,增加制件的宏观裂纹和微观裂纹。所以,合适的激光功率是保证制件性能的基础条件,适当的功率密度有助于得到表面光洁的制件。

扫描速率对制件的性能有着重要影响。在激光功率确定的情况下,扫描速率过快会使激光作用于某点处粉末的时间过短,导致粉末在加工过程中出现“飞溅”现象,使得粉末飞离熔池,从而影响制件性能;扫描速率过慢,粉末吸收过多激光能量,过多的热量聚集在熔池,导致部分熔点低的粉末发生气化,进而影响熔池的凝固和制件的微观组织成分。合适的激光扫描速率有助于提高制件的综合性能,如硬度、致密度等。

理论上，光斑直径越小越好。在激光工程净成形试验中，采用同轴送粉法送粉，粉末落点的大小有一定的数值范围，光斑的大小必须根据粉末落点的大小选取。

激光工程净成形工艺对送粉量的要求是稳定、均匀和可控。要得到表面光滑致密的扫描线，粉层厚度必须大于粉末体系中大颗粒直径的两倍。同时，送粉量也不能过大，过大的送粉量使粉层得不到激光的充足照射，粉末发生不完全熔化，影响制件的性能。

激光扫描线的两侧有一定的椭圆形坡度。为了消除这种椭圆形坡度，在进行下次扫描的时候就必须使椭圆形坡度区域处于光斑照射范围之内，使相邻的扫描线冶金结合成面。若搭接率过小，不能很好地连接相邻扫描线，会降低制件的几何精度；若搭接率过大，会导致生产效率的降低。适当的扫描线间搭接率可以增加前道扫描线的熔化量，使前道扫描线部分重新熔化，从而提高表面质量，提高扫描线间的黏结力和整个制件的强度。由上述可知，扫描线间搭接率的选择应综合考虑制件的精度、力学性能和成形效率等要求。

激光工程净成形技术的扫描路径具有其自身的特点。现有的扫描方式主要有光栅扫描、平行扫描和环形扫描。由于喷嘴跟随激光工作头一起运动，边送粉边扫描熔覆，再成形，故扫描不能重复进行。可以使用环形扫描或平行扫描弥补这一不足，但是由于环形扫描路径十分复杂，对于复杂的零件有时难以实现，故常常采用平行扫描法进行扫描加工。

5. 零件后处理

激光工程净成形技术成形的最终零件与激光选区熔化成形零件相比表面粗糙度较高，一般需要结合进一步的数控加工得到最终零件。

6.1.6 激光工程净成形的冶金特点

激光熔覆成形时极快的加热与冷却速度，可获得组织细化与性能优良的金属零件，根据零件不同部位使用性能要求的差异，在成形过程中选择不同的合金粉末，可实现具有梯度功能零件的成形。但是激光工程净成形系统中采用高功率激光器进行熔覆，因此会遇到与激光选区熔化成形系统不同的新问题，恰当解决这些问题是成形加工的关键。

6.1.6.1 体积收缩过大

由于在激光工程净成形系统中采用高功率激光器进行成形，在高功率激光器的熔覆作用下，加工后金属件的密度与其冶金密度相近，从而造成体积收缩现象，如图 6-2 所示。

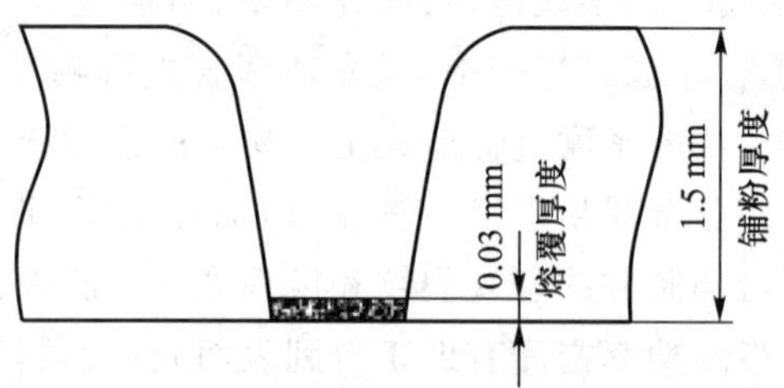

图 6-2 激光工程净成形制件体积收缩示意图

6.1.6.2 粉末爆炸迸飞

粉末爆炸迸飞是指在高功率脉冲激光的作用下，粉末温度由常温骤增至其熔点之上，引起其急剧热膨胀，致使周围粉末飞溅流失的现象。发生粉末爆炸迸飞时，常常伴有

"啪、啪"声,在扫描熔覆时会形成犁沟现象,如图 6-3 所示(激光焦点位于熔覆表面处,光斑直径为 0.8 mm)。这种犁沟现象使粉末上表面的宽度常常大于熔覆面宽度的两倍之多,从而使相邻扫描线上没有足够厚度的粉末参与扫描熔覆,无法实现连续扫描熔覆加工。这种粉末爆炸迸飞现象是在高功率脉冲激光熔覆加工中特有的现象,原因有两个:其一是该激光器一般运行在 500 W 的平均功率上,但脉冲峰值功率可高达 10 kW,大于平均功率的 15 倍之多;其二是脉冲激光使加工呈不连续状态,在铺粉层上存在热流的周期性剧烈变化。

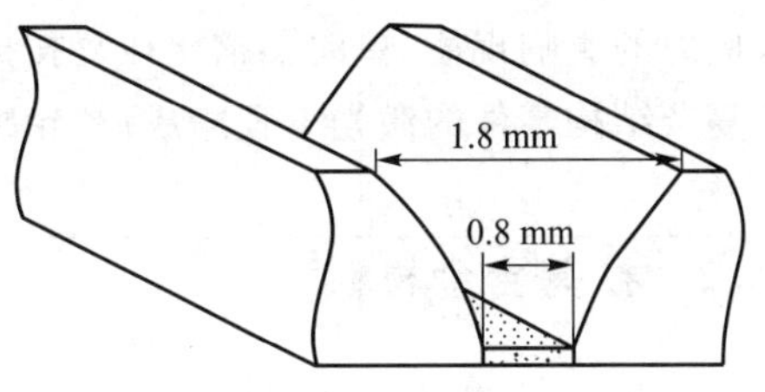

图 6-3　爆炸迸飞犁沟现象示意图

6.1.6.3　微观裂纹成分偏析

在激光工程净成形过程中,可能出现裂纹、气孔、夹杂、层间结合不良等缺陷,其中,裂纹严重降低零件的力学性能,导致零件报废。所以裂纹的防止与消除也是激光工程净成形领域一个很重要的研究方向。陈静等分析了激光工程净成形过程中冷裂纹和热裂纹产生的原因和机理,并指出熔覆层中的热应力是其产生的根本原因。

除了前面提到的宏观裂纹,成形零件内部还会出现一些微观裂纹,而晶界是零件内部定向晶组织的薄弱环节,裂纹一旦产生,就会沿着晶界迅速扩展,产生沿晶开裂现象。而转向枝晶或等轴晶与枝晶和定向晶不同,会在一定程度上抑制沿晶开裂,所以微观裂纹多终止在转向枝晶或等轴晶处。

裂纹的消除一直是激光工程净成形技术的一个难点,可以通过预热基板,减小熔覆层和基板的温度梯度,在成形过程中加强散热,防止热积累,对零件进行去应力退火热处理等方法消除内应力,防止裂纹的产生。

6.1.6.4　残余应力

激光工程净成形工艺是局部快速加热和冷却的成形过程,成形零件内部容易产生较大的残余应力,导致零件开裂,特别是当成形曲率复杂的薄壁件时,容易出现较大的残余应力,导致薄壁件发生变形。因此,残余应力一直是激光工程净成形领域的研究热点。图 6-4 为薄壁透平叶片外轮廓,各个部位曲率半径不同,成形过程中曲率半径最小的部位容易发生翘曲。

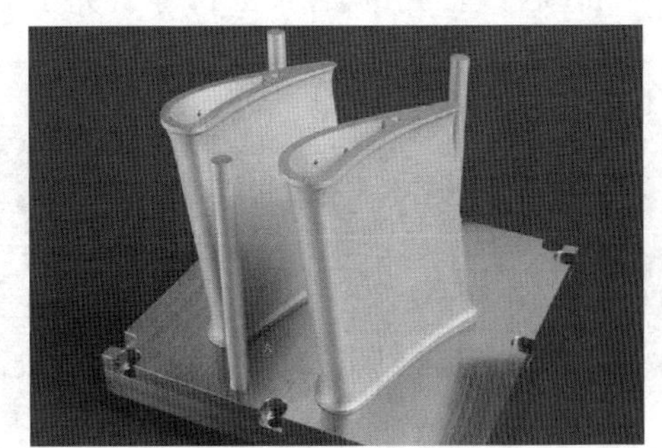

图 6-4　薄壁透平叶片外轮廓

激光工程净成形残余应力影响因素主要包括扫描路径、工艺参数以及零件结构。在以 H13 工具钢四方空心盒为制造对象的成形中,沿平行于激光束扫描方向的残余应力以拉应力为主,沿沉积高度方向的残余应力以压应力为主。扫描速度对沉积高度方向残余应力的影响较小,而对激光束扫描方向残余应力的影响较大。当扫描速度较小时,激光束扫描方向残余应力为压应力,当扫描速度较大时则变为拉应力。板型样件的残余应力平行于激光束扫描方向,在靠近基材处表现为压应力,随着层数的增加压应力减小,并逐步改变为拉应力;与激光束扫描方向垂直的应力相对较小。研究发现扫描路径对薄壁件残余应力的影响规律，单向扫描比往复扫描残余应力大，容易产生特定方向的裂纹。然而对于复杂结构零件的激光工程净成形，轮廓曲率半径特征对残余应力和变形均有影响。

6.2 钛基合金材料

钛基合金材料是一种重要的有色金属，具有低密度、高比强度、低热膨胀系数、强耐腐蚀性、高温变形性能好、抗低温脆性好、可焊性好、无毒无磁性和生物相容性良好等特点，广泛用于航空航天、海洋舰船、石油能源、医疗器械、化学工业、国防工业等领域，并已形成产业规模。目前研究较多的 LENS 成形钛基材料有 Ti6Al4V 等，Ti6Al4V 是航空航天工业中应用最为广泛的钛合金，具有良好的耐蚀性、高温强度和高的强重比。该材料主要用于航空航天工业中的低压压缩机发动机叶片、压缩机阀芯、阀瓣和机身。

激光工程净成形钛基材料成形零件（图 6-5）具有细小的显微组织结构和外延生长特征，而在制备过程中，部分熔化的粉末导致固体零件内部产生大量孔隙，从而导致其具有更高的强度。

图 6-5 LENS 成形钛合金下颌骨

以 Ti 和 Nb 粉末为原料，激光工程净成形技术制备了一系列 Ti-xNb 合金并对其进行了研究。结果表明，沉积态材料的显微组织由柱状 β 相晶粒组成，并沿凝固方向伸长。由于所研究的材料中氧含量较高（2%），与传统方法制造的材料相比，在较低的 Nb 含量下观察到 LENS 材料特定的变形机制。这有可能是因为氧增加了 β-钛合金中 β 相的稳定性。

伍斯特理工学院的张玉伟等研究了制备态 LENSTi6Al4V 试样。图 6-6a、b、c 所示

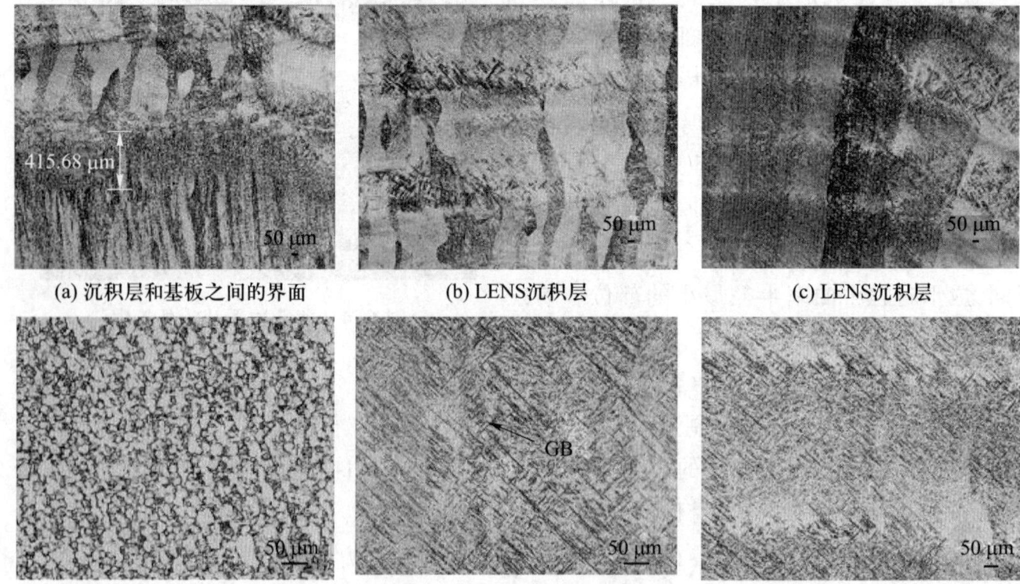

(a) 沉积层和基板之间的界面　(b) LENS沉积层　(c) LENS沉积层

(d) 轧制退火基板的微观结构　(e) 加工LENS沉积层的马氏体微观结构　(f) 层间界面处较粗的马氏体微观结构

图 6-6 Ti6Al4V 微观结构

试样在凝固过程中从基板中吸热，沿沉积方向呈现典型的柱状晶粒结构。随着沉积高度的增加，柱状晶粒呈现粗化的趋势，并形成一个径向的图案。图 6-6c 所示 LENS 沉积层的宏观结构也显示出与柱状晶粒垂直的明显带状结构(图 6-6b、c)。Ti6Al4V 基板具有典型的等轴 α 相和晶界 β 相的工厂退火显微组织(图 6-6d)。

与传统铸锻焊方法制备的钛合金相比(见表 6-2)，激光工程净成形钛基材料成形零件往往具有更高的强度和硬度。

采用激光工程净成形技术制备了含银量从 0.5%到 2%不等的铝合金，研究了合金的力学性能、抗菌性能和生物相容性。结果表明，与纯钛相比，制备的 TiAg 合金的显微硬度略高，延性较差。仅在 3h 内，TiAg 合金就显著降低了革兰氏阳性和革兰氏阴性菌株的细菌附着 1 至 4 个数量级。这些合金也表现出对人骨肉瘤细胞良好的体外生物相容性。TiAg 合金激光工程净成形技术首次被应用于骨科，并显示出巨大的生物医学应用前景。得克萨斯理工大学胡迎斌等采用 LENS 法对 TiAg 合金试件进行了 3D 打印，并用三维显微镜进行了表征，研究了合金样品的生物膜阻力和生物相容性。结果表明，该合金对革兰氏阴性菌和革兰氏阳性菌株均有明显的抑制作用，对人成纤维细胞无细胞毒性，证实了激光 3D 打印钛银合金在骨科植入中的巨大潜力。

表 6-2　不同成形方式的钛基材料性能

牌号	制造方式	屈服强度/MPa	极限抗拉强度/MPa	伸长率/%
TC4	激光工程净成形	1 062 ± 83	1 089 ± 92	7.46 ± 0.43
TC4	传统铸锻焊生产	914 ± 66	1 068 ± 84	6.52 ± 0.31

6.3　铝基合金材料

铝合金因激光反射率高、热导率大等因素导致激光工程净成形难度较大，但铝合金密度低，强度高，导电、导热、耐腐蚀性能好，是工业中应用最广泛的一类有色金属结构材料，在航空、航天、汽车、机械制造、船舶及化学工业中广泛应用。随着科技及经济的飞速发展，对铝合金焊接结构件的需求日益增多，铝合金的焊接性研究也随之深入，促进了铝合金焊接技术的发展，同时焊接技术的发展又拓展了铝合金的应用领域。激光工程净成形铝合金材料有 Al-Si、Al-Cu、Al-Mg-Si、Al-Zn 系列合金材料。Al-Si 系列合金材料的研究较为成熟，可得到致密度高和力学性能好的成形零件，其中 AlSi10Mg 和 Al-12Si 两种铸造铝合金的激光工程净成形技术已实现了工程应用。

激光工程净成形铝基材料成形零件具有典型的柱状晶粒结构，化学成分具有高度的均匀性，在基体处有较大的柱状晶粒，在样品边缘和中间有细小的等轴晶粒。在 450 ℃下退火 50h 的样品的 XRD 图谱(图 6-7)的特征是 DO_3 超晶格特有的强反射。尽管 DO_3 超晶格结构对 Fe_3Al 样品的延展性有利，但有序类型对拉伸屈服强度和极限抗拉强度的影响可忽略不计。观察到典型柱状晶粒和层状组织的形貌和尺寸在很大程度上受激光功率和扫描速度的影响。

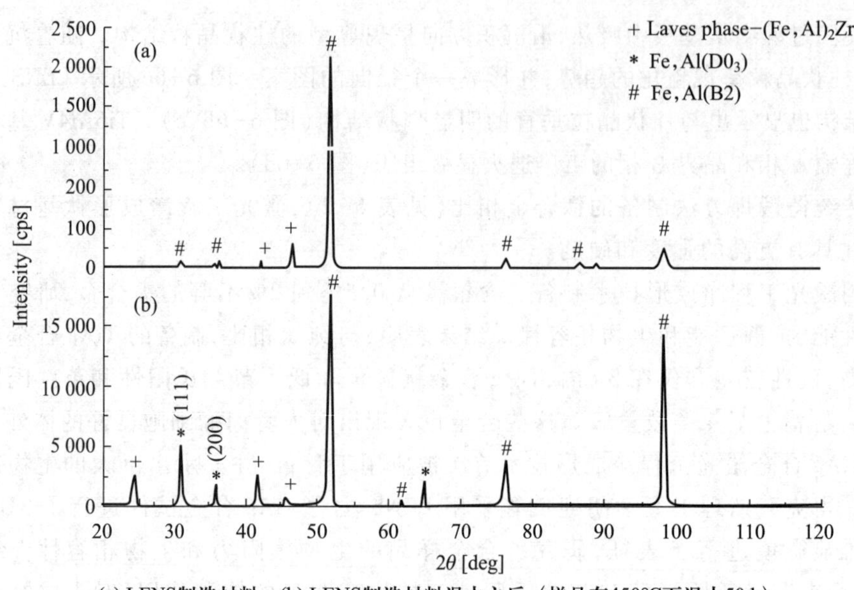

(a) LENS制造材料；(b) LENS制造材料退火之后（样品在450℃下退火50 h）

图 6-7 Fe_3Al-0.35Zr-0.1B 合金的 XRD 图谱

与传统铸锻焊方法制备的铝合金相比，激光工程净成形铝基材料成形零件往往具有更高的强度和较低的延展性。LENS 制造的铁铝化物中的残余应力非常接近其屈服强度，在试样中心具有压缩特性，有时在上表面附近具有拉伸特性。后续热处理实质上降低了制件产生的残余应力水平。

6.4 镍基合金材料

镍基合金材料在高温下能够保持良好的抗氧化性、耐腐蚀性、冷热加工成形性、焊接性、无磁性，还能够保持良好的屈服性能、抗拉性能、蠕变性能、韧性及高强度等。目前用于激光工程净成形的镍基合金材料有 Inconel263、Inconel625（IN625）、Inconel718（IN718）、GH3536、FGH4096 等，这些材料广泛应用于航空航天领域。

激光工程净成形镍基材料成形零件具有典型的细晶粒结构和柱状枝晶粒结构。许旭鹏等对 GH99 合金在激光工程净成形过程中裂纹形成的原因进行了研究和讨论，提出了优化工艺参数的解决办法。结果表明：激光工程净成形 GH99 合金内部裂纹呈现为短线状-针状，其在柱状晶晶界或二次枝晶间形成，垂直于沉积方向，沿细密的定向组织晶界分布和扩展；在晶界上 Al 和 Ti 元素的富集容易析出 $\gamma'[Ni_3(AlTi)]$ 相，弱化了晶界，使晶界熔化，并在凝固时难以补缩，造成裂纹形核。北京科技大学材料科学与工程学院的赵晶等采用激光工程净成形技术制备了 84Ni14.4Cu1.6Sn 合金，并对其进行了研究，结果表明合金在制备过程中流动方向与晶体取向无关。在 *XZ* 方向，垂直于基体的温度梯度和热流密度占主导地位。在耗散方向的最高温度梯度和凝固速度的作用下，晶粒随着方向的选择而长大，从而形成几乎平行于负耗散方向的枝晶。在最大温度梯度下，优先形成典型的快速凝固的细长柱状枝晶。

与传统铸锻焊方法制备的镍基合金相比（见表 6-3），激光工程净成形镍基材料成形零件往往具有更强的塑性和强度。中南大学的舒忠良等采用激光工程净成形技术成功制备了 Ni-Co-Cr-Al-Ti-Fe-Nb-Mo 合金的无裂纹零件,并对其力学性能进行了研究。结果表明,在室温拉伸性能方面,激光工程净成形制备的合金(IN718 和 IN625)具有更大的强度和塑性协调性。除此之外,激光工程净成形制备的合金还具有良好的热稳定性。

表 6-3 不同成形方式镍基材料的性能

牌号	制造方式	屈服强度/MPa	极限抗拉强度/MPa	伸长率/%
IN718	激光工程净成形	1034	1275	12
IN718	传统铸锻焊生产	460 ± 55	662 ± 49	14 ± 2

思考题

1. 激光工程净成形工艺和 SLM 工艺的区别在哪里? 各有何特点?

2. 影响激光工程净成形件表面质量的因素有哪些? 如何判断激光工程净成形件表面质量的好坏?

3. 激光工程净成形有哪些独特的冶金缺陷(区别于 SLM)? 如何优化激光工程净成形工艺,改善这些冶金缺陷?

4. 归纳激光工程净成形设备的组成及核心元器件,并阐述其作用。

5. 激光工程净成形技术可以应用在哪些制造领域?

参考文献

[1] 苗佩,牛方勇,马广义,等. 沉积效率对激光近净成形 316L 不锈钢组织及性能的影响[J]. 光电工程,2017,44(04):410-417,466.

[2] YANG N,YEE J,ZHENG B,et al. Process-Structure-Property Relationships for 316L Stainless Steel Fabricated by Additive Manufacturing and Its Implication for Component Engineering[J]. Journal of Thermal Spray Technology,2017,26(4):610-626.

[3] 杨健,陈静,张强. 激光近净成形 TC21 钛合金的组织与性能[J]. 金属热处理,2015,40(03):48-52.

[4] MAHARUBIN S,HU Y B,SOORIYAARACHCHI D,et al. Laser engineered net shaping of antimicrobial and biocompatible titanium-silver alloys. [J]. Materials science & engineering. C:Materials for biological applications,2019,105.

[5] HOYEOL K,ZHICHAO L,WEILONG C,et al. Tensile Fracture Behavior and Failure Mechanism of Additively-Manufactured AISI 4140 Low Alloy Steel by Laser Engineered Net Shaping[J]. Materials,2017,10(11):1283.

[6] 许旭鹏,李明亮,刘莹莹,等. 激光近净成形 GH99 合金的裂纹分析[J]. 材料热处理学报,2019,40(02):97-103.

[7] LIU Z C,HOYEOL K,LIU W W,et al. Influence of energy density on macro/micro

structures and mechanical properties of as-deposited Inconel 718 parts fabricated by laser engineered net shaping[J]. Journal of Manufacturing Processes,2019,42.

[8] 尚峰,乔斌,贺毅强,等. 氧化铝陶瓷基复合材料的近净成形制备技术研究现状[J]. 热加工工艺,2017,46(10):35-37.

[9] 邓琦林,李延明,冯莉萍,等. 激光近成形制造技术[J]. 电加工,1999,(06):37-40.

[10] 薛蕾,黄卫东,陈静,等. 激光成形修复技术在航空铸件修复中的应用[J]. 铸造技术,2008,(03):391-394.

[11] MICHAŁ Z,et al. The microstructure,mechanical properties and corrosion resistance of 316L stainless steel fabricated using laser engineered net shaping[J]. Materials Science & Engineering A,2016,677:1-10.

[12] XU K,et al. In situ observation for the fatigue crack growth mechanism of 316L stainless steel fabricated by laser engineered net shaping[J]. International Journal of Fatigue,2020,130.

[13] 苗佩. 沉积效率对激光近净成形 316L 不锈钢组织及性能的影响[D]. 大连:大连理工大学,2018.

[14] JANKOWSKI A F,YANG N,LU W Y. Constitutive structural parameter cb for the workâ hardening behavior of laser powderâ bed fusion,additively manufactured 316L stainless steel[J]. Material Design & Processing Communications,2020,2(6).

[15] LI J,et al. Microstructure and performance optimisation of stainless steel formed by laser additive manufacturing[J]. Materials Science and Technology,2016,32(12):1223-1230.

[16] OGUZHAN Y,NABIL G,GAO J,et al. Int. Manf. 26(2010)190-201. DOI:10.1016/j. rcim. 2009. 07. 001. 14.

[17] MATTHEW J,Donachie. Titanium:A Technical Guide,ASM International,Metals Park,USA,1988.

[18] CHRISTOPH L,MANFRED P. Titanium and Titanium Alloys:Fundamentals and Applications[M]. Wiley-Vch,Verlag GmbH,Weinheim,2003.

[19] KALITA D,ROGAL Å,BOBROWSKI P,et al. Superelastic Behavior of Ti-Nb Alloys Obtained by the Laser Engineered Net Shaping(LENS)Technique. Materials,13(12):2827.

[20] YU W Z,DIANA A L. Novel Forming of Ti-6Al-4V by Laser Engineered Net Shaping[J]. Materials Science Forum,2013,2530:393-397.

[21] Reports from Texas Technical University Provide New Insights into Materials Engineering(Laser engineered net shaping of antimicrobial and biocompatible titanium-silver alloys)[J]. News of Science,2019,4444.

[22] MAHARUBIN S,et al. Laser engineered net shaping of antimicrobial and biocompatible titanium-silver alloys. [J]. Materials science & engineering. C:Materials for biological applications,2019,105:110059.

[23] TOMASZ D,et al. Structure and properties of the Fe_3Al-type intermetallic alloy fab-

ricated by laser engineered net shaping(LENS)[J]. Materials Science & Engineering A,2016,650:374-381.

[24] WU X,LIANG J,MEI J,et al. Microstructures of laserdeposited Ti-6Al-4V[J]. Mater Des,2004:25(2):137-144.

[25] WANG F,MEI J,WU X. Microstructure study of direct laser fabricated Ti alloys using powder and wire[J]. Applied Surface Science,2006,253(3):1424-1430.

[26] WU X,SHARMAN R,MEI J,et al. Microstructure and properties of a laser fabricated burn-resistant Ti alloy[J]. Materials and Design,2003,25(2):103-109.

[27] WU X,MEI J. Near net shape manufacturing of components using direct laser fabrication technology[J]. Journal of Materials Processing Technology,2003,135(2):266-270.

[28] WU X,SHARMAN R,MEI J,et al. Direct laser fabrication and microstructure of a burn-resistant Ti alloy[J]. Mater Des,2002:23:239-247.

[29] KARCZEWSKI K,BYSTRZYCKI J, JÓŹWIAK J,et al. Residual stresses in iron aluminides fabricated by laser engineered net shaping[C]//In Proceedings of the Discussion Meeting on the Development of Innovative Iron Aluminium Alloys. Lanzarote Island,Spain,2011:55.

[30] 许旭鹏,李明亮,刘莹莹,等.激光近净成形 GH99 合金的裂纹分析[J].材料热处理学报,2019,40(02):97-103.

[31] ZHAO J,et al. Research on laser engineered net shaping of thick-wall nickel-based alloy parts[J]. Rapid Prototyping Journal,2009,15(1):24-28.

[32] SHU Z L,et al. Microstructure evolution and formation mechanism of a crack-free nickel-based superalloy fabricated by laser engineered net shaping[J]. Optics and Laser Technology,2020,128:106222.

[33] VAMSI K B,SUSMITA B,AMIT B,et al. Processing of Bulk Alumina Ceramics Using Laser Engineered Net Shaping[J]. 5(3):234-242.

[34] 杨策.激光近净成形 Al_2O_3/SiC 复相陶瓷材料的研究[D].大连:大连理工大学,2013.

[35] 卢卫锋.氧化铝复合 ZrO_2 基陶瓷激光近净成形实验研究[D].大连:大连理工大学,2012.

[36] XIONG Y H,SMUGERESKY J E,LEONARDO A,et al. Fabrication of WC-Co cermets by laser engineered net shaping[J],Materials Science & Engineering A,2007,493(1):261-266.

第 7 章　电子束选区熔化成形金属材料

7.1　电子束选区熔化成形原理及工艺

电子束选区熔化(selective electron beam melting,SEBM)技术是一种以电子束为能量源的粉末床体增材制造技术。它利用高能电子束作为热源,在真空条件下将金属粉末完全熔化后快速冷却,并凝固成形。其具有能量利用率高、无反射、功率密度高、扫描速度快、真空环境无污染、残余应力低等优点,原则上可以实现活性稀有金属材料的直接洁净快速制造。

电子束选区熔化成形技术是 20 世纪 90 年代中期发展起来的新型增材制造技术,相对于激光及等离子束增材制造技术,SEBM 技术出现较晚。1995 年,美国麻省理工学院提出利用电子束作能量源将金属熔化进行增材制造的设想。随后于 2001 年,瑞典 Arcam 公司在粉末床体上将电子束作为能量源进行增材制造,申请了国际专利 WO01/81031,并在 2002 年制造出 SEBM 技术的原型机 Beta 机器。该公司于 2003 年推出全球第一台真正意义上的商业化 SEBM 设备 EBM-S12,随后又陆续推出 A1、A2、A2X、A2XX、Q10、Q20 等不同型号的 SEBM 设备。目前,Arcam 公司商业化的 SEBM 成形设备最大成形尺寸为 200 mm×200 mm×350 mm 或 ϕ350 mm×380 mm,铺粉厚度从 100 μm 减小至 50~70 μm,电子枪功率为 3 kW,电子束聚焦尺寸为 200 μm,最大扫描速度为 8 000 m/s,熔化扫描速度为 10~100 m/s,零件成形精度为±0. 3 mm。

除瑞典 Arcam 公司外,德国奥格斯堡 IWB 应用中心和我国清华大学、西北有色金属研究院、上海交通大学也开展了 SEBM 成形装备的研制。特别是在 Arcam 公司推出 EBM-S12 的同时,2004 年,清华大学申请了我国最早的 SEBM 成形装备专利,并在传统电子束焊机的基础上开发出国内第一台实验室用 SEBM 成形装备,成形尺寸为 ϕ150 mm×100 mm。2007 年,成形钛合金的 SEBM250 成形装备研制成功,最大成形尺寸为 230 mm×230 mm×250 mm,层厚为 100~300 μm,电子枪功率为 3 kW,电子束聚焦尺寸为 200 μm,熔化扫描速度为 10~100 m/s,零件成形精度为±1 mm。随后对 SEBM 送铺粉装置进行了改进,实现了高精度超薄层铺粉,并针对电子束的动态聚焦和扫描偏转开展了大量的研究,开发了拥有自主知识产权的试验用 SEBM 装备 SEBM-S1,铺粉厚度在 50~2 000 μm 范围内可调,电子枪功率为 3 kW,电子束聚焦尺寸为 200 μm,跳扫速度为 8 000 m/s,熔化扫描速度为 10~100 m/s,成形精度为±1 mm。

SEBM 设备的研发涉及光学(电子束)、机械、自动化控制及材料等一系列专业知识,目前世界上只有瑞典 Arcam 公司的 SEBM 设备成功推出了商业化设备,国内外其余高校或科研院所虽然对 SEBM 技术也进行了深入的研发,但仍然没有推出成熟的商业化 SEBM 设备。

7.1.1　粉末熔化和凝固过程

SEBM 技术是利用高能电子束将金属粉体熔化并迅速冷却的过程,该过程利用电子束与粉体之间的相互作用形成的,包括能量传递、物态变化等一系列物理化学过程。其工作原理是:铺粉器铺放一层预设厚度的粉末(通常为 30~70 μm);电子束按照 CAD 文件规划的路径扫描并熔化粉末材料;扫描完成后成形台下降,铺粉器重新铺放新一层粉末。这个逐层铺粉-熔化的过程反复进行,直到零件成形完毕。

图 7-1 为电子束选区熔化成形原理示意图(以瑞典 Arcam 公司 A1 型电子束选区熔化设备为例)。从图中可以看出,SEBM 法成形 Ti6Al4V 合金的基本过程如下:在进行 SEBM 实验之前,首先将成形基板平放于粉末床体上,铺粉器将供粉缸中的金属粉末均匀地铺放于成形缸的基板上(第一层),电子束由电子枪发射,经过聚焦透镜和反射板后投射到粉末层上,根据零件的 CAD 模型设定第一层截面轮廓信息,有选择地烧结熔化粉层某一区域,以形成零件一个水平方向的二维截面;随后成形缸活塞下降一定距离,供粉缸活塞上升相同距离,铺粉器再次将第二层粉末铺平,电子束开始依照零件第二层 CAD 信息扫描烧结粉末;如此反复逐层叠加,直至零件制造完毕。

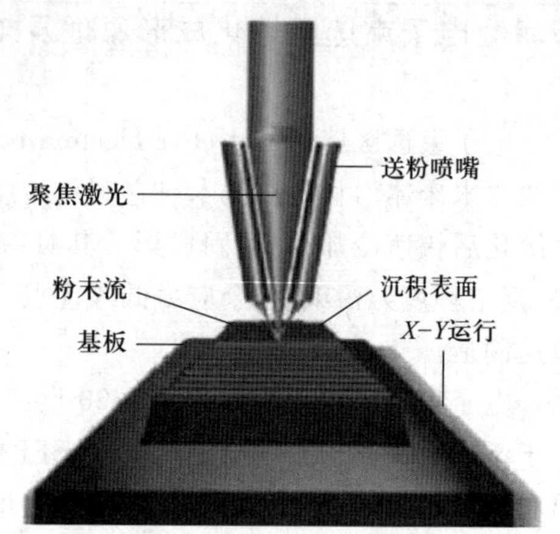

图 7-1 电子束选区熔化成形原理示意图

在零件的成形过程中,成形腔内保持在 ~ $1e^{-5}$ mBar 的真空度,良好的真空环境保护了合金稳定的化学成分,并避免了合金在高温下氧化。此后成形区域采用 ~ $1e^{-8}$ mBar 的惰性保护气体氦,对制件进行冷却并保持热稳定,避免了电子束在真空环境下的散射,同时也是快速加工和减少合金元素蒸发的保障。在零件制造结束时采用 400 mBar 的环境,保证了成形腔和零件的迅速降温。

7.1.2 电子束选区熔化成形材料的特点

理论上,任何金属粉末材料都可以作为 SEBM 技术的加工对象,但是初步工艺实验发现,流动性好、质量轻的金属粉末在电子束辐照瞬间或者电子束扫描过程中,容易发生粉末溃散现象。粉末以电子束斑为中心向四周飞出,偏离其原来的堆积位置,造成后续成形过程无法实现。目前,SEBM 成形材料涵盖了不锈钢、钛及钛合金、Co-Cr-Mo 合金、TiAl 金属间化合物、镍基高温合金、铝合金、铜合金和铌合金等多种金属及合金材料,其中 SEBM 钛合金是研究最多的合金。

氢化脱氢法(HDH)制备的粉末形状不规则,内部有孔洞存在,流动性较差,但在电子束的作用下非常稳定,不易发生粉末溃散现象。但这种粉末的含氧量过高(达 0.5%),不能直接用于制造零件。而等离子旋转电极雾化法(PREP)和气雾化法(GA)制备的粉末形态规则,呈球形,含氧量低(0.17%),可保证制造的零件质量,但其流动性好,粉末层不稳定,极易出现“吹粉”现象。为获得具有适合的流动性且含氧量较低的成形粉末,采取将两种粉末混合的方法,综合利用其性能。

7.1.3 电子束选区熔化成形工艺

电子束选区熔化成形工艺流程如下(以瑞典 Arcam 公司的 A1 型设备为例)。

用户首先用软件设计或者扫描获取零件的三维文件,然后使用分层软件将数字三维文件分为设定层厚的文件层片,分层文件中包含填充线的间距、电子束扫描轨迹等信息。其次,先对设备进行预热处理,适当提高粉末层温度,使得粉末之间形成烧结颈,有效提高粉末的稳定性。温度稳定后利用真空环境下的高能电子束作为热源,直接作用于粉末表面,根据软件分层的轮廓在前一层增材或基材上形成熔池。一层加工完成后,工作台下降一个层厚的高度,再进行下一层铺粉和熔化,新加工层与前一层熔合为一体。重复上述过程直到整个制件加工完为止。在成形结束后,等待成形室温度降低到金属材料不会被氧化的温度,打开真空室,取出成形制件。将成形制件上附着的金属粉末去除,即可得到成形的金属制件。如果由于粉末飞溅等原因导致制件的表面不光滑,可以对成形制件进行后加工。

电子束选区熔化成形的工艺参数主要包括电子束电流、加速电压、线扫描速度、聚焦电流、扫描线间距和层厚等。电子束电流、加速电压的大小决定了电子束的功率,是金属粉末熔化的能量来源。线扫描速度需要与功率搭配才能使区域内粉末充分熔化而不发生"吹粉"现象。扫描线间距太小,会影响已扫描过的区域;过宽又会影响成形效率。合理的工艺参数对 SEBM 成形很重要,需要确保金属粉末完全熔化,没有未熔颗粒,每层填充线平整、均匀,层间有一段重熔区。

7.1.4 电子束选区熔化成形的冶金特点

SEBM 技术是利用高能电子束将金属粉末熔化并迅速冷却的过程,而该过程若控制不当,成形过程中容易出现吹粉、球化等现象,并且成形零件会存在分层、变形、开裂、气孔和熔合不良等缺陷,这些缺陷势必会影响制件的组织及性能。

7.1.4.1 吹粉现象

吹粉是 SEBM 成形过程中特有的现象,它是指金属粉末在成形熔化前即已偏离原来位置的现象,从而导致无法后续成形。吹粉现象严重时,成形基板上的粉末床体全面溃散,从而在成形舱内出现类似"沙尘暴"的现象。目前国内外对吹粉现象形成的原因还未形成统一的认识。一般认为,高速电子流轰击金属粉末引起的压力是导致金属粉末偏离原来位置形成吹粉的主要原因。然而此说法对粉末床体全面溃散现象却无法进行解释。德国奥格斯堡 IWB 应用中心的研究小组对吹粉现象进行了系统的研究,指出高速电子流轰击金属粉末引起的压力是吹粉现象产生的原因之一。另外,由于电子束的轰击导致金属粉末带电,粉末与粉末之间、粉末与基板之间以及粉末与电子流之间存在互相排斥的库仑力(FC),一旦库仑力使金属粉末获得一定的加速度,还会使其受到电子束磁场形成的洛伦兹力(FL)。上述力的综合作用是发生吹粉现象的主要原因。目前,通过预热提高粉末床体的黏附性使粉末固定在底层,或通过预热提高导电性,使粉末颗粒表面所带负电荷迅速导走,是避免吹粉的有效方法。

7.1.4.2 球化现象

球化现象是 SEBM 和 SLM 成形过程中普遍存在的一种现象。它是指金属粉末熔化后未能均匀铺展,而是形成大量彼此隔离的金属球的现象。球化现象的出现不仅影响成形质量,导致内部孔隙的产生,严重时还会阻碍铺粉过程的进行,最终导致成形零件失败。

在一定程度上提高线能量密度能够减少球化现象的发生。另外,通过预热将待熔化粉末加热到一定温度,提高粉末的黏度,可有效减少球化现象。对于球化现象的理论解释可以借助 Plateau-Rayleigh 毛细不稳定理论:球化现象与熔池的几何形状密切相关,在二维层面上,熔池长度与宽度的比值大于 2.1 时,容易出现球化现象。然而,熔融的金属球并不是通过长熔线分裂形成的,球化现象的发生受粉末床体密度、毛细力和润湿性等多重因素的影响。

7.1.4.3 变形与开裂

复杂金属零件在直接成形过程中,由于热源迅速移动,粉末温度随时间和空间急剧变化,导致热应力的形成。另外,由于电子束加热、熔化、凝固和冷却速度快,同时存在一定的凝固收缩应力和组织应力,在上述三种应力的综合作用下,成形零件容易发生变形甚至开裂。

通过对成形工艺参数的优化,尽可能地提高温度场分布的均匀性,是解决变形和开裂问题的有效方法。使高能电子束高速扫描,能够在短时间实现大面积粉末床体的预热,有助于减少后续熔融层和粉末床体之间的温度梯度,从而在一定程度上降低成形应力导致变形开裂的风险。为实现脆性材料的直接成形,在粉末床体预热的基础上,可采用随形热处理工艺,即在每层熔化扫描完成后,通过快速扫描实现缓冷保温,从而通过塑性变形及蠕变使应力松弛,防止应力应变累积,达到减小变形、抑制零件开裂、降低残余应力水平的目的。

除预热温度外,熔化扫描路径同样对制件的变形和开裂具有显著的影响。研究结果表明,不同扫描路径下成形区域温度场的变化对制件温度场的均匀程度有影响,扫描路径的反向规划和网格规划降低了制件温度分布不均匀的程度,避免了成形过程中制件的翘曲变形。

7.1.4.4 气孔与熔化不良

由于 SEBM 技术普遍采用惰性气体雾化球形粉末作为原料,在气体雾化制粉过程中不可避免形成一定含量的空心粉,并且由于 SEBM 技术熔化和凝固速度较快,空心粉中含有的气体来不及逃逸,从而在成形零件中残留形成气孔。此类气孔形貌多为规则的球形或类球形,在制件内部的分布具有随机性,但大多分布在晶粒内部,经热等静压处理后此类气孔也难以消除。

除空心粉的影响外,成形工艺参数同样会导致气孔的生成。当采用较高的能量密度时,由于粉末热传导性较差,容易造成局部热量过高,若未引起球化,则会导致气孔的生成,并且在后续的扫描过程中气孔会被拉长。

此外,当成形工艺不匹配时,制件中会出现由于熔合不良形成的孔洞,其形貌不规则,多呈带状分布在层间和道间的搭接处。熔合不良与扫描线间距和聚焦电流密切相关,当扫描线间距增大,或扫描过程中电子束离焦,均会导致未熔化区域的出现,从而出现熔合不良。

7.2 铁基合金材料

铁基合金材料具备高力学强度、高耐磨性、良好的抗疲劳性以及足够的韧性。铁基合金材料广泛应用于航空航天、航海、石油、化工、医疗等领域。其中 316L 等合金在电子束选区熔化成形中的应用研究较多。

图 7-2 所示为粉末熔合成形过程,从中可看出,熔合成形的初期和中期材料内孔隙明显,而成形末期材料内的孔隙几乎全部消失。因为粉末熔合末期受到电子束填充的密集轰击,粉层温度达到上千摄氏度,粉层虽然没有达到完全液态(熔粉成形不允许材料完全流动),但在表面张力和毛细孔管引力的推动下,质点不断向烧结颈传递,连通的气孔变成孤立状空穴。这时在重力和浓度差扩散力的作用下,质点逐渐沉积到粉层底部,气孔不断从表面消失。最终随着温度降低,亚熔融态的沉积物再次结晶。由于电子束接触位置的温度远高于其余部位,所以冷却过程中此处出现板条状马氏体晶粒。

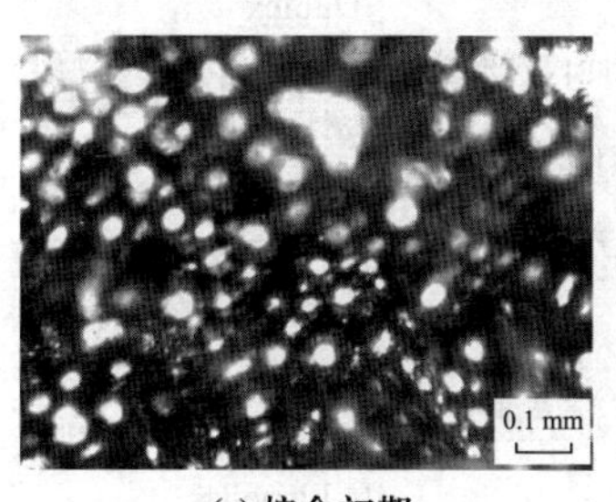

(a) 熔合初期

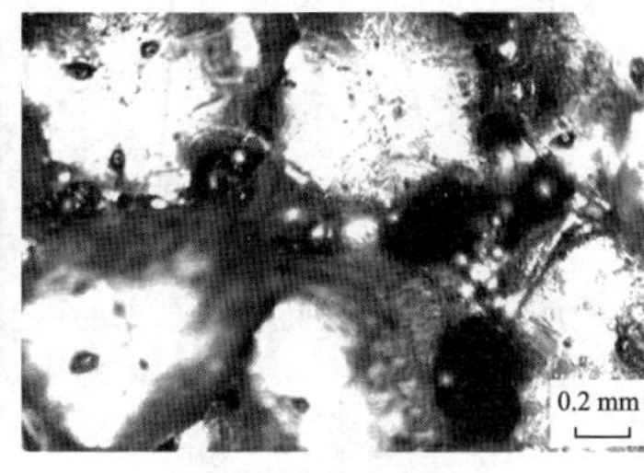

(b) 熔合中期

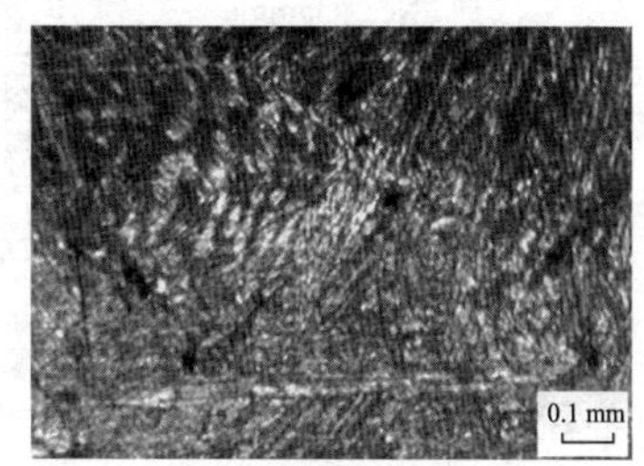

(c) 熔合末期

图 7-2　粉末熔合成形过程

何伟等人对 316L 不锈钢粉末的电子束选区熔化成形进行了实验研究,发现当气体雾化粉末的比例占混合粉末的 40%~60%时,成形性较好,获得表面光滑平整,内部致密、细小的组织结构。郭超等人对 316L 不锈钢粉末的电子束选区熔化成形工艺进行了实验研究,发现功率递增、多遍扫描工艺成形的组织均匀细密,具有快速熔凝特征的微观组织,组织高度致密(致密度达 99.96%)。相对于单遍扫描工艺,多遍扫描工艺不会造成 316L 不锈钢主要元素的额外烧损。

7.3　钛基合金材料

目前研究较多的电子束选区熔化成形钛基合金材料有 Ti6Al4V、Ti47Al2Cr2Nb 等。Ti6Al4V 是航空航天工业中应用最为广泛的钛合金,具有良好的耐蚀性、高温强度和高的强重比。

TiAl 合金可以通过不同的热加工工艺和热处理工艺,获得不同的显微组织。根据显微组织内部片层晶团和等轴 γ 相的含量和分布差异,可以分为四种典型的显微组织:全层片组织(fully lamellar)、近层片组织(nearly lamellar)、双态组织(duplex)和近 γ 组织(near gamma),四种典型组织特征如图 7-3 所示。通过将 TiAl 合金加热至 α 单相区保温并随炉冷却获得全层片组织,由于在 α 单相区保温时没有第二相的阻碍,α 相快速长大,因此,需要精确控制保温温度和保温时间。在 T_α 以下 20 ℃左右,α+γ 两相区保温一定时间后随炉冷却,在保温过程中 α 相边界处析出少量等轴的 γ 相,在炉冷过程中 α 相内部析出 γ 片层,最后获得近片层组织。具有全层片组织和近层片组织的 TiAl 合金通常显示出优异的断裂韧性和高温抗蠕变性能,但是其室温塑性相对较低。

相对于 SLM 技术和传统制造方式而言,电子束选区熔化成形在真空室中进行,氮、氧等元素含量较低,可以获得致密度良好且力学性能优异的零件。因此电子束选区熔化成形被认为是最适合成形钛基合金的增材制造方法。

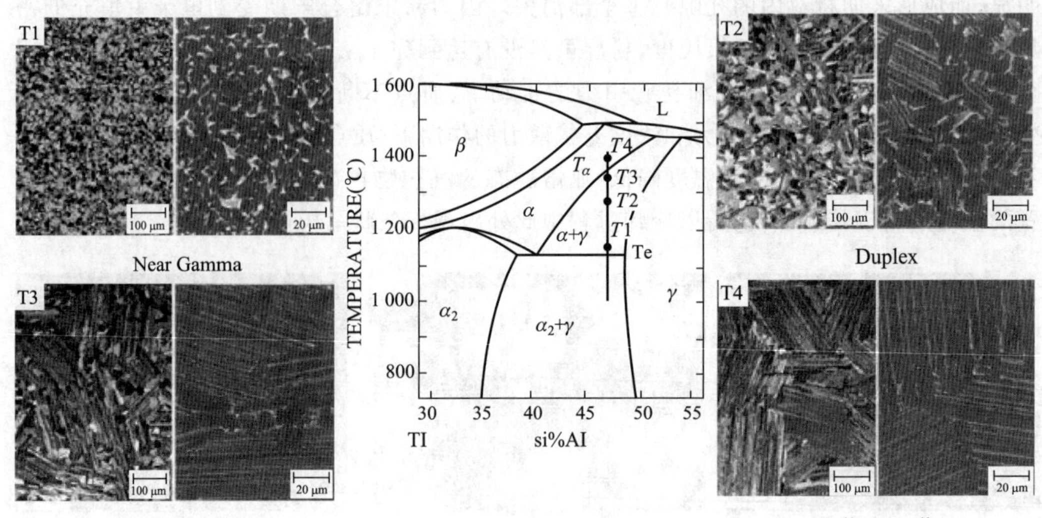

图 7-3　TiAl 合金的四种显微组织

7.4　铝基合金材料

铝合金具有轻质、强度高、耐高温等优异特性，在航空领域，特别是在航空发动机涡轮叶片上具有重要的应用价值。然而，铝合金在室温下脆性大、热变形能力低，采用传统的锻造、精密铸造、粉末冶金等技术难以制造复杂形状制件（特别是具有内部空腔结构的钛铝合金叶片），限制了其制件性能的进一步提升。增材制造技术能够突破制件形状的制约，有望发展成为制造钛铝合金复杂结构零部件的新技术。目前研究较多的电子束选区熔化成形铝基材料有 Ti6Al4V、Ti47Al2Cr2Nb 等。

钛铝合金凝固行为受冷却速度和合金成分影响较大。通常铝含量在 45%~49%范围内的钛铝合金发生包晶凝固反应，而铝含量较低的钛铝合金发生 β 凝固。而熔池尺寸、温度场的差异，会导致冷却速度和铝损失相差较大，从而产生了微观结构和相组成的区别，进而对制件力学性能产生影响。此外，分层熔化引起的定向冷却导致制件表现出明显的各向异性，甚至同方向不同成形阶段处的性能都有差异。

西北有色金属研究院的 Tang 等人对高铌钛铝合金的电子束选区熔化成形进行了研究。采用成分为 Ti45Al7Nb0.3W 的钛铝合金作为研究对象，利用更高的预热温度和相应的热处理措施可以有效释放成形过程中的热应力，避免制件中微观和宏观裂纹的产生。电子束选区熔化成形的无裂纹缺陷高铌钛铝合金构件表现出优异的力学性能，其抗压强度可达 2 750 MPa，断裂应变达到 37%。

7.5　镍基合金材料

镍基合金是在 650~1 000 ℃高温下有较高的强度与一定的抗氧化腐蚀能力等综合性

能的一类合金，按照性能可细分为镍基耐热合金、镍基耐蚀合金、镍基耐磨合金、镍基精密合金与镍基形状记忆合金等。目前用于电子束选区熔化成形的镍基合金材料主要有Inconel625、Inconel718等，其广泛应用于航空航天领域。

目前电子束选区熔化成形材料的力学性能已经达到或超过传统铸造材料，部分材料的力学性能达到锻件技术水平，这与SEBM成形材料的组织特点密切相关。镍基高温合金的力学性能(图7-4)与锻件还存在一定的差距，一方面与SEBM成形材料存在气孔、裂纹等冶金缺陷有关，另一方面还与传统材料的合金成分和热处理制度均根据铸造或锻造等传统技术设计，未充分发挥SEBM成形技术的特点有关。

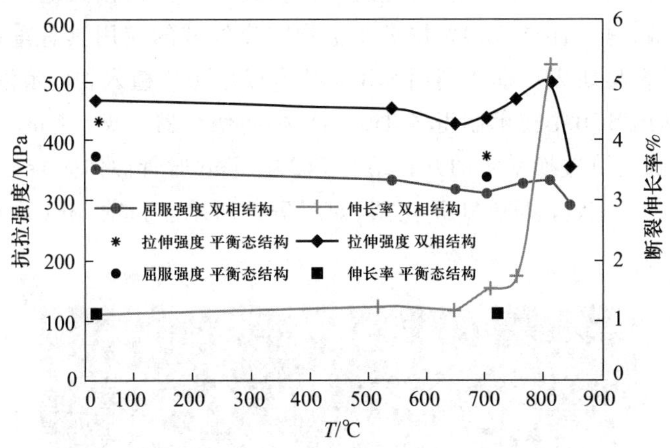

图7-4 SEBM成形TiAl合金不同温度下的拉伸力学性能

7.6 其他材料

目前，电子束选区熔化成形材料涵盖了不锈钢、钛及钛合金、Co-Cr-Mo合金、TiAl金属间化合物、镍基高温合金、铝合金、铜合金和铌合金等多种金属及合金材料，其中钛合金是研究最多的合金。

铜合金具有优良的导热、导电性能以及良好的抗腐蚀和延展性能，而且在金属系中铜的来源较广、成本较低，广泛应用在导电和导热材料、生物医学等领域。

在高温难熔金属中，铌合金熔点较高、密度较低。铌合金从20世纪80年代中期开始受到人们的关注，目前被研究的铌合金材料有Nb521、Nb-TiAl等。由于其熔点高，且具有优异的超导性、耐腐蚀及耐磨损性能，广泛应用于航空航天、超导材料及原子能等领域，尤其用作航空航天设备的推进系统高温材料，表现出优异的性能。

7.7 电子束选区熔化成形技术典型应用

7.7.1 个性化植入器械

近年来，生物医用金属材料得到了广泛应用。钛及钛合金具有弹性模量低、比强度高、耐腐蚀、生物相容性好等优点，是医疗植入物的首选材料。然而钛合金植入物和人体骨刚度的不匹配会造成应力屏蔽现象,导致骨吸收,引起假体松动。研究表明,使用多孔结构能够有效降低钛合金植入物的弹性模量,预防应力屏蔽现象。由于钛合金的熔点较高,在高温下对氧气等气体化学亲和性极高,使用传统制造技术制造钛合金多孔结构存在困难,孔隙大小和形状也很难控制。粉末材料的电子束选区熔化成形是在真空环境下完成的,更有利于获得性能优良的钛合金产品,因而该技术在生物医疗领域得到了广泛应用。

Heinl 等利用电子束选区熔化技术成形了不同类型的 Ti6Al4V 多孔结构,发现利用 SEBM 技术成形的多孔钛的弹性模量和人体骨的弹性模量在相似的范围内变化。此研究表明 SEBM 成形的多孔钛可作为用于骨置换的生物医用材料,极大地激发了科研人员对多孔钛的研究热情,对于促进 SEBM 技术在生物医疗领域的应用具有重要意义。在他们的研究基础上,更多科研人员加入利用 SEBM 技术成形医疗植入物的浪潮中,取得了诸多成果。Heinl 等利用 SEBM 技术制得了 Ti6Al4V 椎间融合器原型。Murr 等利用 SEBM 技术制造了用于全膝关节置换手术的开孔结构 Co29Cr6Mo 股骨假体。Yan 等利用 SEBM 技术制造了用于下颌骨重建的 Ti6Al4V 支架,如图 7-5 所示。目前,SEBM 技术已经应用于臼杯的批量生产中。

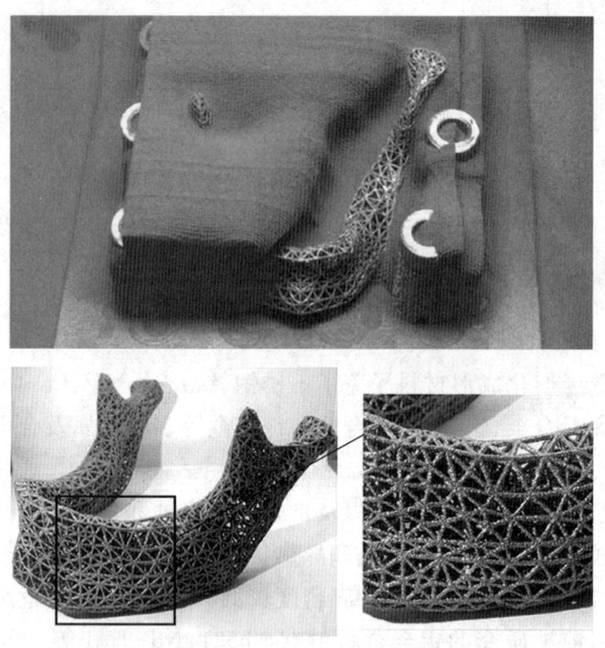

图 7-5 利用 SEBM 技术制造的 Ti6Al4V 支架

SEBM 技术在生物医疗领域的应用前景十分广阔。利用 SEBM 技术可实现医疗植入物的小批量定制化制造,可通过调节植入物的孔隙形状、大小与分布,使植入物的性能与人体骨的性能相适应,最大限度减少应力屏蔽现象。

7.7.2 轻量化结构

结构复杂是叶轮等航空航天零部件的特点之一,而电子束选区熔化成形技术可成形具有复杂形状的零部件,因而该技术在航空航天领域得到了广泛应用。CalRAM 公司利用

SEBM 技术制造了具有复杂内流道的 Ti6Al4V 火箭发动机叶轮，如图 7-6 所示。Avio 公司采用 SEBM 技术制造了航空发动机低压涡轮用 TiAl 叶片，如图 7-7 所示，引起了业内广泛关注。TiAl 合金，尤其是新一代高 NbTiAl 合金具有优良的高温强度、抗蠕变、高温抗氧化和阻燃性能，但其室温脆性和加工性能差，传统的加工制备方法均难以满足工程应用需要。Avio 公司成功制造出 TiAl 叶片表明 SEBM 技术可作为一种制造 TiAl 合金的新方法，给 TiAl 合金的研究指明了新方向。

图 7-6　利用 SEBM 技术制造的 Ti6Al4V 火箭发动机叶轮

西北有色金属研究院的研究团队利用 SEBM 技术制造了用于航空发动机润滑系统的 Ti6Al4V 蜂窝结构油气分离转子（图 7-8），该转子具有六角锥形孔道，压缩强度为 110 MPa，油气分离效率高达 99.8%，比泡沫结构的镍基合金油气分离转子的通风阻力更低。此研究结果表明，未来在制造油气分离转子时有望使用 Ti6Al4V 合金代替镍基合金，这对于实现航空航天零部件的减重具有重要意义。

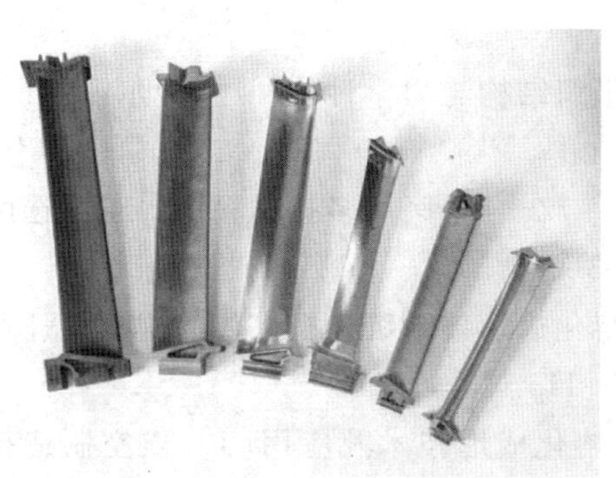

图 7-7　Avio 公司利用 SEBM 技术制造的 TiAl 涡轮叶片

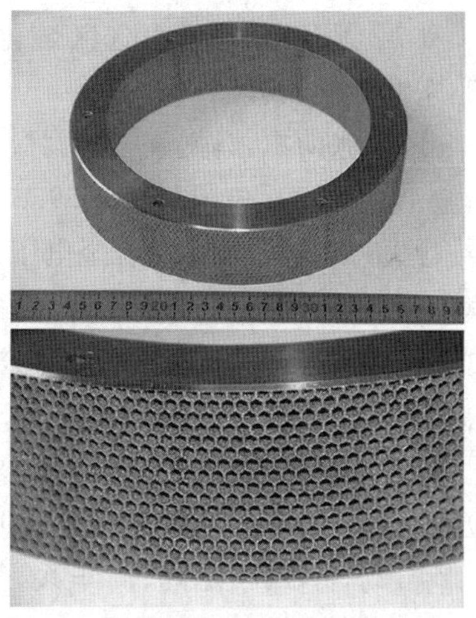

图 7-8　利用 SEBM 技术制造的 Ti6Al4V 蜂窝结构油气分离转子

思考题

1. 电子束选区熔化成形工艺与激光选区熔化成形工艺的区别在哪里？各有何特点？

2. 影响电子束选区熔化制件表面质量的因素有哪些？如何判断电子束选区熔化制件表面质量的好坏？

3. 电子束选区熔化成形有哪些独特的冶金缺陷（区别于铸造）？如何优化电子束选区熔化成形工艺，改善这些冶金缺陷？

4. 归纳电子束选区熔化成形装备的组成及核心元器件，并阐述其作用。

5. 电子束选区熔化技术还可以应用在哪些领域或特殊零部件的制造？

参考文献

[1] 汤慧萍，王建，逯圣路，等. 电子束选区熔化成形技术研究进展[J]. 中国材料展，2015，34(03)：225-235.

[2] 张学军，唐思熠，肇恒跃，等. 3D 打印技术研究现状和关键技术[J]. 材料工程，2016，44(02)：122-128.

[3] 颜永年，齐海波，林峰，等. 三维金属零件的电子束选区熔化成形[J]. 机械工程学报，2007(06)：87-92.

[4] 曾光，韩志宇，梁书锦，等. 金属零件 3D 打印技术的应用研究[J]. 中国材料进展，2014，33(06)：376-382.

[5] 郭超，林峰，葛文君. 电子束选区熔化成形 316L 不锈钢的工艺研究[J]. 机械工程学报，2014，50(21)：152-158.

[6] 邢希学，潘丽华，王勇，等. 电子束选区熔化增材制造技术研究现状分析[J]. 焊接，2016，(07)：22-26，69.

[7] 逯圣路. 电子束选区熔化技术成形 Ti6Al4V 合金微观组织演变的研究[D]. 沈阳：东北大学，2016.

[8] 张向东，马文娟，莫力林. 316L 粉末电子束熔化成形的熔合机制的研究[J]. 粉末冶金工业，2020，30(05)：55-59.

[9] 刘宝鹍. Nb521 合金电子束选区熔化及组织结构与力学性能[D]. 哈尔滨：哈尔滨工业大学，2019.

[10] 杨广宇，汤慧萍，刘楠，等. Ti-5Ta-30Nb-7Zr 合金医用多孔材料的电子束选区熔化成形及表征[J]. 钛工业进展，2017，34(01)：33-36.

[11] 赵培，贾文鹏，向长淑，等. 电子束选区熔化成形技术医疗植入体的优化设计及应用[J]. 中国医学物理学杂志，2018，35(01)：110-113.

[12] 冉江涛，赵鸿，高华兵，等. 电子束选区熔化成形技术及应用[J]. 航空制造技术，2019，62(Z1)：46-57.

[13] LI W，LIU J，WEN W F，et al. Crystal orientation，crystallographic texture and phase evolution in the Ti-45Al-2Cr-5Nb alloy processed by selective laser melting[J]. Materials Characterization，2016，113：125-133.

[14] YANG Y，WEN S F，WEI Q S，et al. Effect of scan line spacing on texture，phase and nanohardness of TiAl/TiB2 metal matrix composites fabricated by selec-tive laser melting [J]. Journal of Alloys and Compounds，2017，728：803-814.

[15] 张向东，马文娟，莫力林. 316L 粉末电子束熔化成形的熔合机制的研究[J]. 粉末冶金工业，2020，30(05)：55-59.

[16] 杨睿. 电子束选区熔化 3D 打印铜成形工艺研究[D]. 昆明：昆明理工大学，2020.

[17] 岳航宇. 电子束选区熔化成形 Ti-47Al-2Cr-2Nb 合金的组织及力学性能研究[D]. 哈尔滨:哈尔滨工业大学,2019.

[18] 阚文斌. 电子束选区熔化技术制备高 Nb-TiAl 合金的成形工艺和组织调控研究[D]. 北京:北京科技大学,2019.

第 8 章　电弧熔丝沉积成形金属材料

8.1　电弧熔丝沉积成形原理及工艺

电弧熔丝沉积成形又称电弧熔丝增材制造技术（wire and arc additive manufacturing, WAAM），是一种利用逐层熔覆原理，采用焊机产生的电弧为热源，通过丝材的添加，在程序的控制下，根据三维数字模型由线—面—体逐渐成形出金属零件的先进数字化制造技术。它不仅具有沉积效率高、丝材利用率高、整体制造周期短以及易于修复零件等优点，还具有原位制造、复合制造以及成形大尺寸零件的能力（图 8-1）。

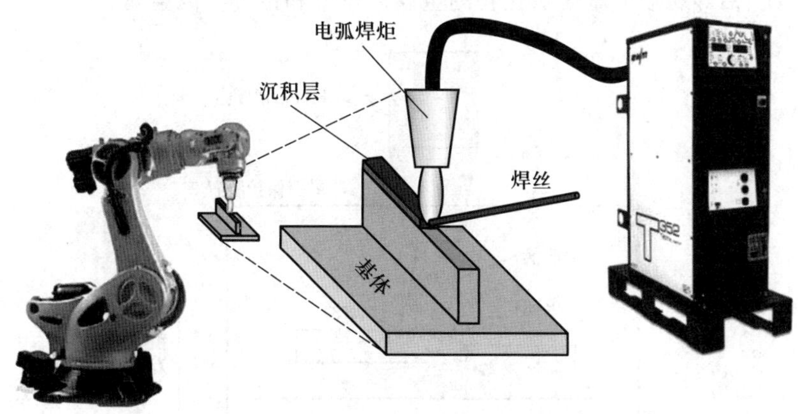

图 8-1　电弧熔丝沉积成形工艺技术过程

WAAM 技术的原型可追溯到 1925 年西屋电气公司 Baker 申请的一项采用电弧为热源逐层堆焊制造 3D 金属物体的专利。20 世纪 70 年代，德国学者首次提出以金属焊丝为原料，采用埋弧焊接的方式制造大尺寸金属零件的概念。1983 年德国某公司利用计算机控制 16 台埋弧焊机，成功制造了大型圆柱形壳体零件，其沉积效率达到 300 kg/h，但是其成形精度较差。20 世纪 90 年代，受益于计算机技术及数字化控制技术的快速发展，WAAM 技术结合数字控制手段在成形大型复杂结构件上表现出巨大的优势，大幅度提高了成形精度。1996 年，Ribeiro 等设计了一套机器人和 GMAW（熔化极气体保护电弧焊）相结合的快速成形系统，并成功制造出精度较好的零件。

2007 年，英国克兰菲尔德大学开展了 WAAM 技术的研究工作，并将该技术应用于飞机机身结构件的快速制造。2013 年，F. Wang 为庞巴迪公司生产的 Ti6Al4V 飞机起落架合金支撑外肋（图 8-2），被欧洲宇航局称为突破性的金属 3D 打印技术，自此，WAAM 技术正式成为金属增材制造技术研究领域又一新的方向。

图 8-2　Ti6Al4V 飞机起落架合金支撑外肋

现代 WAAM 技术因其制造柔性高、技术集成度高、材料利用率高且材料种类敏感度低、设备成本低和生产效率高等优点,具有广阔的发展前景。特别是近十年来,国际上越来越多的科研机构相继开始 WAAM 技术的研发工作,如英国克兰菲尔德大学、美国南卫理公会大学、澳大利亚伍伦贡大学、日本大阪大学等。国内研究 WAAM 技术的高校有华中科技大学、哈尔滨工业大学、西北工业大学、西安交通大学、南昌大学等。

8.1.1 丝材熔化和凝固过程

图 8-3 所示为电弧熔丝沉积成形丝材熔化和凝固的过程,该技术以电弧为热源,丝材为原材料,利用离散—堆积的思想,将三维模型切片为二维,再逐层堆积,得到接近于产品形状和尺寸要求的三维实体。根据电弧的不同,电弧熔丝沉积成形可分为熔化极惰性气体保护电弧焊(MIG)和非熔化极惰性气体保护电弧焊(TIG)。MIG 焊焊接速度快、熔覆效率高,适用于不锈钢及铜合金等;由于 TIG 焊能很好地控制热输入且能量更高,所以更加适用于镁、铝等易形成难熔氧化物的金属以及钛和锆等活泼金属。

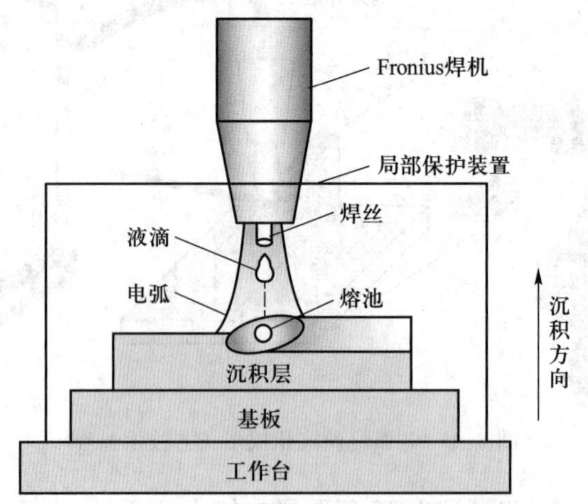

图 8-3 电弧熔丝沉积成形丝材熔化和凝固的过程

以粉末为原材料的增材制造技术与 WAAM 技术相比,粉末的价格较丝材更高,沉积效率较低(一般为几十到几百克/小时,而电弧增材制造可达到几千克/小时),对水分及污染等更加敏感,存在安全隐患;以激光和电子束等高能束为热源的增材制造技术与 WAAM 技术相比,设备成本高(一般比电弧增材制造系统大一个数量级),运行成本高(电光转化效率低,一般为 20%,而电弧焊中电的转化效率可达到 80%),另外,由于需要采用全惰性气体保护,所以制作零件的尺寸有限,而 WAAM 制造绝大多数金属零件时,可采用局部气体保护,可制作的零件尺寸更大。

8.1.2 熔池特征

不同于激光及电子束等高能束,电弧熔丝沉积成形载能束具有热流密度低、加热半径大、热源强度高等特征,熔池体积比较大。此外,该技术成形过程中往复移动的瞬时点热源与成形环境相互作用强烈,其热边界条件具有非线性时变特征,又因为原材料种类、电弧力、电源特性等扰动因素的存在,使得熔池成为一个不稳定的系统,导致成形零件的表面波动较大,成形件表面质量较差,往往需要进行二次表面机械加工。在电弧熔丝沉积成形过程中,工艺稳定性控制是获得制件连续一致形貌的难点,尤其对于大尺寸构件,热积累引起的环境变量变化更加显著,达到定态熔池需要更长的过渡时间。实现工艺稳定性控制以保证成形尺寸精度,是现阶段 WAAM 制造的研究热点。电弧熔丝沉积成形的先决条件是可以连续一致地逐层堆焊,故要求成形过程中各单层的成分、组织、性能等可满足良好稳定的重复再现性。

基于成形表面质量的要求,国内外相关研究机构在 WAAM 成形设备、成形过程在线监测和实时反馈控制技术和工艺稳定性的参数控制及优化等方面开展了大量的研究工作。基于视觉传感系统的焊接质量在线监测与控制技术首先被移植应用于该领域,并取得了一定成果。

WAAM 是以高温液态金属熔滴过渡并逐层累积的方式成形的,成形过程中随着堆焊层数的增加,成形件热积累严重,散热条件变差,以至熔池凝固时间增加,熔池形状难以控制。尤其在零件的边缘,由于液态熔池的存在,零件的边缘形貌与成形尺寸的控制更加困难。因此,电弧熔丝沉积成形系统除了具有基本成形硬件条件外,还需要对每一沉积层的表面形貌、质量及尺寸精度进行在线监测和控制的装备。在焊枪处安装红外温度传感器,被动反馈层间温度的控制方式,依赖于人为目标参数的设置;而直接以熔覆层的形貌尺寸特征作为信号源,通过在线监测尺寸信息,实现反馈调节的方式更加可取。

图 8-4 所示为美国 Tufts 大学 Kwak 等建立的 WAAM 成形与监测控制系统。利用焊枪进行堆焊成形,等离子焊枪进行在线热处理。通过两套结构光传感器对熔覆层形貌特征进行监测,一套红外摄像机用于成形件表面温度在线监测。通过双输入输出闭环控制系统,以焊接速度和送丝速度作为控制变量,熔覆层堆高和层宽作为被控变量,实现对成形过程中成形尺寸的实时闭环控制。

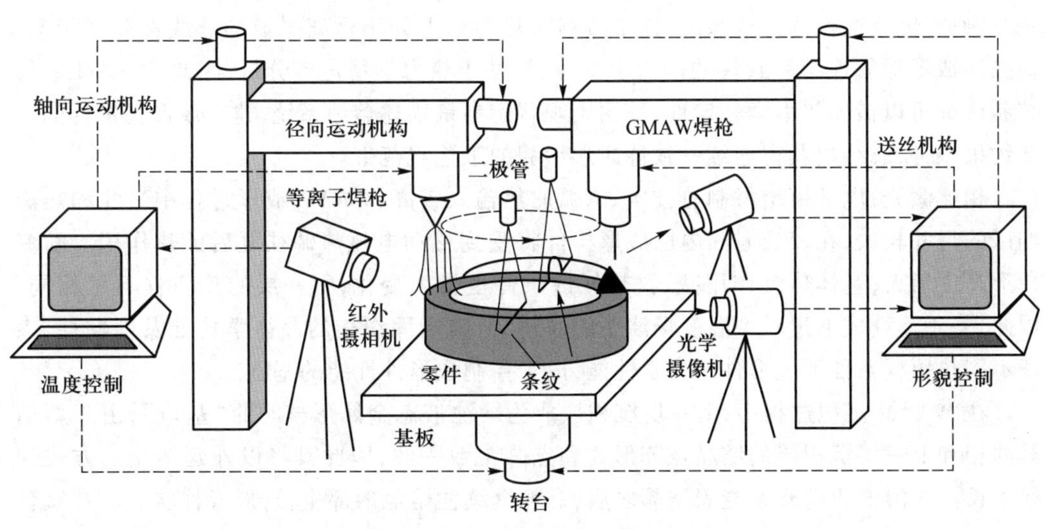

图 8-4　WAAM 成形与监测控制系统

张广军等设计了一套用于焊道特征尺寸控制的双被动视觉传感系统(图 8-5),可同时获得熔覆层宽度和焊枪喷嘴到熔覆层表面的高度图像,实现了熔覆层有效宽度、堆高等参数的在线准确检测,并以熔覆层有效宽度为被控变量,焊接速度为控制变量,设计了单神经元参数自学习 PSD 控制器,通过模拟仿真和干扰试验验证了控制器的性能。参数自学习 PSD 控制器在熔覆层定高度、变高度控制中均可获得良好的控制效果,同时通过对熔覆层表面到焊枪喷嘴的距离进行监测和自适应控制,满足了 WAAM 成形稳定性的要求。

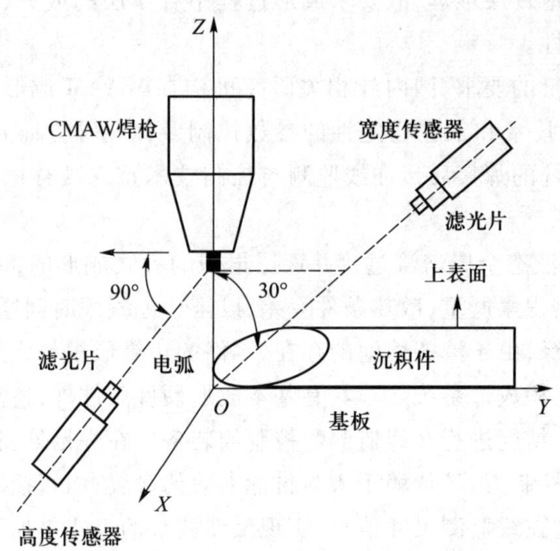

图 8-5 双被动视觉传感系统示意图

8.1.3 熔池动力学

WAAM 成形是一个连续逐点控制熔池体系的过程,伴随热源移动,熔池可视为持续进行物质、能量交换的开放系统,这个过程在热力学上处于远离平衡的非线性非平衡态。而描述成形形貌连续一致性的动力学特性,需基于热力学稳定性分析,因此,WAAM 成形控制研究可以借助热力学稳定性,采用宏观状态参量描述熔池系统,建立成形稳定性的工艺约束条件,总结出获得连续一致性成形形貌的工艺规范带。

相比激光、电子束增材制造技术,电弧的热输入较高,WAAM 成形过程中熔池和热影响区的尺寸较大,在较长时间内已成形构件将受到移动电弧热源往复后的热作用。随着成形高度增大,基体热沉作用减弱,热耗散条件也发生变化,每一层的热历程不尽相同。因此,基于连续成形过程中温度场演变的规律,研究凝固织构的晶体学特征及周期性,表征不同热历程条件下成形件的力学性能,成为控制成形件性能的基础。

在 WAAM 沉积过程中,上一层沉积层成为熔池液态金属形核时的“基板”,由于新结晶的相和上一层沉积层的结晶点阵形式和点阵常数一致,因此其将以外延结晶的方式开始生长。在溶池边沿开始凝固结晶之后,晶粒继续往熔池内部生长,形成柱状晶。在钛合金的 WAAM 成形过程中,柱状晶会从底部一直生长至顶部,如图 8-6 所示。由于柱状晶的生长具有方向性,因而导致 WAAM 零件的力学性能具有一定的方向性。华中科技大学何智利用超声冲击 WAAM 钛合金(TC4)零件后发现,超声冲击促进了沉积层的位错增殖和位错的迁移,并使晶粒破碎,在后续的热循环作用下发生回复再结晶,使沉积层内部由柱状晶转变为细小的等轴晶。

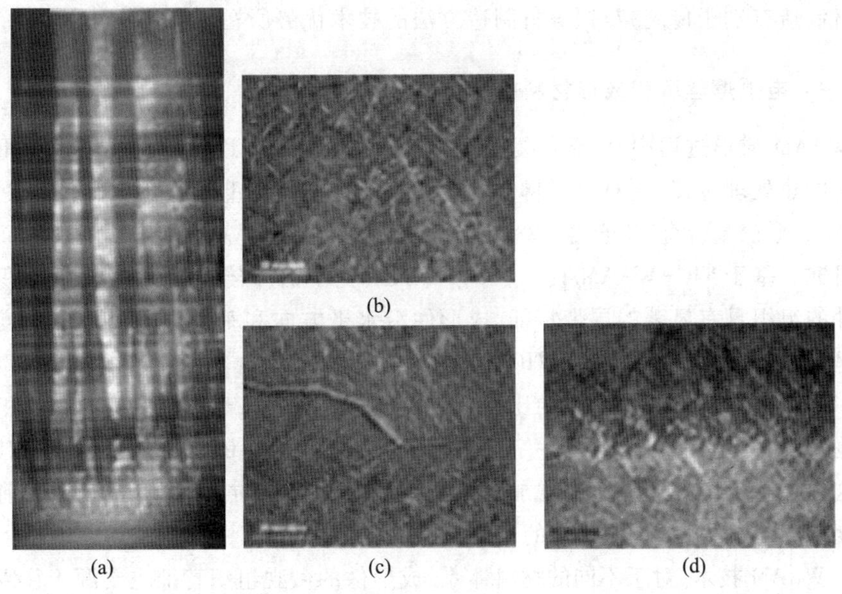

图 8-6 WAAM 钛合金试样的柱状晶

Zhao 等人利用有限元分析法研究 WAAM 成形中复杂的热应力和残余应力问题。结果表明,随着沉积高度的增加,熔池的热扩散条件变差,但在其他参数不变的情况下,可以通过优化沉积方向显著提高热扩散条件,同向沉积零件的热扩散条件优于反向沉积。关于残余应力问题的结论则相反,反向沉积比同向沉积对减小残余应力的效果更好,因此在 WAAM 成形中,协调同向和反向沉积有较大难度。

电弧熔丝沉积成形的本质是微铸自由熔积成形,逐点控制熔池的凝固组织可减少或避免成分偏析、缩孔、凝固裂纹等缺陷的形成。Baufeld 研究了 WAAM 成形件在不同方向上的拉伸性能和塑性,结果显示,虽然在不同方向上 TC4 成形件的抗拉强度相差不大,但是塑性表现出较大差异,其塑性沿成形方向最高达 19%,垂直于成形方向最高为 9%。

WAAM 成形过程利用热源平行移动,逐点控制局部熔池凝固,相比铸造的全局凝固,其离散化的凝固行为有利于避免热裂纹、气孔等宏观缺陷的形成。Wang 等沿不同方向在 TC4 单壁成形件的不同位置取样,研究 WAAM 成形 TC4 制件性能的各向异性,并以锻件拉伸试样作为参照对比对象,评价 WAAM 成形件的性能。其研究结果表明,在优化工艺参数的条件下,虽然沿成形方向和垂直于成形方向成形件的抗拉强度存在一定差异,但强度差异并不显著,且成形组织具有外延生长的晶体学特征,这决定了成形件具有优良的力学性能。

哈尔滨工业大学将 WAAM 作为重点发展方向进行研究,成形方法包含了 TIG 焊、MIG 焊和 CMT(冷金属过渡焊接技术)焊。西北工业大学凝固技术国家重点实验室利用 GTAW(钨极气体保护电弧焊)交流焊机和五轴数控机床搭建 WAAM 成形系统,主要研究 WAAM 成形的物理过程、熔池系统的稳定性、组织演变和性能优化等。

WAAM 成形过程受往复移动瞬时点热源的前热、后热作用,凝固织构的取向、分布、晶粒度等必然与成形件内部不同部位的热耗散等热物理过程相关,并产生应力分布场。因此,构建描述 WAAM 成形过程中的温度场、应力场的演变模型,预测成形件残余应力水平、尺寸精度,优化 WAAM 成形路径,从而实现"形性一体化"控制是研究的关键及难点,也是增材制造有别于传统减材、等材制造方法的技术优势所在。

8.1.4 电弧熔丝沉积成形材料的特点

在 WAAM 成形过程中，由于往复移动热源的热作用，导致先凝固层经历再重熔和多次非平衡的热处理过程，这对成形材料的微观组织特征具有重要的影响。近年来，研究者在 WAAM 成形镍基合金、铝合金、钛合金、不锈钢及高强钢等高性能金属材料方面开展了大量的研究。基于 TIG-WAAM 技术，Yang 等人研究了铝合金成形件，发现沿堆积高度方向成形件的组织具有显著的层带特征，成形件沿水平方向和垂直方向的抗拉强度和伸长率基本呈现各向同性特征。采用 TIG-WAAM 技术成形钛合金，Wang 等人研究发现，工艺参数中的峰值电流与基值电流的比值、脉冲频率对钛合金微观组织中初生 β 相晶粒的尺寸影响较小，但是，在热输入量一定的条件下，送丝速度对 β 相晶粒的尺寸具有显著的影响。这主要源于增大送丝速度增加了熔池结晶时的形核质点，并使固液界面前沿形成负的温度梯度，从而阻碍了柱状晶的长大。

基于 WAAM 技术，对于不同的材料体系，成形件的微观组织特征主要源于往复移动热源的热作用。通过控制电弧热输入量的大小及调整材料的成分结构，进一步揭示不同材料体系的微观组织演变机理，对控制 WAAM 成形件的微观组织及力学性能具有重要的意义。

8.1.5 电弧熔丝沉积成形工艺

如前所述，不同于激光及电子束增材制造技术，电弧熔丝沉积成形的熔池体积较大，而且成形过程中因冷态原材料、电弧力等扰动因素的存在，使得熔池成为一个不稳定的体系，但 WAAM 成形的先决条件是成形过程必须使熔池体系具备稳定的重复再现能力。在初期规律性研究阶段，主要基于电弧焊接技术，针对不同材料体系匹配不同的焊接方法及成形系统，甄选出关键影响因子，采用试验方法研究单层单道焊缝形状与最终成形零件表面质量的关系，建立成形质量与焊接关键工艺参数的关系[如焊速(TS)、焊丝直径(WD)、送丝速度(WFS)、导电嘴端面与工件距离(CTWD)、层间温度、电流、电压等]。

Escoar-Palafox 通过设计部分因子进行试验，采用统计方法探讨了 TIG-WAAM 成形件尺寸、弧长、焊速和热输入密度对成形件形貌、表面质量、体积收缩、组织等的影响，通过建立经验模型预测成形件的形貌尺寸特征。对于熔池体系而言，成形过程中能量和物质交换是持续进行的，在一定范围内，通过增大焊丝直径、提高送丝速度及焊速均获得了较好的成形表面。Ouyang 等人采用变极性 TIG 工艺堆焊成形 5356 铝合金构件，其研究关注点主要集中在焊接热输入的优化设计，指出影响成形尺寸精度、表面质量的关键在于弧长、基板预热温度及层间温度的精确控制。Almeida 等人利用高频脉冲 TIG 焊结合磁控电弧的方法，对 TC4 钛合金的堆焊工艺进行了研究，制备了多层单道垂直薄壁墙。其利用磁控稳弧技术控制热输入及熔池扰动的力源，获得了表面质量较高的多层单道薄壁墙。总之，无论采用何种方式优化工艺参数，本质上都是要降低扰动作用的影响，提高熔池稳定性。

在基于 TIG 的堆焊成形过程中，熔滴向熔池过渡的稳定性对于成形质量至关重要。电弧强度弱于激光、电子束等高能束，已堆焊沉积层形貌质量对下道次的堆焊表面影响较大，上一道次形貌特征在 WAAM 成形技术中表现出“遗传”特性，尤其是首道次成形。因基板的表面质量、清洁度、加工状态等不尽相同，首道次成形时应采用“强工艺规范”弱化基板对成形质量的影响。图 8-7 所示为不同送丝速度下首道次 TC4 合金的成形形貌,从图中可见,在大电流、相对较高的送丝速度(WFS = 10 m/min)下首道次 TC4 合金成形表面的“隆起”“凹陷”缺陷较弱,成形宽度方向的波动性较低。基于“强工艺规范”进行首道次成形时,因不必考虑熔池内熔融金属向两侧漫流(即重力对成形性的影响),向熔池内持续高速率输入材料弱化表面张力作用,成形体系以熔融态金属重力支配作用下的熔覆为主,可降低成形稳定性对基板特征的敏感程度,而获得连续、稳定、一致的成形形貌。

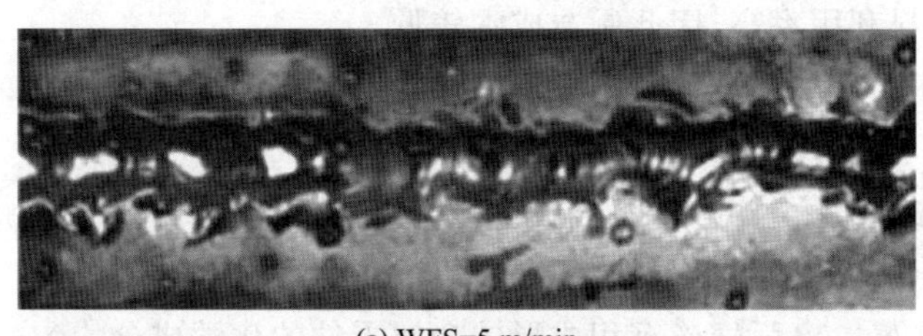

(a) WFS=5 m/min

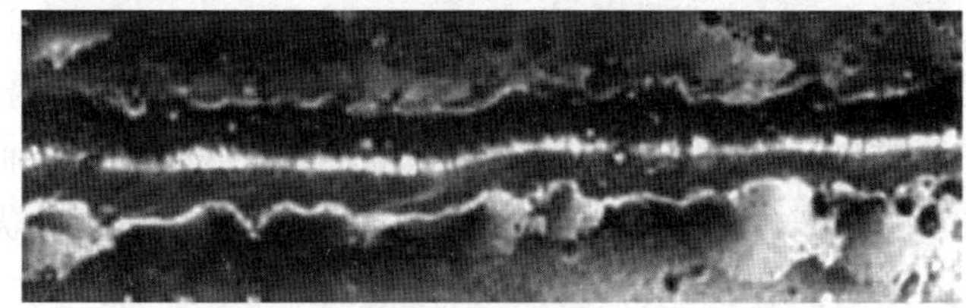

(b) WFS=10 m/min

图 8-7　不同送丝速度下首道次 TC4 合金的成形形貌

TIG-WAAM 技术因其电弧和焊丝的非同轴性,当成形路径复杂多变时,保持送丝方向与堆焊方向的相位关系依赖于行走机构,增大了成形及控制系统的复杂性。MIG-WAAM 技术虽然热输入较高,但成形速率更快,而且以焊丝作为电极,电弧、焊丝具有同轴性,不存在如 TIG-WAAW 成形中送丝方向与焊接方向的相位关系,成形位置的可靠性更高。Fronius 公司开发出 CMT 技术,因其具有超低热输入、熔滴过渡无飞溅、电弧稳定等特征,克服了 MIG-WAAM 技术的诸多弊端,在 WAAM 成形领域展现出独特的优势。2012 年英国研究人员系统研究了工艺参数(如焊速、送丝速度、焊丝直径等)对 CMT-WAAM 技术成形形貌(有效宽度、表面波动性等)的影响规律,以 WFS/TS 作为归一化变量,通过该比值调整焊速及送丝速度,以便在研究工艺与成形形貌的相互关系时工艺参数的变化水平具有可表征性。研究结果表明,CMT-WAAM 成形形貌的变化特征与 TIG-WAAM 技术类似,增大焊速、降低送丝速度、减小焊丝直径均可降低成形件的有效宽度。

增材制造以个性化、复杂化需求为导向,WAAM 独特的载能束特征及载能束与热边界强烈的相互作用,决定了针对不同的材料体系、结构特征、尺寸、热沉条件等,WAAM 成形工艺也不相同,无法如其他加工技术那样制定加工图或工艺规范带。这意味着需要通过探讨 WAAM 成形的物理过程,深入认识其成形基础理论,在材料、结构、形状、路径改变时,使成形工艺参数设计有“据”可依,以适于自由多变的 WAAM 成形过程。目前,国内外公开发表的探讨 WAAM 成形基础理论问题的文章较少,仅涉及成形过程温度场的演变及应力分布规律研究。从温度场演变规律出发,分析熔池热边界一致性的控制方法,并进一步从电弧参数和材料送进参数对成形过程的影响、熔池动力学、成形表面形貌演化动力学等相关问题出发,揭示电弧熔丝沉积成形的物理过程,应成为该领域研究工作的核心。

8.1.6 电弧熔丝沉积成形的特点

WAAM 技术采用电弧作为热源,热输入高,成形速度快,适用于具有大尺寸、复杂形态、低成本、高效率等要求的近净成形零件。与其他增材制造方法相比,电弧熔丝沉积成形具有低成本下能够得到较为致密且力学性能好的零件的特点。该技术具有以下优点:

(1) 制造成本低。电弧熔丝沉积成形制造系统一般采用的是价格相对低廉的通用设备,同时成形的材料利用率高,因此制造成本较低。

(2) 生产效率高。电弧熔丝沉积成形制造出来的部件只需要少量的机械加工,减少了工序,大大节约了成形时间。

(3) 可以成形复杂大尺寸零件。电弧熔丝沉积成形基于堆砌和焊接的原理,成形部件的形状、尺寸及质量几乎是无限的。

(4) 零件性能好。电弧熔丝沉积成形的金属零件的化学成分均匀,力学性能好。

与铸造、锻造工艺相比,电弧熔丝沉积成形无需模具,整体制造周期短,柔性化程度高,成形件显微组织及力学性能优异,材料利用率高,能够实现数字化、智能化和并行化制造,对设计的响应快,特别适合于小批量、多品种产品的制造;与以激光和电子束为热源的增材制造技术相比,电弧熔丝沉积成形具有沉积速率高、制造成本低等优势,且对金属材质不敏感,可以成形激光反射率高的材料(如铝合金、铜合金等);与 SLM 技术和 SEBM 技术相比,WAAM 技术还具有制造零件尺寸不受设备成形缸和真空室尺寸限制的优点。

尽管具有以上优点,由于现有技术的限制,电弧熔丝沉积成形存在成形零件表面不平整、表面粗糙度高的问题。电弧作为柔性、发散的气态导体,容易受工艺因素以及其他环境因素的影响而产生波动,导致熔池稳定性下降,使得最终成形件的表面粗糙度较大,成形质量低。激光具有功率密度高,加热集中的优点,然而基于激光的增材制造技术在成形大型结构件时耗时长,材料利用率较低。激光电弧复合技术结合了两种物理性质和能量传递机制不同的热源,不仅保留了两种热源的优点,而且避免了各自的缺点。与此同时,两种技术的有机结合也产生了很多新的工艺特征。

8.2 铁基合金材料

近年来,研究者分别研究了 C-Mn 钢、2Cr13 马氏体不锈钢、马氏体时效钢及 316L 不锈钢等 WAAM 成形件的组织特征和力学性能。Li 等人研究 316L 不锈钢 MIG-WAAM 成形件发现,沿堆积高度方向,从宏观角度观察,成形件的组织呈现显著的层带特征,相邻堆积层之间不同界面处的微观组织特征也发生显著的变化,成形件的拉伸力学性能可与 316L 锻件相媲美。王桂兰等人研制出电弧微铸轧复合增材制造系统,无模直接成形出熔铸成形性和可焊性极低的 45 钢大壁厚差高强度零件,制件微观组织更细小、力学性能更好,解决了难成形加工高强韧金属零件的低成本快速成形难题。T. Skiba 等人利用 TIG-WAAM 技术制备了 308 不锈钢试样,研究其组织和力学性能,发现试样组织由奥氏体和铁素体组成,试样的力学性能与传统方法制备的试样相当,且不存在各向异性问题。刘奋成等人利用 MIG 制备了 316L 不锈钢单道多层试样,对 316L 不锈钢电弧堆焊快速成形工艺及制件组织性能进行研究,发现其显微组织具有外延生长特性,为自下而上连续生长的粗大柱状晶，并比较了有无热累积情况对试样组织和力学性能的影响。

8.3 钛基合金材料

钛合金的比强度高，材料成本高，急需相比传统减材制造方法更加有效且成本低廉的替代制造方案，而WAAM工艺就特别适用于结构复杂的大尺寸钛合金零件的生产制造。利用TIG-WAAM技术，Baufeld等人制备了TC4钛合金单道多层试样，研究了TC4钛合金的成形工艺和力学性能，发现其试样上部为针状魏氏组织，下部为粗大片层状魏氏组织，且试样的力学性能存在各向异性。Bermingham等人研究发现，增大钛合金中硼元素的含量能够消除α晶粒的晶界和α团簇现象，细化α相板条的尺寸，阻止柱状晶β相的生长，降低柱状晶β相的宽度，同时，硼元素的增加不仅能够保证成形件的压缩强度，而且提高了成形件的塑性。

Wang等人采用局部保护利用TIG-WAAM技术制备了TC4钛合金单道多层试样，研究了TC4钛合金的组织和力学性能，发现试样宏观组织为β相柱状晶粒。试样上部为针状的魏氏组织，下部为粗大的魏氏组织，试样的力学性能具有各向异性。Shi等人利用激光选区熔化技术和电弧熔丝沉积成形技术复合制造方式制备了TC4钛合金多道多层试样，研究了TC4钛合金的组织和力学性能，发现试样形成致密的冶金结合，试样断裂在WAAM区域，SLM试件的力学性能稍微高于WAAM试件的力学性能，而SLM-WAAM试件中沉积方向的力学性能高于焊接方向的力学性能。万晓慧等人利用TIG-WAAM对TC11钛合金钨极氩弧焊工艺试验进行了研究，发现试件的焊缝组织为细针状马氏体，接头的抗拉强度与母材相当，塑性则比母材有较大降低。

8.4 铝基合金材料

目前，对于WAAM技术制造铝合金的研究主要集中于电弧模式、丝材种类、过程参数及其他辅助措施等对构件成形及组织性能的影响。虽然已经成功进行了不同系列铝合金的制造试验(包括Al-Cu，Al-Si和Al-Mg)，但WAAM的商业价值主要在于制造大型复杂的薄壁结构。WAAM技术在铝合金加工中的商业应用较少的原因之一是使用传统加工工艺制造小而简单的铝合金部件的成本很低；另一个原因是，由于湍流熔池和焊接缺陷(在沉积过程中经常发生)，一些铝合金系列难以焊接。

基于TIG-WAAM技术，Geng等人研究了铝合金成形件，发现沿堆积高度方向成形件的微观组织具有显著的层带特征，而且沿堆积高度方向和水平方向试样的抗拉强度和屈服强度基本呈现各向同性特征。Zhang等以Al-5Mg和Al-5Si两种焊丝为填丝材料进行铝合金电弧熔丝沉积成形制造，通过控制两种焊丝的送丝速度，获得不同Mg和Si含量的Al-Mg-Si合金薄壁构件，研究了不同Mg/Si比及热处理工艺对薄壁构件组织及性能的影响。结果表明合金组织主要由柱状晶及少量等轴晶组成，呈非均匀分布。

在利用WAAM技术制造铝合金时构件内部易产生气孔，有部分研究人员围绕气孔进行了探究。Bai等人采用TIG焊接结合辅助送丝制造出了2219-Al合金，对其力学性能与微观组织进行了探究，结果显示WAAM 2219-Al合金的力学性能表现为各向同性。

Cong 等人系统研究了不同 CMT 电弧模式及沉积路径对 2319-Al 合金电弧熔丝沉积成形构件组织性能及气孔分布的影响。Gu 采用 CMT 焊接技术,通过层间轧制工艺分别研究了层间轧制工艺对 2319-Al 合金和 5087-Al 合金构件孔隙率的影响。Wang 等人采用 CMT 电弧熔丝沉积成形制造 Al-5Si 合金,探究了不同电弧电流与脉冲频率对其宏观组织、微观组织、孔隙率和拉伸性能的影响。K. F. Ayarkwa 等人采用 AC-TIG 焊接技术制造出 5556-Al 合金,探究了在电流、频率恒定的条件下,单位周期钨极为负极所占时间比对 WAAM 构件的影响。

8.5 镍基合金材料

镍基高温合金在 550 ℃以上具有出色的强度和抗氧化性,广泛应用于航空航天、化学和船舶工业等领域。研究人员利用 WAAM 技术制造试件,研究了各种镍基超合金,包括 Inconel718 和 Inconel625 合金。基于 TIG-WAAM 技术,Wang 等人研究了镍基合金成形件的微观组织特征,发现沿堆积高度方向成形件具有明显的层带特征,层带处由典型的柱状晶组织构成,层带中不同区域的微观组织无显著的差异,但是,析出相的含量发生了显著的变化;在紧邻基板的区域,由于基板的强制冷却作用,冷却速率较高,形成胞状晶组织;在顶层附近区域发生定向枝晶向等轴晶转变的现象。成形件沿水平方向的抗拉强度显著高于垂直方向,伸长率呈现各向同性特征。Clark 等人利用 TIG-WAAM 技术制备了 Inconel718 多道多层试样,研究了镍基合金的堆焊成形技术,发现镍基合金在高温下会产生比较严重的偏析,力学性能恶化(与裂纹的生成与析出相有关)。

8.6 其他材料

WAAM 技术起源于弧焊中的堆焊技术,所以 WAAM 所用的不同成分和规格的丝材(包括实心丝材和粉芯丝材)也起源于焊接和热喷涂所用丝材,但 WAAM 技术对丝材的成形稳定性要求更高。WAAM 工艺使用的丝材是焊接工业生产线材,可以采用多种合金作为原料。

研究人员对使用 WAAM 技术制造其他金属也进行了研究,如镁合金 AZ31 应用于汽车,Fe/Al 金属间化合物、Al/Ti 化合物、双金属钢/镍和钢/青铜零件用于航空工业等。大多数研究都集中在确定简单直壁结构样品的微观结构和力学性能,而不是开发制造功能部件的工艺。制造具有精确设计成分的金属间部件仍然是 WAAM 工艺的主要挑战。

8.7 电弧熔丝沉积成形技术典型应用

8.7.1 大型复杂构件

目前,大型整体钛合金、铝合金结构在飞行器上的应用越来越多,虽然大型一体化结构件可显著减轻结构的重量,但通过传统减材、等材加工制造这些结构面临巨大困难。如美国 F35 的主承力构件需几万吨级水压机压制成形,后期需要大量烦琐的铣削、打磨等工序,制造周期长。

随着轻量化、高机动性先进航空飞行器的发展,飞机结构件也向着轻量化、大型化、整体化方向改进,低成本、高效率地制造可靠性高、功能结构一体化的大型航空结构件成为航空制造技术面临的新挑战。电弧熔丝沉积成形以连续“线”作为基本构型单元,适于机体内部框架、加强肋及壁板结构的快速成形。

采用增材制造方法制造大型框架、整体筋板、加强筋和加强肋等依赖于机械加工设备的结构件,可打破国外对我国大吨位、高自由度机加工设备的技术封锁,加快我国先进航空飞行器的研发进度。

受限于传统加工技术,现代飞机零部件在结构、重量、形状等诸多方面有所妥协,以便于加工制造。电弧熔丝沉积成形技术在结构优化设计上具有优势,有更大的设计自由度,可显著降低结构的重量。克兰菲尔德大学采用 MIG-WAAM 技术制造钛合金大型框架构件(图 8-8),沉积速率达到数千克每小时,焊丝利用率高达 90%以上,该产品的成形时间仅需 1 h,产品缺陷极少。2015 年,纽约投资 1.25 亿美元建立工业规模的 3D 打印工厂,其主要成形技术为电弧熔丝沉积成形,首要目标是改变目前航空结构件大余量钛合金的去除状况,实现航空零部件制造的高效、低成本和高材料利用率,其制造的某 WAAM 成形零件成本可降低 50%~70%,产品上市时间缩短 75%。

(a) 成形态

(b) 机械加工后

图 8-8　钛合金大型框架构件

欧洲空中客车公司、英国宇航系统公司 BAE System 以及欧洲导弹生产商和法国航天企业 Astrium 等,均利用 WAAM 技术实现了钛合金以及高强钢材料大型结构件的直接制造,大大缩短了大型结构件的研制周期。图 8-9 为 BAE System 公司采用 WAAM 技术制造的高强钢炮弹壳体。

图 8-9　WAAM 技术制造的高强钢炮弹壳体

Lockheed Martin 以 ER4043 焊丝为原料，采用 WAAM 方法研制出了大型锥形筒体，高约 380 mm；Bombardier 采用 WAAM 技术在大型平板上直接制造了大型飞机肋板，长约 2.5 m，宽约 1.2 m。

目前 WAAM 技术的自动化水平较低，且相关程序数据库尚未建立，该技术只能制造几何形状及结构较为简单的零件。该技术制造的成形件精度相对其他增材制造技术成形件略低，一般需要进行后续机械加工，尚未在航空航天领域获得大规模工程化应用。

国内武汉天昱智能制造有限公司研发出基于电弧的 3D 打印核心专利技术，其自主开发的电弧/等离子弧/激光一体微铸锻复合 3D 打印大型设备，可打印金属件的尺寸范围为 5 000 mm×2 000 mm×1 500 mm，涵盖大、中、小各种规格不同材料复杂样件。在核电装备领域，2018 年 2 月 4 日，中广核核电运营有限公司利用 WAAM 技术研发制造了核电站 SAP 制冷机热交换端盖备件，并在大亚湾核电站压缩空气生产系统中完成设备安装，通过设备运行再鉴定，是国内首例 WAAM 技术在核电领域的工程应用。

8.7.2 零件的快速制造与修复

WAAM 技术在航空航天领域的应用主要集中在原位制造和复合制造。原位制造包括原位生长和原位修复两方面。原位生长是指采用电弧熔丝沉积成形技术制造出所需零件。原位修复又有两种情况，一种是对新加工零件缺陷的修补，另一种是对磨损后不易拆卸旧零件的修补，有利于提高产品的成品率或延长已有零件的使用寿命。复合制造是在已有零件的基础上直接成形出所需要的新零件，且新零件的材料可以不同于已有零件的材料。对于异种金属零件的复合制造，可以通过改变焊丝的种类形成梯度材料的方法实现。目前，虽然 WAAM 设备的自动化水平相对较低，相关数据库短缺，难以实现大规模工程应用，但是随着人们的高度关注，WAAM 技术在航空航天领域零件的快速研制及小批量生产方面将有十分广阔的应用前景。

图 8-10 WAAM 技术制造的船舶螺旋桨

船舶制造业中大量使用大型结构件，且对结构件的致密度要求较高，以使其具备海洋环境下的高耐腐蚀性能，另外，远洋船舶在航行期间零件受损后较难在短期内更换，而 WAAM 技术设备成本较低，使用空间开放，成形速率快，在船舶制造和修复中尤为重要。2017 年，德国螺旋桨制造商 Promarin、鹿特丹增材制造实验室 RAMLAB、软件巨头 Autodesk 以及 Damen 集团合作使用 6 轴机械臂 WAAM 技术，制造出镍铝青铜合金船舶螺旋桨（图 8-10），螺旋桨直径 1 300 mm，重约 180 kg，是首个法国船级社联盟认证的金属 3D 打印船用配件，并用在 Stan Tug1606 拖船上成功通过试验验证。

2018 年，法国海军防务专家海军小组和工程学校中央南特采用 WAAM 技术成功制造出全尺寸螺旋桨叶片样件(图 8-11)。通过 WAAM 技术,可以设计制造出以往不能用标准生产技术制造的船用零部件,制造出效率更高、性能更多、隐身和节省质量的螺旋桨。

采用 KUKA KR30-HR 型机器人和福尼斯 VR7000-CMT 型焊接电源制造出舰船艉轴架样件(图 8-12),与 ZG510 成形件相比,堆积金属成形件具有更好的强韧性,舰船艉轴架模拟件没有出现裂纹、气孔等缺陷,尺寸偏差在 1 mm 以内。另外,对于船舶航行过程中零件的实时修复,该课题组也做了大量的研究工作,将基于视觉的监测系统、6 轴机器人臂以及铣削机床进行一体化集成,有望实现在远洋航行过程中实现受损零部件的快速智能制造和修复。

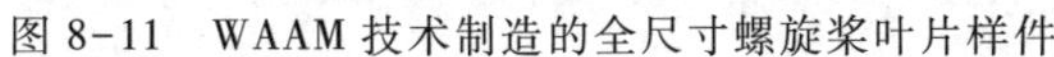

图 8-11 WAAM 技术制造的全尺寸螺旋桨叶片样件

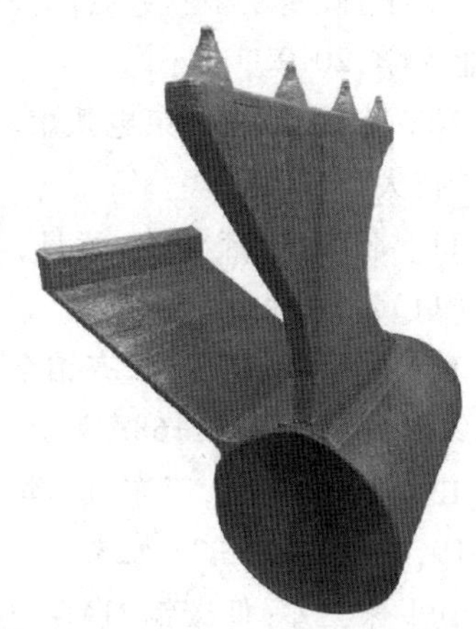

图 8-12 WAAM 技术制造的舰船艉轴架样件

思考题

1. 简述电弧熔丝沉积成形工艺的原理。
2. 电弧熔丝沉积成形的熔池有哪些特征?
3. 有哪些材料可用于电弧熔丝沉积成形?分别有什么特点?
4. 电弧熔丝沉积成形技术有哪些典型应用?

参考文献

[1] 王庭庭,张元彬,谢岳良. 丝材电弧增材制造技术研究现状及展望[J]. 电焊机,2017,47(08):60-64.

[2] 田彩兰,陈济轮,董鹏,等. 国外电弧增材制造技术的研究现状及展望[J]. 航天制造技术,2015,(02):57-60.

[3] 徐辉丽,陈希章,徐桂芳,等. 焊接快速成形技术的发展现状[J]. 材料导报,2015,29(11):114-118.

[4] 曹嘉明. 电弧熔丝增材制造高强钢零件工艺基础研究[D]. 武汉:华中科技大学,2017.

[5] 杨瑞林,李力军.新型低合金高强韧性耐磨钢的研究[J].钢铁,1999,23(7):41-45.

[6] 熊江涛,耿海滨,林鑫,等.电弧增材制造研究现状及在航空制造中应用前景[J].航空制造技术,2015,(Z2):80-85.

[7] 王世杰,王海东,罗锋.基于电弧的金属增材制造技术研究现状[J].金属加工(热加工),2018,(01):19-22.

[8] 张睿泽,从保强,齐铂金,等.Al-Mg-Si 合金电弧熔丝增材构件组织与性能[J].航空制造技术,2019,62(05):80-87.

[9] 王宣.基于多丝共熔的高强铝合金电弧增材制造方法及工艺研究[D].北京:北京工业大学,2019.

[10] 陈曦.激光约束电弧熔丝增材制造低合金高强钢构件表面质量研究[D].武汉:华中科技大学,2019.

[11] 耿海滨,熊江涛,黄丹,等.丝材电弧增材制造技术研究现状与趋势[J].焊接,2015,(11):17-21,69.

[12] 祁泽武,从保强,齐铂金,等.Al-Cu-Mg 合金电弧增材制造技术研究[J].焊接技术,2018,47(04):64-68.

[13] 王铥,王凯,丁东红,等.金属熔丝增材制造技术的研究现状与展望[J].电焊机,2019,49(01):69-77,123.

[14] 宋二军.低碳钢 MAG 电弧增材制造控形技术研究[D].湘潭:湘潭大学,2018.

第 9 章　其他增材制造技术成形金属材料

9.1　三维喷印技术成形材料

9.1.1　三维喷印技术成形原理

三维喷印技术(three-dimensional printing techniques,3DP)最初是由麻省理工学院(MIT)的 Emanual Sachs 等人于 20 世纪 90 年代初所开发。典型的 3DP 装备主要包括:黏结剂喷射、粉材供给、运动控制、计算机软硬件等系统(机械结构示意图见图 9-1)。其工作原理如下(图 9-2):铺粉装置将粉末在工作台铺平,打印喷嘴在工作台表面选区喷射黏结剂,喷射区域内的粉末材料黏结在一起,每扫描完一层,工作缸下降一个层厚的高度,同时送粉缸上升,重复上述过程,逐层叠加,直至三维实体零件打印完成。

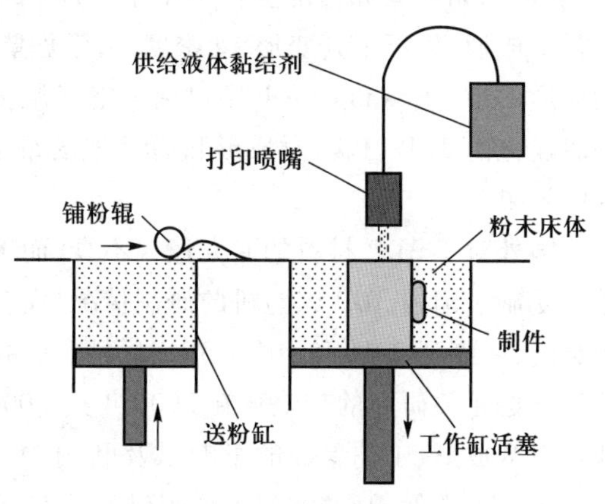

图 9-1　3DP 机械结构示意图

9.1.2　三维喷印技术成形材料

3DP 技术的一大特点就是成形材料的范围广,不像其他增材制造技术受材料种类的限制较多。材料研究也一直是 3DP 技术研究的重点,自 MIT 最早使用石膏和金属盐粉末进行 3DP 技术探究后,随着研究的推进,3DP 技术可使用的材料种类越来越多,对成形材料的研究也越来越深入。

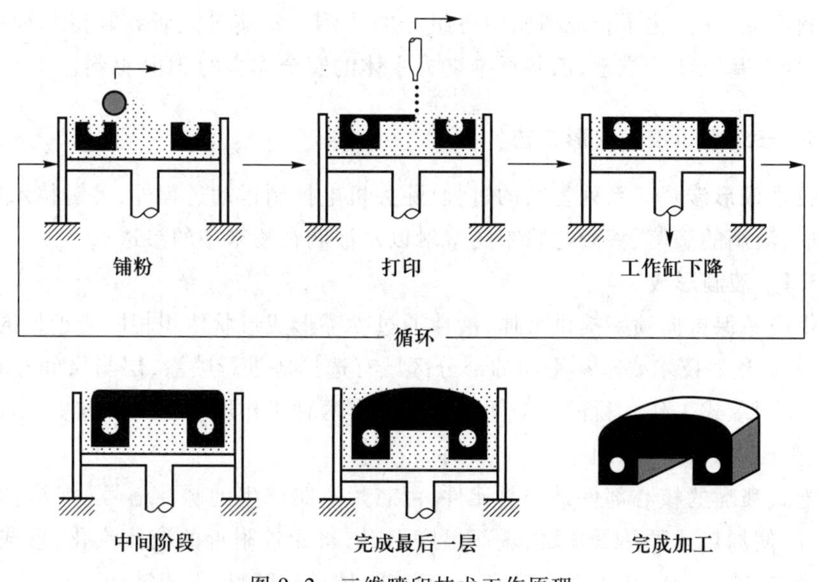

图 9-2　三维喷印技术工作原理

早期的研究中多使用理论上易成形的材料。如 Lam 等人研究淀粉基材料的成形，并利用该材料制造多孔细胞生物骨架；Li Sun 等人研究 420 不锈钢的成形，测试了成形件的多种力学性能。目前对于 3DP 材料的研究开始向生物材料、陶瓷材料以及特殊材料转变。Karen B. Chien 等人对大豆蛋白生物材料进行成形，研究了层与层间喷嘴运动方向夹角的不同对多孔结构制件结构性能、力学性能以及生物降解性能的影响；Hermann Seitz 等人对羟基磷灰石成形进行了研究，最后获得孔径为 450 μm、壁厚为 330 μm、压缩强度达到 22 MPa 的制件；E. Vorndran 等人分别对自然界中三种常见的不同形态磷酸镁的成形进行研究，制件的最高强度达到 36 MPa；Morelli 等人对 NiTi 记忆合金进行了研究，并最终获得了计算密度达到 95%的制件；Christopher 等人使用马氏体钢成形蜂窝结构，获得了壁厚为 270 μm，弯角桁架和内部孔径均小于 1 mm 的制件；Grant Marchelli 等人对多种玻璃材料进行了成形，分析了其变形率、密度、力学性能，并证明了原生玻璃和可回收玻璃具有相同的成形效果。Suwanprateeb 则讨论了空气湿度对于 3DP 材料成形效果的影响，选用了两种商业化的 3DP 材料，对成形和后处理的每个环节均设置了多种湿度环境，观察最终制件的效果。

国外对于 3DP 材料的研究经久不衰，而国内 3DP 材料的研究才刚刚走上发展的快车道。受制于国内 3DP 试验机的研制情况，而改装国外商业化设备进行材料研究又存在巨大难度，一直到 2010 年，国内 3DP 材料的研究都处于初级水平，研究的主要材料是石膏。最早开始相关研究的李晓燕在 2005 年至 2006 间连续发表多篇论文论述相关研究，内容涉及石膏成形、工艺参数的影响以及利用 Matlab 软件进行材料体系优化等。稍后，孙国光也进行了类似的研究，而王位则研究了在石膏粉末中加入分散剂和促凝剂对成形效果的增强作用。近两三年来，随着我国在原型机研发上的逐渐突破，越来越多的材料研究成果开始涌现。熊耀阳等人利用纯钛制造医用多孔植入体，后处理后获得孔隙率为 45%，抗压强度约为 61 MPa 的最终制件。钱超等人研究了羟基磷灰石的成形，获得了微观组织结构和抗压强度基本满足医用植入材料要求的多孔结构件。聂建华等人使用自主合成的羟基丙烯酸共聚树脂，制得了弯曲强度为 9.1 MPa、抗压强度为 26 MPa、柔韧性为 2 mm 的柔韧性塑料产品，并优化了合成树脂中各组分的比例。董宾等人研究制得一种由聚乙烯吡咯烷酮、羟丙基甲基纤维素、乙基纤维素为主体的安全无害的 3DP 材料。

9.1.3 三维喷印技术成形工艺

3DP 技术成形涉及一系列复杂的过程，除去机电控制运动过程外，关键技术过程主要有液滴形成、液滴的滴落、液滴与粉末的接触以及液滴在粉末中的渗透。

9.1.3.1 液滴形成

溶液供应站保持向喷嘴提供液体，液体通过喷嘴形成形状体积相同或近似的液滴，进而喷出。因为 3DP 技术要求在平面的部分区域有选择地进行喷涂，层与层间存在工作间隙，喷嘴按需间歇式工作。目前按需间歇式喷嘴有两种工作原理，一种是热气泡式工作原理，另一种是压电式工作原理。

热气泡式喷嘴的核心部件是加热元件，由芯片电路产生的脉冲信号（加热脉冲）作用于加热元件，使加热元件热量集聚，表面温度上升，将元件附近的液体汽化，形成小气泡，气泡体积增加，喷嘴中的压力随之升高，逐渐将液体压出喷嘴，形成液滴。

压电式喷嘴的核心部件是压电陶瓷片，利用压电晶体受到电信号刺激会发生形变的特性，将脉冲电信号作用于分布在流道壁内的压电陶瓷片，陶瓷片向流道内变形，将液体压出喷嘴，形成液滴。

9.1.3.2 液滴的滴落

在 3DP 成形过程中，液体离开喷嘴后不会立刻滴落，受各种因素影响，液体将在喷嘴出口处聚集，呈现椭球状或近似水滴状，达到一定程度后整个液滴滴落。图 9-3 所示为 3DP 成形中液体滴落的情况，清楚显示了液体在喷嘴出口处聚集至滴下的过程。对于成分单一的液体，影响液滴滴落的因素通常为重力、喷嘴内液体的压力以及液滴与喷嘴管壁的表面张力。3DP 技术中使用的液体通常为混合液体，成分复杂且多含有高分子溶质，这使得影响液滴滴落的因素更为复杂，同时液滴在空中的形貌也更难预测，很多情况下液滴并不是理论上认为的水滴状。图 9-4 为美国科学家 Christanti 和 Walker 利用高速摄像机拍摄到的具有相同溶剂（丙三醇）、溶质种类一致（聚环氧乙烷），但溶质分子量和浓度不同的溶液的滴落形貌。

图 9-3 3DP 成形中液体滴落的过程

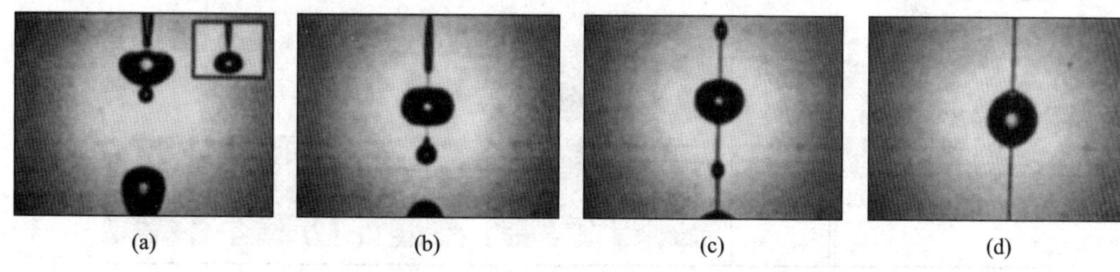

图 9-4 分子量和浓度不同的聚环氧乙烷/丙三醇溶液的滴落形貌

9.1.3.3 液滴与粉末的接触

根据澳大利亚科学家 Agland 等人的研究，液滴与粉末接触的过程及结果受液体系数 *We* 的影响，有多达五种情况。

受到喷嘴的限制，3DP 技术使用的液体 *We* 范围为 10～400，研究者认为液滴对粉末表面的接触过程近似于液滴对多孔介质表面的接触过程。液滴与粉层表面接触的简化过程如图 9-5 所示。液滴冲击粉末表面产生接触，随即在粉末表面铺展，铺展过程中受之前冲击的影响，液滴形貌同时会发生振荡变化，但液滴整体不会因此发生破碎，振荡逐渐趋缓，最终液滴在粉末表面润湿，呈球冠状。

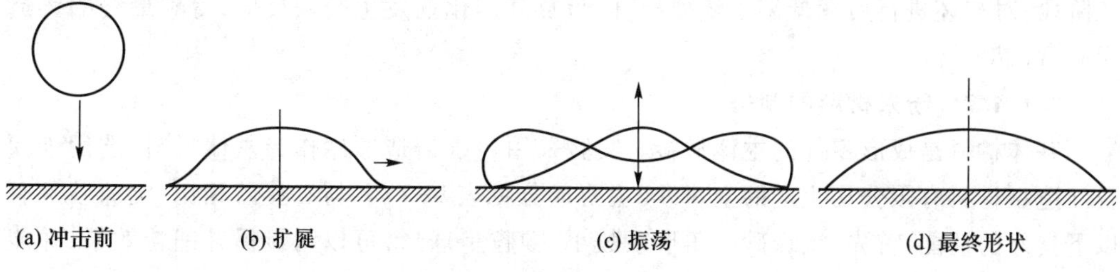

图 9-5 液滴与粉层表面接触的简化过程

9.1.3.4 液滴在粉末中的渗透

渗透随着液滴与粉末的接触开始进行，液滴形态稳定并在粉末表面完全润湿时，渗透将会明显加速。渗透主要的驱动力是毛细现象，依靠粉末与粉末间的空隙向内渗透。渗透过程大致分为两个阶段，第一阶段是部分溶液仍残留于粉末的表面但液滴形状逐渐由球冠状变为扁平状；第二阶段是液体完全在粉末内铺展的过程。研究还发现，除了溶液性质、空隙形态和拓扑结构外，温度、外界压力、滴落时的冲击速度等因素也会对渗透效果产生较明显的影响。

图 9-6 为高速摄像机拍摄到的黏结剂与羟基磷灰石 HA/硫酸钙混合粉末的接触及渗透过程，可以较清楚观察到从液滴冲击粉末表面到液滴完全渗透入粉末的全过程。

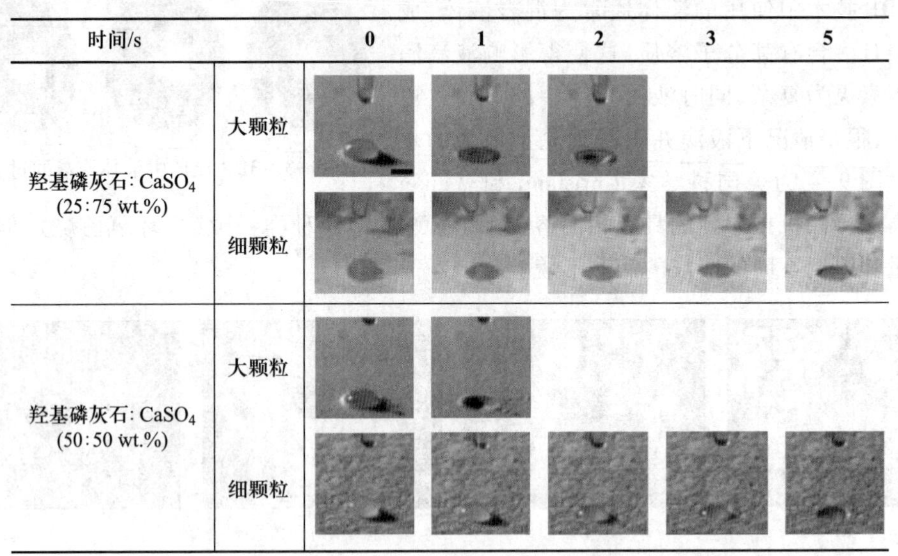

图 9-6 黏结剂与羟基磷灰石 HA/硫酸钙混合粉末的接触及渗透过程

9.1.4 三维喷印技术典型应用

现以三维喷印快速成形铸造型芯材料为例介绍三维喷印技术的典型应用。

9.1.4.1 黏结方法的选择

针对 3DP 快速成形砂型（芯）的难题，选择采用溶剂成形法（solvent forming）新工艺。该工艺原理如图 9-7 所示，分为三个阶段。第一阶段：喷嘴的运动将黏结剂选择性沉积在粉末表面，黏结剂通过毛细现象作用渗透入粉末并溶解覆膜砂颗粒表面树脂；第二阶段：黏结剂挥发后，溶解的树脂析出，颗粒之间通过树脂黏结桥黏结在一起，形成初坯；第三阶段：对初坯进行后续低温焙烧处理，树脂及其固化剂发生交联反应，得到最终的铸造用砂型（芯）。

9.1.4.2 粉末材料的制备

基体材料是成形零件的主体材料。实验采用传统铸造原砂作为基体材料，选用十堰长江造型材料有限公司生产的宝珠砂（主要成分见表 9-1）。与石英砂相比，宝珠砂具有以下良好的性能：首先，宝珠砂的角形系数小，颗粒呈球形，可以明显提升铺粉效果，并能改善树脂的均匀性，减少树脂用量；其次，宝珠砂的膨胀率小于石英砂，能有效减少因高温膨胀带来的砂型变形、裂纹、断裂等问题。

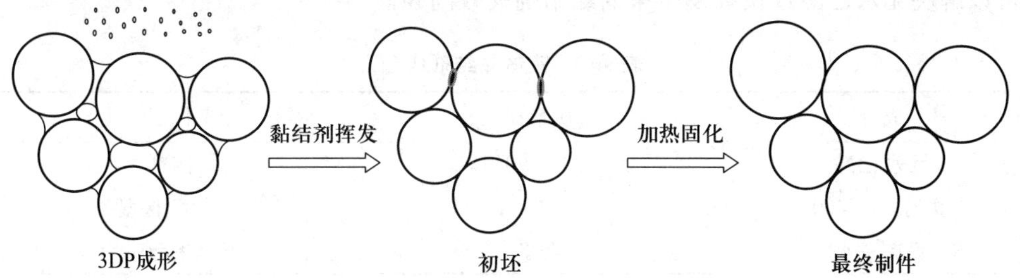

图 9-7　溶剂成形法工艺原理图

表 9-1　宝珠砂成分

成分	Al_2O_3	SiO_2	TiO_2	Fe_2O_3
占比/wt%	≥75%	8%～12%	2.5%～3.5%	≤5%

黏结材料主要起黏结作用。热塑性酚醛树脂是常用铸造用树脂砂树脂,其易于获得且成本较低,可作为黏结材料。添加材料有改善成形过程、提高制件强度等作用。由于酚醛树脂分子间的作用力有限,3DP 成形初坯的强度尚不能满足最终砂型铸造的需要,因此选用六亚甲基四胺(乌洛托品)作为潜在固化剂加入粉末材料中,经过低温焙烧促进热塑性酚醛树脂发生交联固化反应,从而提高砂型的强度。

为了减少机械混合法制备粉末带来的制件强度低、性能不稳定等问题,采用传统的覆膜砂热法覆膜工艺制备粉末。经热法覆膜后宝珠覆膜砂的微观形貌如图 9-8 所示,可以看出宝珠覆膜砂呈球形,表面树脂能够均匀包覆,粉末的流动性较好。实验制得酚醛树脂含量分别为 1.5%、2.0%、2.5%、3.0%、3.5%的宝珠覆膜砂。

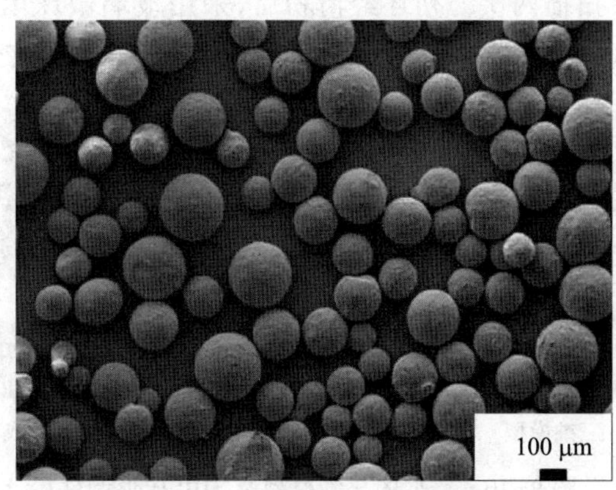

图 9-8　宝珠覆膜砂微观形貌

9.1.4.3　黏结剂的制备

采用溶剂成形法实现宝珠覆膜砂的 3DP 成形。液体黏结剂成分如表 9-2 所示,其中无水乙醇作为溶剂是黏结剂的基体材料。由于 20 ℃时无水乙醇的黏度为 1.18 mPa·s,表面张力为 22.3 mN/m,尚不能满足喷嘴的喷射要求,必须添加其他物质进行调节。去离子水的表面张力大约为 75 mN/m,且不含电解质杂质,可作为表面张力调节剂增大表面张力。另外使用聚乙二醇400作为增稠剂和保湿剂，一方面增大黏结剂溶液的黏度，另一方面可以解决无水乙醇过快挥发带来的黏结剂失效问题。

表 9-2 液体黏结剂成分

成分	质量比	作用
无水乙醇	40~90	溶剂
聚乙二醇 400	2	增稠、保湿
去离子水	余量	增大表面张力

9.1.4.4 后处理工艺

宝珠覆膜砂 3DP 成形后，其强度尚不能满足实际应用要求，常需要进行后处理。后处理工艺可根据宝珠覆膜砂的成分及热反应条件来确定。

在后处理工艺中，将初坯埋入粒径大小为 0.4~0.6 mm 的玻璃微珠中快速加热至 200 ℃，保温 2 h 后随炉冷却至 60 ℃ 取出，见图 9-9。

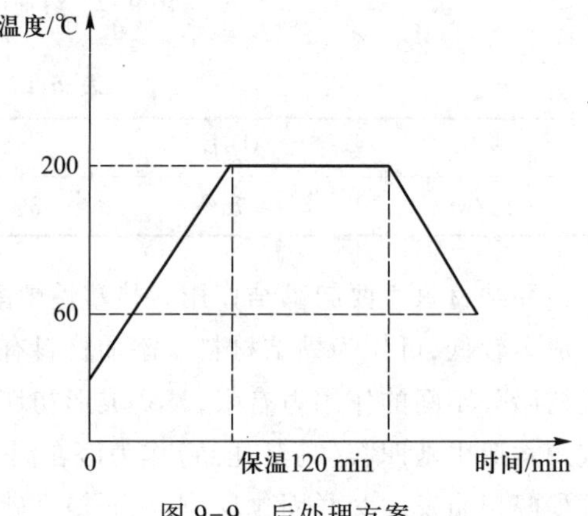

图 9-9 后处理方案

9.1.4.5 工艺浇注试验验证

为了验证溶剂法 3DP 快速铸型工艺的可行性，采用具有复杂空间结构的叶轮零件，进行工艺浇注试验验证。叶轮零件的砂型（芯）三维模型如图 9-10a 所示，由盖、芯、底三部分组成，按照从上到下的顺序装配，盖上设计有浇口与冒口。采用树脂含量为 2.5% 的宝珠覆膜砂，打印层厚为 0.25 mm，打印喷嘴饱和度为 100%，每层扫描两次。初坯经清粉后，采用玻璃微珠填充的方式将其放入干燥箱中，快速升温至 200 ℃，保温 2 h，随炉冷却至 60 ℃，取出以备使用，如图 9-10b 所示。

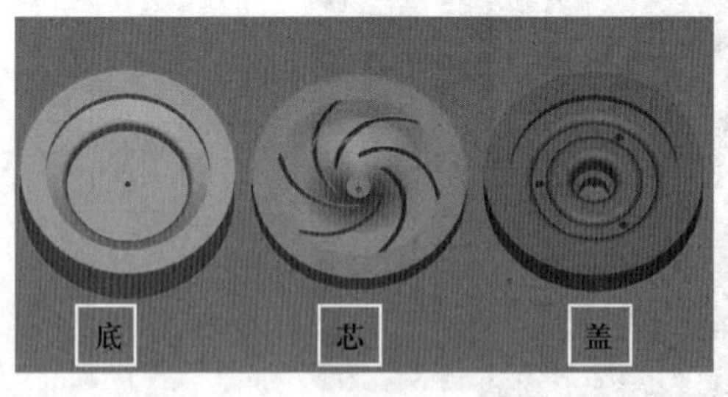

(a) 三维模型

(b) 3DP成形铸型

图 9-10 铸型的三维模型及 3DP 成形制件

在砂型浇注之前，还需对 3DP 成形铸型进行表面处理，一般采用涂敷涂料的方式改善浇注的稳定性，提高制件的表面质量。在铸型完成涂料涂敷后，把铸型的型、芯合型装配（胶合），或直接将铸型放入有衬砂的砂箱中，就可以进行浇注了。本试验采用铸造胶合剂将型芯黏合，并将铸型分型面四周密封，减少铸造缺陷的产生。采用 12CrMo 合金，浇注温度为 1 600 ℃。浇注后经喷丸处理得到如图 9-11 所示的叶轮零件，零件无明显表面缺陷，但由于叶轮的叶片太薄，叶片边缘出现了浇不足的缺陷。通过后期对浇注系统及结构进行优化，上述问题可以得到解决。

图 9-11　3DP 成形叶轮零件

9.2　金属直接喷射成形技术成形材料

9.2.1　金属直接喷射成形原理

喷射成形是基于传统快速凝固和粉末冶金技术发展而来的新型材料制备成形技术（也被称为雾化沉积或喷射沉积等），把金属雾化和液滴沉积凝固合为一体，将液态金属直接制成近终形的零件或坯料。相比于传统铸造及快速凝固等工艺，喷射成形获得的材料组织细密，成分均匀，力学性能明显提高，生产工序简单，可大幅降低制造成本。

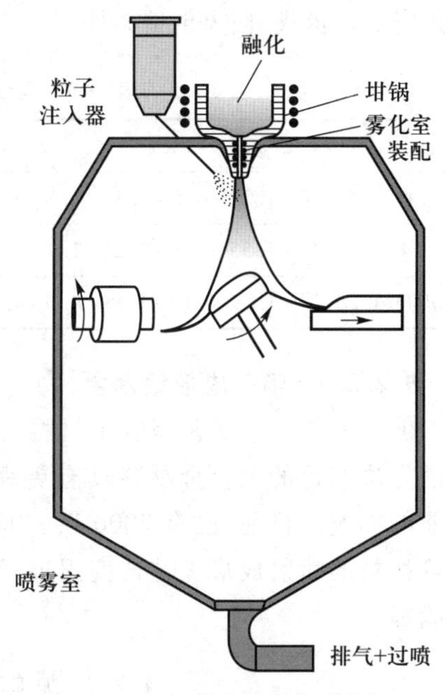

图 9-12　喷射成形设备的结构及运行原理

图 9-12 所示为喷射成形设备的结构及其运行原理，使用高速气流（如氮气、氩气等保护气体）将熔融金属雾化，液滴沿喷嘴轴向高速飞行，并发生剧烈的冷热交换，随后未完全凝固的金属液滴撞击到基板上，在其表面形成一层半液态薄层，随后凝固为近乎完全致密的制件。选择合理形状的基板并使其按一定规律运动，从而控制坯料的最终形状。整个步骤可分为雾化、飞行、沉积及冷却凝固几个过程。

喷射成形与传统材料制备技术相比有如下特点：① 冷却速率高，雾化阶段的冷却速度可达 $10^3 \sim 10^7\ K \cdot s^{-1}$。含氧量低，制件致密度高、无明显边界、易于加工成形甚至获得超塑性。② 合金力学性能（如强度、硬度、韧性等）得到大幅提高。③ 成本低，工序简单，工艺流程短，可实现近终形成形，生产效率高。④ 可广泛应用于制备高强钢、铝合金、耐热合金等材料，在特定参数下可生产准晶和非晶材料以及复合材料等。

9.2.2　金属直接喷射成形材料

目前，喷射成形技术主要应用于钢铁材料、铝合金、高温合金、锌合金、铜合金、镁合金、金属间化合物和金属基复合材料的研究，采用喷射成形技术制备的各种材料的性能都得到了不同程度的改善。

9.2.2.1 喷射成形超高碳钢

章靖国首次采用喷射成形工艺制备超高碳钢，取得了良好的成果。喷射成形超高碳钢晶粒较为细小（20~50 μm），晶界处网状碳化物不明显，元素宏观偏析小，合金力学性能好。喷射成形超高碳钢有望发展成一种新的高强度钢种，填补现有高强钢（1 000 MPa）与超高强钢（1 400 MPa 以上）之间钢种的空白区。

9.2.2.2 喷射成形工具钢、模具钢和高速钢

1980 年英国 Aurora 钢铁公司开始将喷射成形原理应用于高合金工具钢和高速钢的生产。英国特冶产品公司、丹麦 Danish 钢厂和 Osprey 公司等对 Cr12MoV（AISI D2）冷作模具钢做了大量的研究工作，制成坯料的可锻性明显提高，易于加工成最终成品。随着喷射成形技术的进一步发展，研究钢种范围也进一步扩大，生产大尺寸的工具钢钢坯已成为可能。近年来，宝钢研究院在自制 5 kg 级喷射成形装置上制备了 3 种高合金工具钢、模具钢，其成分见表 9-3。喷射成形工具钢、模具钢具有均匀细化的等轴晶组织，经过热加工和球化退火处理，可以获得与粉末冶金工具钢、模具钢相似的球化组织和硬度值，为顺利进行后续淬火、回火创造条件。

表 9-3 高合金工具钢、模具钢名义成分 %

钢种	C	Cr	Mo	V	W	Si	Mn	Fe
LD	1.0~1.2	6.5~7.5	2.0~3.0	1.7~2.3	—	0.7~1.2	≤0.5	余量
V4	1.45~1.55	7.8~8.2	1.4~1.6	3.9~4.1	—	0.9~1.1	0.3~0.5	余量
CPMM4	1.31~1.39	4.15~4.35	4.3~4.7	3.9~4.1	5.65~5.85	0.31	0.11	余量

9.2.2.3 喷射成形铝合金

由于喷射成形工艺减轻了材料的偏析和氧化程度，使所得铝合金材料比其他快速凝固方法制得的铝合金材料具有更高的性能。表 9-4 所示为加工工艺对铝合金力学性能的影响。目前，已有 2000 系、7000 系、Al-Li 系、Al-Si、Al-Ni 及 Al-Fe 系耐热铝合金等材料的喷射成形工艺研究报道，涉及喷射成形多种成分铝合金材料的组织和力学性能等。

表 9-4 加工工艺对铝合金力学性能的影响

合金成分/%	工艺状态	屈服强度/MPa	抗拉强度/MPa	伸长率/%
2024	I/M	287	441	20
2024	一般急冷	308	520	22
2024	喷射成形	417	586	16
7075+1Ni+0.8Zr	P/M	627	682	10
7075+1Ni+0.8Zr	喷射成形热挤压	711	817	9
7075+1Fe+0.6Ni	P/M	571	688	6
7075+1Ni+1Zr	喷射成形热挤压	736	806	9

9.2.2.4 喷射成形高温合金

国外研究的喷射成形高温合金主要有 IN100、IN713、IN792+Hf、IN939、MAR M200+Hf、MAR、M421 等铸造高温合金和 AF2-1DA、IN625、IN718、MERL 76、Waspaloy 等变形或粉末高温合金。20 世纪 90 年代初，北京航空材料研究院用喷射成形技术制备了难变形涡轮盘合金、环形件变形高温合金、粉末高温合金、铸造高温合金和金属间化合物及其复合材料等多种类型的高温结构材料。孙剑飞采用喷射成形技术制备了镍基高温合金沉积坯，研究结果表明喷射成形高温合金组织细小、均匀，呈现出典型的快速凝固组织特征，合金具有良好的高温组织稳定性，适当的热等静压和热处理可使材料具有良好的拉伸性能。

此外，国内外学者对喷射成形锌合金、镁合金、铜合金、金属间化合物、金属基复合材料也进行了较多的研究，取得了可喜的成绩。

9.2.3 金属直接喷射成形工艺

喷射成形技术把液态金属的雾化和雾化熔滴的沉积（熔滴动态致密固化）自然结合，直接从液态金属制取具有快速凝固组织、整体致密、接近零件实际形状的高性能材料或半成品坯件。其具有如下特点。

(1) 喷射成形材料具有快速凝固组织特征。雾化阶段金属液滴在惰性气体的作用下迅速冷却，带走金属凝固过程中 60%~80%的潜热，其余潜热通过沉积器冷却介质（通常是水冷）带走，或者通过沉积坯表面散失。因此，采用喷射成形制备的材料具有快速凝固的组织特征：晶粒细小、成分均匀、合金元素过饱和度高、无宏观偏析。

(2) 含氧量低。雾化熔滴处于液态的时间极短，且有惰性气氛的保护，因此沉积坯的增氧量很有限，基本上与母合金处于同一水平。

(3) 合金性能得到改善。喷射成形材料具有的快速凝固组织特征，使不同材料的强度、韧性、热强性、耐蚀性、耐磨性、磁性等都有大幅度提高。而且这些性能还可通过随后的热加工和热处理得到进一步调整，满足制件不同的使用要求。

(4) 成形工艺简单，产品生产工序大大简化。喷射成形工艺过程是在雾化室内将液态金属直接喷射沉积成坯锭或半成品，省去了粉末冶金工艺中的粉末储藏、运输、筛分、压制、脱气等工序，有时还可省掉轧制、挤压、锻造等加工工序，可缩短生产周期，降低生产成本，提高生产效率。

(5) 喷射成形技术具有广泛的通用性及产品多样性。其不仅适用于多种金属材料（如低合金钢、铝合金、高温合金等），而且为新型材料（如金属间化合物、复合材料、双性能材料）的研制提供了新的技术手段，此外，它还是一种将材料的合金化、产品的过程设计和产品的成形紧密结合，集成度很高的柔性制造过程。

9.2.4 金属直接喷射成形典型应用

现以金属直接喷射成形 7055 铝合金为例介绍金属直接喷射成形的典型应用。

7055 铝合金强度高，综合力学性能优异，且能显著减轻结构质量，因此被广泛应用于各类飞行器结构件（如制造飞机机轮、起落架、机翼翼梁、运载火箭舱段等关键部件）。利用传统铸造工艺制备 7055 坯料，易产生成分偏析，引起热裂现象，大大降低了材料的性能，目前国内还不能铸造出可满足工业实际应用要求的7055铸件。喷射成形作为一种先进的快速凝固技术，有效地解决了7055铝合金的制造问题。实验由江苏豪然喷射成形合金有限公司提供喷射成形7055铝合金，其化学成分如表9-5所示。

表9-5　实验用7055铝合金的化学成分　　%

Si	Fe	Cu	Mn	Mg	Cr	Zn	Ti	Zr
0.05	0.04	2.18	0.003	2.09	0.01	8.25	0.02	0.13

喷射成形铝合金锻件的加工工艺流程如下：首先将7055铝合金在中频炉中熔炼、除渣，随后在喷射成形设备上进行喷射成形工艺，采用氮气将熔融金属液体雾化，雾化温度为750～850 ℃，斜喷角为10°～30°，接收距离为600～700 mm，制得ϕ520 mm×1 600 mm的柱状喷射成形7055铝合金坯料（沉积态），如图9-13a所示。随后将坯料进行热挤压处理，挤压温度为420 ℃、挤压比为5、最终得到ϕ200～300 mm的挤压态棒材（挤压态），如图9-13b所示。将挤压态棒材进行自由锻和模锻处理，加工成一定形状和尺寸的产品，如图9-13c所示（机轮轮毂锻件）。最后进行T6热处理，进一步提高制件的性能。

(a) 沉积态

(b) 挤压态棒材

(c) 机轮轮毂锻件

图9-13　不同状态喷射成形铝合金展示图

喷射成形铝合金显微组织如图9-14所示。图9-14a为沉积态的微观组织，可见均匀的等轴状晶粒，尺寸为30～50 μm，未发现明显的宏观偏析现象，晶内分布着大量细小的第二相，部分晶界处有非连续长条状第二相析出（如箭头处所示），此外还可观察到少量孔隙。图9-14b、c分别是挤压态材料的横向和纵向微观组织，可见挤压后原始晶界消失，孔隙基本消除，组织致密化，第二相呈均匀分布，从图9-14c挤压态纵向图可见第二相沿挤压方向分布。

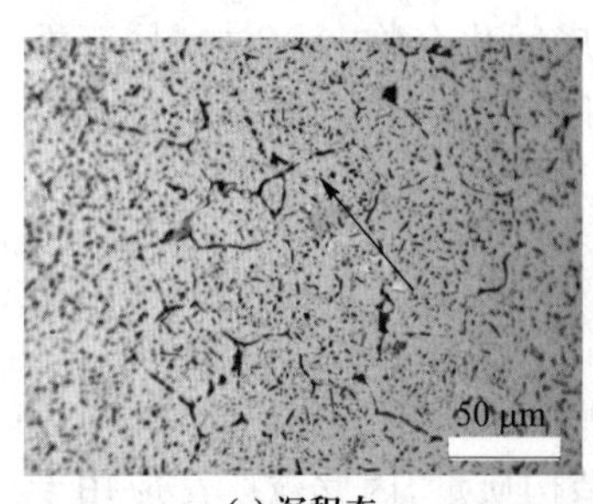

(a) 沉积态

(b) 挤压态横向

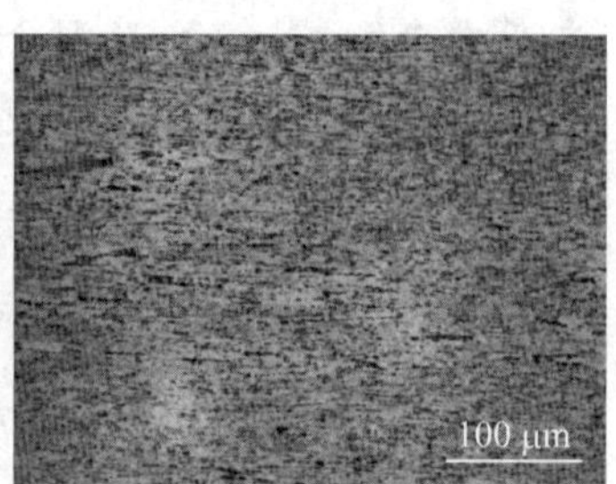

(c) 挤压态纵向

图9-14　喷射成形铝合金显微组织

思考题

1. 请概括归纳三维喷印技术(3DP)的具体工艺过程。

2. 请概括归纳三维喷印技术(3DP)的优点。

3. 三维喷印过程中黏结剂如何选择?

4. 请概括归纳喷射成形技术的优势与不足。

5. 雾化器是喷射成形装置的核心和关键部件,按数量和运动方式雾化器可分为哪几种类型?

6. 喷射成形孔隙按类型可分为间隙性孔隙和裹入性气孔孔隙,请叙述裹入性气孔孔隙的形成机理。

参考文献

[1] SACHS E M,HAGGERTY J S,CIMA M J,et al. Three-dimensional printing techniques:US,US5204055 [P]. 1993.

[2] LAM C X F,MO X M,TEOH S H,et al. Scaffold development using 3D printing with a starch-based polymer [J]. Materials Science and Engineering:C,2002,20(1):49-56.

[3] SUN L,KIM Y H,KWON P. Densification and Properties of 420 Stainless Steel Produced by Three-Dimensional Printing With Addition of Si_3N_4 Powder [J]. Journal of Manufacturing Science and Engineering,2009,131(6):061001.

[4] CHIEN K B,MAKRIDAKIS E,SHAH R N. Three-dimensional printing of soy protein scaffolds for tissue regeneration [J]. Tissue Engineering Part C:Methods,2012,19(6):417-426.

[5] SEITZ H,RIEDER W,IRSEN S,et al. Three-dimensional printing of porous ceramic scaffolds for bone tissue engineering [J]. Journal of Biomedical Materials Research Part B:Applied Biomaterials,2005,74(2):782-788.

[6] VORNDRAN E,WUNDER K,MOSEKE C,et al. Hydraulic setting $Mg_3(PO_4)_2$ powders for 3D printing technology [J]. Advances in Applied Ceramics,2011,110(8):476-481.

[7] CARREÑO-MORELLI E,MARTINERIE S,BIDAUX J E. Three-dimensional printing of shape memory alloys [C]//Materials science forum. 2007,534:477-480.

[8] WILLIAMS C B,COCHRAN J K,ROSEN D W. Additive manufacturing of metallic cellular materials via three-dimensional printing [J]. The International Journal of Advanced Manufacturing Technology,2011,53(1-4):231-239.

[9] SUWANPRATEEB J. Comparative study of 3DP material systems for moisture resistance applications [J]. Rapid Prototyping Journal,2007,13(1):48-52.

[10] MARCHELLI G,PRABHAKAR R,STORTI D,et al. The guide to glass 3D printing:developments,methods,diagnostics and results [J]. Rapid Prototyping Journal,2011,17(3):187-194.

[11] 李晓燕，张曙. 三维打印成形粉末材料的试验研究 [C]//中国机械工程学会特种加工分会. 2005 年中国机械工程学会年会第 11 届全国特种加工学术会议专辑. 北京：2005:5.

[12] 李晓燕，张曙，余灯广. 三维打印成形粉末配方的优化设计 [J]. 机械科学与技术，2006(11):1343-1346.

[13] 孙国光. 三维打印快速成型机材料的研究 [D]. 西安：西安科技大学，2008.

[14] 王位. 三维快速成型打印技术成型材料及粘结剂研制 [D]. 广州：华南理工大学，2012.

[15] 熊耀阳，陈萍，孙健. 应用三维打印成型技术制备个体化多孔纯钛植入体的研究 [J]. 生物医学工程学杂志，2012,(02):247-250.

[16] 钱超，樊英姿，孙健. 三维打印技术制备多孔羟基磷灰石植入体的实验研究 [J]. 口腔材料器械杂志，2013,(01):22-27.

[17] 聂建华，陈志国，郑大锋，等. 3D 打印用羟基丙烯酸共聚树脂柔韧性粉末材料的制备 [J]. 合成树脂及塑料，2014,04:21-24,28.

[18] JOHNSON S A. Thermal ink jet common-slotted ink feed printhead: US, Patent 4, 683,481[P]. 1987-7-28.

[19] TAKAHASHI Y, SUZUKI M. Piezoelectric ink jet printer head: US, Patent 5,266, 964[P]. 1993-11-30.

[20] 陈锦新. 喷墨印刷技术原理与发展综述 [J]. 印刷质量与标准化，2008,10:9-13.

[21] 宋波. 喷墨印刷系统的分析与研究 [D]. 无锡：江南大学，2012.

[22] GORDON M, YERUSHALMI J, SHINNAR R. Instability of Jets of Non-Newtonian Fluids [J]. Transactions of The Society of Rheology (1957-1977), 1973, 17(2):303-324.

[23] CHRISTANTI Y, WALKER L M. Surface tension driven jet break up of strain-hardening polymer solutions [J]. Journal of Non-Newtonian Fluid Mechanics, 2001, 100(1):9-26.

[24] AGLAND S, IVESON S M. The impact of liquid drops on powder bed surfaces [C]. //CHEMECA99. New Castle, 1999.

[25] RANGE K, FEUILLEBOIS F. Influence of surface roughness on liquid drop impact [J]. Journal of Colloid and Interface Science, 1998, 203(1):16-30.

[26] EKLUND D E, SALMINEN P J. Water transport in the blade coating process [J]. Tappi journal, 1986, 69(9):116-119.

[27] HSU C F, ASHGRIZ N. Impaction of a droplet on an orifice plate [J]. Physics of Fluids (1994-present), 2004, 16(2):400-411.

[28] ZHOU Z, BUCHANAN F, MITCHELL C, et al. Printability of calcium phosphate: calcium sulfate powders for the application of tissue engineered bone scaffolds using the 3D printing technique [J]. Materials Science and Engineering: C, 2014, 38:1-10. 2

[29] 王丽仙，葛昌纯，郭双全，等. 粉末冶金高速钢的发展 [J]. 材料导报，2010,24(S1):459-462.

[30] 王成强. 双喷嘴多层喷射成形锭坯演变过程及其形态控制 [D]. 南京：南京航

空航天大学,2007.

[31] 张林.喷射成形7475铝合金热处理及超塑性研究[D].上海:上海交通大学,2010.

[32] 夏浩.工业级规格喷射成形7055铝合金的组织演变与力学性能[D].兰州:兰州理工大学,2013.

[33] 杨卯生,钟雪友.金属喷射成形原理及其应用[J].包头钢铁学院学报,2000,19(02):175-180.

[34] LEATHAM A G,LAWLEY A. The osprey process:principles and applications [J]. International Journal of Powder Metallurgy,1993,29(4):321-329.

[35] SINGER A R E. Recent developments in the spray forming of metals [J]. International Journal of Powder Metallurgy,1985,21(3):219-234.

[36] 马鸣图,石力开,熊柏青,等.喷射沉积成型铝合金在汽车发动机缸套上的应用[J].汽车工艺与材料,2001,(02):16-19.

[37] 张豪,张捷,杨杰,等.喷射成形工艺的发展现状及其对先进铝合金产业的影响[J].铝加工,2005,163(04):1-6.

[38] 林一坚,章靖国,史海生.用喷射成形工艺生产的超高碳钢[J].钢铁研究学报,2006,18(7):39-42.

[39] SINGER A. Wear resistant surfaces produced by spray forming [J]. Met. Powder Rep. ,1986 (3):223.

[40] SPIEGELHAUER C. Properties of spray formed tool and high speed steels [C]// The third pacific international conference on advanced materials and processing. Honolulu,Hawaii,1998:1653.

[41] RAFAEL A. Spray forming high speed steel—properties and processing [J]. Mater. Sci. Eng. ,2004,A 383:87.

[42] RODENBURG C,BEYNON J H. Hot workability of spray-formed high-speed steel [J]. Mater. Sci. Eng. ,2004,A 386:420.

[43] 史海生,颜飞,樊俊飞,等.喷射成形技术在高合金工模具钢中的应用[J].粉末冶金材料科学与工程,2008,13(3):165-170.

[44] YANG Y,HANNULA S P. Soundness of spray formed disc shape tools of hot-work steels [J]. Mater. Sci. Eng. ,2004,A 383:39-44.

[45] ZHANG J G,XU H B,SHI H S,et al. Microstructure and properties of spray formed Cr12MoV steel for rolls [J]. J. Mater. Proc. Techn. ,2001,11(1):79-86.

[46] ZHANG J G,SHI H S,SUN D S. Research in spray forming technology and its application in metallurgy [J]. J. Mater. Proc. Techn. ,2003,13 (8):357-362.

[47] 崔成松,李庆春,沈军,等.喷射沉积快速凝固材料的研究及应用概况[J].材料导报,1996,10(1):21-27.

[48] GOLUMBFSKIE W J,AMATEAU M F,EDEN T J,et al. Structure property relationship of a spray formed Al-Y-Ni-Co alloy [J]. Acta Mater. ,2003,51(17):5199.

[49] 朱宝宏.原位自生TiC颗粒对Al8.5Fe1.4V1.7Si耐热铝合金的组织及性能的

影响［J］. 材料科学与工程学报,2006,24(1):36-40.

［50］罗光敏,樊俊飞,单爱党. 喷射成形高温合金的研究与应用［J］. 材料导报,2007,21 (9):52-55.

［51］许文勇,李周,张国庆,等. 喷射成形 GH742y 合金晶粒长大规律的研究［J］. 航空材料学报,2006,26(3):49-52.

［52］袁华,李周,张国庆,等. 热处理对喷射成形 GH742y 合金组织与性能的影响［J］. 材料工程,2008,(1):76-79.

［53］孙剑飞,沈军,贾均. 喷射成形镍基高温合金的显微组织特征［J］. 中国有色金属学报,1999,9 (增刊1):142-147.

［54］LAVERNIA E J,BARAM J,GUTIERREZ E. Precipitation and excess solid solubility in Mg-Al-Zr and Mg-Zn-Zr processed by spray atomization and deposition［J］. Mater. Sci. Eng.,1991,A 132:119-133.

［55］MORRIS M A,MORRIS D G. Microstructures and mechanical properties of rapidly solidified Cu-Cr alloys［J］. Acta Metall,1987,35(10):2511-2522.

［56］张永安,熊柏青,石力开,等. CuCr25 触头材料的喷射成形制备及其组织分析［J］. 中国有色金属学报,2003,13(5):1067-1070.

［57］杨林,田冲,陈桂云,等. 喷射成形 CuCr25 触头材料的工艺及组织性能［J］. 机械工程学报,2002,38(4):152-154.

［58］RAINER G,SCHIMANSKY F P,WEGMANN G,et al. Spray forming of Ti48. 9A1 (at. %) and subsequent hot pressing and forging［J］. Mater. Sci. and Eng.,2002,A 326:73-78.

［59］GUPTA M,LAVERNIUA E J. Solidification behavior of Al-Li/SiCp MMCs processed using variable co-deposition of multi-phase materials［J］. J. Mater. Manu. Proce.,1990,5(2):165-196.

［60］顾敏. 喷射共沉积颗粒增强铝基复合材料阻尼特性的研究［D］. 郑州:郑州大学,2003.

［61］APLIAN D. LAWELEY A. Analysis of the spray deposition process［J］. Acta Metall,1989,37:429-443.

［62］XU Q. Thermal behavior during droplet-based deposition［J］. Acta Mater.,2001,49:835-849.

［63］王晓峰. 喷射成形过程及高性能合金材料研究［D］. 沈阳:中国科学院金属研究所,2007.

［64］王文明,潘复生. 喷射成形技术的发展概况及展望［J］. 重庆大学学报,2004,27 (1):101-107.

［65］LAWLEY A. Spray forming of metal-matrix composites［J］. Powder Metallurgy,1994,37(2):123-128.

第三篇　3D 打印陶瓷材料

第10章 激光选区烧结陶瓷材料

陶瓷材料因其良好的力学性能和优异的高温特性在航空航天、电子通信、国防军工、生物医疗等重要领域获得广泛应用,并不断得到创新和发展。增材制造技术的出现与兴起赋予陶瓷材料更广阔的应用范围,同时也对陶瓷材料提出更高的要求,推动其向智能化、功能化等方向发展,用于增材制造的陶瓷及陶瓷基复合材料的研发受到越来越多的关注。作为发展较为迅速的一种增材制造技术,激光选区烧结技术利用激光有选择性地分层烧结固体粉末,再通过排胶烧结获得所需形状的陶瓷零件。本章围绕 SLS 成形陶瓷及其复合材料展开,重点介绍 SLS 技术成形陶瓷材料的原理及工艺、典型应用以及各类 SLS 陶瓷材料的制备与成形,包括氧化铝、氧化锆、莫来石、碳化硅及其复合材料等。

10.1 激光选区烧结陶瓷材料的原理及工艺

激光选区烧结(SLS)是一种典型的增材制造技术,与传统的陶瓷成形方法相比,它可在没有工装夹具或模具的情况下“增加”材料进行成形,在制备具有复杂形状陶瓷方面具有独特的优势。激光选区烧结技术起初主要用于高分子和金属零件的成形,1995 年,Subramanian 等人采用 SLS 技术制备了陶瓷零件,利用高分子黏结剂和 Al_2O_3 陶瓷的复合陶瓷粉体作为 SLS 成形材料,在不同 SLS 工艺参数条件下对造粒粉进行烧结,获得孔隙结构随机分布的陶瓷素坯。此后,SLS 在复杂结构陶瓷零件制备中的应用得到广泛研究。

SLS 可成形的材料十分广泛,理论上任何加热后能够形成颗粒间黏结状态的粉体材料都可以作为 SLS 的成形材料。由于陶瓷材料熔点高甚至无熔点,堆积密度有限,难以用激光烧结方法直接成形,所以一般采用间接成形的方法。采用间接烧结时需在陶瓷粉体中引入低熔点的黏结剂,如高分子和低熔点无机黏结剂,在移动的激光热源作用下,陶瓷粉体间的黏结剂熔化形成烧结颈,从而制得陶瓷素坯,再经过排胶和高温烧结等后处理工艺制备各种陶瓷零件。

SLS 成形的素坯一般强度较低,必须保证其具有一定的强度,以保证在取出和清粉以及后处理时不会轻易损坏。若黏结剂过多,陶瓷颗粒在单位体积中的含量就会减少,使得素坯的密度降低,影响其最终的强度,同时也会对激光成形工艺以及清粉、排胶等后处理工艺造成较大的困难;若黏结剂不足,将会导致成形素坯的强度较低,在成形过程中产生破损,最终无法成形理想的陶瓷零件。综上所述,应在保证烧结与后处理时素坯不会发生溃散的前提下,选择尽量少的黏结剂。

SLS 成形后得到的是由黏结剂黏结陶瓷粉体形成的坯体,由于在成形阶段粉体仅靠少量的黏结剂黏结且粉体堆积密度较低,得到的坯体相对密度仅有 30%左右,具有多孔疏松的特征。SLS 制造陶瓷的原理决定了采用该方法只能制造出多孔陶瓷,如需制造致密陶瓷则需要经过浸渗、冷等静压(cold isostatic pressing,CIP)等后处理工艺来实现,也可以利用 SLS 技术的特征直接制造多孔陶瓷。

SLS 技术成形陶瓷材料的原理如图 10-1 所示:首先根据待打印陶瓷零件的三维 CAD 模型进行分层切片处理,按照二维切片信息有选择性地对复合陶瓷粉体进行激光扫描,复合陶瓷粉体中的高分子黏结剂(如环氧树脂)吸收激光能量熔化,陶瓷颗粒并不发生变化。激光扫描时,熔融态高分子黏结剂的黏度下降,流动性增加,易与周围的陶瓷颗粒接触,并在冷却后固化实现陶瓷粉体黏结,完成单层图形的打印,最后按照顺序逐层累加得到陶瓷坯体。相比于其他增材制造技术,SLS 具有以下成形优势:① 成形原料广泛,② 无需支撑结构就可以制造复杂形状零件,具有高度的几何独立性。(可参考 1.1.1 节中有关激光选区烧结的工艺原理介绍部分)

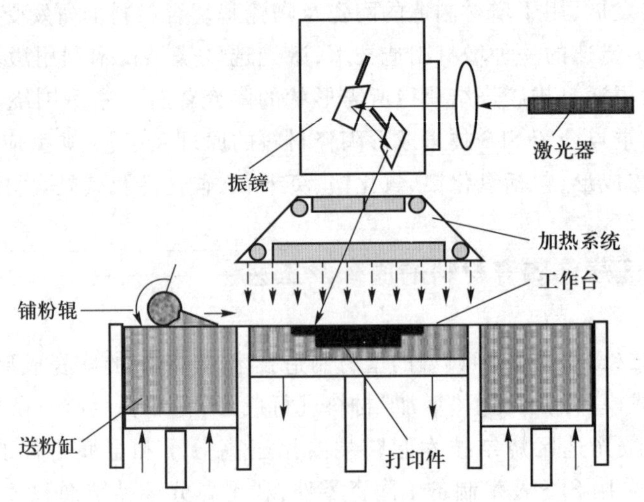

图 10-1　SLS 技术成形陶瓷材料的原理示意图

在 SLS 成形过程中,陶瓷坯体的成形质量不仅与粉体材料本身的特性有关,还与成形技术参数(如激光功率、扫描速度、扫描方式、分层厚度、扫描间距、光斑直径、预热温度等)有着很大的关系。用于 SLS 成形的材料种类较多。目前,国内外研究较多的 SLS 用陶瓷材料主要有:Al_2O_3、ZrO_2、堇青石、高岭土、SiC、Si_3N_4 等。SLS 用黏结剂的要求是:熔点低、润湿性好、黏度低。采用液相条件下黏度较低的黏结剂有利于材料的 SLS 成形。目前,用于陶瓷材料 SLS 成形的黏结剂主要有三种类型:无机黏结剂(如磷酸二氢铵)、有机黏结剂(如环氧树脂)和金属黏结剂(如铝粉)。

与 SLS 成形用高分子粉体类似,SLS 成形用复合陶瓷粉体的粒径应为 100 μm 左右,并且呈球状,以具备较好的流动性,便于铺粉辊的铺平和铺实。然而,微米级陶瓷粉体表面自由能低、烧结活性差,在高温烧结阶段难以致密化。纳米或亚微米级的陶瓷粉体表面自由能高、烧结活性好,但在铺粉过程中易产生静电黏粉和团聚现象。因此,在选取 SLS 成形用陶瓷粉体时,通常有以下两种思路:(1) 直接选用纳米或亚微米级粉体造粒后的微米级粉体;(2) 对纳米或亚微米陶瓷粉体进行覆膜,引入黏结剂的同时增大陶瓷粉体的粒径至微米级。此外,材料本身的物理、化学特性(如热分解温度、收缩率、结晶温度与速率、熔体黏度和表面张力、粒径分布、颗粒形状、堆积密度以及流动性等)均对成形质量有较大影响。

因此,选择 SLS 用陶瓷材料时,需综合考虑粉体成分、颗粒粒径、颗粒形状等因素对 SLS 成形的影响。SLS 成形技术中采用的各类陶瓷粉体,都需要首先通过造粒等方法使其具有良好的流动性和合适的粒径,并与黏结剂混合均匀,制得复合粉体。制备复合粉体的方法包括机械混合法、覆膜法、溶剂蒸发法和溶解沉淀法等。

10.2 氧化铝材料

Al_2O_3 陶瓷作为固体金属氧化物中最稳定的物质之一，素有“陶瓷王”之称，具有力学强度高，硬度大，耐磨性、耐腐蚀和生物相容性好等优良性能，越来越广泛地应用于机械、电子电力、医学、化工、建筑、卫生等领域。Al_2O_3 的晶型有 12 种以上，常见的有 α、β、γ、δ、θ、η 等，其中最稳定的晶型为 $\alpha-Al_2O_3$，其他晶型在高温下会转变为 α。

机械混合法可用于制备多种复合陶瓷粉体，制备方法简单、成本低廉、周期短，对设备要求较低，对环境友好。其制备复合陶瓷粉体的基本过程是：将陶瓷粉体和适量黏结剂置于行星球磨机等设备中，通过机械混合得到满足 SLS 要求的复合陶瓷粉体。机械混合法是制备适于 SLS 成形的陶瓷/黏结剂复合陶瓷粉体的有效方法之一。图 10-2 为典型的机械混合法制备的环氧树脂 E06 和造粒 Al_2O_3 复合粉体的 SEM 图。所使用的 Al_2O_3 粉体为 140 目~180 目的造粒 $\alpha-Al_2O_3$ 粉体。图中的颗粒聚集体是环氧树脂 E06，其大多呈带菱角的多面体，具有光滑表面的球形颗粒为经过造粒后的 Al_2O_3 颗粒。由于粉体粒径大多分布在 74~150 μm 范围内，且造粒粉末球形度良好，因此粉末的流动性好，有利于铺粉和成形。

图 10-2　机械混合法制备的环氧树脂 E06 和造粒 Al_2O_3 复合粉体的 SEM 图

图 10-3 为 Al_2O_3 聚空心球、环氧树脂 E12 及其复合陶瓷粉体的 SEM 图。图 10-3a、b 为 1 200 ℃煅烧处理后的 Al_2O_3 聚空心球的 SEM 图。由图可知，Al_2O_3 聚空心球为球状且球形度良好，具有良好的流动性。Al_2O_3 聚空心球粉体具有合适的粒径分布（平均粒径为 88.6 μm）和良好的球形度，满足 SLS 成形对粉体流动性的要求。图 10-3c、d 为环氧树脂 E12 的 SEM 图。E12 呈现细小的不规则颗粒状，平均粒径为 13.7 μm。图 10-3e、f 为采用机械混合法制备的 Al_2O_3 聚空心球-E12 复合陶瓷粉体的 SEM 图，其中环氧树脂 E12 加入量为 12wt%。由图可知，E12 混合分散于 Al_2O_3 聚空心球之间，并且 Al_2O_3 聚空心球形态完整，保证了后续素坯成形和烧结样品的性能。

对于机械混合法而言，黏结剂的粒径一般需要小于陶瓷粉体的粒径，实现粒度级配以填充陶瓷粉体间的孔隙，在成形中起到良好的黏结效果。采用粒径过大的黏结剂会导致成形后坯体中陶瓷粉体的间距变大，容易导致排胶后坯体溃散，也不利于后续的烧结致密化。然而，由于黏结剂和陶瓷粉体的密度和形态差别较大，混合后仍易产生成分偏聚，从而降低 SLS 成形坯体的性能。

SLS 成形要求粉体流动性好，然而，粉体粒径较大会导致粉体堆积松散并降低烧结活性，不易烧结致密，难以制备致密的陶瓷。早期的 SLS 成形氧化铝在烧结后的致密度仅能达到 50%。采用硅溶胶等对 Al_2O_3 素坯进行浸渗处理后，也只能获得相对密度为 80% 的 Al_2O_3 陶瓷。在采用 SLS 制备致密陶瓷的工艺路线中，将 SLS 技术和冷等静压技术结合

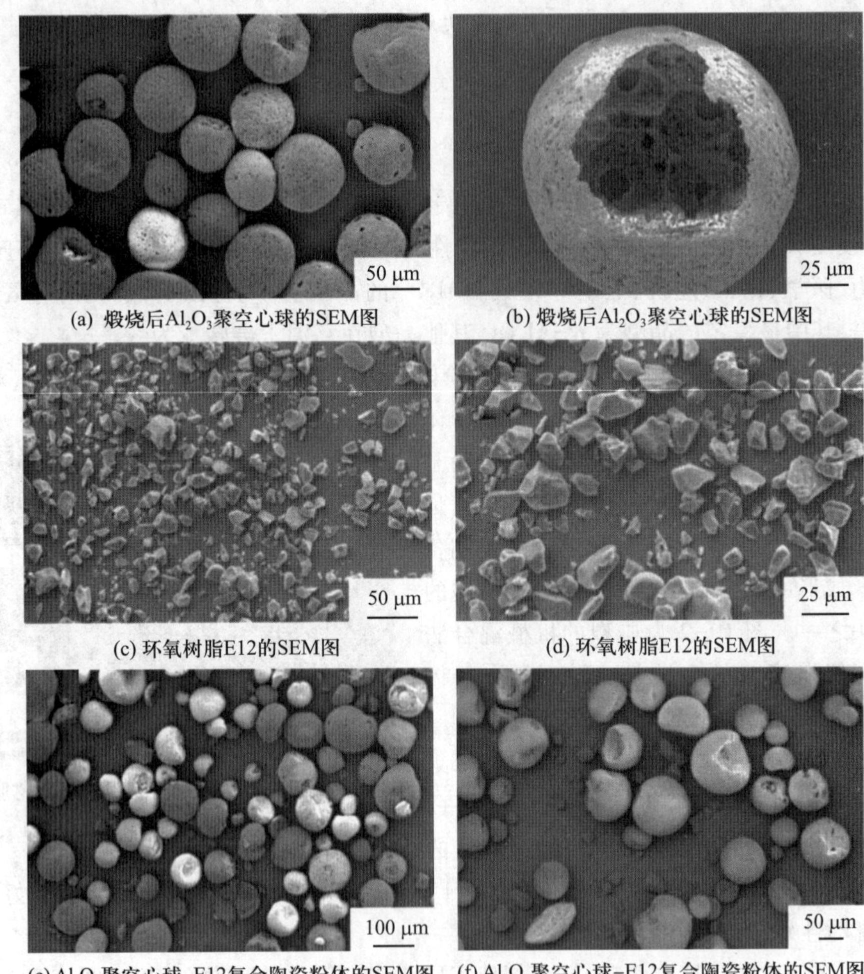

(a) 煅烧后Al_2O_3聚空心球的SEM图 (b) 煅烧后Al_2O_3聚空心球的SEM图

(c) 环氧树脂E12的SEM图 (d) 环氧树脂E12的SEM图

(e) Al_2O_3聚空心球-E12复合陶瓷粉体的SEM图 (f) Al_2O_3聚空心球-E12复合陶瓷粉体的SEM图

图 10-3 Al_2O_3 聚空心球、环氧树脂 E12 及其复合陶瓷粉体的 SEM 图

具有较好的效果。首先,采用 SLS 技术制造出 Al_2O_3 素坯,随后对其进行冷等静压处理,经排胶和高温烧结后,可以得到致密度大于 92%、抗弯强度大于 100 MPa 的复杂形状 Al_2O_3 陶瓷零件。此外,采用类似原理的温等静压、热等静压技术对坯体进行处理,也能很好地实现陶瓷零件的致密化,但相较冷等静压技术成本高昂,限制了其推广应用。

虽然采用 SLS 技术制备致密的 Al_2O_3 陶瓷零件较为困难,但反过来也可以利用该特点采用 SLS 技术制备多孔 Al_2O_3 陶瓷。陶瓷聚空心球是一种人造空心多孔微球,陶瓷聚空心球的大小、成分等可以通过调整制备工艺进行设计,从而可以有效控制多孔陶瓷的孔径大小、气孔率等性能,且可以用来制备多种多孔陶瓷。图 10-4 为不同温度烧结的 Al_2O_3 聚空心球陶瓷断面的 SEM 图。可以看出 Al_2O_3 聚空心球仍然保持良好的球状,存在两类结构明显不同的孔隙形态。一类孔隙是不同 Al_2O_3 聚空心球之间搭接形成的连通孔隙,另一类是存在于陶瓷聚空心球内部的孔隙,在烧结后仍然得到保留。随着烧结温度的升高,Al_2O_3 聚空心球陶瓷中的 Al_2O_3 晶粒逐渐长大,有进一步致密化的趋势。随着烧结温度从 1 500 ℃升高到 1 650 ℃,陶瓷的致密化程度提高,Al_2O_3 聚空心球陶瓷的孔隙率由 77.09%减小到 72.41%,抗压强度由 0.18 MPa 升高到 0.72 MPa。

(a) 1 500 ℃ (b) 1 500 ℃

(c) 1 550 ℃ (d) 1 550 ℃

(e) 1 650 ℃ (f) 1 650 ℃

图 10-4 不同温度烧结的 Al_2O_3 聚空心球陶瓷断面的 SEM 图

10.3 氧化锆材料

ZrO_2 陶瓷是一种十分重要的陶瓷材料，具有非常优异的物理化学性质，如化学稳定性好、耐高温、抗腐蚀、热稳定性好、力学性能优良等，在工业生产中得到广泛应用，是耐火材料、高温结构材料、耐磨材料及电子材料的重要原料。ZrO_2 有三种晶体形态：单斜相、四方相、立方晶相形态。常温下 ZrO_2 只以单斜相出现，加热到 1 100 ℃左右转变为四方相，更高温度条件下会转化为立方晶相。由于在单斜相向四方相转变和反向冷却的时候会产生较大的体积变化，容易造成产品的开裂，限制了纯 ZrO_2 在高温领域的应用。但是添加稳定剂氧化钇以后，四方相可以在常温下稳定，加热以后不会发生体积的突变，大大拓展了 ZrO_2 的应用范围。

采用机械混合法制备的陶瓷粉体混合后仍易产生成分偏聚，而采用溶解沉淀法和溶剂蒸发法制备的复合粉体可以克服该缺点。溶解沉淀法制备复合陶瓷粉体的过程是：将陶瓷粉体与聚合物粉体加入到有机溶剂中，升温保压，同时剧烈搅拌，使聚合物粉体充分溶解于有机溶剂中，在混合溶液的冷却过程中，聚合物在有机溶剂中的溶解度下降，并以陶瓷颗粒为核析出，最后将有机溶剂进行抽滤回收，剩余混合液烘干、过筛，即可获得聚合物覆膜陶瓷粉体。采用溶解沉淀法制备的覆膜陶瓷粉体流动性更好，成分更加均匀，在SLS铺粉、烧结过程中，不易出现偏聚现象，素坯在后处理时收缩变形小，成形零件的内部组织也更均匀。

图10-5为采用溶解沉淀法制备的PA12覆膜纳米ZrO_2陶瓷复合粉体的SEM图。图10-5a、c和b、d中PA12与ZrO_2的质量比分别为1∶4和1∶3。可以观察到采用溶解沉淀法得到的粉体粒径分布集中，无零散的黏结剂颗粒，且粉体粒径随黏结剂含量的增加而增大，颗粒呈近球状且黏结剂分布均匀，适用于后续SLS成形。

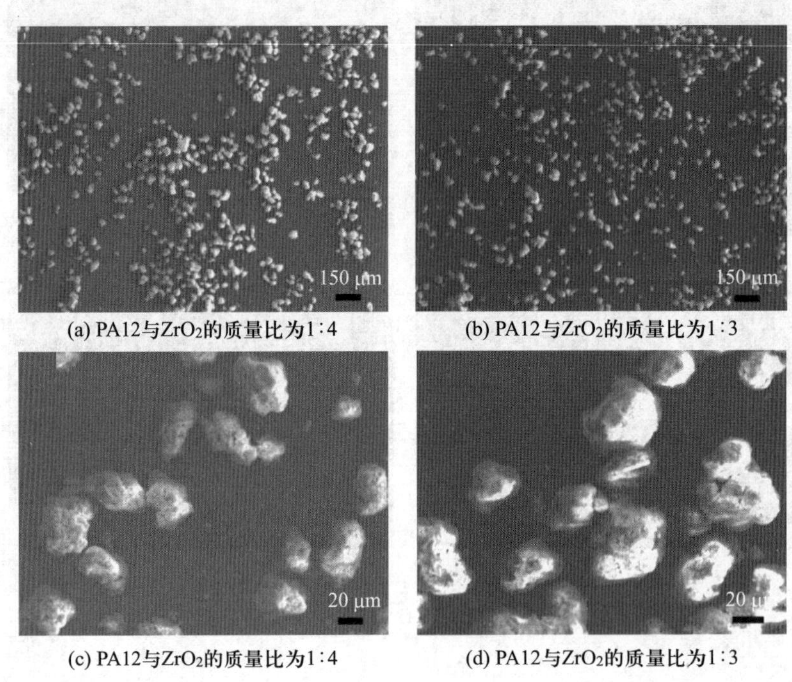

(a) PA12与ZrO_2的质量比为1∶4　(b) PA12与ZrO_2的质量比为1∶3

(c) PA12与ZrO_2的质量比为1∶4　(d) PA12与ZrO_2的质量比为1∶3

图10-5　采用溶解沉淀法制备的PA12覆膜纳米ZrO_2陶瓷复合粉体的SEM图

与溶解沉淀法类似，采用溶剂蒸发法也可以制备出类似的包覆复合粉体。现以硬脂酸/纳米ZrO_2复合粉体的制备为例，说明溶剂蒸发法制备复合陶瓷粉体的过程。将纳米ZrO_2陶瓷粉体与硬脂酸粉体加入到无水乙醇中，高速球磨，使硬脂酸充分溶于乙醇，对得到的混合溶液进行恒温搅拌，使溶剂蒸发至残留少许，并将混料烘干、轻微碾磨、过筛，即可获得硬脂酸覆膜ZrO_2复合粉体。

采用溶剂蒸发法制备的硬脂酸/ZrO_2复合粉体的典型微观形貌如图10-6所示，其中硬脂酸与ZrO_2的质量比为1∶4。可以看出，采用溶剂蒸发法制得的复合粉体接近球状，硬脂酸均匀地包覆在每颗ZrO_2粉体上，因此制备得到的复合陶瓷粉体流动性好，适于SLS成形。

前文提到将SLS技术和冷等静压技术（CIP）结合比较容易制备致密陶瓷零件，下面以采用SLS/CIP技术制备致密ZrO_2陶瓷零件为例进行说明。图10-7为CIP处理前后ZrO_2素坯的断面SEM图和CIP处理后的实物图。从图10-7a可以看出，SLS成形的素坯中，ZrO_2造粒粉间由黏结颈（箭头标出）进行黏结，这是由ZrO_2造粒粉间的黏结剂环氧树脂 E12 受热熔融,并润湿 ZrO_2 造粒粉表面,随后快速冷却固化形成的。但 ZrO_2 素坯内部仍然疏松多孔,造粒粉间的结合强度较低,故断裂方式基本为沿球面断裂,只有较少的穿球断裂现象。经过 CIP 处理后,ZrO_2 素坯受到各向均匀力的作用,造粒粉滑动挤压并重新排列,黏结颈破碎,将原有的孔隙填充。从图 10-7b 中可以看出,ZrO_2 素坯断面上的造粒粉大部分为穿球断裂,造粒粉的作用面积增大,排列更紧密,使孔隙数量大大减少,致密化程度得到提高。图 10-7c 为 CIP 处理后得到的 ZrO_2 陶瓷素坯实物图,由于 CIP 施加的压力在各个方向都相等,因此素坯的几何特征得到了保留。

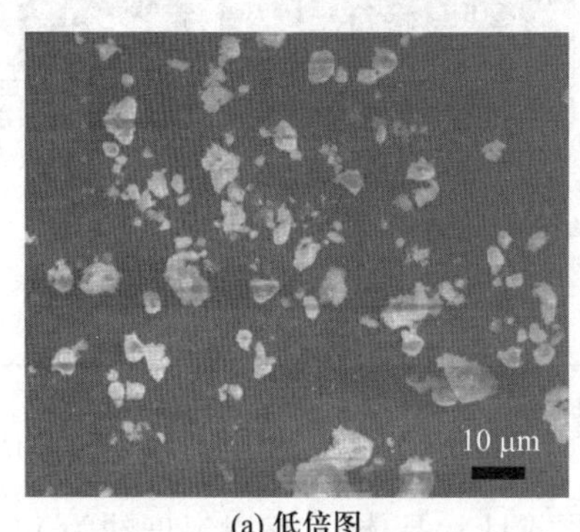

(a) 低倍图　　(b) 高倍图

图 10-6　硬脂酸/ZrO_2 复合粉体的 SEM 图

(a) CIP处理前ZrO_2素坯的断面SEM图

(b) CIP处理后ZrO_2素坯的断面SEM图

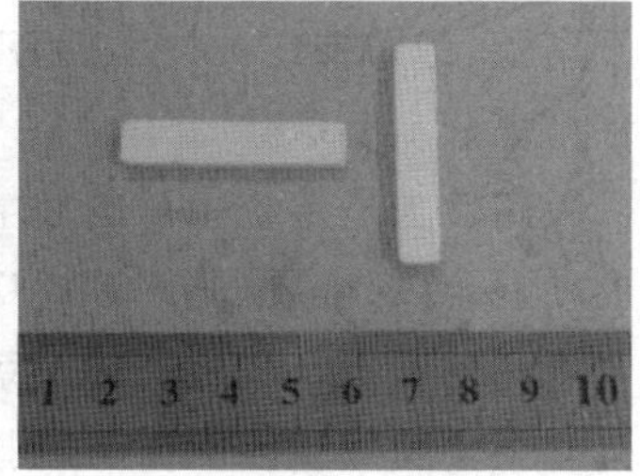

(c) CIP处理后的ZrO_2素坯实物图

图 10-7　CIP 处理前后 ZrO_2 素坯的断面 SEM 图和 CIP 处理后的实物图

经过 CIP 处理的陶瓷素坯比 SLS 的素坯内部孔隙大大减少,陶瓷颗粒间距减小,有利于烧结过程中的致密化。图 10-8 为不同温度下烧结的 ZrO_2 陶瓷的 SEM 图。随着烧结温度的升高,ZrO_2 陶瓷的显微形貌发生了明显的变化。图 10-8a~d 为 ZrO_2 陶瓷的表面显微形貌图,由图可知,当烧结温度较低时,ZrO_2 晶粒较为细小,生长不够充分。随着烧结温度的升高,晶粒尺寸明显增加,其中部分异常长大的晶粒在温度降至室温后转变为 m-ZrO_2。图 10-8e~h 为 ZrO_2 陶瓷的断面显微形貌图,图 10-8e 中 ZrO_2 陶瓷的结构相对疏松,断面较为平整,ZrO_2 晶粒间没有形成明显晶界。当烧结温度升高时,物质扩散,晶界移动,促使断面上 ZrO_2 晶粒的排布越来越紧密,明显形成晶界,断裂方式由穿晶断裂转变为沿晶断裂,同时陶瓷的致密化程度与力学性能得到提高。最终通过 SLS/CIP 复合成形得到的复杂结构 ZrO_2 陶瓷素坯形状完整,无破裂、弯曲等缺陷。在烧结温度为 1 500 ℃时,陶瓷的相对密度达到 86.65%,抗弯强度为 279.50 MPa。

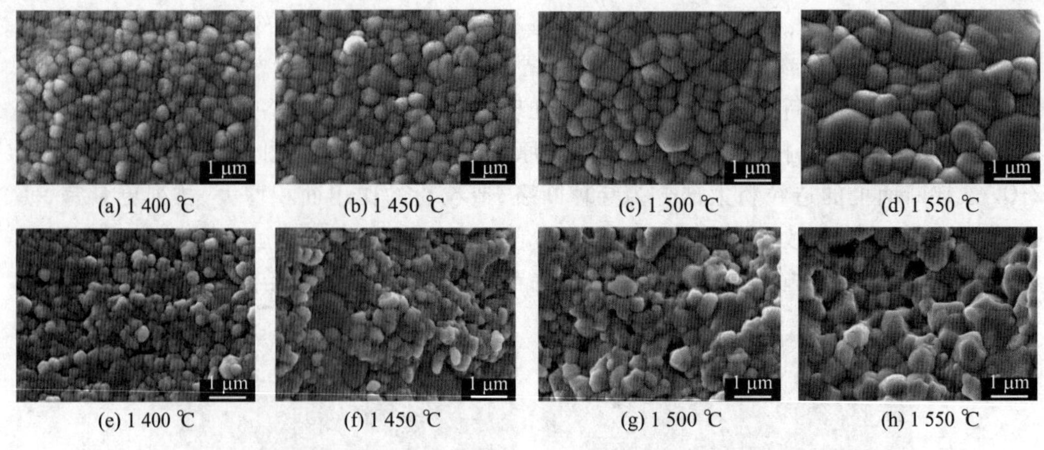

(a) 1 400 ℃ (b) 1 450 ℃ (c) 1 500 ℃ (d) 1 550 ℃
(e) 1 400 ℃ (f) 1 450 ℃ (g) 1 500 ℃ (h) 1 550 ℃

图 10-8 不同温度下烧结的 ZrO_2 陶瓷的 SEM 图

10.4 莫来石材料

莫来石的化学式为 $3Al_2O_3 \cdot 2SiO_2$，为柱状或针状晶体，其熔融温度约为 1 910 ℃。在煅烧黏土、高铝质原料（如蓝晶石、红柱石、硅线石）和陶瓷时生成莫来石，它是黏土砖、高铝砖和瓷器等的主要组分，是一种优质的耐火材料。SLS 技术可以应用于制备多孔莫来石陶瓷，考虑到 SLS 技术的特点及成本，成形莫来石的原材料一般采用价格较低的高岭土和粉煤灰空心球。

高岭土是传统陶瓷制品生产中常用的高岭石类黏土材料，它是一种含水铝硅酸盐矿物的混合体，主要成分为 Al_2O_3 和 SiO_2，是制备莫来石陶瓷的理想原料。可以采用机械混合法制备适于 SLS 成形的煤系高岭土/黏结剂复合陶瓷粉体，然后利用 SLS 技术制造煤系高岭土多孔陶瓷。然而，采用机械混合法制备的复合陶瓷粉体中黏结剂很难均匀分布于陶瓷粉体中，从而影响 SLS 成形的效果和最终制造出多孔陶瓷的性能。

为了改善采用 SLS 技术制备的多孔陶瓷的力学性能，可以在陶瓷粉体中引入烧结助剂。下面以一种新型的双层包覆法为例，介绍引入烧结助剂的方法，其流程示意图如图 10-9 所示。首先采用化学共沉淀法，在煤系高岭土粉体表面包覆 MnO_2 烧结助剂。通过 $KMnO_4$ 溶液和 $MnC_4H_6O_4 \cdot 4H_2O$[Mn(Ac)$_2 \cdot 4H_2O$]溶液发生化学反应，得到 MnO_2 烧结助剂，反应得到的 MnO_2 优先在煤系高岭土粉体上形核、结晶，并均匀地附着在粉体的表面，然后经过抽滤、烘干、碾磨过筛等即可得到 MnO_2 包覆高岭土的复合陶瓷粉体。然后，再采用溶剂蒸发法在制得粉体表面包覆酚醛树脂黏结剂，即可得到烧结助剂和高分子黏结剂均匀包覆的复合陶瓷粉体。这种方法可以在不破坏原始粉体形貌的情况下获得黏结剂均匀分布的粉体，并适合于 SLS 成形。

MnO_2 烧结助剂可以形成合适的液相，从而促进颗粒的重排和传质过程。随着烧结助剂加入量的提高，微观孔隙和细小颗粒大量减少，陶瓷颗粒之间的烧结颈面积增大，结合强度增大。当 Mn(Ac)$_2 \cdot 4H_2O$ 溶液含量从 0 增加到 18 mL 时，煤系高岭土多孔陶瓷的抗压强度从 0. 82 MPa 增加到 17. 38 MPa，而显气孔率从 64. 10%下降到 48. 74%。

近年来，一种新型的多孔陶瓷材料——陶瓷空心球逐渐被用来制备新型的多孔陶瓷。

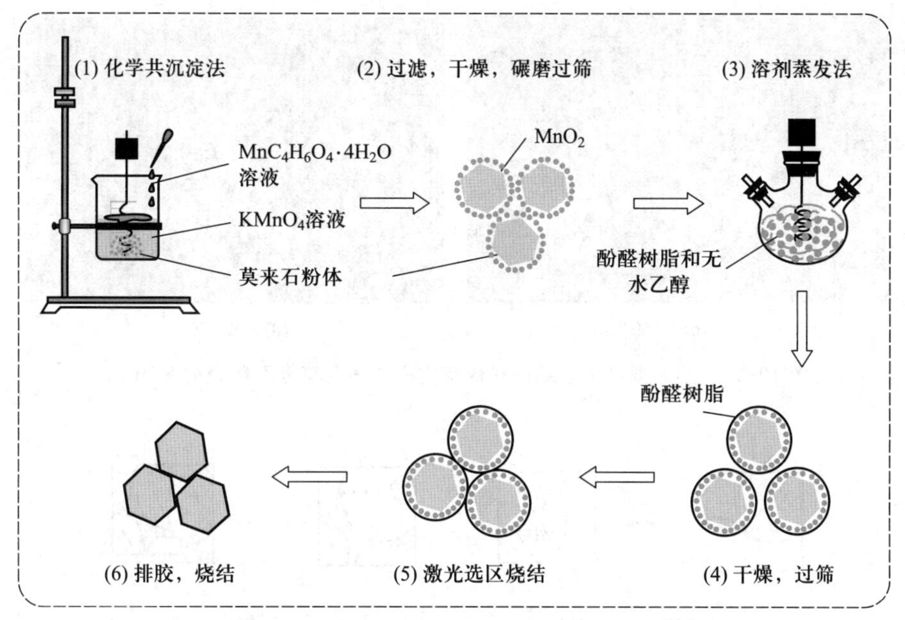

图 10-9　采用 SLS 技术制备煤系高岭土多孔陶瓷流程示意图

将 SLS 技术和陶瓷空心球结合起来,利用陶瓷空心球本身的气孔和 SLS 成形过程中形成的孔隙,可以制备出高孔隙率的复杂结构多孔陶瓷。陶瓷空心球球形度高,满足 SLS 成形的要求,其成分和孔隙率可控,从而使最终成形的多孔陶瓷性能可控。同时,引入烧结助剂会进一步提高多孔陶瓷的力学性能。

与采用聚空心球的陶瓷 SLS 技术类似,也可以采用粉煤灰空心球(也称粉煤灰漂珠)制备莫来石多孔陶瓷。粉煤灰是燃料(主要是煤)燃烧过程中排出的微小灰粒,而粉煤灰空心球是其中能够漂浮在水面的一种空心球体,粒径为 1~300 μm,表面封闭而光滑,其主要化学成分为 SiO_2、Al_2O_3、Fe_2O_3、MgO、Ca_2O 及 K_2O 等,是一种理想的多孔莫来石陶瓷的制备原材料。

采用粉煤灰空心球制备的多孔莫来石陶瓷的抗压强度与烧结颈强度有密切的关系,图 10-10 为不同温度下烧结的煤粉灰空心球多孔莫来石陶瓷的 SEM 图,可以观察到粉煤灰空心球多孔莫来石陶瓷的孔隙主要有两类:空心球内部的孔隙和空心球之间的孔隙。随着烧结温度从 1 350 ℃上升到 1 400 ℃,空心球之间的结合强度不断增加,其断裂形式由沿球面断裂逐渐转变为穿球断裂,其断裂机理见图 10-11。烧结颈强度越高,空心球聚

(a) 1 250 °C

(b) 1 300 °C

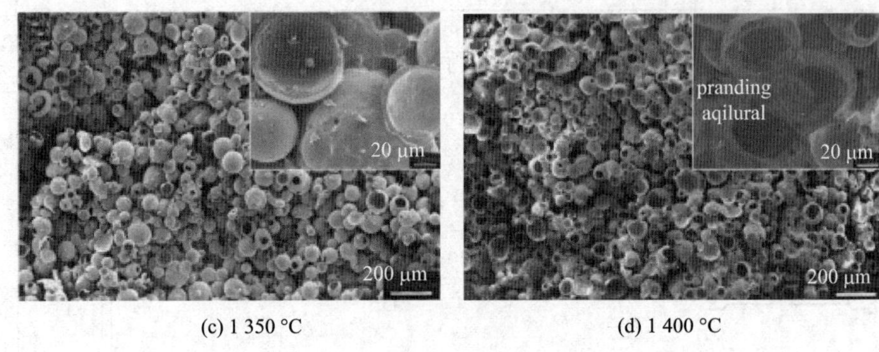

(c) 1 350 °C　　(d) 1 400 °C

图 10-10　不同温度下烧结的粉煤灰空心球多孔莫来石陶瓷的 SEM 图

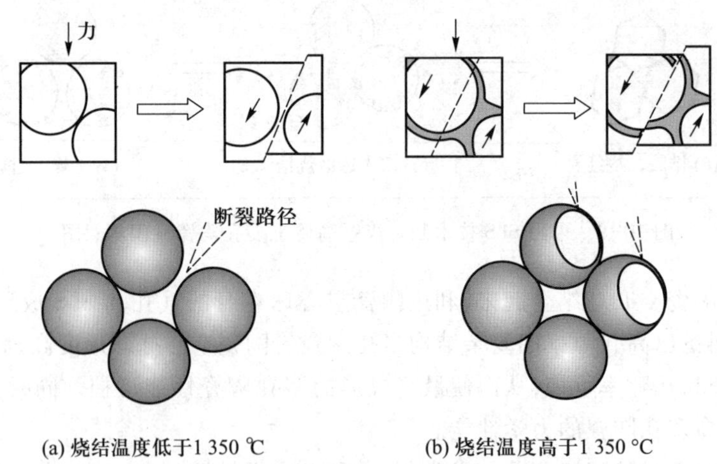

(a) 烧结温度低于1 350 ℃　　(b) 烧结温度高于1 350 °C

图 10-11　多孔莫来石陶瓷在不同烧结温度下的断裂方式示意图

集得也就越密，空心球间的孔隙减小，且烧结温度越高，空心球内部的孔隙也收缩得更小，导致孔隙率降低。

10.5　碳化硅及其复合材料

碳化硅（SiC）陶瓷具有抗氧化性强、耐磨性能好、硬度高、热稳定性好、高温强度大、热膨胀系数小以及耐化学腐蚀等优良特性。SiC 陶瓷的优异性能与其独特的结构密切相关，SiC 是共价键很强的化合物，SiC 中 Si—C 键的离子性仅占 12%左右，因此，SiC 强度高，弹性模量大，具有优良的耐磨损性能。纯 SiC 不会被 HCl、HNO_3、H_2SO_4 等酸溶液以及 NaOH 等碱溶液侵蚀，具有良好的耐腐蚀性能。在空气中加热时 SiC 易发生氧化，但氧化时表面形成的 SiO_2 会抑制氧的进一步扩散，故氧化速率并不高。在电性能方面，SiC 具有半导体性，少量杂质的引入会表现出良好的导电性。碳化硅陶瓷因其优良的物理化学性质而广泛应用于国防军工、航空航天、医疗、汽车、电子、光学、机械制造等领域。

SLS 成形碳化硅所用的材料主要包含无机粉体和有机黏结剂，无机粉体可以是碳化硅本身（可含烧结助剂）或者能够通过化学反应转化为目标陶瓷材料的前驱体（如 Si、SiO_2、C 等）。在制得素坯后，通过一定的后处理得到所需的碳化硅陶瓷零件。然而，目前采用 SLS 成形方法难以获得纯 SiC 相，其中的残 Si 或者残 C 都会对 SiC 陶瓷的性能产生负面影响。

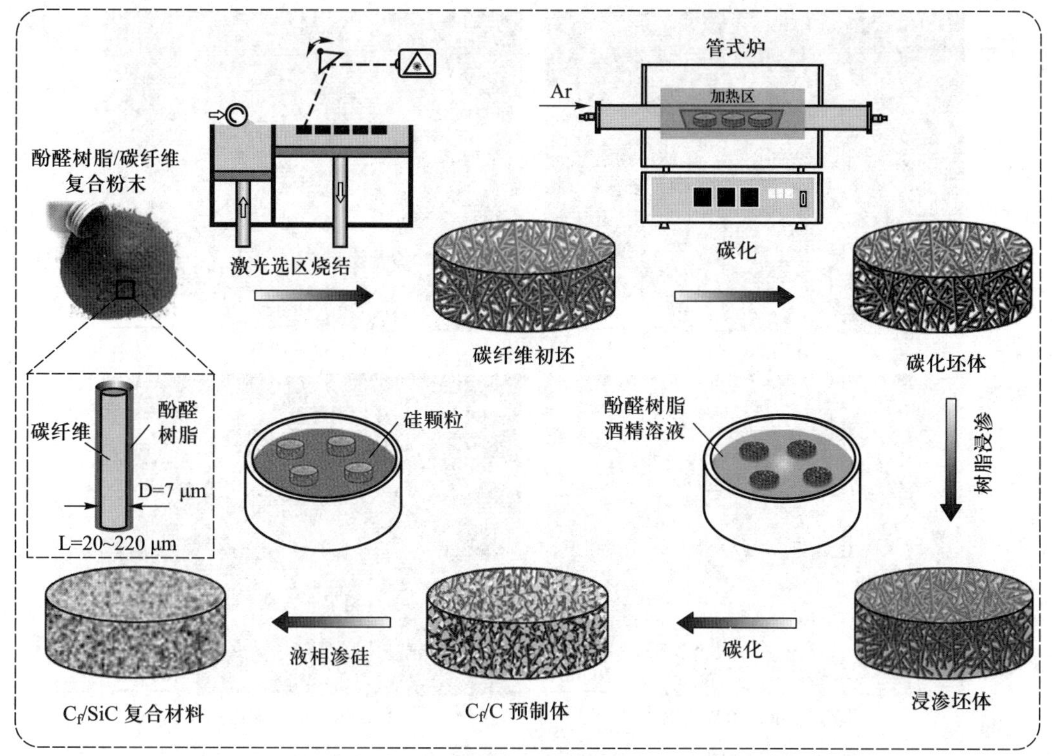

图 10-12 基于 SLS 的 C_f/SiC 复合材料制备流程图

SiC 陶瓷及其复合材料可以通过两种方式获得，一是通过 SLS 技术成形出以 Si、C 和 SiC 为主的骨架，之后通过渗硅得到 SiC 陶瓷。采用机械混合法制备含有黏结剂和乌洛托品固化剂的碳化硅复合粉体，对复合粉体进行激光选区烧结（SLS）得到陶瓷素坯，并对素坯进行气氛烧结和渗硅处理，使其与基体发生反应烧结，所得碳化硅陶瓷烧结体的抗弯强度最高可达 82 MPa，相对密度大于 86%。同时，也可以利用 Si 作为低熔点黏结剂黏结 SiC 颗粒进行成形，再向成形的素坯中浸渗树脂并热解得到多孔碳，最后通过渗硅得到 SiC 陶瓷。

第二种制造 SiC 陶瓷及其复合材料的方式是通过成形得到 C 骨架，然后通过渗硅得到 SiC 陶瓷。获得 C 骨架的方式较多，可以直接采用碳纤维等原材料进行 SLS 成形，成形的素坯经过碳化、浸渗、渗硅等处理后得到 SiC 复合材料，其典型制备流程图如图 10-12 所示，制备零件的典型微观形貌如图 10-13 所示。此外也可以先采用 SLS 制备出高分子坯体，热解得到 C 骨架，再进行渗硅得到 SiC 陶瓷零件。

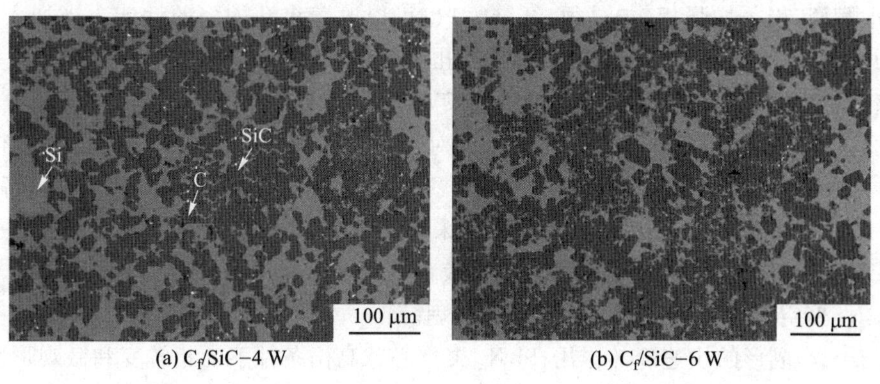

(a) C_f/SiC-4 W　　(b) C_f/SiC-6 W

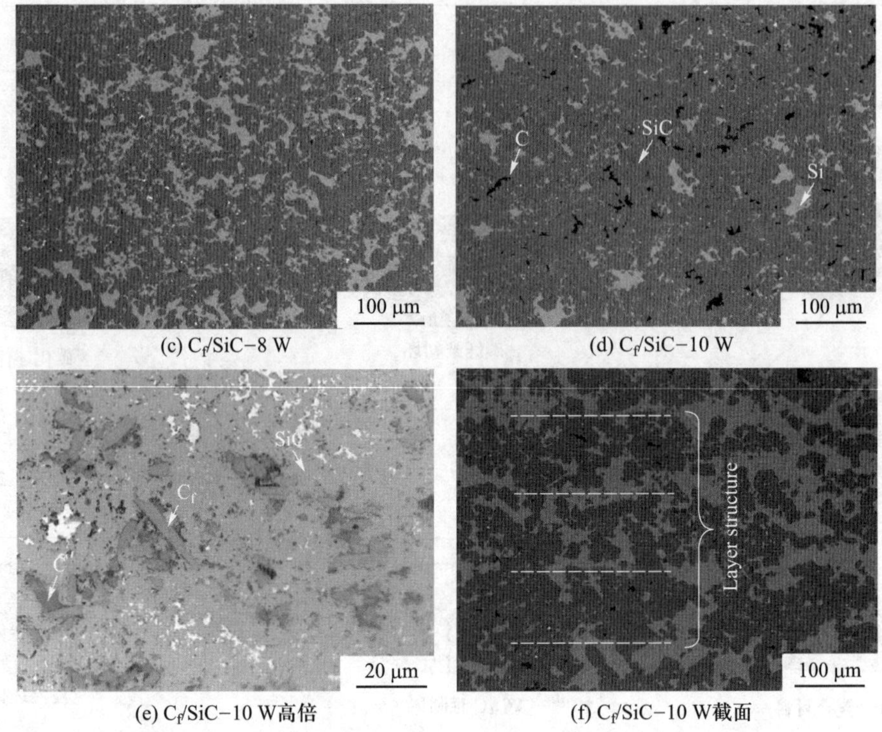

(c) C_f/SiC−8 W (d) C_f/SiC−10 W

(e) C_f/SiC−10 W高倍 (f) C_f/SiC−10 W截面

图 10-13 不同工艺参数下制备的 C_f/SiC 复合材料表面的 SEM 图

10.6 其他材料

除上述材料之外,激光选区烧结还可以用于制备 Si_3N_4 陶瓷等其他陶瓷材料,下面以氮化硅陶瓷为例进行说明。由于氮化硅陶瓷的致密化相对困难,SLS 技术主要用于制备多孔氮化硅陶瓷。

由于 Si_3N_4 陶瓷本身为强共价键化合物,无熔点且热扩散系数低,难以通过体积扩散和晶界扩散实现致密化,因此,Si_3N_4 陶瓷在制备过程中需要添加低熔点的烧结助剂。在高温烧结过程中,低熔点的烧结助剂与 Si_3N_4 颗粒表面的 SiO_2 形成共晶相,在液相作用下 Si_3N_4 陶瓷粉体经过溶解—沉淀—再析出过程实现 α→β 相转变和致密化过程。此外,采用 SLS 成形的氮化硅素坯一般也需要进行 CIP 等致密化处理。此外,对于 SLS 制备的多孔 Si_3N_4 陶瓷,引入增强相(如晶须、纤维等)也可以改善多孔陶瓷的性能。当加入的 SiC 晶须为原粉质量的 10%时,制备出的多孔 $SiC_{(w)}/Si_3N_4$ 陶瓷的孔隙率为 41.19%～48.91%,抗弯强度由 8.76 MPa 提升到 18.60 MPa。

除了添加黏结剂的间接法 SLS 外,人们对于 SLS 直接法制备 Si_3N_4 陶瓷也进行了一些探索。由于 Si_3N_4 材料没有熔点,于 1 900 ℃易发生升华分解,因此即使采用较高的激光功率进行扫描也无法形成液相,因此难以采用 SLS 技术成形 Si_3N_4 陶瓷。然而,在氧化性气氛下(空气),Si_3N_4 颗粒之间可以依靠表面氧化生成的 SiO_2 黏结。下面以 SLS 直接成形 Si_3N_4 聚空心球陶瓷为例介绍其成形机理。

由于 SLS 成形的快速冷却作用,Si_3N_4 聚空心球高温条件下的相转变和微观形貌得以保存。Si_3N_4 聚空心球在激光瞬时热源的作用下，球与球之间通过由竹节结构的非晶 SiO_2 纳米纤维簇、堆垛的 SiO_2 纳米球和光滑的 Si_3N_4 纳米线构成的“绒毛”结构桥接。其产生原理为：硅蒸汽与氧气形成的过饱和纳米 SiO_2 液滴以相互接触、润湿、扩散的机制生长，急冷后形成弯曲的 SiO_2 纳米纤维，再与临近的纳米液滴黏结形成堆垛结构，而硅蒸汽与氮气形成 Si_3N_4 纳米线。通过调控原料组分、SLS 成形工艺参数和烧结工艺可调控 Si_3N_4 聚空心球陶瓷的微观形貌和物相组成。经过 1 500 ℃氮化处理和 1 800 ℃高温烧结后，获得了复杂结构的多孔 Si_3N_4 陶瓷试样，如图 10-14 所示。

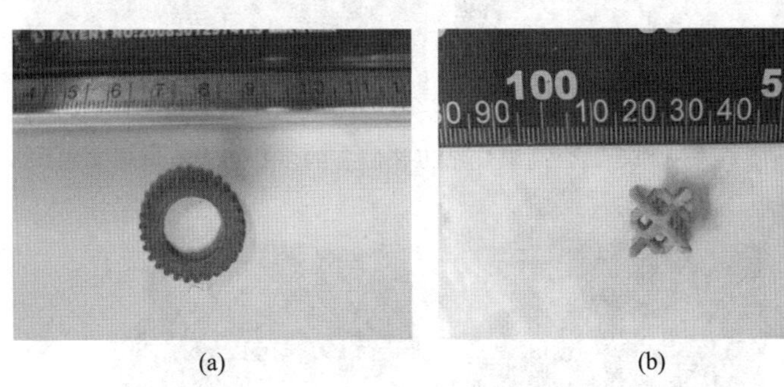

(a) (b)

图 10-14 SLS 直接成形的复杂结构 Si_3N_4 聚空心球陶瓷试样实物图

10.7 陶瓷激光选区烧结技术典型应用

目前陶瓷激光选区烧结技术主要应用于多孔陶瓷和覆膜砂型芯的制备。

多孔陶瓷因具有较高的表面积，在高温下具有较好的力学和化学稳定性，在工业中得到广泛应用，如用于过滤器、吸收器、催化剂载体、轻量化零件等。目前制备多孔陶瓷的方法主要有直接发泡法、添加造孔剂法、凝胶注模法等。上述方法主要研究如何有效地控制陶瓷的微观孔隙特征，如孔隙分布、孔径大小、三维连通孔等。然而，随着陶瓷零件的结构复杂度越来越高，上述方法面临难以成形复杂宏观孔隙结构的问题，而 SLS 技术有望解决这个难题。

堇青石陶瓷具有高化学稳定性、抗热震性以及一定的力学强度，广泛用于窑具、电子器件和微电子封装材料。此外，多孔堇青石陶瓷具有良好的吸附特性，可与多种催化剂活性组分良好匹配，可用于制备多孔蜂窝和泡沫陶瓷，作为净化废气的理想催化剂载体和过滤装置，广泛应用在汽车尾气净化、金属熔体过滤、超细粒子过滤等方面。

采用 SLS 技术制备的堇青石陶瓷素坯，经过 1 400 ℃烧结后材料孔隙率约为 60%，抗压强度达 13.77 MPa，能够满足车载蜂窝陶瓷催化剂载体的要求。由于 SLS 技术的优势，制备的多孔陶瓷具有不同宏观孔隙结构、更高的孔隙率，并可实现陶瓷结构的灵活设计。图 10-15 为采用 SLS 结合高温烧结工艺制备的多孔堇青石陶瓷实物图，左图为圆柱状蜂窝陶瓷，孔隙率为 73.99%，右图为螺旋二十四面体拓扑结构，孔隙率为 91.30%。

以覆膜砂粉体为原料，采用激光选区烧结（SLS）技术可成形精度要求不高的原型零件的砂型（芯）。目前已经商品化的覆膜砂材料主要有：美国 DTM 研发的 SandForm Si（石英砂）、SandFormZR II（锆石）以及德国 EOS 研发的 EOSINT-S700（高分子覆膜砂），主要应用于汽车、航空等领域用铸造砂型(芯)。图 10-16 所示为采用 SLS 技术制备的某发动机水道砂芯实物图。

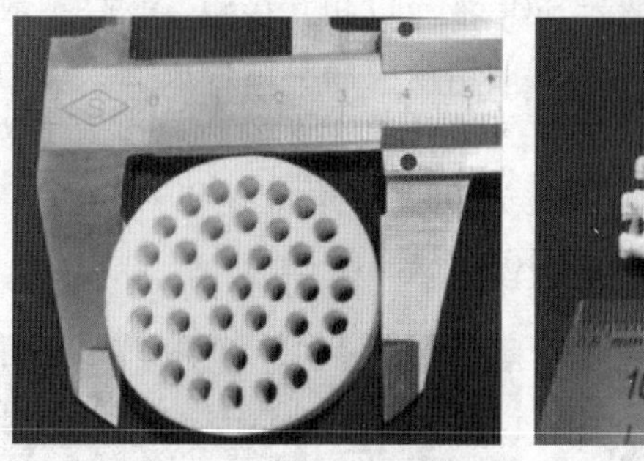
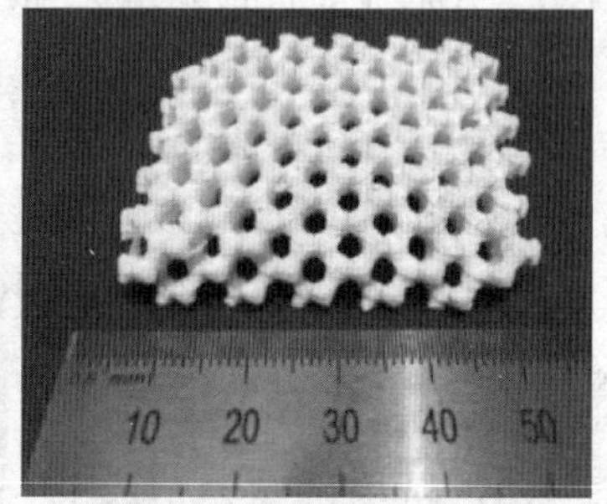

图 10-15　采用 SLS 结合高温烧结工艺制备的多孔堇青石陶瓷实物图

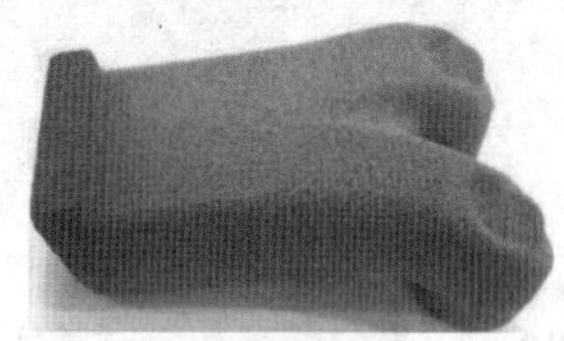
(a) 烧结前

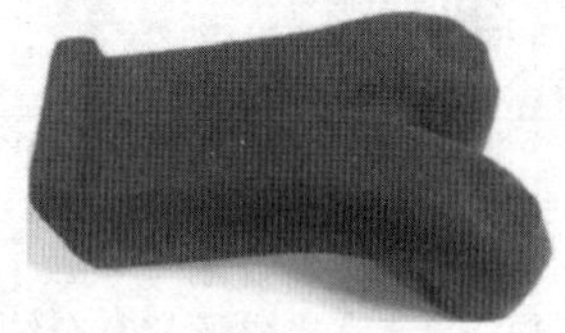
(b) 烧结后

图 10-16　采用 SLS 技术制备的某发动机水道砂芯实物图

思考题

1. 激光选区烧结成形陶瓷材料的原理是什么？根据其原理该如何选择高分子黏结剂？
2. 通常采用何种方法对激光选区烧结成形陶瓷材料工艺进行优化？
3. 用于激光选区烧结成形的陶瓷粉体形貌和粒径大小一般有什么要求？
4. 为什么说激光选区烧结成形多孔陶瓷具有明显优势？

参考文献

[1] 史玉升,闫春泽,周燕,等. 3D 打印材料 [M]. 武汉:华中科技大学出版社,2019.

[2] 吴甲民,陈安南,刘梦月,等. 激光选区烧结用陶瓷材料的制备及其成形技术 [J]. 中国材料进展,2017,(36):575-582.

[3] 吴甲民,陈敬炎,陈安南,等. 陶瓷零件增材制造技术及其在航空航天领域的潜在应用 [J]. 航空制造技术,2017,(529):40-49.

[4] CHEN A N, WU J M, LIU K, et al. High-performance ceramic parts with complex shape prepared by selective laser sintering: a review [J]. Advances in Applied Ceramics,2018,(117):100-117.

[5] 刘珊珊. Al_2O_3 空心球陶瓷的激光选区烧结制备及其性能研究 [D]. 武汉:华中科技大学,2019.

[6] 陈敬炎.煤系高岭土多孔陶瓷的激光选区烧结制备及其性能研究[D].武汉:华中科技大学,2018.

[7] CHEN A N,GAO F,LI M,et al. Mullite ceramic foams with controlled pore structures and low thermal conductivity prepared by SLS using core-shell structured polyamide12/FAHSs composites [J]. Ceramics International,2019,(45):15538-15546.

[8] SUBRAMANIAN P K, VAIL N K, BARLOW J W, et al. Selective laser sintering of alumina with polymer binders [J]. Rapid Prototyping Journal,1995,1:24-35.

[9] 史玉升,刘顺洪,曾大文,等.激光制造技术[M].北京:机械工业出版社,2011.

[10] 邓琦林,唐亚新.陶瓷粉体选择性激光烧结的后处理工艺分析[J].现代制造工程,1997,(2):16-18.

[11] 王伟,王璞璇,郭艳玲.选择性激光烧结后处理工艺技术研究现状[J].森林工程,2014,(30):101-104.

[12] LEE I. Densification of porous $Al_2O_3-Al_4B_2O_9$ ceramic composites fabricated by SLS process [J]. Journal of Materials Science Letters,1999,18:1557-1561.

[13] LEE I. Development of monoclinic HBO_2 as an inorganic binder for SLS of alumina powder [J]. Journal of Materials Science Letters,1998,17:1321-1324.

[14] LEE I. Influence of heat treatment upon SLS processed composites fabricated with alumina and monoclinic HBO_2[J]. Journal of Materials Science Letters,2002,21:209-212.

[15] LEE I. Infiltration of alumina sol into SLS processed porous $Al_2O_3-Al_4B_2O_9$ ceramic composites [J]. Journal of Materials Science Letters,2001,20:223-226.

[16] LIU K,SHI Y,LI C,et al. Indirect selective laser sintering of epoxy resin-Al_2O_3 ceramic powders combined with cold isostatic pressing [J]. Ceramics International,2014,(40):7099-7106.

[17] CHEN F,WU J M,WU H Q,et al. Microstructure and mechanical properties of 3Y-TZP dental ceramics fabricated by selective laser sintering combined with cold isostatic pressing [J]. International Journal of Lightweight Materials and Manufacture,2018,1:239-245.

[18] SHAHZAD K,DECKERS J,KRUTH J P,et al. Additive manufacturing of alumina parts by indirect selective laser sintering and post processing [J]. Journal of Materials Processing Technology,2013,213:1484-1494.

[19] 魏青松,唐萍,吴甲民,等.激光选区烧结多孔堇青石陶瓷微观结构及性能.华中科技大学学报(自然科学版),2016,44:46-51.

[20] 陈敬炎,吴甲民,陈安南,等.基于激光选区烧结的煤系高岭土多孔陶瓷的制备及其性能[J].材料工程,2018,46:36-43.

[21] CHEN A N,CHEN J Y,WU J M,et al. Porous mullite ceramics with enhanced mechanical properties prepared by SLS using MnO_2 and phenolic resin coated double-shell powders [J]. Ceramics International,2019,45:21136-21143.

[22] CHEN A N,LI M,XU J,et al. High-porosity mullite ceramic foams prepared by selective laser sintering using fly ash hollow spheres as raw materials [J]. Journal of the European Ceramic Society, 2018,38:4553-4559.

[23] CHEN A N, LI M, WU J M, et al. Enhancement mechanism of mechanical performance of highly porous mullite ceramics with bimodal pore structures prepared by selective laser sintering [J]. Journal of Alloys and Compounds, 2019, 776C: 486-494.

[24] LIU S S, LI M, WU J M, et al. Preparation of high-porosity Al_2O_3 ceramic foams via selective laser sintering of Al_2O_3 poly-hollow microspheres [J]. Ceramics International, 2020, 46: 4240-4247.

[25] 陈鹏. 氧化铝陶瓷直接激光选区烧结成形工艺及机理研究 [D]. 武汉: 华中科技大学, 2019.

[26] SHI Y, YAN C, ZHOU Y, et al. Materials for Additive Manufacturing [M]. Elsevier, 2021.

第 11 章　激光选区熔化成形陶瓷材料

由于陶瓷材料熔点高,脆性大,塑性和韧性差,在热应力下容易产生变形,对温度变化敏感且在冲击下易产生裂纹,而激光选区熔化技术具有急冷急热的特点,这使得陶瓷的激光选区熔化成形存在困难,目前还处于初级研究阶段。国内外科研机构主要从陶瓷粉体、成形技术、成形零件质量和性能等方面对陶瓷激光选区熔化成形技术进行了研究。

11.1　激光选区熔化成形陶瓷材料的原理

激光选区熔化成形技术(SLM)加工陶瓷材料的原理如图 11-1 所示。在一定的粉体预热温度条件下,高功率激光束将粉体逐层熔化,堆积成一个结合紧密、组织致密的实体零件。

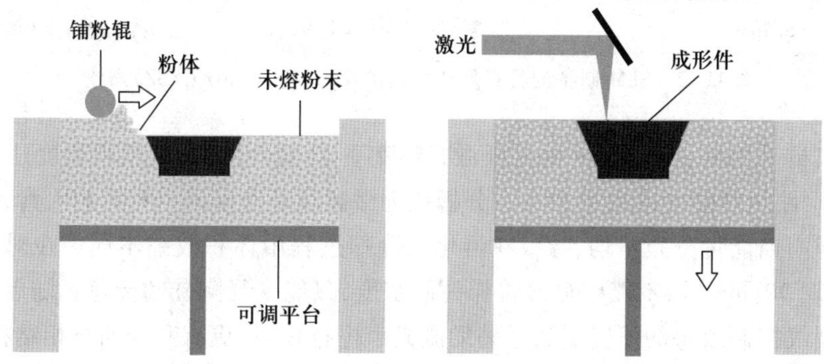

图 11-1　SLM 技术加工陶瓷材料的原理图

在熔化过程中,随着激光能量的输入,会形成移动的熔池。熔池内陶瓷熔体的高黏度对 SLM 制备零件的最终密度有很大的影响。在激光熔化过程中,黏度的大小影响到两个方面:一方面影响熔融颗粒以液滴团聚的形式流动和融合,另一方面影响气体在熔池中的逸出速度。当熔体的黏度很高时,即使完全熔化,熔体可能也无法流动(例如许多熔化的玻璃表现出非牛顿流体行为)。熔体的高表面张力有助于减少自由表面能,利于液滴的合并。如果陶瓷熔体没有足够的流动性,液滴不能充分合并,很难通过 SLM 实现高密度陶瓷的制备。

采用 SLM 技术制备陶瓷,无需后续烧结处理就可以得到较为致密的零件。然而,由于激光与粉体之间作用的时间短,陶瓷在激光熔化过程中的物理、化学变化复杂,加上陶瓷的抗热震性能较差等原因,制得的陶瓷零件常常存在气孔、裂纹等缺陷。另外,对于采用高温预热系统的设备,激光扫描过程中出现的大熔池常常使陶瓷表面粗糙,精度变差。

11.2　氧化锆材料

ZrO_2 的密度大、熔点高,在 2 700 ℃下才能完全熔融,具有较好的耐热性和耐腐蚀性,被认为是最具前景的可用于发动机的陶瓷材料。同时,医用 ZrO_2 透光性好,生物相容性优于传统牙科金属,是应用于口腔领域的新兴修复材料。ZrO_2 中稳定剂 Y_2O_3 的含量是影响 ZrO_2 相变临界尺寸的主要因素,通过控制 Y_2O_3 的含量可以调节其相变的增韧效应,从而影响成形零件的断裂韧性。研究人员采用 SLM 成形了如图 11-2 所示的具有复杂结构的 Y_2O_3 稳定 ZrO_2(YSZ)陶瓷,但所制备的结构含有较多的气孔及裂纹,只有 56%的致密度。该研究发现,为避免体积收缩与分层开裂,技术参数范围设定较窄,且后续传统烧结并不能进一步提高零件的致密度。

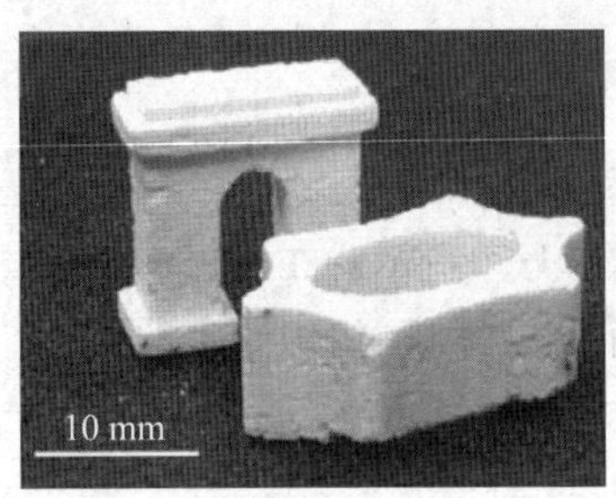

(a) YSZ结构

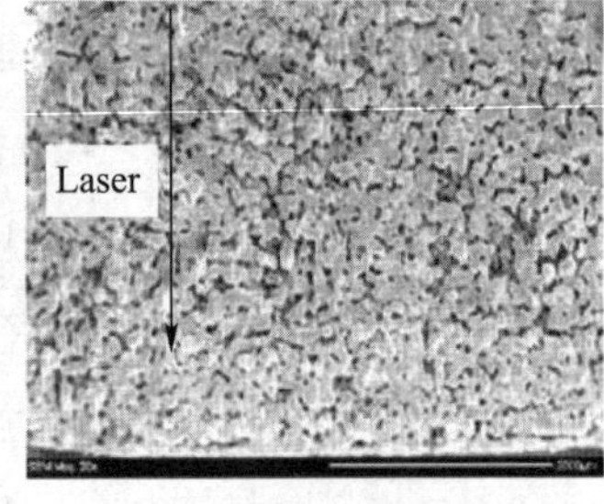

(b) 低致密度YSZ微观组织

(c) YSZ样件中的裂纹

图 11-2 SLM 制备的具有复杂结构的 Y_2O_3 稳定 ZrO_2(YSZ)陶瓷

研究人员采用波长为 1 μm 的光纤激光器制备了 YSZ 陶瓷,其微观硬度达到 1 209±262HV_{500},样件相对密度达到了 88%。分析认为微裂纹是密度的主要影响因素,裂纹的产生主要由于高斯能量分布不均,导致在熔化及冷却过程中体积收缩不同。在对样件进行 1 400 ℃处理 30 min 后,不能明显改善样件的密度,只能恢复陶瓷的颜色。随后又开展了预热对于裂纹抑制效果的研究。通过辅助激光束进行预热,更有利于四方相结构的形成,在熔化和冷却过程中观察到单斜立方相结构向四方相结构的转变,有效地抑制了垂直长裂纹的产生,将有序裂纹转化为细小无序裂纹,在预热温度达到 2 000 ℃时,样件的相对密度提高至 91%。

11.3 氧化铝材料

Al_2O_3 是一种常见的适用于 SLM 成形的陶瓷材料,其常温力学性能较好,具有高强度、高硬度、高耐磨性,可用于高温耐火材料、耐火砖、人造宝石等,在工业领域应用广泛。此外,Al_2O_3 在骨科领域还是替代金属作为人体骨骼和关节的重要材料。研究人员采用电泳沉积、粉末床体预热和激光扫描相结合的方法直接制备 Al_2O_3 零件,因为该装置只需要很小的激光能量输入,温度梯度和熔池较小,避免了由大熔池造成的大晶粒,最终得到了相对密度达到 85%、晶粒尺寸小于 5 μm 的陶瓷零件。

Al_2O_3 和 ZrO_2 作为常用的工业及医用陶瓷材料,其混合粉体具有单一粉体所不具备的特性。Al_2O_3 和 ZrO_2 在高温下能共熔,一方面,Al_2O_3 和 ZrO_2 颗粒相互抑制彼此的生长,晶粒细小且均匀;另一方面,具有高弹性模量的 Al_2O_3 颗粒有助于 ZrO_2 四方相的保留,使 ZrO_2 相变增韧陶瓷的相变应力明显提高,断裂韧性提高,对裂纹产生一定的抑制作用。

研究人员采用 SLM 进行了 Al_2O_3/ZrO_2 陶瓷的直接制备，在无预热条件下采用 SLM 成形了 Al_2O_3 和 ZrO_2 陶瓷，但未能获得无裂纹样品，所制样品的力学性能差，弯曲强度只有 9.7 MPa（传统加工试件可以达到 1 000 MPa）。开展了预热温度对裂纹影响的实验研究，在 900 ℃预热条件下，样品出现严重的裂纹；在采用 CO_2 激光器预热粉末床体至 1 600 ℃的条件下，成功抑制了成形过程中的开裂现象，成形的样件具有 100%的致密度及细密的纳米尺度微观组织，并利用直径 14 mm 的小圆盘试样测得其抗弯强度最高达 500 MPa。但利用激光束预热粉末床体形成的有效面积非常有限，且高温预热条件下熔池极易失稳，所制备的陶瓷结构表面质量较差。图 11-3 所示为分别在无预热及 1 600 ℃预热条件下制备的 Al_2O_3/ZrO_2 陶瓷结构。

(a) 无预热(有裂纹)

(b) 1 600 ℃预热

图 11-3　SLM 制备的 Al_2O_3/ZrO_2 陶瓷结构

11.4　其他材料

研究人员采用 SLM 进行 SiC 等陶瓷的成形，重点分析了激光功率、扫描速度及激光能量密度对陶瓷成形的影响。研究发现，相同激光能量密度下不同的激光功率和扫描速度变化会得到不同的成形质量，较高扫描速度下得到的成形件微观组织较为致密均匀，孔隙较小，相对密度也较高。在低的扫描速度下形成的组织致密区域较大，同时孔隙尺寸也较大，使得陶瓷的相对密度较低。采用 SiC 成形的陶瓷涡轮（图 11-4），抗弯强度为（2.0±0.1）MPa，经高温之后尺寸收缩 3.3%，强度为（17±1.4）MPa，经浸渗硅后，强度上升为（220±14）MPa，且没有孔隙。

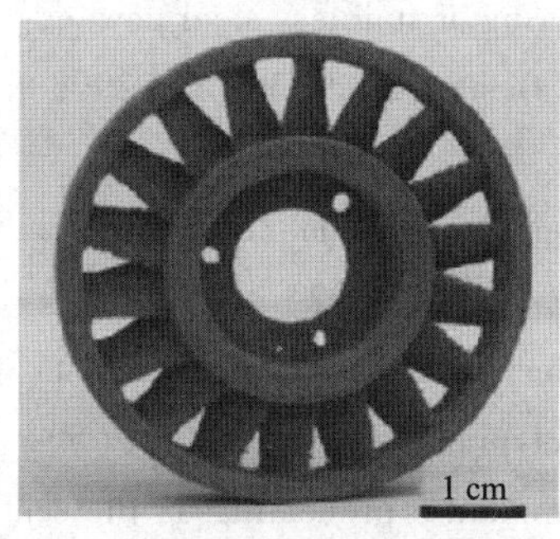

(a) 激光能量密度为11.2 J/m³

(b) 高温热分解

(c) 浸渗硅

图 11-4　采用 SiC 成形的陶瓷涡轮

思考题

1. 激光选区熔化成形陶瓷的原理是什么？它和激光选区烧结成形陶瓷的原理有何区别？

2. 激光选区熔化成形陶瓷时容易产生哪些缺陷？请具体阐述产生这些缺陷的原因。

3. 通常采取哪些措施减少激光选区熔化成形过程中的缺陷？

4. 请比较激光选区熔化和激光选区烧结陶瓷成形工艺的优缺点。

参考文献

[1] SHISHKOVSKY I,YADROITSEV I,BERTRAND P,et al. Alumina-zirconium ceramics synthesis by selective laser sintering/melting [J]. Applied Surface Science,2007,254(4):966-970.

[2] SPIERINGS A B,HERRES N,LEVY G. Influence of the particle size distribution on surface quality and mechanical properties in AM steel parts [J]. Rapid Prototyping Journal,2011,17(3):195-202.

[3] GUSAROV A V,SMUROV I. Modeling the interaction of laser radiation with powder bed at selective laser melting [J]. Physics Procedia,2010,5(Part B):381-394.

[4] KOVALEVA I,KOVALEV O,SMUROV I. Model of Heat and Mass Transfer in Random Packing Layer of Powder Particles in Selective Laser Melting [J]. Physics Procedia,2014,56:400-410.

[5] KLOCHE F,ADER C. Direct laser sintering of ceramics [C]. Solid Freeform Fabrication Symposium. Austin,Texas,USA,Aug 8-11,2003.

[6] WANG X H,FUH J Y H,WONG Y S,et al. Laser sintering of silica sand-mechanism and application to sand casting mould [J]. The International Journal of Advanced Manufacturing Technology,2003,21(12):1015-1020.

[7] TANG H H,YEN H C. Ceramic parts fabricated by ceramic laser fusion [J]. Materials Transactions,2004,45(8):2744-2751.

[8] GU D,SHEN Y. Balling phenomena in direct laser sintering of stainless steel powder: Metallurgical mechanisms and control methods [J]. Materials & Design,2009,30(8):2903-2910.

[9] BERTRAND P,BAYLE F,COMBE C,et al. Ceramic components manufacturing by selective laser sintering [J]. Applied Surface Science,2007,254(4):989-992.

[10] SONG B,LIU Q,LIAO H. Microstructure study on selective laser melting yttria stabilized zirconia ceramic with near IR fiber laser [J]. Rapid Prototyping Journal,2014,20(5).

[11] LIU Q,DANLOS Y,SONG B,et al. Effect of high-temperature preheating on the selective laser melting of yttria-stabilized zirconia ceramic [J]. Journal of Materials Processing Technology,2015,222:61-74.

[12] DECKERS J,MEYERS S,KRUTH J P,et al. Direct Selective Laser Sintering/Melting of High Density Alumina Powder Layers at Elevated Temperatures [J]. Physics Procedia, 2014,56(7):117-124.

[13] HAGEDORN Y C,JAN W,WILHELM M,et al. Net shaped high performance oxide ceramic parts by selective laser melting [J]. Physics Procedia,2010,5:587-594.

[14] WILKES J,HAGEDORN Y C,MEINERS W,et al. Additive manufacturing of ZrO_2-Al_2O_3 ceramic components by selective laser melting [J]. Rapid Prototyping Journal,2013,19(1):51-57.

[15] HAGEDORN Y C. Additive manufacturing of high performance oxide ceramics via selective laser melting[R]. Fraunhofer-Institut für Lasertechnik-ILT,2013.

[16] WILKES J I. Selektives Laserschmelzen zur generativen Herstellung von Bauteilen aus hochfester Oxidkeramik [J]. Rwth Aachen,2009.

[17] SHISHKOVSKY I,YADROITSEV I,BERTRAND P,et al. Alumina-zirconium ceramics synthesis by selective laser sintering/melting [J]. Applied Surface Science,2007,254(4):966-970.

[18] ZHAO Z,MAPAR M,YEONG W Y,et al. Initial Study of Selective Laser Melting of ZrO_2/Al_2O_3 Ceramic [C]. 2014.

[19] CHEN Q,GUILLEMOT G,GANDIN C A,et al. Finite element modeling of deposition of ceramic material during SLM additive manufacturing [C]//MATEC Web of Conferences. EDP Sciences,2016,80:08001.

[20] CHEN Q,GUILLEMOT G,GANDIN C A,et al. Three-dimensional finite element thermomechanical modeling of additive manufacturing by selective laser melting for ceramic materials [J]. Additive Manufacturing,2017,16:124-137.

[21] FRIEDEL T,TRAVITZKY N,NIEBLING F,et al. Fabrication of polymer derived ceramic parts by selective laser curing [J]. Journal of the European Ceramic Society,2005,25(2-3):193-197.

[22] JUSTE E,PETIT F,LARDOT V,et al. Shaping of ceramic parts by selective laser melting of powder bed [J]. Journal of Materials Research,2014,29(17):2086-2094.

[23] WILLERT-PORADA M A,ROSIN A,PONTILLER P,et al. Additive manufacturing of ceramic composites by laser assisted microwave plasma processing [C]//. LAMPP:Microwave Symposium (IMS),IEEE MTT-S International. IEEE,Phoenix,USA,May 17-22,2015.

[24] 华国然,黄因慧,赵剑锋,等. 纳米陶瓷粉末激光选择性烧结初探 [J]. 中国机械工程,2003,14(20):1766-1769.

[25] 沈理达,田宗军,黄因慧,等. 激光烧结 PSZ 纳米陶瓷团聚体粉末的试验研究 [J]. 应用激光,2007,27(5):365-370.

[26] SHEN L D,HUANG Y H,TIAN Z J,et al. Direct fabrication of bulk nanostructured ceramic from nano-Al_2O_3 powders by selective laser sintering [J]. Key Engineering Materials, 2007,329:613-618.

[27] 张凯,刘婷婷,廖文和,等. 氧化铝陶瓷激光选区熔化成形实验 [J]. 中国激光,

2016,43(10):120-126.

[28] ZHANG K,LIU T,LIAO W,et al. Influence of laser parameters on the surface morphology of slurry-based Al_2O_3 parts produced through selective laser melting [J]. Rapid Prototyping Journal,2018,24(2):333-341.

[29] ZHANG K,LIU T,LIAO W,et al. Photodiode data collection and processing of molten pool of alumina parts produced through selective laser melting [J]. Optik-International Journal for Light and Electron Optics,2018,156:487-497.

[30] 刘威. 氧化锆/氧化铝生物陶瓷选择性激光熔融成形研究 [D]. 南京:南京理工大学,2015.

[31] 刘琦,郑航,唐康,等. 激光选区熔化 YSZ 陶瓷工艺及内部缺陷研究 [J]. 电加工与模具,2016 (4):35-40.

[32] TANG H H. Direct laser fusing to form ceramic parts [J]. Rapid Prototyping Journal,2002,8(5):284-289.

[33] 王伟娜. 选择性激光熔覆氧化铝/氧化锆复合陶瓷的温度场数值模拟和实验研究 [D]. 西安:第四军医大学,2015.

[34] 刘治. 选择性激光熔覆氧化铝/氧化锆共晶陶瓷材料的实验研究 [D]. 西安:第四军医大学,2015.

[35] 沈晓冬,史玉升,伍尚华,等. 3D 打印无机非金属材料 [M]. 北京:化学工业出版社,2020.

第 12 章　三维喷印技术成形陶瓷材料

12.1　三维喷印技术成形陶瓷材料的原理及工艺

三维喷印(3DP)技术成形陶瓷材料的原理如图 12-1 所示,在计算机的控制下,喷嘴将黏结剂喷射到指定位置,粉体固化黏结,逐层堆积,得到实体零件。3DP 技术的优势主要有成本低、原料广泛、无需支撑结构。

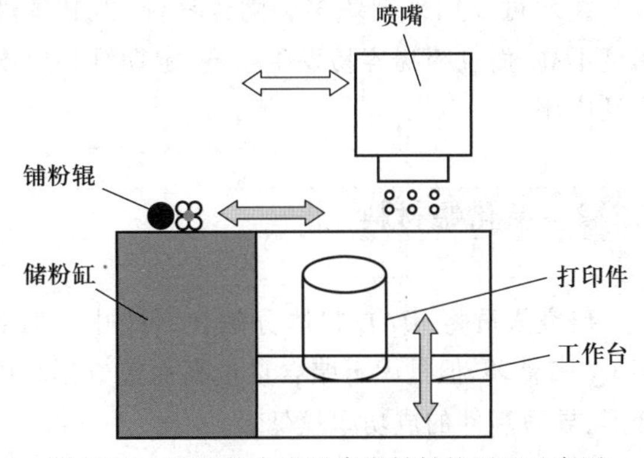

图 12-1　3DP 技术成形陶瓷材料的原理示意图

常用 3DP 技术成形陶瓷材料的方法有两种。一种为间接(黏结)3DP 成形技术,采用精密喷嘴,按照零件截面形状将黏结剂喷射在预先铺好的粉体层上,使部分粉体黏结在一起,形成截面轮廓,一层粉体成形后,再铺上一层粉体进行黏结,如此循环直至完成,再经过后处理得到成形零件;另外一种则是直接(喷墨)3DP 成形技术,即将陶瓷粉体和黏结剂混合起来得到的陶瓷墨水直接打印成形,又称喷墨打印技术。

3DP 技术的核心是原材料。3DP 成形系统的原材料包括粉体材料和黏结溶液材料。对粉体材料的要求为:颗粒小、成球状、均匀、无明显团聚;流动性好,防止堵塞供粉系统,利于铺展;在溶液喷射冲击时不产生凹陷、溅散和孔隙;与黏结溶液作用后能很快固化。

影响粉体材料成形特性的因素包括粉体的粒度、粒度分布、颗粒形状、成分及比例、孔隙率、流动性、润湿性等。在 3DP 技术成形过程中,应选择无明显团聚(即无絮凝颗粒)和凝聚体颗粒的粉体原料,并尽可能选择球状颗粒。同时,对粉体进行干燥处理、加入分散剂可以显著改善粉体的流变特性以及与粉体液滴的相互作用。

粉体的粒度直接影响 3DP 技术过程中逐层成形的精度。尺寸较大的粉体颗粒比表面积小,在液滴的润湿过程中不易与其他颗粒渗透黏结;反之,粉体粒度越细则越容易黏结成形。但若粒度过细,则容易团聚而形成絮凝颗粒,致使粉体不易铺成薄层,且粉体容易黏结到铺粉辊表面,影响成形精度。3D 打印过程中并不要求原料的颗粒大小一致,可以是粒度大小不一,能够按一定规则进行尺寸匹配的粉体(级配粉体)。

粉体的密度直接影响成形零件的密度。若想提高零件密度,必须提高粉体的密度或提高单位面积内液滴喷射的总量。提高粉体密度的措施有:改善粉体的粒度分布,如在大粒度粉体中加入较小粒度的粉体;改善铺粉过程,选择合适的铺粉参数等。

对所用黏结溶液材料的要求为:液体易于分散且稳定,能长期储存;不腐蚀喷嘴;黏度低,表面张力大,能按预期的流量从喷嘴中喷射;不易凝固,能延长喷嘴抗堵塞时间。从满足 3DP 成形喷射要求的角度,对于黏结溶液材料的要求如下:表面张力一般在 30~50 mN/m 之间;黏度一般为 1~10 cps,最好控制在 2~4 cps;pH 值一般需要控制在 8~9;

比重、固相含量、稳定性和抗沉淀性等方面也需满足要求。黏结溶液包含黏结剂、载体溶剂及添加剂(如黏度调节剂、防堵塞剂、助溶剂、分散剂、pH 调节剂等),在制备过程中根据需要选择这些材料。

除了对材料的相关要求之外,3DP 成形过程中,液滴的加入量对粉体层的固化成形也起到十分重要的作用。液滴加入粉体层的量可由饱和度来表示,即在粉体的间隙中溶液所占体积与孔隙体积之比。3DP 成形技术中饱和度应为 0.3~1,这样既能保证粉体被充分润湿,又能保证粉体不黏结成泥浆状,以致液滴在粉体表面散开,影响叠层成形的精度。3DP 技术可以用来制备多种陶瓷零件,但其零件表面分辨率低、精度差(约为 0.2 mm)、密度不高,而且喷嘴容易发生堵塞,定期维护成本高,这些问题极大地限制了 3DP 技术的广泛应用。

12.2 氧化铝材料

研究人员将 Al_2O_3 粉体分散在石蜡中,利用温度诱导石蜡相变的方法,成功打印出 Al_2O_3 陶瓷环,但是因石蜡含量过高而造成排胶困难,坯体在烧结过程中容易出现裂纹和变形,导致制件的成功率较低。

为了提高零件整体的致密性,可在烧结前对坯体进行等静压处理。有学者将等静压技术与激光选区烧结技术结合,获得了致密性良好的金属零件。模仿这个过程,研究人员也将等静压技术引入到了 3DP 中改善零件的各项性能。最早的 3DP 成形陶瓷坯体出现在 1993 年,研究人员利用 3DP 技术制得的 Al_2O_3 陶瓷坯体的初始相对密度只有 33%~36%,经过热等静压处理后相对密度可达到 99.2%。

坯体烧结后可以进行熔渗处理,即将熔点较低的金属填充到坯体内部的孔隙中,以提高零件的致密度,熔渗的金属还可能与陶瓷等基体材料发生反应形成新相,提高材料的性能。

2011 年,研究人员以 Al_2O_3 为原料、糊精为黏结剂,采用 3DP 成形技术制备了多孔 Al_2O_3 预零件。通过调整浆料固相含量控制陶瓷的孔隙率。当浆料固相含量为 33 vol%~44 vol%时,陶瓷坯体的弯曲强度为 4~55 MPa,1 600 ℃下烧结后的 Al_2O_3 陶瓷的各向同性收缩率为 17%。然后在 1 300 ℃下用 Cu-O 合金无压渗透 1.5 h,最终形成致密的 Al_2O_3/Cu-O 复合材料(图 12-2)。所制备 Al_2O_3/Cu-O 复合材料的弯曲强度为 236±32 MPa,断裂韧性为 5.5±0.3 MPa·$m^{1/2}$。

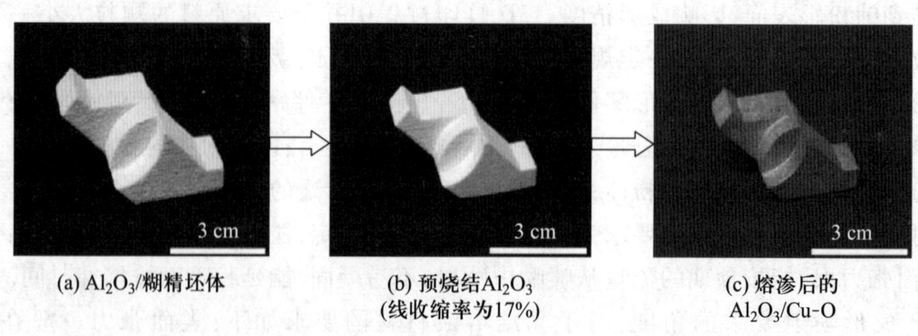

图 12-2 采用 3DP 成形制造的 Al_2O_3/Cu-O 复合材料

12.3 氧化锆材料

对 10 vol%的 ZrO_2 墨水液滴进行研究,发现其干燥后容易产生偏析,使液滴如咖啡斑一般,严重影响成形精度。通过添加 10 wt%的 PEG 可有效抑制偏析现象,提高成形精度。通过采用电流体动力喷射墨水,使液滴大小不再受限于喷嘴,从而提高成形精度。采用 10 vol%的 ZrO_2 悬浊液沉积了 100 层,经高温烧结后,得到壁厚为 100 μm 的致密 ZrO_2 薄壁件,比普通喷嘴式喷墨打印件壁厚少了将近 30%。在 ZrO_2 喷墨打印成形中进行干燥处理时,主要采用两种方法控制溶剂的挥发:一是向墨水中加入挥发性添加剂;二是在打印机上添加干燥单元(如高能聚光灯、风扇等),并升高打印基板的温度,以促进溶剂的挥发。

12.4 其他材料

研究人员通过 3DP 成形技术和无压烧结技术制成孔隙率高于 70%的多孔 Si_3N_4 陶瓷。成形的 Si_3N_4 陶瓷坯体经过化学气相渗透沉积 Si_3N_4 后,提高了 β-Si_3N_4 颗粒之间的连接强度和负载能力,陶瓷的力学性能得到了明显的改善。随着渗透时间的增加,Si_3N_4 的力学性能进一步提高。

由于 3DP 成形技术的局限,打印构件的表面精度不是很高,但这种粗糙表面具有较高的比表面积,这一点在生物材料中是至关重要的,劣势反而成了优势。所以,目前 3DP 成形技术的主要研究方向之一是生物陶瓷支架的制备,如羟基磷灰石基生物支架和磷酸三钙(TCP)生物支架的制备。3DP 技术成形生物陶瓷支架技术中影响支架性能的主要因素是陶瓷粉体和黏结剂的性质。陶瓷粉体粒度对支架的机械强度和孔隙率有极大影响。研究表明,3DP 成形的生物陶瓷支架其烧结收缩率通常在 30%左右。通过优化陶瓷粉体颗粒的级配,提高粉体填充密度,能够显著提高支架的机械强度。使用喷雾干燥制备羟基磷灰石混合粉体作为原材料,糊精(20 wt%)和蔗糖(2.5 wt%)的水溶液作为黏结剂,制备陶瓷支架,通过添加 25 wt%的细颗粒(32~19 μm)到粗颗粒(>125 μm)中,使支架的强度提高 55%。

3DP 成形生物陶瓷支架时,陶瓷粉体并不都是单一组分的生物陶瓷粉体,常需加入各类添加剂来提高生物支架的强度、孔隙率和生物活性等性能。以添加不同比例氧化石墨烯(0、0.2 wt%和 0.4 wt%)的羟基磷灰石粉体作粉体材料,水基黏结溶液作为黏结剂,制备的氧化石墨烯/羟基磷灰石纳米复合材料,随着氧化石墨烯含量的增加,样品的抗压强度明显提高。在 TCP 粉体中添加 SrO 和 MgO,采用 3DP 技术成形后,通过微波烧结,可以获得具有 500 μm 互连孔径的 Sr-Mg 掺杂的 TCP 支架(图 12-3),最大抗压强度达到了 (12.01±1.56) MPa。通过在大鼠远端股骨缺损中植入打印的支架评估纯 TCP 和 Sr-Mg 掺杂 TCP 支架的体内生物学性能。SrO-MgO-TCP 支架的孔径为 245±7.5 μm,具有多尺度孔隙结构(即 3D 互连的大孔和内在微孔)。与纯 TCP 支架相比,Sr-Mg 掺杂 TCP 支架类骨质样新骨的形成显著增加,将其放入大鼠中,大鼠血清中也观察到骨钙素和胶原水平的增加。

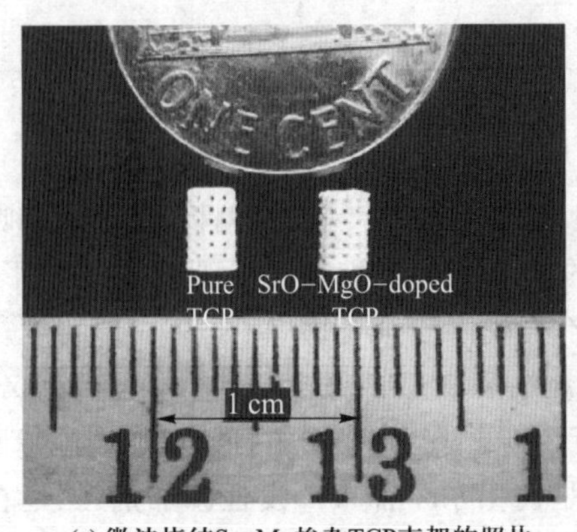

(a) 微波烧结Sr-Mg掺杂TCP支架的照片

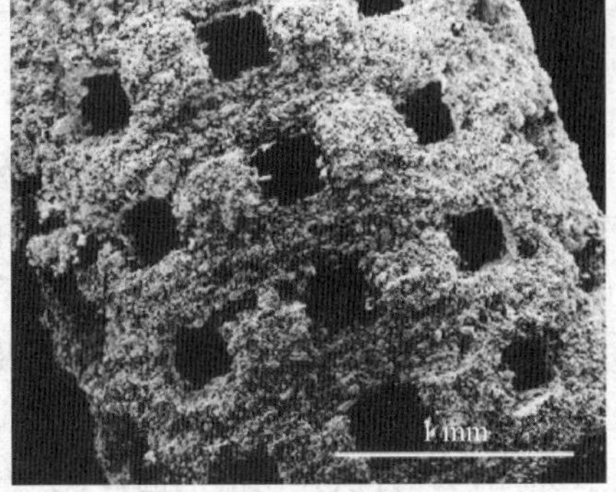

(b) 纯TCP支架

图 12-3 微波烧结 Sr-Mg 掺杂 TCP 支架的照片和纯 TCP 支架的高倍 SEM 图

研究发现,用 3DP 技术制造 $BaTiO_3$ 坯体,其压电性能随着烧结温度的提高而得到明显改善,在 1 400 ℃时,压电系数可达 74.1。用糊精作黏结剂,采用 3DP 成形技术制备出多孔 TiC 陶瓷预制体,其具有双峰孔结构(两种团聚孔孔径分别为 23 μm 和 1 μm)。在氩气气氛下,在 1 600 ℃至 1 700 ℃处理 1 h 后,Si 熔体渗入孔中并与 TiC 反应生成 Ti_3SiC_2、Ti_3Si_2 和 SiC。Ti_3SiC_2 的含量取决于熔体温度和渗入到预制体中 Si 的含量。1 700 ℃下处理后,初始 TiC∶Si 的摩尔比为 3∶1.2 的复合材料的弯曲强度为 293 MPa,维氏硬度为 7.2 GPa,电阻率为 27.8 μΩ · cm。2015 年,研究人员采用 3DP 成形技术和反应熔体渗透技术(RMI)制备出致密 Ti_3SiC_2 基复相陶瓷,其工艺路线如图 12-4 所示。通过 3DP 成形技术制备出 TiC 多孔陶瓷预制体,而后 Al-Si 合金渗入孔中并与 TiC 反应。在 Al-Si 合金渗透后,无体积收缩,且 Al 的参与能够促进 Ti_3SiC_2 的形成。渗透后得到密度为 4.1 g/cm^3 的复合材料,弯曲强度达到 233 MPa,断裂韧性为 4.56 MPa · $m^{1/2}$,总屏蔽效能可达 28 dB,具有较强的力学性能和电磁屏蔽性能。

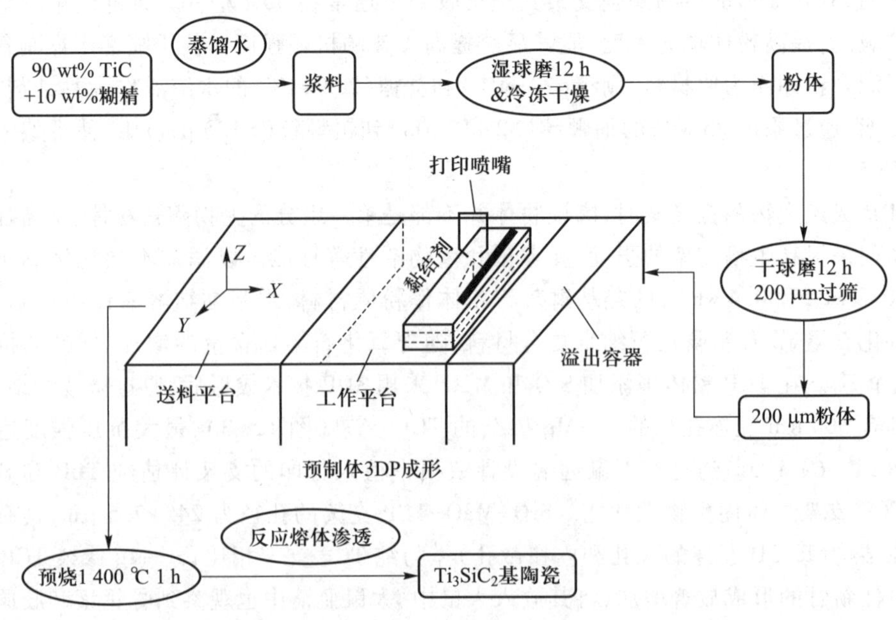

图 12-4 采用 3DP 和 RMI 技术制备 Ti_3SiC_2 基复相陶瓷的工艺路线

思考题

1. 三维喷印技术成形陶瓷的原理是什么？如何控制三维喷印成形的精度？

2. 三维喷印技术成形陶瓷的黏结剂由哪些成分组成？如何通过黏结剂组分控制坯体的固化性能？

3. 通常可采取哪些后处理工艺提高三维喷印成形陶瓷坯体的强度？

4. 采用三维喷印技术成形陶瓷具有哪些优缺点？

参考文献

[1] SACHS E M, CIMA M J, CORNIE J. Three Dimensional Printing: Rapid Tooling and Prototypes Directly from a CAD Model [J]. Journal of Engineering for Industry, 1992, 39: 201-204.

[2] 李晓燕, 张曙. 三维打印成形粉体材料的试验研究 [C]//2005 年中国机械工程学会年会论文集. 重庆: 2005.

[3] 张剑峰. Ni 基金属粉体激光直接烧结成形及关键技术研究 [D]. 南京: 南京航空航天大学, 2002.

[4] XIANG Q F, EVANS J R G, EDIRISINGHE M J, et al. Solid free forming of ceramics using a drop-on-demand jet printer [J]. Proceedings of the Institution of Mechanical Engineers, Part B: Journal of Engineering Manufacture, 1997, 211: 211-214.

[5] 徐坦. 3D 打印氧化锆陶瓷墨水的制备与性能研究 [D]. 武汉: 华中科技大学, 2016.

[6] 董满江, 毛小建, 张兆泉, 等. 氧化锆水悬浮液的分散 [J]. 硅酸盐通报, 2008, 27: 151-153.

[7] 徐静, 王昕, 谭训彦, 等. 纳米 ZrO_2 粉体的分散机理研究 [J]. 山东大学学报(工学版), 2003, 33: 46-49.

[8] 任俊, 沈健, 卢寿慈. 颗粒分散科学与技术 [M]. 北京: 化学工业出版社, 2005.

[9] SEERDEN K A M, REIS N, EVANS J R G, et al. Ink-Jet printing of Wax-Based alumina suspensions [J]. Journal of the American Ceramic Society, 2001, 84: 2514-2520.

[10] DERBY B. Inkjet printing ceramics: From drops to solid [J]. Journal of the European Ceramic Society, 2011, 31: 2543-2550.

[11] DOU R, WANG T M, GUO Y S, et al. Ink-Jet printing of zirconia: Coffee staining and line stability [J]. Journal of the American Ceramic Society, 2011, 94: 3787-3792.

[12] ÖZKOL E, ZHANG W, EBERT J, et al. Potentials of the Direct inkjet printing method for manufacturing 3Y-TZP based dental restorations [J]. Journal of the European Ceramic Society, 2012, 32: 2193-2201.

[13] SUN C N, TIAN X Y, WANG L, et al. Effect of particle size gradation on the performance of glass-ceramic 3D printing process [J]. Ceramics International, 2017, 43: 578-584.

[14] SPATH S, DRESCHER P, SEITZ H. Impact of particle size of ceramic granule blends on mechanical strength and porosity of 3D printed scaffolds [J]. Materials, 2015, 8: 4720-4732.

[15] AZHARI A, TOYSERKANI E, VILLAIN C. Additive Manufacturing of Graphene-Hydroxyapatite Nanocomposite Structures [J]. International Journal of Applied Ceramic Technology, 2015, 12: 8-17.

[16] TARAFDER S, DAVIES N M, BANDYOPADHYAY A, et al. 3D printed tricalcium phosphate bone tissue engineering scaffolds: effect of SrO and MgO doping on in vivo osteogenesis in a rat distal femoral defect model [J]. Biomaterials Science, 2013, 1: 1250-1259.

[17] VLASEA M, TOYSERKANI E, PILLIAR R. Effect of Gray Scale Binder Levels on Additive Manufacturing of Porous Scaffolds with Heterogeneous Properties [J]. International Journal of Applied Ceramic Technology, 2015, 12: 62-72.

[18] WANG Y E, LI X P, WEI Q H, et al. Study on the Mechanical Properties of Three-Dimensional Directly Binding Hydroxyapatite Powder [J]. Cell Biochemistry and Biophysics, 2015, 72: 289-295.

[19] GAYTAN S M, CADENA M A, KARIM H, et al. Fabrication of barium titanate by binder jetting additive manufacturing technology [J]. Ceramics International, 2015, 41: 6610-6619.

[20] BERGEMANN C, CORNELSEN M, QUADE A, et al. Continuous cellularization of calcium phosphate hybrid scaffolds induced by plasma polymer activation [J]. Materials Science & Engineering C-Materials for Biological Applications, 2016, 59: 514-523.

[21] LI X M, ZHANG L T, YIN X W. Effect of chemical vapor infiltration of Si_3N_4 on the mechanical and dielectric properties of porous Si_3N_4 ceramic fabricated by a technique combining 3D printing and pressureless sintering [J]. Scripta Materialia, 2012, 67: 380-383.

[22] YOO J, CIMA M J, KHANUJA S, et al. Structure ceramic components by 3D printing [J]. Solid Freedom Fabrication Proceedings, 1993, 94: 40-50.

[23] MELCHER R, TRAVITZKY N, ZOLLFRANK C, et al. 3D printing of Al_2O_3/Cu-O interpenetrating phase composite [J]. Journal of Materials Science, 2011, 46: 1203-1210.

[24] NAN B Y, YIN X W, ZHANG L T, et al. Three-Dimensional Printing of Ti_3SiC_2-Based Ceramics [J]. Journal of the American Ceramic Society, 2011, 94: 969-972.

[25] MA Y Z, YIN X W, FAN X M, et al. Near-Net-Shape Fabrication of Ti_3SiC_2-based Ceramics by Three-Dimensional Printing [J]. International Journal of Applied Ceramic Technology, 2015, 12: 71-80.

[26] VLASEA M, SHANJANI Y, BOTHE A, et al. A combined additive manufacturing and micro-syringe deposition technique for realization of bio-ceramic structures with micro-scale channels [J]. International Journal of Advanced Manufacturing Technology, 2013, 68: 2261-2269.

第 13 章　光固化成形陶瓷材料

作为发展较为成熟的一种 3D 打印技术，光固化成形技术利用激光有选择地分层固化光敏陶瓷浆料，再通过层层堆积和坯体的排胶烧结获得所需结构的陶瓷零件。本章围绕光固化成形陶瓷材料展开，重点介绍光固化技术成形陶瓷材料的原理及工艺、典型应用及各类光固化材料的制备与成形，包括氧化铝、氧化锆、碳化硅、氮化硅及其他成形材料等。

13.1　光固化成形陶瓷材料的原理及工艺

光固化成形技术用激光聚焦到光固化陶瓷浆料表面，使陶瓷浆料顺序凝固，往复循环，层层叠加构成一个三维实体。该技术以光敏树脂和陶瓷粉体为原料，同时加入其他添加剂，经球磨等工序制备成光固化陶瓷浆料。通过光与陶瓷浆料的相互作用，浆料固化后形成陶瓷坯体，再经过后续热处理，最终制备成陶瓷零件。

第 3 章中介绍过，根据光源及曝光方式不同，光固化技术细分为立体光固化 SL 及数字光处理 DLP 两类。相对于其他 3D 打印技术，光固化成形技术采用激光束或者数字微镜控制打印区域，在制备形状复杂、高精度零件方面具有较大优势。目前，光固化成形技术在陶瓷精密制造领域已取得比较好的研究成果，并且在航天、汽车、生物医疗等领域获得了一定的应用。

SL 技术的光学组件采用紫外激光器与振镜配合，工作方式与 SLS 和 SLM 相似，曝光以点—线—面方式进行，是比较传统的光固化技术；而 DLP 采用数字微镜器件（digital micromirror device，DMD），DMD 将整层曝光信息处理成相应的图像，经过光路投影对陶瓷浆料进行逐面曝光，光源一般采用 LED 灯。SL 技术的光路一般布置在陶瓷浆料的上方，体积较大，一般使用工业级设备；而 DLP 技术的光路部分一般布置在陶瓷浆料的下方，体积较紧凑，常应用于桌面级设备。

SL 技术是目前主流的 3D 打印方法之一。该技术早期主要是针对光敏树脂材料的成形，直到 20 世纪 90 年代，Griffith 首先提出将光固化成形技术与陶瓷材料制备技术相结合，并提出了基于 SL 技术的陶瓷浆料要求。SL 技术成形陶瓷的原理如图 13-1a 所示：以陶瓷浆料为原料，在计算机的控制下，紫外光源根据三维模型的截面信息对陶瓷浆料进行扫描，由点到线再到面，实现单层固化，然后工作台下降一个层厚的高度，重复上述步骤，通过层层堆积得到三维实体零件。该技术的优点主要有：制造精度高（±0.1 mm）、表面质量好、能够制造具有复杂结构的精细零件。

与其他 3D 打印技术相比，SL 技术具有巨大的优势。首先，SL 技术使用直径小的激光束（通常在几十微米左右），制备的陶瓷坯体精度非常高，成形精度高达 10～50 μm。其次，SL 技术的适应性强，几乎适用于任何陶瓷粉体，除了采用紫外光源实现光固化，本质上陶瓷-光敏树脂浆料与传统陶瓷胶态成形的思路完全一致，原则上只需要制备出陶瓷-光敏树脂浆料，就能够进行下一步的光固化成形。最后，成形坯体内应力小，均匀度高，通过后处理可获得高性能陶瓷零件。目前，SL 技术在陶瓷材料 3D 打印领域得到了越来越多的关注，奥地利、法国、美国及中国众多科研院所、企业都开始探索陶瓷材料的 SL 制备技术与设备的开发，纷纷采用该方式成形不同种类、不同结构形式的陶瓷零件。

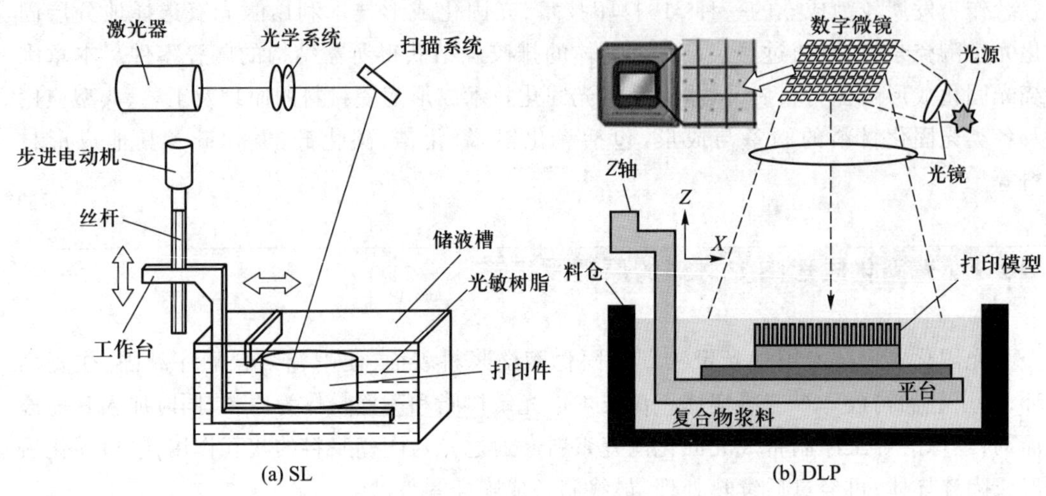

图 13-1　光固化技术成形陶瓷的原理示意图

然而，SL 技术也存在一些不足。由于大多数 SL 模式采用光源在上方、成形台下降的打印模式，需要保证料槽里有大量的浆料才能够使打印进行下去，一定程度上造成浆料的浪费与成本的提升。因此，如果能实现光源在下方、成形台上升的光固化方式，陶瓷 3D 打印技术将得到更广泛的应用与推广。因此，基于光固化原理的数字光处理技术得到越来越多的关注。

DLP 技术的工作原理与 SL 技术类似（图 13-1b），但是采用了 DMD 装置，可使该层图像直接投影到整个区域中，实现面固化成形。SL 成形采用紫外光束由点到线再到面的成形方式，因此成形速度较慢。DLP 成形则是利用紫外光将每个成形截面的形状精确投影到打印面上，成形速度更快。除此以外，DLP 技术是向上提拉打印坯体，节省打印原料，且对陶瓷浆料的黏度要求不高。DLP 技术的成形精度主要取决于 DMD 装置的分辨率。

在光固化成形过程中，陶瓷浆料的制备及性能调整是成形的重要环节，也是整个技术中难度较高的工序。该技术过程除了要求陶瓷浆料具备均匀性、稳定性和流动性外，还要求其具有较高的固相含量，以保证坯体烧结后具有较高的致密度。陶瓷浆料的性能直接影响成形效果，也关系到最后零件的精度、致密度、力学等性能。常见的陶瓷光固化成形浆料的制备技术主要有传统的超声、搅拌、球磨、离心式快速混合等技术。

13.2　氧化铝材料

氧化铝是一种常见的结构陶瓷材料，因为其具有较低的折射率（1.77），容易通过光固化技术成形，受到广泛关注，目前氧化铝浆料的制备技术已经相对较成熟。

目前光固化用氧化铝浆料可以分为水基浆料和树脂基浆料。水基浆料的组成与凝胶注模成形用陶瓷浆料类似,以去离子水作为分散介质,以水溶性树脂单体和交联剂作为活性成分,这类单体和交联剂可在光引发剂的作用下发生化学反应,聚合、交联形成三维网状结构,使分散在浆料中的陶瓷粉体黏结固化。常用单体包括丙烯酰胺(AM),常用交联剂包括亚甲基双丙烯酰胺(MBAM),常用光引发剂为 1173,常用分散剂为聚丙烯酸铵。水基浆料中有机物的含量较低,一般有机物的添加量是水质量的 15%~30%,因此排胶过程相对容易。

由于水基浆料中的水不参与固化反应,在进行排胶处理前,需要对素坯进行干燥脱水处理。干燥处理会引起较大的体积变化,因此其工艺需要控制,以免造成素坯的变形。干燥方式包括热干燥和溶剂干燥,干燥方式对素坯的形变控制有一定的影响,热干燥的不均匀性会造成较大的坯体变形。干燥变形过程示意图及不同方式干燥的素坯对比分别如图 13-2 和图 13-3 所示。

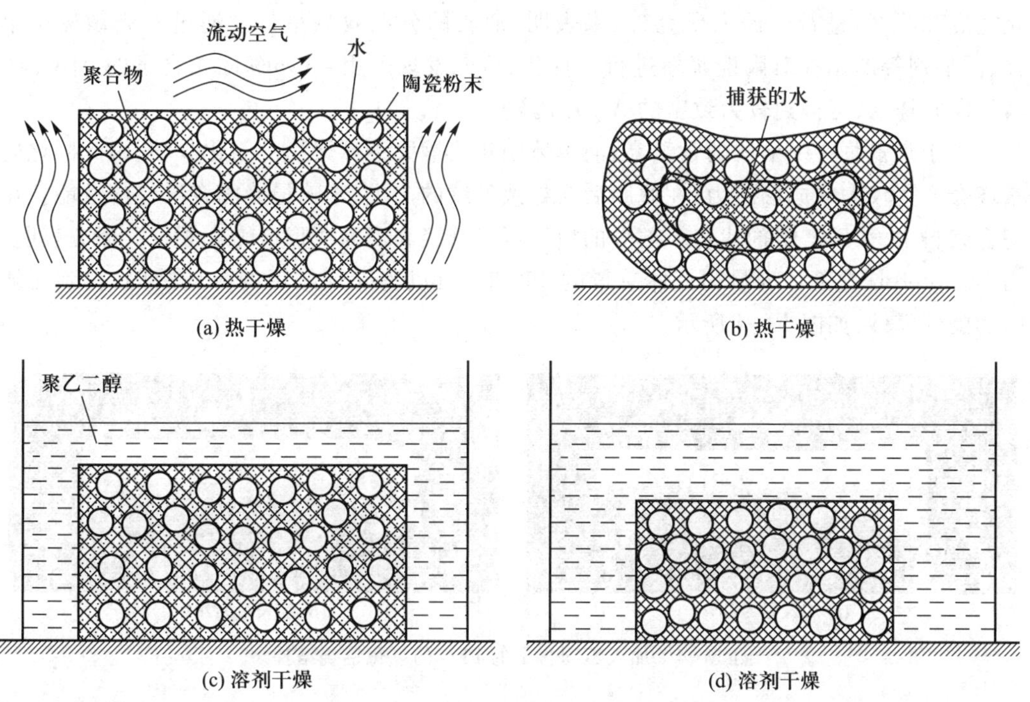

图 13-2 干燥变形过程示意图

除了干燥问题外,水基浆料的适用性较差,除了折射率较低的氧化硅和氧化铝体系外,其他陶瓷体系的水基浆料基本上都难以固化。这是由于光引发剂一般在非极性的溶剂或树脂中溶解性较好,而在水中的溶解性有限,使得浆料整体的固化活性不足,无法用于光固化成形。因此,目前树脂基浆料是光固化用氧化铝浆料研究与应用的主流。

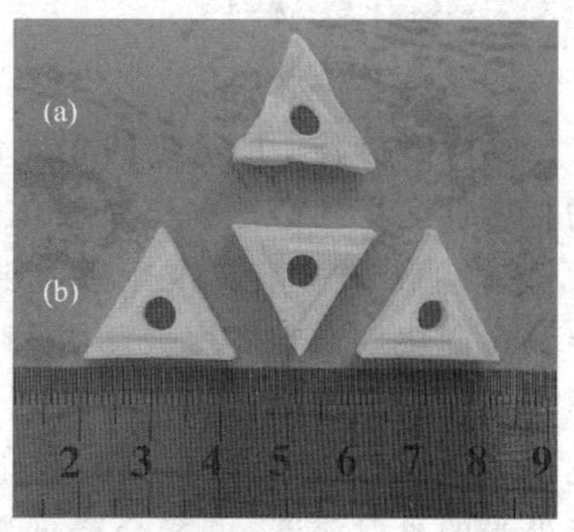

(a) 热干燥;(b)溶剂干燥

图 13-3 不同方式干燥的素坯对比

树脂基浆料由以下几种主要原料组成:陶瓷粉体、液态树脂、光引发剂、助剂等。树脂基浆料的主要活性成分是液态的寡聚物和单体,其中可以添加惰性稀释剂,惰性稀释剂不参与光固化反应,起到调节浆料流变性质和折射率的作用。常用的树脂体系包括基于自由基聚合的丙烯酸酯体系及基于阳离子聚合的环氧树脂体系,由于丙烯酸酯体系成本较低,原材料易获取,成为目前主流的树脂体系。

与传统的SL树脂不同,由于添加陶瓷粉体后树脂体系的黏度急剧上升,因此必须控制树脂的黏度,以获得高固相含量且黏度在打印机允许范围内的浆料。用于制备陶瓷浆料的树脂一般以低黏度的单体为主,如HDDA、TPGDA、TMPTA等。

树脂基浆料的助剂包括分散剂、流平剂、消泡剂等,其中分散剂的作用最为重要,起到促进陶瓷粉体分散、降低黏度和稳定浆料的作用。分散剂添加量一般根据陶瓷粉体的添加量确定,一般加入量为陶瓷粉体质量的0.5%~5%。研究人员研究了油酸、硬脂酸和聚丙烯酸铵对氧化铝陶瓷浆料流变性和稳定性的影响,同时对氧化铝浆料的固化性能(固化宽度和深度)进行了深入研究,结果表明,油酸的分散效果最好。通过对光敏树脂单体、添加剂等的调控对陶瓷浆料进行了优化,研究发现采用40 vol%固相含量的Al_2O_3浆料打印并烧结,可得到较为致密的Al_2O_3陶瓷。

由于陶瓷浆料中单体的含量高,而单体固化收缩大于寡聚物的固化收缩,因此固化后素坯会产生较大的成形应力,在脱脂后会导致裂纹的产生,影响最终陶瓷零件的性能。在陶瓷浆料中,采用增塑剂代替一部分的树脂可以减轻和消除成形应力和裂纹。研究表明,当PEG 400增塑剂加入量为液体总量的28%时,可以消除烧结后的分层缺陷,得到无缺陷的陶瓷零件,如图13-4所示。

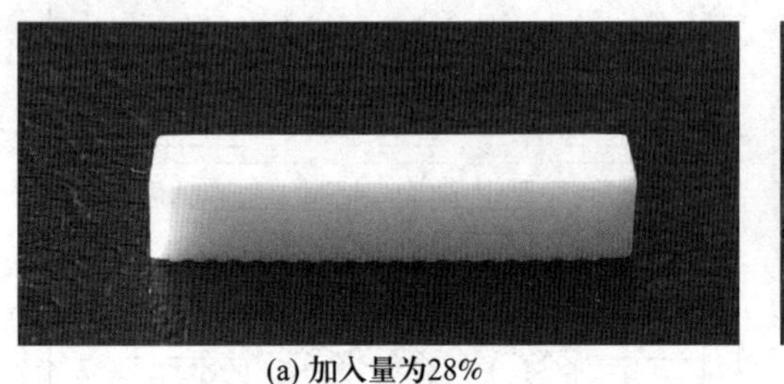
(a) 加入量为28%

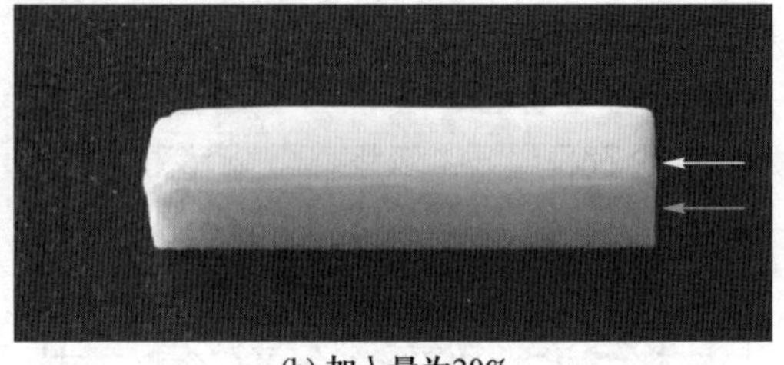
(b) 加入量为20%

图13-4 加入不同含量的PEG的氧化铝烧结件

13.3 氧化锆材料

氧化锆是另一种常见的光固化用陶瓷材料,因具有优异的力学性能和良好的生物相容性而受到广泛关注。氧化锆的折射率为2.165,与光敏树脂的折射率相差较大,入射的紫外光容易产生散射现象,造成固化深度显著降低和固化宽度显著变宽,导致光固化成形难度增大。图13-5为折射率差及激光能量密度对氧化锆浆料固化形貌的影响示意图。从图中可看出,低折射率差有利于紫外光穿透,不容易产生宽化现象,因而可保持浆料高的固化分辨率;而高折射率差容易引起宽化现象,并降低紫外光的投射深度,可能会降低浆料层间的结合力,并减小打印的分辨率。由于氧化锆的这个特性,要对氧化锆浆料的树脂配方进行针对性的调整,如采用更高折射率的树脂等。

对氧化锆粉体进行改性也可以改善氧化锆浆料的固化性能。对氧化锆采用石蜡包覆改性,石蜡涂层显著降低了粉体对紫外光的散射作用,降低了 62.7%的浆料额外固化宽度,并增加了 16.8%的固化深度。

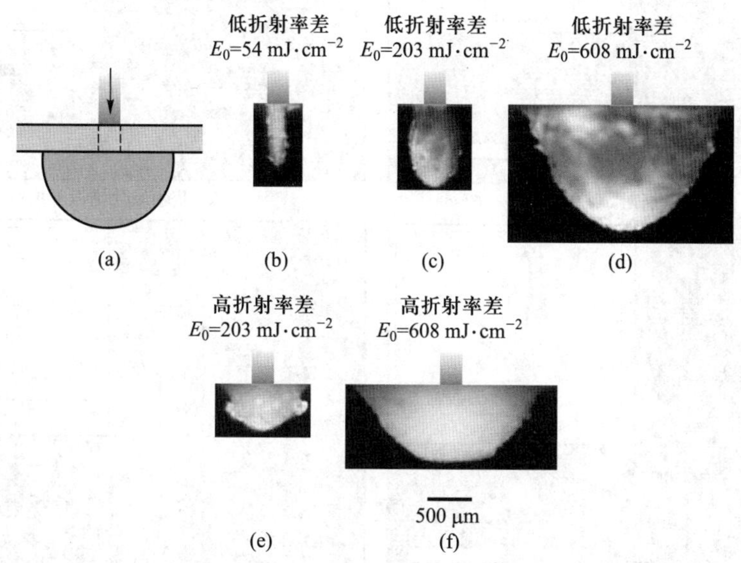

图 13-5 折射率差和激光能量密度对氧化锆浆料固化形貌的影响

此外,向氧化锆中掺杂金属离子可以制备出彩色氧化锆,具有独特的美学价值,近年来也受到研究人员的关注。采用 $CoAl_2O_4$ 作为蓝色色素,$ZrSiO_4(Fe_2O_3)$ 作为红色色素,$ZrSiO_4(Pr_2O_3)$ 作为黄色色素,用 DLP 技术制备出了多种颜色的彩色氧化锆陶瓷(图 13-6),样品致密度达到 96.98%。

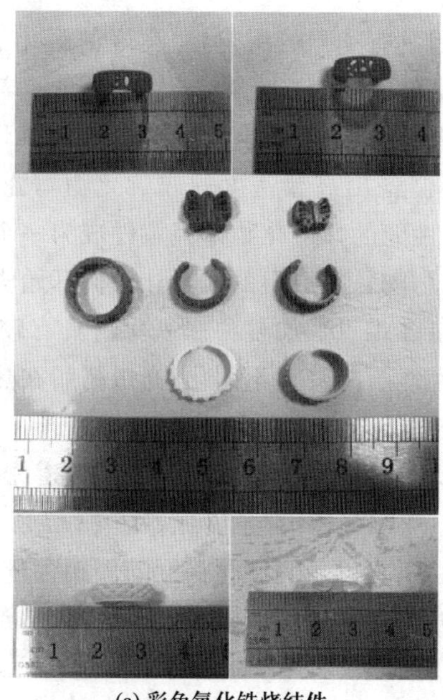

(a) 彩色氧化锆烧结件

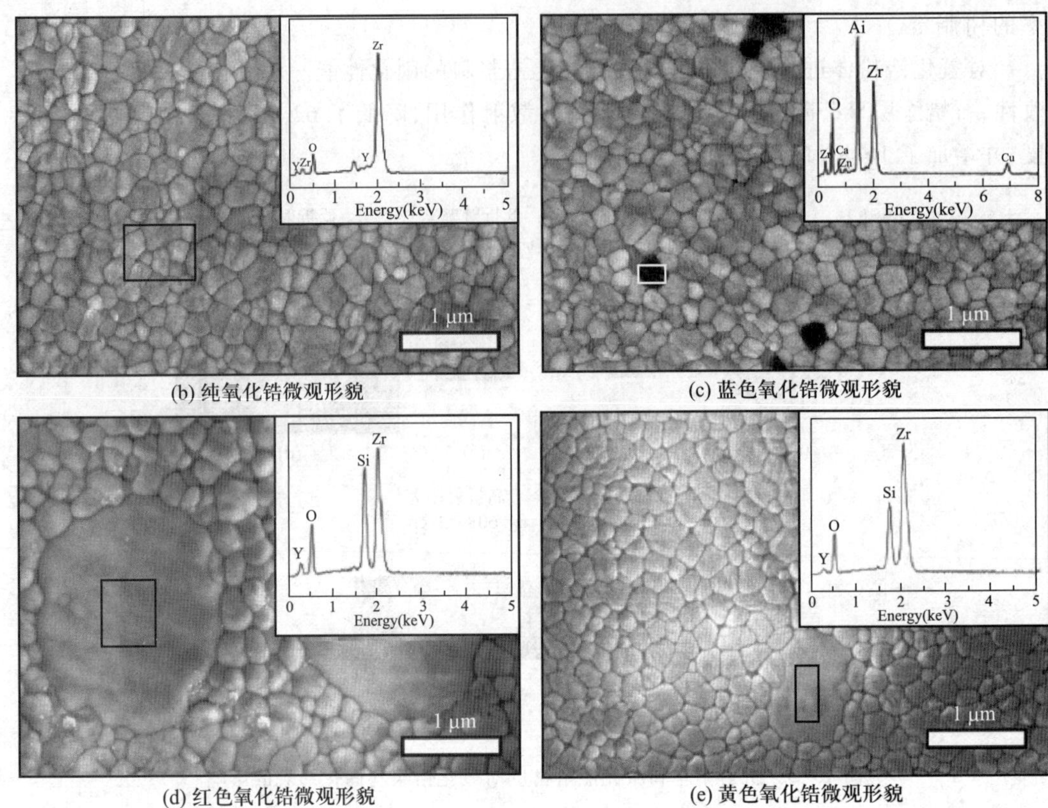

(b) 纯氧化锆微观形貌　(c) 蓝色氧化锆微观形貌

(d) 红色氧化锆微观形貌　(e) 黄色氧化锆微观形貌

图 13-6　用 DLP 技术制备的彩色氧化锆陶瓷样品及其微观形貌

13.4　碳化硅材料

碳化物、氮化物等材料因具有优异的耐热性、良好的耐化学腐蚀性、高强度、高硬度、低热膨胀系数等优势，在航空航天、国防、能源、通信等领域有着广阔的应用前景。由于基于粉末床体的各类 3D 打印技术难以制备出高致密度的非氧化物陶瓷零件，而基于膏体挤出的直写成形技术虽然能制备出高致密度的非氧化物陶瓷零件，但其成形精度有限。因此，如何制备出高精度、高性能的非氧化物陶瓷零件成为一个关键问题。

光固化成形技术在氧化物陶瓷上取得的成功让人们开始尝试用其制备高性能非氧化物陶瓷，然而这种做法存在诸多难点。如各种非氧化物具有较高的折射率和较高的紫外光吸收系数，导致浆料固化性能下降甚至不固化；光敏树脂在热解过程中的残碳对非氧化物陶瓷的性能也具有负面影响等。

目前，关于光固化成形碳化硅材料的研究仅有少量报道。研究人员采用光固化/前驱体浸渗/裂解复合工艺制备 SiC 陶瓷，其制备流程如图 13-7 所示。图 13-8 为碳化硅浆料的固化深度与固相含量的关系，可以看到固化深度随固相含量的提高而显著下降，说明碳化硅粉体对固化有严重的抑制作用。尽管浆料的固相含量达到 40 vol%，但是素坯排胶之后只能获得多孔的 SiC 骨架，强度仅有 14.1 MPa，需要进行后续的前驱体浸渗/裂解才能得到具有一定性能的 SiC 陶瓷零件。经过多轮前驱体浸渗/裂解处理后，陶瓷的致密度仅为 80%左右,固相含量对相对密度及抗弯强度没有显著影响,说明光固化成形 SiC 陶瓷离工程应用还存在着较大的差距。

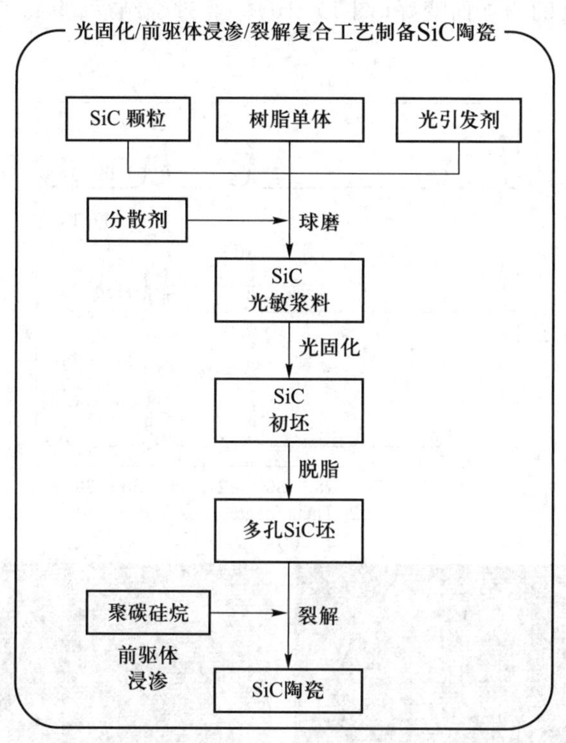

图 13-7　光固化/前驱体浸渗/裂解复合工艺制备 SiC 陶瓷流程图

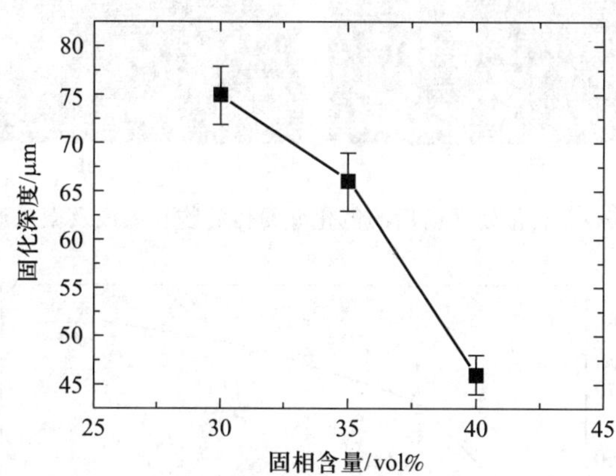

图 13-8　碳化硅浆料的固化深度与固相含量的关系

13.5　氮化硅材料

与碳化硅材料相似,氮化硅陶瓷的光固化成形也存在难点。为了解决氮化硅粉体对紫外光的吸收和散射问题,对粉体的表面改性是比较有效的手段。

研究人员采用表面氧化处理使氮化硅粉体表面生长出一层非晶氧化层,借助非晶氧化层降低粉体与树脂的折射率差异,并同时降低氮化硅粉体对紫外光的吸收,氧化处理前后的粉体物相组成及微观形貌如图 13-9 所示。采用表面氧化处理粉体制备的浆料的固化效果随着氧化程度的增加而变好(图 13-10)。经过烧结后,得到了致密度超过 90%的氮化硅陶瓷零件。

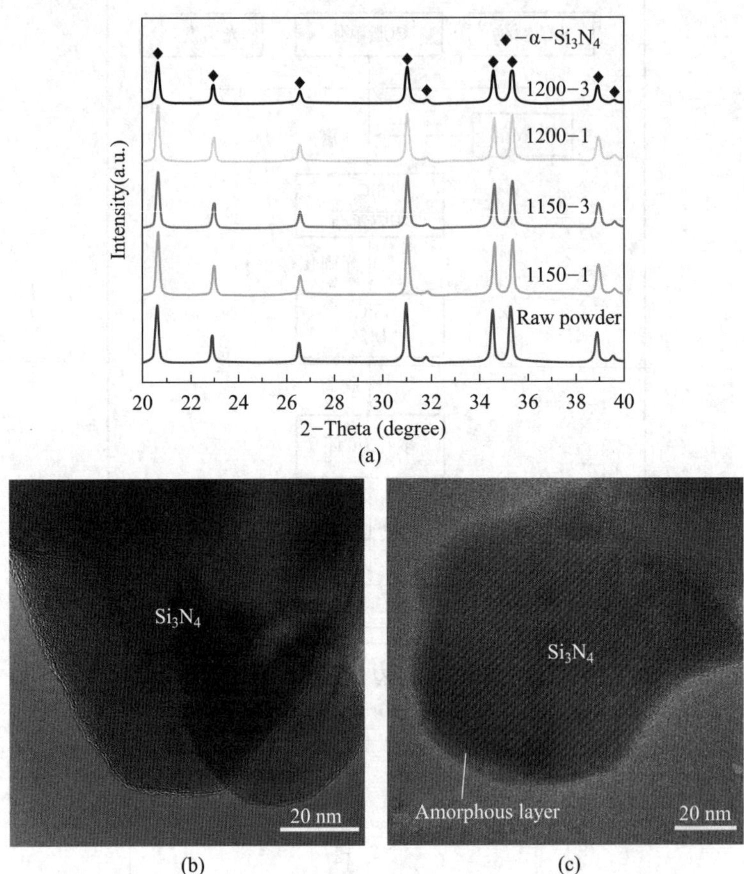

图 13-9 氧化处理前后的氮化硅粉体的物相组成及微观形貌

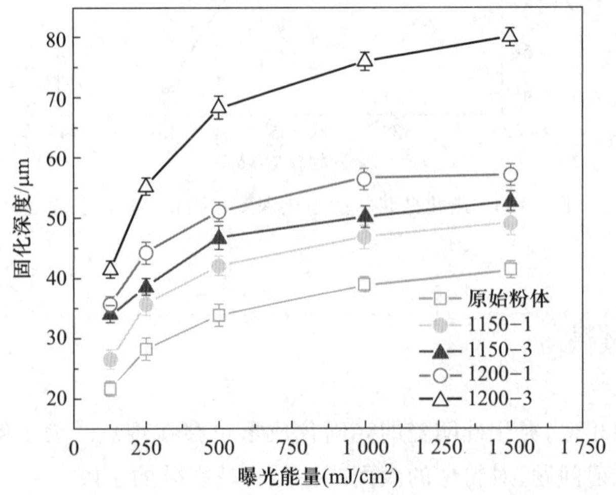

图 13-10 不同粉体固化深度与曝光能量的关系曲线

由于非晶氧化层对氮化硅零件的高温性能产生不利影响,一般不希望引入 SiO_2 等低熔点相。与氧化锆粉体类似,可采用有机物对氮化硅粉体表面进行改性。采用硅烷偶联剂 KH550、KH560、KH570 等作为分散剂和改性剂,制备出了高固相含量、低黏度的改性氮化硅陶瓷浆料。同时,改性氮化硅与环氧丙烯酸酯之间形成的醚共价键降低了浆料的表面张力,改善浆料对已固化层的润湿性。最终,在氮化硅表面形成的环氧丙烯酸酯薄壳可显著降低陶瓷粉体与预混液之间的折射率差,提高陶瓷浆料的固化性能,实现氮化物陶瓷的光固化成形(图 13-11),最终氮化硅零件的致密度达到 95%。

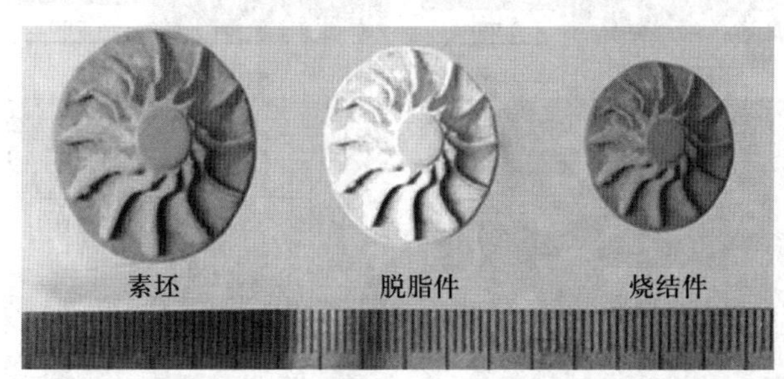

图 13-11　采用硅烷偶联剂改性的氮化硅粉体制备的氮化硅素坯、脱脂件和烧结件

13.6　其他材料

研究人员将巯基甲基硅氧烷与甲基乙烯基硅氧烷混合,采用光固化成形制备出微晶格和蜂窝状陶瓷前驱体聚合物,在 1 000 ℃ 氩气中裂解后获得了显微结构致密和 30% 线收缩的 SiOC 陶瓷零件(图 13-12)。该零件的强度相当于密度相近的商业泡沫陶瓷的 10 倍,并且在 1 700 ℃ 空气气氛下只有表面被氧化,高温性能较为稳定。该方法也适合制备 SiC、Si_3N_4 等难以通过粉体烧结成形的陶瓷材料。

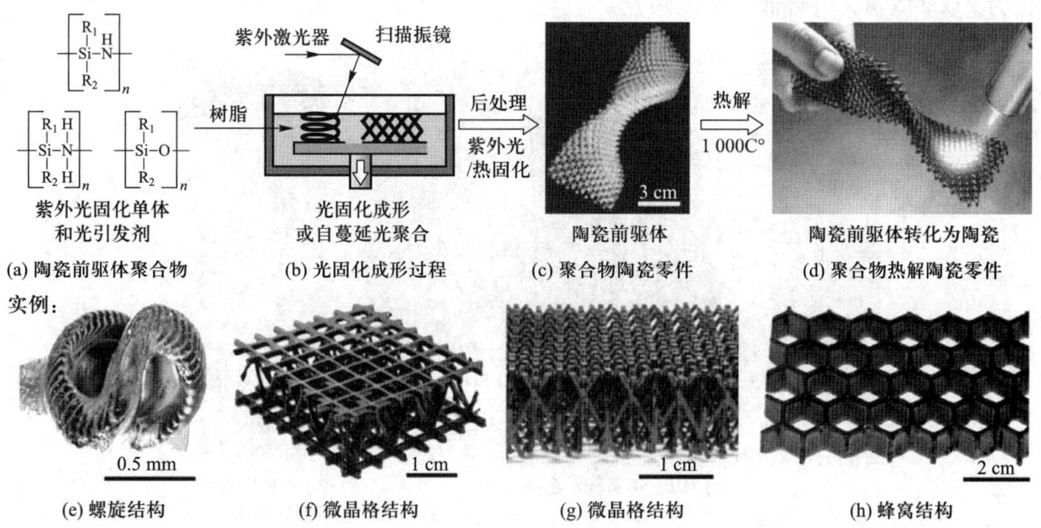

图 13-12　光固化成形前驱体聚合物陶瓷零件过程示意图和制造实例

生物陶瓷及生物玻璃也是光固化成形陶瓷的热门材料。采用 DLP 技术打印具有 Kelven 细胞结构的生物玻璃(图 13-13)。经过 1 100 ℃ 烧结后,生物玻璃约有 25% 的线

收缩,孔隙率达 83 vol%,抗压强度大于 3 MPa,可用于骨组织支架。

(a) 坯体　(b) 坯体

(c) 烧结后的生物玻璃　(d) 烧结后的生物玻璃

图 13-13　采用 DLP 技术制造的生物玻璃

光固化技术也逐渐被用于复杂结构的压电陶瓷的制造中。研究人员研制了一种新型 3D 打印工艺掩膜成像技术(MIP-SL 工艺),即将浆料装到上方膜收集器中,逐层刮出薄层浆料,再通过下方的紫外光照射逐层成形,具体工艺如图 13-14 所示。通过对 100 nm 粒径的 $BaTiO_3$ 陶瓷粉末进行改性和分散,制成浆料后打印、脱脂、烧结,制成的压电元件显示出可用于生物医学成像等应用的压电特性。利用光固化技术打印出了 PZT 压电陶瓷(图 13-15),采用不同固相含量(78%~89 wt%)的 PZT 陶瓷浆料,打印出陶瓷的压电常数为 212 345 pC/N,略低于干压陶瓷。

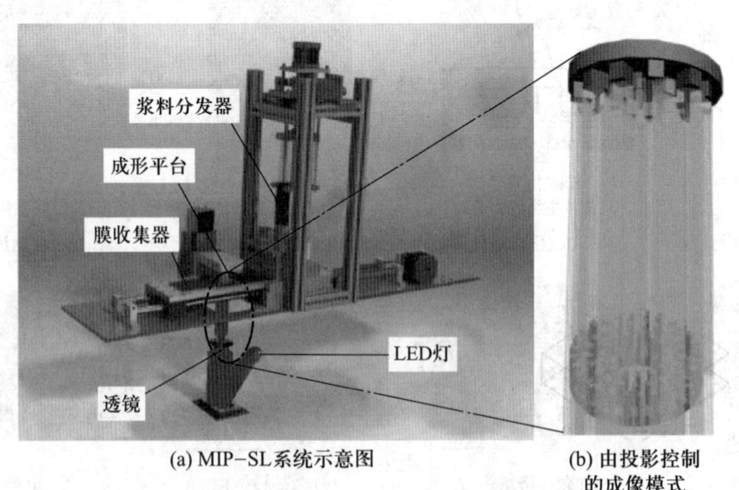

(a) MIP-SL系统示意图　(b) 由投影控制的成像模式

图 13-14　MIP-SL 工艺示意图

近年来,光固化成形透明石英玻璃也取得了一定的进展。采用纳米氧化硅与光敏树脂作为原料制备浆料,经过光固化成形、脱脂、烧结,得到透明的石英玻璃(图 13-16)。该

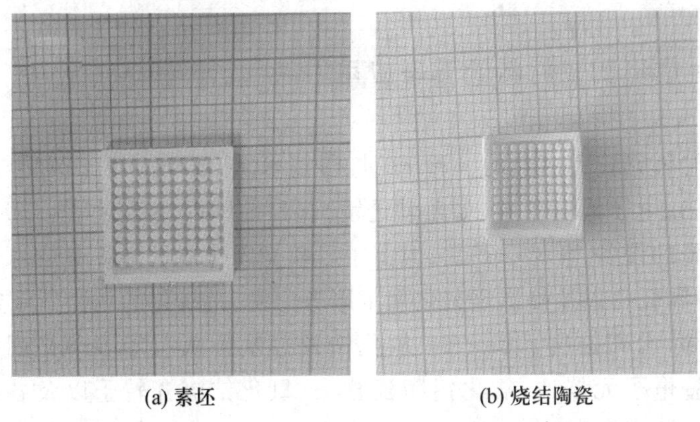

图 13-15 光固化成形 PZT 压电陶瓷实物照片

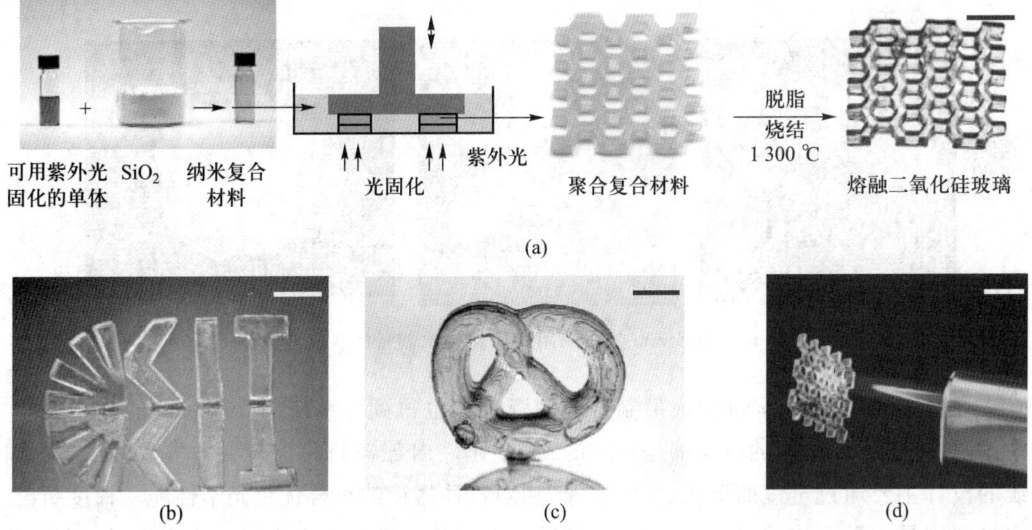

图 13-16 光固化成形透明石英玻璃的制备流程及打印实物

浆料固相含量为 37.5 vol%，素坯烧结后线收缩率为 27.88%，但变形较为均匀。在脱脂后可以采用金属盐溶液对坯体进行掺杂处理，以得到不同颜色的透明玻璃零件（图 13-17），打印的玻璃零件与传统的石英玻璃在透光性能上基本一致。

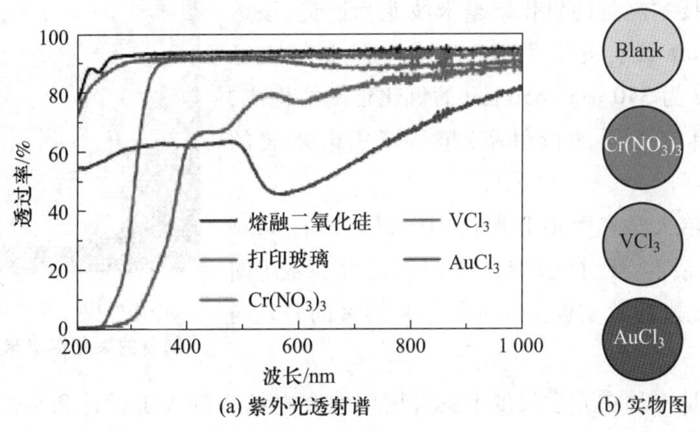

图 13-17 金属盐掺杂处理后得到的不同颜色玻璃

13.7 光固化成形陶瓷材料的典型应用

SL作为目前研究较为成熟的一种3D打印技术,已成功应用于医学与生物领域(如牙齿和骨骼修复)、电子通信领域(如龙勃透镜)。目前国内外不少陶瓷3D打印公司均推出了SL生成陶瓷的设备、耗材和产品,但由于目前光固化成形制备陶瓷的成本较高,一般公司以销售设备和耗材以及提供定制化加工服务为主,批量化的陶瓷零件生产较为少见。

法国3DCeram公司推出了氧化铝、氧化锆及羟基磷灰石等多种光固化成形陶瓷产品,如氧化铝陶瓷电子元器件、氧化铝陶瓷管头、氧化锆陶瓷转子以及各类陶瓷首饰等(图13-18)。值得一提的是,3DCeram公司生产的植入物已经进入临床应用,并取得了良好的效果。

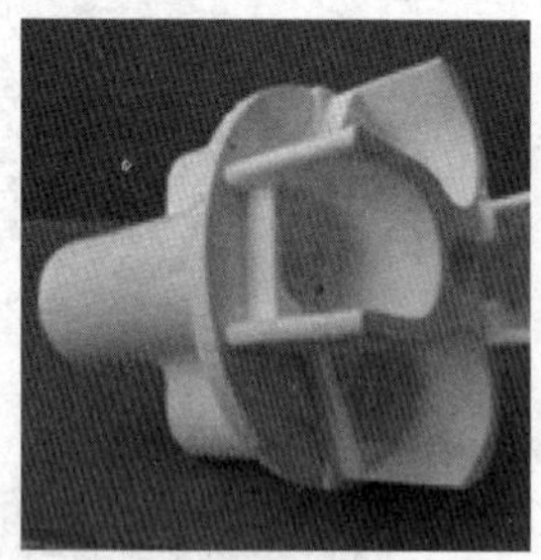

图13-18 3DCeram公司采用光固化技术制备的各类陶瓷零件

在电子通信领域,光固化成形制备的陶瓷零件也得到一些应用。在传统的光学系统中,各种光学元件所用的材料都是均质的,每个元件内部各处的折射率为常数,而光学系统的设计主要通过透镜的形状、厚度成像,利用各种透镜的组合优化光学性能。梯度折射率材料则是一种非均质材料,它的组分和结构在材料内部按一定规律连续变化,从而使折射率也相应地连续变化,实现光学系统的设计功能。其中一种梯度折射率材料是球梯度折射率材料,由其制成的透镜的折射率按离定点的距离而变化,等折射率面为中心点对称的球面系(也称龙勃透镜),可以宽角度扫描而用于微波天线方面。图13-19为采用光固化技术制备的氧化铝毫米波龙勃透镜,该透镜由Karl Brakora设计并由TA&T公司制造,透镜直径约6 cm,由宽度为340 μm~650 μm的氧化铝支柱构成,在30 GHz下具有不同的折射率,起到聚焦毫米波的作用。

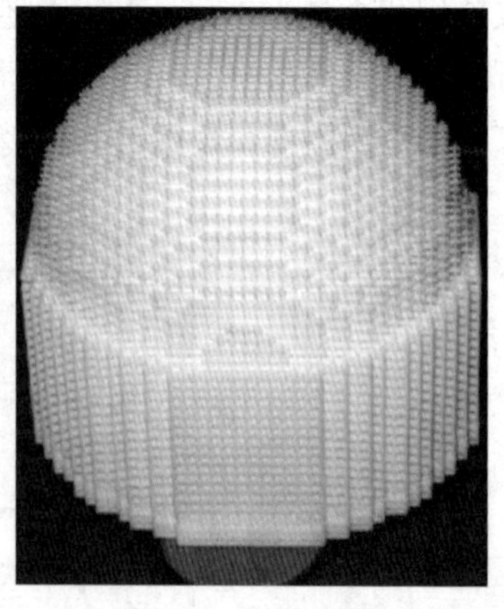

图13-19 采用光固化技术制备的氧化铝毫米波龙勃透镜

马德里自治大学和奥地利陶瓷3D打印公司Lithoz联合开发了复杂的3D打印陶瓷微控流芯片系统(图13-20),可以推进芯片实验室和人体芯片器官的开发与应用。

光子晶体是一种在光学尺度上具有周期性介电结构的人工设计和制造的晶体,具有波长选择的功能,可以有选择地使某个波段的光通过而阻止其他波长的光通过。日本大阪大学连接和焊接研究所的 Soshu Kirihara 利用陶瓷面曝光成形打印技术制造出具有金刚石结构的光子晶体，并研究了用其制造太赫兹波谐振器的可行性。

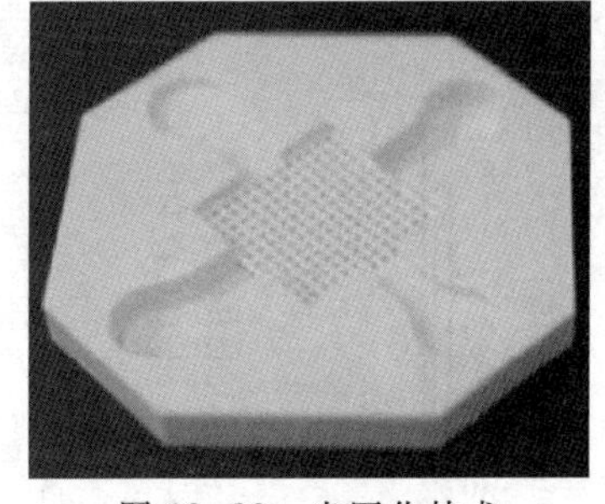

图 13-20　光固化技术制备的微控流芯片

研究人员首先设计了金刚石结构模型（晶格常数为 500 μm，电介质晶格的纵横比为 1.5），总尺寸为 5 mm×5 mm×5 mm，由 10×10×10 个晶胞组成。然后将平均粒径为 170 nm 的氧化铝陶瓷颗粒均匀混合在光固化树脂中，以面曝光成形方式打印（图 13-21）。

研究人员对制造的太赫兹波谐振器（图 13-22）进行了透射光谱测试，测试结果（图 13-23）显示其光子带隙范围和理论计算结果相互吻合，表明所打印的带有微晶格的光子晶体谐振器可被用作太赫兹波谐振器。

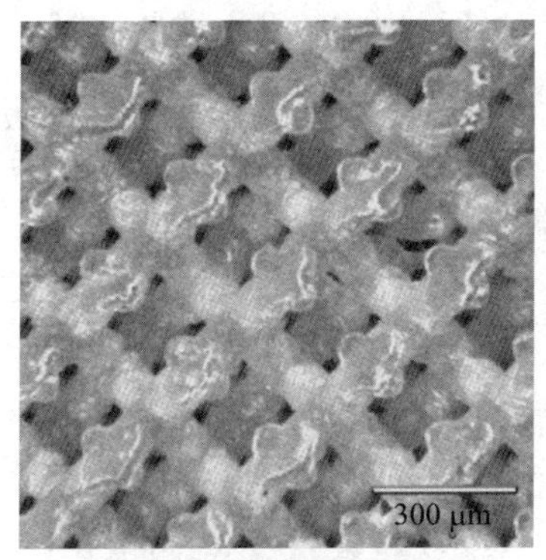

(a) 光子晶体坯体及均匀分散的陶瓷颗粒

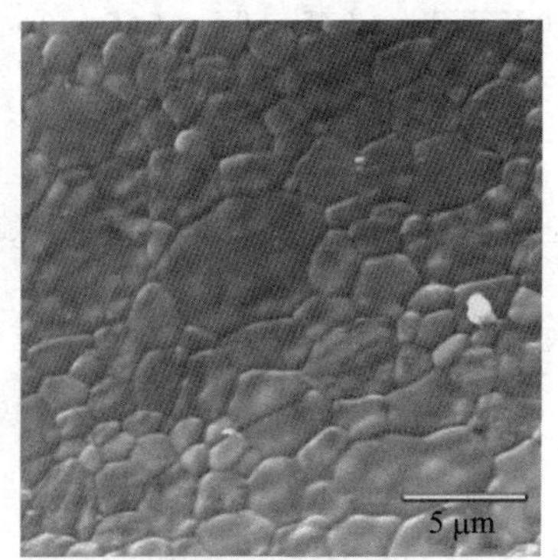

(b) 烧结后的光子晶体及表面微结构

图 13-21　面曝光成形的光子晶体

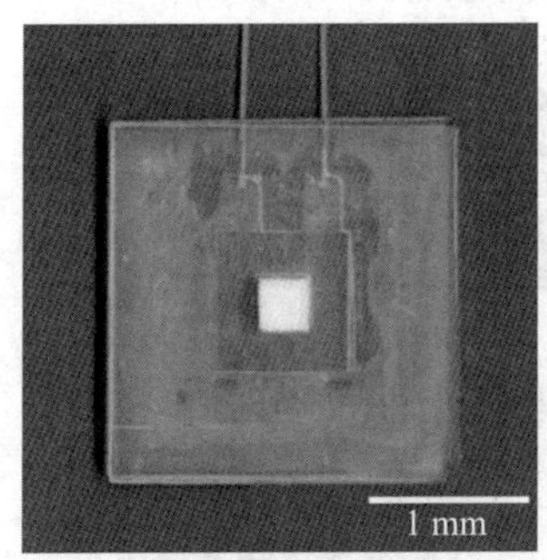

(a) 实物照片

(b) 透射光谱测试照片

图 13-22　用光子晶体制造的太赫兹波谐振器

在医疗领域，光固化技术对于制备复杂形状的陶瓷零件有很大的优势。山东工业陶瓷研究设计院有限公司利用陶瓷光固化技术制备了氧化锆陶瓷牙齿、羟基磷灰石支架以及氮化硅的陶瓷植入体（图 13-24）。

奥地利维也纳科技大学医学中心采用 3D 打印技术为心肌梗死患者制备了非电力驱动氧化铝心脏起搏泵（图 13-25），通过腿动脉进入主动脉，术后短期支持心脏起搏，使心脏功能翻倍，可实现冠状血管良好供血。

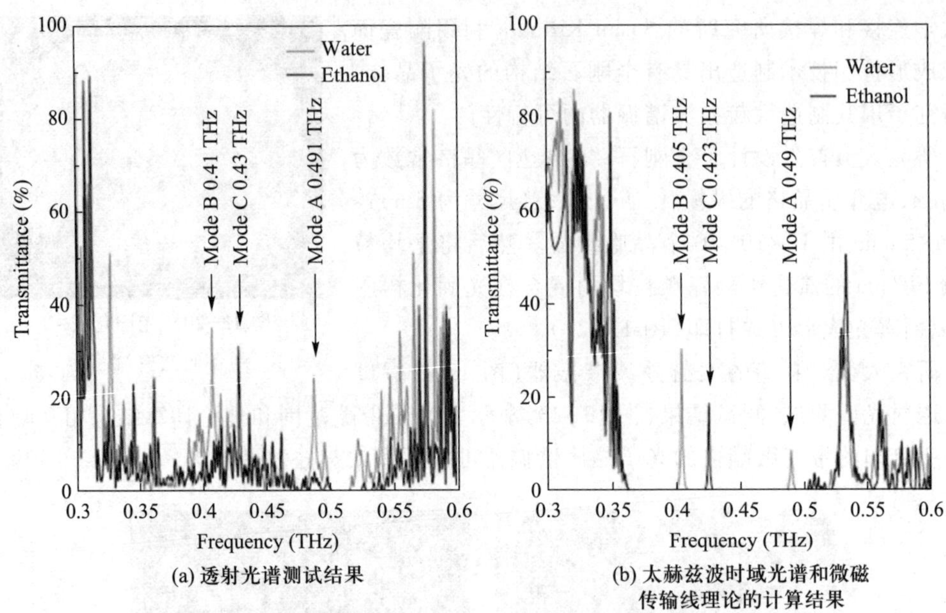

(a) 透射光谱测试结果　　(b) 太赫兹波时域光谱和微磁传输线理论的计算结果

图 13-23　谐振器透射光谱测试

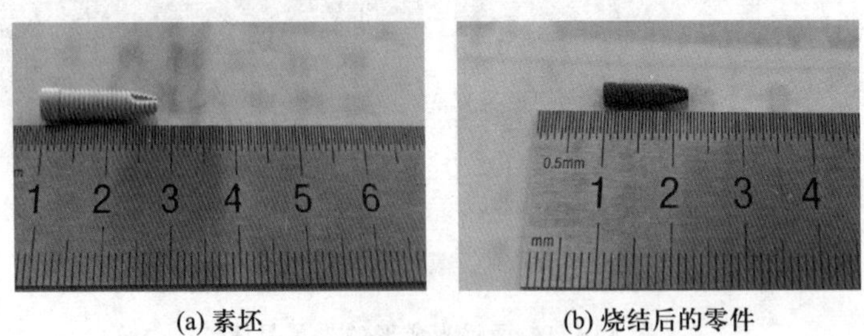

(a) 素坯　　(b) 烧结后的零件

图 13-24　采用光固化技术制备的 Si_3N_4 零件

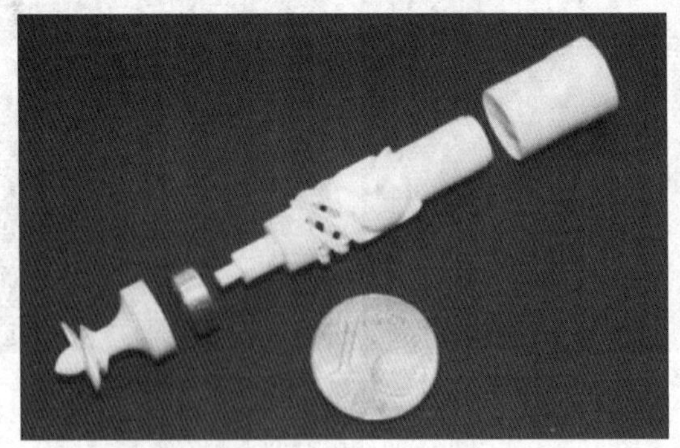

图 13-25　3D 打印心脏起搏泵

思考题

1. 光固化成形陶瓷的原理是什么？与其他 3D 打印工艺相比，光固化成形工艺具有哪些明显优势？

2. 光固化成形陶瓷的过程中,哪些成形因素影响坯体的成形精度?

3. 如何通过材料的成分调控避免光固化成形陶瓷中裂纹等缺陷的产生?

4. 可通过哪些方式拓宽适用于光固化成形陶瓷材料的范围?

参考文献

[1] 黄淼俊,伍海东,黄容基,等.陶瓷增材制造(3D 打印)技术研究进展[J].现代技术陶瓷,2017,38(4):248-266.

[2] ZHANG S,SHA N,ZHAO Z. Surface modification of $\alpha-Al_2O_3$ with dicarboxylic acids for the preparation of UV-curable ceramic suspensions [J]. Journal of the European Ceramic Society,2017,37(4):1607-1616.

[3] SONG X,CHEN Y,LEE T W,et al. Ceramic fabrication using Mask-Image-Projection-based Stereolithography integrated with tape-casting [J]. Journal of Manufacturing Processes,2015,20:456-464.

[4] GRIFFITH M L,HALLORAN J W. Freeform fabrication of ceramics via stereolithography [J]. Journal of the American Ceramic Society,1996,79(10):2601-2608.

[5] HINCZEWSKI,C,CORBEL S, CHARTIER T. Ceramic suspensions suitable for stereolithography [J]. Journal of the European Ceramic Society,1998,18(6):583-590.

[6] JANG J H,WANG S,PILGRIM S M,Schulze W. Preparation and characterization of barium titanate suspensions for stereolithography [J]. Journal of the American Ceramic Society, 2004,83(7):1804-1806.

[7] GENTRY S P,HALLORAN J W. Depth and width of cured lines in photopolymerizable ceramic suspensions [J]. Journal of the European Ceramic Society,2013,33(10):1981-1988.

[8] SCHWARZER E,GÖTZ M,MARKOVA D,et al. Lithography-based ceramic manufacturing (LCM)-Viscosity and cleaning as two quality influencing steps in the process chain of printing green parts [J]. Journal of the European Ceramic Society,2017,37(16):5329-5338.

[9] CHEN Z,SONG X,LEI L,et al. 3D printing of piezoelectric element for energy focusing and ultrasonic sensing [J]. Nano Energy,2016. 27:78-86.

[10] AHLHELM M,GÜNTHER P,SCHEITHAUER U,et al. Innovative and novel manufacturing methods of ceramics and metal-ceramic composites for biomedical applications [J]. Journal of the European Ceramic Society,2016,36(12):2883-2888.

[11] ZANCHETTA E,CATTALDO M,FRANCHIN G,et al. Stereolithography of SiOC Ceramic Microcomponents [J]. Advanced Materials,2016,28(2):370-376.

[12] SCHMIDT J,COLOMBO P. Digital light processing of ceramic components from polysiloxanes [J]. Journal of the European Ceramic Society,2018,38(1):57-66.

[13] ECKEL Z C,ZHOU C,MARTIN J H,et al. Additive manufacturing of polymer-derived ceramics [J]. Science,2016,351(6268):58-62.

[14] ZHOU W,LI D,WANG H. A novel aqueous ceramic suspension for ceramic stereo-

lithography [J]. Rapid Prototyping Journal,2010,16(1):29-35.

[15] ZHOU M,LIU W,WU H,et al. Preparation of a defect-free alumina cutting tool via additive manufacturing based on stereolithography-Optimization of the drying and debinding processes [J]. Ceramics International,2016,42(10):11598-11602.

[16] WU H,LIU W,HE R,et al. Fabrication of dense zirconia-toughened alumina ceramics through a stereolithography-based additive manufacturing [J]. Ceramics International,2017,43(1):968-972.

[17] KOTZ F,ARNOLD K,BAUER W,et al. Three-dimensional printing of transparent fused silica glass [J]. Nature,2017,544(7650):337-339.

[18] BRIE J,CHARTIER T,CHAPUT C,et al. A new custom made bioceramic implant for the repair of large and complex craniofacial bone defects [J]. Journal of Cranio-Maxillofacial Surgery,2013,41(5):403-407.

[19] LIU Y,CHENG L,LI H,et al. Formation mechanism of stereolithography of Si_3N_4 slurry using silane coupling agent as modifier and dispersant [J]. Ceramics International,2020,46(10PA):14583-14590.

[20] HALLORAN J W. Ceramic Stereolithography:Additive Manufacturing for Ceramics by Photopolymerization [J]. Annual Review of Materials Research,46:19-40.

[21] SANTOLIQUIDO O,BIANCHI G,ORTONA A. Additive manufacturing of periodic ceramic substrates for automotive catalyst supports [J]. International Journal of Applied Ceramic Technology,2017,14:1164-1173.

[22] CHABOK H,ZHOU C,CHEN Y,et al. Ultrasound transducer array fabrication based on additive manufacturing of piezocomposites [R] //ASME/ISCIE 2012 International Symposium on Flexible Automation. USA,St. Louis:2012.

[23] 沈晓冬,史玉升,伍尚华,等. 3D打印无机非金属材料 [M]. 北京:化学工业出版社,2020.

第 14 章　其他 3D 打印成形陶瓷材料

除了前面几章提到的技术外,其他 3D 打印技术,如直写成形技术、熔融沉积成形技术、分层实体制造成形技术等都在陶瓷制造方面具有广泛应用,本章将介绍这些技术在陶瓷制造中的一些具体应用。

14.1　直写成形陶瓷材料

14.1.1　直写成形原理

直写成形技术(direct ink writing,DIW)是将陶瓷粉体与溶剂、黏结剂等混合制成陶瓷浆料或者膏体,通过喷嘴挤出或注射出来,层层累加最终得到设计好的陶瓷零件。其成形原理是:首先通过计算机软件完成打印图形设计,然后由软件控制打印设备将浆料输送到 *Z* 轴的喷嘴中,打印装置可以在 *X*-*Y* 方向移动,完成一层图案打印。一层成形后,*Z* 轴上升到设定的高度,在上一层的基础上成形第二层图案。重复以上过程,最终得到精细的三维立体结构。其成形原理如图 14-1 所示。

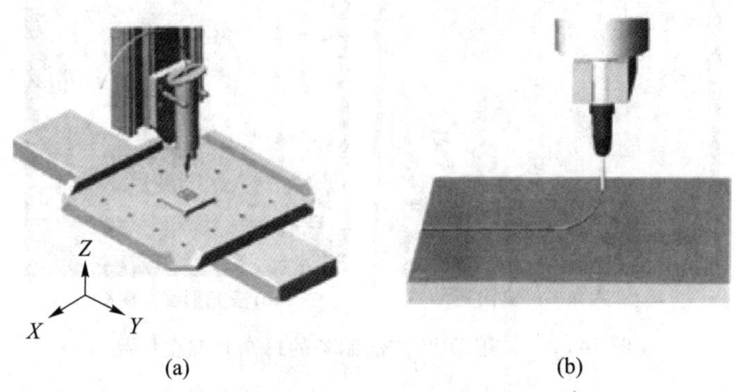

图 14-1　DIW 成形原理示意图

直写成形技术与熔融沉积成形技术最大的区别在于,在直写成形过程中材料不经历熔融—凝固的过程。直写成形不需要任何激光束或者紫外光照射,也无须加热,在室温下由简单的陶瓷原料就能成形出三维复杂形状的产品。

以陶瓷粉体为原材料,DIW 制备三维陶瓷零件需要经历四个工艺环节,分别为浆料的配制、坯体的直写成形、干燥烧结和性能表征。由于 DIW 的技术特点,其最关键的问题在于浆料/膏体的制备,打印材料的流动性和固化速度很重要。此外,机械控制、悬浮液的输出系统等也会对系统的打印效果产生很大的影响。目前,研究者们针对不同体系浆料的配制、直写成形设备的研发及其多功能应用等领域展开了一系列研究。

14.1.2　直写成形陶瓷材料

研究人员采用包覆的 SiO_2 微球为原料,分散在去离子水中制备固相含量为 46% 的 SiO_2 悬浮液,通过调节 pH 使浆料向凝胶转变,使得浆料的剪切屈服应力和弹性模量提高了几个数量级，这是因为 pH 的转变增大了颗粒间的团聚程度。研究人员采用该浆料成功制备了杆间距为 250 μm 的三维周期性结构。

研究人员采用 DIW 工艺制备了孔径分布于 100~1 000 μm 范围内的莫来石多孔筛，烧结前的坯体相对密度为 55%，烧结后坯体的相对密度达到 96%。采用钛酸铅墨水通过直写工艺结合浸渍环氧树脂的方式制备了锆钛酸铅（PZT）压电陶瓷阵列，其单元直径为 200~400 μm，呈线性或辐射状重复方式排列，工作频率为 2~30 MHz。通过调整阵列中的杆间距（300~1 200 μm）控制压电陶瓷的性能。此外，他们还采用 DIW 成形了 $BaTiO_3/BaZrO_3/SrTiO_3$ 三元复合陶瓷、Ni-$BaTiO_3$ 金属陶瓷材料等。

DIW 在多孔生物陶瓷材料成形方面也有不少应用。研究人员使用可逆热凝胶混合 HA、TCP 为原料，成形出多孔生物陶瓷。采用 DIW 方法制备了多孔 HA 陶瓷，总气孔率达 39%。在 DIW 工艺过程中，可以在原料中加入造孔剂来获得多孔的陶瓷结构。在 HA 浆料中加入聚甲基丙烯酸甲酯（PMMA）微球，设计并制备出具有三种不同直径分布的陶瓷支架。将 α-Al_2O_3 粉末和水性黏结剂混合组成浆料，并采用 DIW 方法制备六边形蜂窝状样品（图 14-2），六角形结构的样品弹性模量大约为 1 GPa，而三角形结构的样品弹性模量达到 27 GPa。与其他 3D 打印方法制备的具有类似相对密度的微米和纳米级晶格相比，这些蜂窝状陶瓷具有更大的比刚度，达到了 107 Pa/(kg/m^3)。

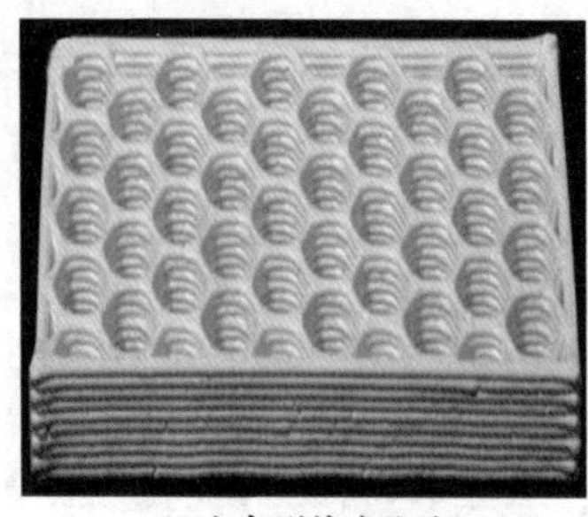
(a) 六角形蜂窝陶瓷

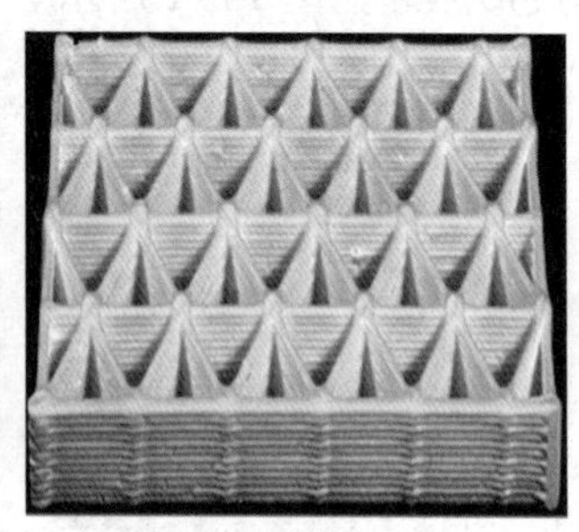
(b) 三角形蜂窝陶瓷

图 14-2　采用 DIW 方法制备的蜂窝状陶瓷样品

采用 DIW 工艺制备了一种微尺寸的 SiOC 陶瓷零件，通过向油墨中添加少量（0.025 wt%~0.1 wt%）氧化石墨烯，进一步提高了陶瓷热解过程中的结构稳定性，从而减少了陶瓷前驱体的收缩，得到的多孔支架总气孔率为 64 vol%，压缩强度为 2.5 MPa。这种制备水基浆料的方法可以扩展到其他体系，通过控制颗粒间的结合力获得理想的固相含量和流变性能。除了改变 pH 之外，还可以通过添加盐类或者聚合物电解质等方法进行调控。目前，利用这种浆料设计方法已经成功制备出多种胶体浆料，如氧化硅、氧化铝、莫来石、氮化硅、锆钛酸铅、钛酸钡以及羟基磷灰石等。

除水基浆料外，有机物基陶瓷浆料也可用于直写成形技术。采用甲基丙烯酸甲酯、季戊四醇三丙烯酸酯、苯乙酮为溶剂制备 $BaTiO_3$ 光敏浆料，直写成形出线条直径为 300 μm 的木架结构，紫外光辐射后坯体固化，在 200 ℃下排除有机物，在 1 200 ℃下烧结成致密陶瓷。有机物基陶瓷浆料相对于水基浆料稳定性更高，不易干燥，保存周期长，缺点是需要低温排胶，制备周期长。因此，混合了多种分散剂的水基浆料是目前陶瓷 DIW 成形领域的首选材料。

14.1.3 直写成形工艺

直写成形通过向指定的位置挤出浆料或膏体,逐层沉积成形。根据挤出压力的来源不同,可以将直写成形装备分成气压挤出和螺杆挤出两种。其中螺杆挤出装备可以分为两种形式,一种是由螺杆带动活塞作直线运动挤出浆料,另一种是由螺杆直接挤出浆料(类似于注塑的过程)。

直写成形设备的复杂程度不高,但是材料的流变性能对成形效果的影响很大。一般来说,适用于直写成形的浆料或膏体应具有以下性能:① 浆料应黏弹性可调,具有剪切变稀的性质,以保证其在针头中顺利挤出;② 浆料沉积到基板后在无任何支撑的情况下还能够保持线条的形状;③ 浆料应有较高的固相含量,以减少干燥收缩和变形。

传统的材料流变性能调控手段为调节浆料中的固相含量、分散剂含量、pH 和离子强度等,使浆料在高剪切速率下的黏度达到 10~100 Pa·s,浆料的屈服应力值≥200 Pa,并具有高的储能模量。

14.2 熔融沉积成形陶瓷材料

14.2.1 熔融沉积成形陶瓷材料的原理

熔融沉积成形技术(FDM)需要熔融丝状材料进行打印,陶瓷材料的高熔点限制了 FDM 的应用,所以陶瓷材料更多的是作为填充料来改善 FDM 成形用高分子材料的性能。FDM 的原材料通常为热塑性树脂和陶瓷粉体颗粒的混合物,经过挤压压制技术等过程形成毫米级细丝,在计算机的控制下,丝材送至喷嘴,并在喷嘴中加热、熔化。三维喷嘴根据截面信息,选择性地将熔融的丝材涂覆在工作台上,快速冷却后形成一层截面,并做 X-Y-Z 运动。一层完成后,工作台下降一层厚度,再进行下一层的涂覆,如此循环,层层排列、反复堆积,最终成形出三维陶瓷素坯。陶瓷素坯经过排胶、烧结处理,得到较高密度的陶瓷零件。在 FDM 技术中,高分子聚合物或热塑性石蜡等材料是陶瓷颗粒之间的结合剂,其能够有效地聚集陶瓷粉体,而且在较高的温度下可以被清除,继续升温就可以将陶瓷素坯烧结成致密的陶瓷。FDM 技术能够成形出毫米级厚度的陶瓷产品,但产品的精度较低,而且由于受到材料的熔点限制,材料的可选择范围有限。

14.2.2 熔融沉积成形陶瓷材料

美国 Rutgers 大学和 Argonne 实验室率先将 FDM 成形方法用于陶瓷材料的加工制备,利用熔融沉积成形技术制备了 Al_2O_3 喷嘴座,其烧结密度为 98%,强度为(824±110)MPa。研究人员配制了固相含量为 50%~55%的锆钛酸铅(PZT)混合物,并用 FDM 技术制备了 PZT 陶瓷素坯,高温去除黏结剂之后,得到了高强度的陶瓷骨架。固化后,经过切割、抛光处理,成功制造了高精度的压电陶瓷-聚合物复合材料。另外,研究人员还采用 FDM 技术制备了曲面压电陶瓷骨架,其弯曲程度可以通过 CAD 来控制。将此陶瓷骨架用于制备 2-2 形压电复合材料,得到的陶瓷相含量为 30%,最小厚度为 1.5 mm,最大厚度为 2.26 mm,该压电陶瓷-聚合物复合材料可用于超声波成像。

1996年,研究人员采用FDM技术制造了Si_3N_4零件。所用的陶瓷粉体为GS-44氮化硅,所成形的Si_3N_4坯体的相对密度为53%,制成的陶瓷坯体中含有较多的高分子黏结剂,经两次排胶处理后,烧结的Si_3N_4零件的密度达到98%,抗弯强度为(824±110)MPa。与等静压成形技术相比,FDM技术制得的Si_3N_4坯体收缩存在各向异性,线收缩率在X、Y方向上为16.6%±1.3%,在Z方向上为19.3%±1.6%,但两种技术制得坯体的烧结密度和强度相差不大。采用熔融二氧化硅与聚丙烯基热塑性黏结剂混合,采用FDM技术成形熔融石英陶瓷预制体,陶瓷坯件经过排胶和烧结后,再采用无压浸渗的方法在1 150 ℃下将熔融Al熔液浸渗到陶瓷预制体中,制造出Al_2O_3-SiO_2-Al陶瓷/金属复合材料,抗压强度达到(689±95)MPa(图14-3)。

人们研究了技术参数对FDM制备Al_2O_3陶瓷零件质量的影响。在α-Al_2O_3陶瓷粉体中加入溶剂、分散剂和黏结剂,制备出具有较好流动性的陶瓷浆料;然后利用自主设计的3D打印机进行实验,分析在不同的挤出压力、分层厚度、扫描速度等技术参数下陶瓷浆料的3D打印效果,最终制备得到了表面平滑、精度较高的陶瓷零件。

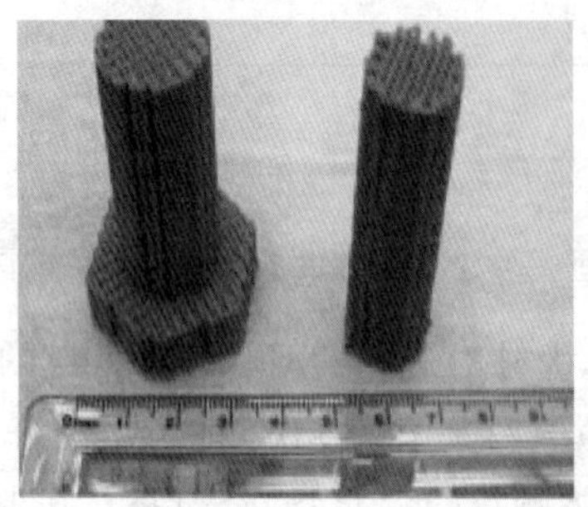

图14-3 采用FDM技术制备的陶瓷/金属复合材料

在PAl_2中加入15 wt%的ZrO_2陶瓷粉体和15 wt%~25 wt%的β-TCP陶瓷粉体,制备出长丝原料,然后通过FDM技术制备了复合材料试样,发现当填充的陶瓷粉体含量超过30 wt%后,复合材料的力学和物理性能不受填充料含量的影响。

相比于其他3D打印技术,FDM技术的实现原理简单,成形出的陶瓷材料具有较严重的台阶效应,但这对生物医疗领域是十分理想的,因此其在生物支架、骨组织修复等方面具有广阔的应用前景。但在FDM成形过程中喷嘴温度高,对原料的要求较高。为满足成形要求,除了要求材料形成丝状外,原料还要有一定的抗弯强度、抗压强度、抗拉强度和硬度等。此外,丝状陶瓷材料经过喷嘴加热熔化后还要具有一定流动性和黏度,收缩率不能过大,否则成形零件会发生变形。因此,用于熔融沉积成形技术的丝状陶瓷材料的种类受到极大限制,还有待于进一步研究开发。

14.2.3 熔融沉积成形陶瓷材料的工艺

熔融沉积成形技术由供料辊、导向套和喷嘴三个结构组件相互搭配,实现陶瓷材料在喷嘴内加热熔化,并按照所需打印的原件模型进行3D打印。该打印技术成本较低,后期维护等也比较方便,但是由于丝材中的陶瓷粉末对喷嘴的磨损较严重,需要经常更换喷嘴组件,以保证打印件的成形精度。

此外,这种技术通常需要设置支撑结构,尤其是当打印较为复杂的原件时,需要在外部设置支撑结构,以保证陶瓷零件在打印过程中不会坍塌。目前,用于熔融沉积成形陶瓷材料的支撑材料分为两种:一种是剥离性支撑材料,后期处理时需要手动剥离,较为烦琐;另一种是水溶性支撑材料,在后期处理时通过物理或化学方法就能方便快捷地去除。因此,目前熔融沉积成形陶瓷普遍采用后者作为支撑材料,在一定程度上降低了后期处理过程的复杂性。

在原有 FDM 技术的基础上发展了多喷嘴的打印技术,如双丝熔融沉积建模技术,可以实现多种材料的打印,通常用来成形含微量陶瓷材料的聚合物基复合材料,应用于要求性能具有各向异性样品的制备。例如,将高介电常数丝和低介电常数丝材料进行合理布置,利用双丝熔融沉积建模技术打印的样品具有介电常数的各向异性。

14.3 分层实体制造成形陶瓷材料

14.3.1 分层实体制造成形陶瓷材料的原理

分层实体制造技术(LOM)成形陶瓷材料的基本原理是:首先利用 CAD 软件离散出数个结构单元,在计算机控制下用激光束切割涂覆热熔胶的卷材(如陶瓷流延膜等),对于不属于截面轮廓的部分则切割成废料网格,这些网格一方面起着支撑和固化的作用,另一方面有利于后续的废料剥离。本层完成后,工作台下降,再铺上一层新的卷材,新铺的卷材与前一层卷材通过热压辊轴碾压黏结在一起,再切割该层的轮廓,如此循环往复,最终得到三维立体结构,最后将废料网格剥离以得到完整的零件,如图 14-4 所示。

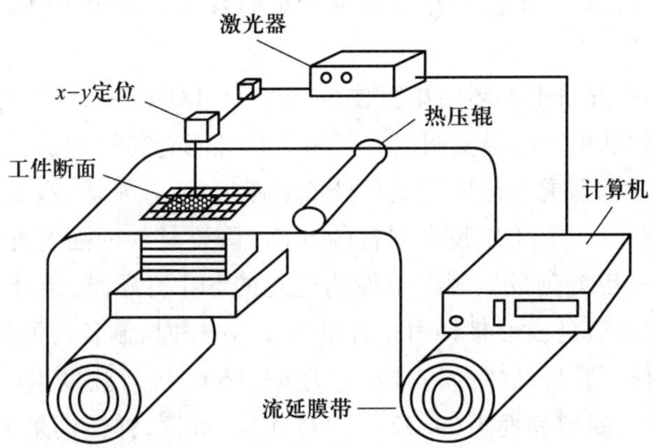

图 14-4 LOM 成形陶瓷材料原理示意图

14.3.2 分层实体制造成形陶瓷材料

在 LOM 成形过程中,原材料的性能对成形后的坯体强度和烧结体的力学性能影响很大。原材料良好的柔韧性便于连续加工,而适宜的强度则可以保证切割和叠层的顺利进行,同时能保证陶瓷膜经受热压辊的碾压作用而不致开裂。而原材料好的叠加性能和烧结性能有利于生产出高致密度和力学性能好的烧结体。实现较低温度下分层实体制造的前提是原材料同时具备特定的热熔胶特性、黏结剂特性和流延膜表面形貌等条件。

1994 年,Lone Peak 公司的 Griffin 等人最早使用 LOM 技术制得氧化铝陶瓷,抗弯强度达到 311 MPa，比传统干压成形得到的陶瓷只低了 14 MPa，说明该技术在陶瓷材料成形中有一定的潜力。美国 Lone Peak 公司、Western Reserve 和 Dayton 大学等已经用 LOM 方法制备出原料为 Al_2O_3、Si_3N_4、AlN、SiC、ZrO_2 等的陶瓷制件，并分析了制件的强度。

研究人员采用碳化硅粉体、炭黑和石墨粉体与高分子黏结剂体系混合制成陶瓷薄片。将 SiC 流延膜和 SiC 纤维/树脂预浸薄片交替叠加，直至形成具有一定厚度和形状的陶瓷素坯。树脂在这里起到了提供强度和碳源的双重作用。利用 LOM 技术制备的 SiC 陶瓷零件如图 14-5 所示，其抗弯强度达到 169±43 MPa。LOM 技术制备的陶瓷零件一般是用平面陶瓷膜相叠加而成的，研究人员还研究了曲面层状陶瓷器件成形新技术，在其实验中采用的是 SiC/SiC 纤维复合材料。

图 14-5　LOM 技术成形的 SiC 陶瓷零件

采用 LOM 技术制备出三维的 $Li_2O-ZrO_2-SiO_2-Al_2O_3$（LZSA）玻璃陶瓷齿轮，烧结后的齿轮有 20%左右的体积收缩，保持了原有的形状，而没有出现开裂和变形。用聚乙酸乙烯酯作为热熔胶，利用 LOM 技术并结合常压烧结技术制备出 Al_2O_3 陶瓷，其三点抗弯强度达到 228 MPa。

人们研究了 LOM 方法中素坯的排胶技术，建立了 LOM 叠层脱黏时的扩散模型，用来指导并优化实际脱黏过程中的温度制度。利用氮化硅陶瓷粉体和前驱体研发了一种胶黏剂，并以丝网印刷技术将胶黏剂涂覆于氮化硅流延膜表面，在常压、室温下直接堆叠制备出三维复杂氮化硅素坯。采用 LOM 技术制备的 Si_3N_4 陶瓷材料的强度可达（475±34）MPa。上海硅酸盐研究所采用流延成形制备出性能优化的 SiC 流延膜，结合 LOM 技术，制备了碳化硅陶瓷齿轮，发现流延成形浆料固相含量为 23 vol%时，制备的流延膜经 LOM 技术和常压烧结后性能最佳。其烧结体的相对密度为 98.16%，抗弯强度为（402±23）MPa，硬度为（19.86±0.71）GPa，断裂韧性为（3.32±0.29）MPa · $m^{1/2}$，弹性模量为（393±41）GPa，和干压-等静压制备的碳化硅陶瓷性能相当（图 14-6）。

图 14-6　经 LOM 成形和热处理之后的碳化硅陶瓷齿轮

从材料的发展来看，适于 LOM 叠层的卷材范围很广，包括纸、蜡、有机薄膜、陶瓷膜和金属片材等。在陶瓷制备领域,用于 LOM 叠层的陶瓷卷材一般通过流延成形法和挤出法制备。对于 LOM 技术成形陶瓷材料,存在必须解决的两个关键技术,其一是陶瓷膜的激光切割和叠层;其二则是素坯的排胶和烧结制度的确立。由于坯体是经流延膜叠加而成,流延膜制备过程中含有大量有机物,因此排胶过程对后续的烧结体性能影响很大。如果升温和保温制度不当,很容易造成坯体的鼓泡或分层。

14.3.3 分层实体制造成形陶瓷材料的工艺特点

在陶瓷材料的 3D 打印中,用于分层实体制造技术的陶瓷薄片材料可以利用流延成形法制备得到,而国内采用流延成形法制备陶瓷薄片材料的技术已经比较成熟,原材料的获取方便快捷。分层实体制造技术成形速率高,不需要用激光扫描整个薄片,只需要根据分层信息切割出一定的轮廓外形,同时不需要单独的支撑设计,无需太多的前期预备处理,在制造多层复合材料以及曲面较多或者外形复杂的构件上具有显著的优势。

LOM 技术由于其技术本身的特点,也存在一定的缺陷。由于采用的薄膜材料需要进行切割叠加,不可避免地产生大量材料浪费的现象,材料利用率有待提高。同时打印过程采用激光切割,在一定程度上增加了打印成本,如果成形后的坯体在各方向的力学性能有较大的不同,加工完成之后需要人工清除多余的碎屑,增加了制造成本。另外,由于该技术采用的原材料必须是薄片,其应用范围具有较大的局限性。这种 3D 打印陶瓷技术不适合打印复杂、中空的零件,因为这类零件在成形过程中层与层之间存在较为明显的台阶效应,最终成品的边界需要进行抛光打磨处理。

思考题

1. 直写成形的原理是什么？直写成形精度主要受哪些因素的影响？
2. 熔融沉积成形陶瓷的原理是什么？哪些陶瓷材料适用于熔融沉积成形？
3. 请对比直写成形和熔融沉积成形的优缺点。
4. 分层实体制造成形的原理是什么？采用该工艺成形陶瓷时具有哪些优缺点？

参考文献

[1] CESARANO J. A review of robocasting technology [J]. MRS Proceedings, 1998, 542: 133-139.

[2] GRIDA I, EVANS J R G. Extrusion freeforming of ceramics through fine nozzles [J]. Journal of the European Ceramic Society, 2003, 23: 629-635.

[3] PARK S A, LEE S H, KIM W D. Fabrication of porous polycaprolactone/hydroxyapatite (PCL/HA) blend scaffolds using a 3D plotting system for bone tissue engineering [J]. Bioprocess and Biosystems Engineering, 2011, 34: 505-513.

[4] KALITA S J, BOSE S, HOSICK H L, et al. Development of controlled porosity polymer-ceramic composite scaffolds via fused deposition modeling [J]. Materials Science & Engineering C, 2003, 23: 611-620.

[5] JAFARI M A, HAN W, MOHAMMADI F, et al. A novel system for fused deposition of advanced multiple ceramics [J]. Rapid Prototyping Journal, 2000, 6: 161-175.

[6] LEWIS J A, GRATSON G M. Direct writing in three dimensions [J]. Materialstoday, 2004, 7: 32-39.

[7] LEWIS J A, SMAY J E, STUECKER J, et al. Direct ink writing of three-dimensional ceramic structures [J]. Journal of the American Ceramic Society, 2006, 89: 3599-3609.

[8] LEWIS J A. Direct-write assembly of ceramics from colloidal inks [J]. Current Opinion in Solid State and Materials Science, 2002, 6: 245-250.

[9] GUO J J, LEWIS J A. Aggregation effects on the compressive flow properties and drying behavior of colloidal silica suspensions [J]. Journal of the American Ceramic Society, 1999, 82: 2345-2358.

[10] SMAY J E, GRATSON G M, SHEPHERD R F, et al. Directed Colloidal Assembly of 3D Periodic Structures [J]. Advanced Materials, 2002, 14: 1279-1283.

[11] STUECKER J N, CESARANO J, HIRSCHFELD D A. Control of the viscous behavior of highly concentrated mullite suspensions for robocasting [J]. Journal of Materials Processing Technology, 2003, 142: 318-325.

[12] SMAY J E, CESARANO J, LEWIS J A. Colloidal inks for directed assembly of 3-D periodic structures [J]. Langmuir, 2002, 18: 5429-5437.

[13] SMAY J E, NADKARNI S S, XU J. Direct Writing of dielectric ceramics and base metal electrodes [J]. International Journal of Applied Ceramic Technology, 2007, 4: 47-52.

[14] FRANCO J, HUNGER P, LAUNEY M E, et al. Direct write assembly of calcium phosphate scaffolds using a water-based hydrogel [J]. Acta Biomaterialia, 2009, 6: 218-228.

[15] MIRANDA P, PAJARES A, SAIZ E, et al. Fracture modes under uniaxial compression in hydroxyapatite scaffolds fabricated by robocasting [J]. Journal of Biomedical Materials Research Part A, 2007, 83A: 646-655.

[16] DELLINGER J G, CESARANO J, JAMISON R D. Robotic deposition of model hydroxyapatite scaffolds with multiple architectures and multiscale porosity for bone tissue engineering [J]. Journal of Biomedical Materials Research Part A, 2007, 82A: 383-394.

[17] MUTH J T, DIXON P G, WOISH L, et al. Architected cellular ceramics with tailored stiffness via direct foam writing [J]. Proceedings of the National Academy of Sciences of the United States of America, 2017, 114: 1832-1837.

[18] PIERIN G, GROTTA C, COLOMBO P, et al. Direct Ink Writing of micrometric SiOC ceramic structures using a preceramic polymer [J]. Journal of the European Ceramic Society, 2016, 36: 1589-1594.

[19] 孙竞博，李勃，黄学光，等. 基于光敏浆料的直写精细无模三维成形 [J]. 无机材料学报，2009，24：1147-1150.

[20] STANSBURY J W, IDACAVAGE M J. 3D printing with polymers: Challenges among expanding options and opportunities [J]. Dental Materials, 2016, 32: 54-64.

[21] 王柏通. 3D打印喷头的温度分析及控制策略研究 [D]. 长沙：湖南师范大学，

2014.

[22] MCNULTY T F, SHANEFIELD D J, DANFORTH S C, et al. Dipersion of lead zirconnate titanate for fused deposition of ceramics [J]. Journal of the American Ceramic Society, 1999, 82: 1757-1760.

[23] BANDYOPADHYAY A, PANDA R K, JANAS V F, et al. Processing of piezocomposites by fused deposition technique [J]. Journal of the American Ceramic Society, 1996, 80: 1366-1372.

[24] LOUS G M, CORNEJO I A, MCNULTY T F, et al. Fabrication of ceramic/polymer composite transducer using fused deposition of ceramics [J]. Journal of the American Ceramic Society, 2000, 83: 124-128.

[25] AGARWALA M K, BANDYOPADHYAY A, VAN WEEREN R, et al. FDC, Rapid Fabrication of Structural Components [J]. American Ceramic Society Bulletin, 1996, 75: 60-65.

[26] BANDYOPADHYAY A, DAS K, MARUSICH J, et al. Application of fused deposition in controlled microstructure metal-ceramic composites [J]. Rapid Prototyping Journal, 2006, 12: 121-128.

[27] 刘骥远, 吴懋亮, 蔡杰, 等. 技术参数对 3D 打印陶瓷零件质量的影响 [J]. 上海电力学院学报, 2015, 31: 376-380.

[28] ABDULLAH A M, RAHIM T N A T, MOHAMAD D, et al. Mechanical and physical properties of highly ZrO_2/β-TCP filled polyamide 12 prepared via fused deposition modelling (FDM) 3D printer for potential craniofacial reconstruction application [J]. Materials Letters, 2017, 189: 307-309.

[29] ISAKOV D V, LEI Q, CASTLES F, et al. 3D printed anisotropic dielectric composite with meta-material features [J]. Materials & Design, 2016, 93: 423-430.

[30] 杨万莉, 王秀峰, 江红涛, 等. 基于快速成形技术的陶瓷零件无模制造 [J]. 材料导报, 2006, 20: 92-95.

[31] 于冬梅. LOM(分层实体制造)快速成形设备研究与设计 [D]. 石家庄: 河北科技大学, 2011.

[32] 崔学民, 欧阳世翕, 余志勇, 等. LOM 制造工艺在陶瓷领域的应用研究 [J]. 陶瓷, 2002, (期缺失): 25-27.

[33] GRIFFIN C, DAUFENBACH J, MCMILLIN S. Desktop manufacturing: LOM vs. pressing [J]. American Ceramic Society Bulletin, 1994, 73: 109-113.

[34] GRIFFIN E A, MUMM D, MARSHALL D B. Rapid prototyping of functional ceramic composites [J]. American Ceramic Society Bulletin, 1996, 75: 65-68.

[35] KLOSTERMAN D, CHARTOFF R, GRAVES G, et al. Interfacial characteristic of composites fabricated by laminated object manufacturing [J]. Composites Part A: Applied Science and Manufacturing, 1998, 29: 1165-1174.

[36] GOMES C, TRAVITZKY N, GREIL P, et al. Laminated object manufacturing of LZSA glass-ceramics [J]. Rapid Prototyping Journal, 2011, 17: 424-428.

[37] GOMES C M, RAMBO C R, NOVAES D O A P, et al. Colloidal processing of glass-ceramics for laminated object manufacturing [J]. Journal of the American Ceramic Society, 2009, 92: 1186-1191.

[38] ZHANG Y, HE X, HAN J, et al. Al_2O_3 ceramics preparation by LOM [J]. The International Journal of Advanced Manufacturing Technology, 2001, 17: 531-534.

[39] DAS A, MADRAS G, DASGUPTA N, et al. Binder removal studies in ceramic thick shapes made by laminated object manufacturing [J]. Journal of the European Ceramic Society, 2003, 23: 1013-1017.

[40] BITTERLICH B, HEINRICH J G. Processing, microstructure, and properties of laminated Silicon Nitride stacks [J]. Journal of the American Ceramic Society, 2005, 88: 2713-2721.

[41] LIU S, YE F, LIU L, et al. Feasibility of preparing of silicon nitride ceramics components by aqueous tape casting in combination with laminated object manufacturing [J]. Materials & Design, 2015, 66: 331-335.

[42] ZHONG H, YAO X, ZHU Y, et al. Preparation of SiC ceramics by laminated object manufacturing and pressureless sintering [J]. Journal of Ceramic Science and Technology, 2015, 6: 133-140.

第四篇　4D 打印材料

第15章　4D打印材料

15.1　4D打印技术的概念与内涵

随着科学技术和社会经济的快速发展,人们对设备及构件的要求不再局限于传统的力学性能与功能特性,而对其智能特性提出了更高的要求。尽管3D打印技术具有打印复杂几何形状的卓越能力,但采用3D打印技术制备的构件是静态的,并不能随着周围动态环境的变化而改变。这使得传统3D打印结构无法满足人们对设备自适应、自组装、自修复、自学习、自感知等智能特性日益增长的需求。为此,4D打印技术应运而生。

2011年,美国麻省理工学院的Oxman等提出一种变量特性快速原型制造技术,并利用材料的变形特性和不同材料的属性,通过逐层铺粉的方法成形了具有连续梯度的功能组件,该成形件可随时间的推移实现结构改变。这是4D打印思想的雏形。2013年,美国麻省理工学院的Tibbits等在"技术娱乐和设计会议"上展示了一段利用增材制造技术制备的绳状结构,该结构放入水中可以自动变形成"MIT"字样的立体结构。基于该演示,他们首次提出了4D打印技术的概念,拉开了4D打印技术的序幕。2014年10月,美国《外交》双月刊发表了一篇名为《准备迎接4D打印革命》的文章,引发了全球各界对4D打印技术的高度关注,并自此掀起了研究4D打印技术的热潮。

最初,4D打印技术被定义为在3D打印技术的基础上增加一个"时间"维度,即采用3D打印技术制备的构件可以在预定环境随时间发生形状改变。但随着4D打印技术相关研究的不断深入,4D打印技术的内涵得到了进一步丰富。4D打印技术被认为是智能构件的增材制造技术,通过4D打印技术制备的构件能够在预设的外界激励(如温度、湿度、光、磁场、电场等)作用下自动发生形状、性能或功能的可控变化。在传统制造技术中,材料的制备、结构的设计和功能的实现通常是三个独立的环节,4D打印技术则将材料与结构的变形、变性、变功能设计直接内置到制造过程中,简化了从设计理念到实物制造的过程,实现了材料—结构—功能的一体化制造。4D打印技术可以在不需要外部机电系统的情况下直接将智能特性植入打印对象。4D打印技术制造的构件不再是静态的,而是能够自适应、自组装、自修复、自诊断或自学习的智能构件。4D打印技术不仅有望改变传统的设计理念和方式,给传统制造技术带来巨大变革,还有望颠覆性扩展高端技术和装备的新理念、新功能。

15.2　4D打印材料概述

4D打印构件的激励响应特性主要取决于所使用材料的性质以及材料在三维空间中的组合和排列方式。因此,合理的材料设计与应用对于4D打印技术的实现至关重要。

一方面,4D打印材料应具备良好的可打印性,即材料能够通过增材制造技术成形。这是实现4D打印的前提。与传统3D打印类似,4D打印材料可打印性的评价标准也主要取决于所采用的增材制造技术。例如,在基于光固化成形(SLA)技术的4D打印中,材料应为固化速度较快、固化收缩率较小、黏度较低、投射深度适当的光敏型液材(主要为液态光敏树脂);在基于选区激光烧结(SLS)技术的4D打印中,材料应为粒径细小均匀、球形度高、流动性好、松装密度高的粉材;在基于熔融沉积成形(FDM)技术的4D打印中,材料应为丝径均匀、熔融温度低、流动性好、黏度低、收缩率低、黏结性好的丝材。

另一方面,4D打印材料还应具备在增材制造成形后实现可控激励响应行为的能力。这是实现4D打印的关键。智能材料是一种能够感知周围环境变化,并通过自我判断得出结论和执行相应指令的材料。因此,智能材料自然成为4D打印材料的首选。但是并非所有的智能材料均可以作为4D打印材料,这是因为一部分智能材料并不能通过增材制造技术成形,而一部分智能材料在通过增材制造技术成形后可能会丧失可控的激励响应特性。此外,4D打印技术也可以通过一些非智能材料(传统材料)来实现,这些材料本身并不具备可控的激励响应特性,但通过对其组成、结构、数量和位置进行编码设计可以实现在外界激励作用下的可控变化。

虽然目前4D打印技术尚处于研究初期阶段,但学者们已陆续研究和开发了数十种4D打印材料。按照材料的物理化学属性,4D打印材料可分为聚合物及其复合材料、金属及其复合材料和陶瓷及其复合材料。下文将分别对上述三类4D打印材料进行介绍。

15.3 4D打印聚合物及其复合材料

聚合物及其复合材料不仅易于通过增材制造技术成形,而且具有价格低、质量轻、设计简单等优点。此外,一些聚合物及其复合材料还具有良好的生物相容性和生物降解性。因此,聚合物及其复合材料已成为4D打印领域应用最广泛的一类材料。目前,4D打印聚合物及其复合材料主要包括形状记忆聚合物、水凝胶和液晶弹性体。

15.3.1 形状记忆聚合物

15.3.1.1 形状记忆聚合物的形状记忆机制

形状记忆聚合物是可以在外部激励作用下,从特定临时形状恢复到初始形状的智能高分子材料。形状记忆聚合物通常由两相组成,即用于记忆初始形状的固定相和可以在外部激励作用下发生可逆反应的可逆相。以目前研究最成熟、应用最广泛的热响应形状记忆聚合物为例:其可逆相为具有较低转变温度[对应于半晶聚合物的熔点(T_m)和非晶聚合物的玻璃化温度(T_g)]的物理交联结构,可随温度的变化发生可逆的软化和硬化,用以形成和固定临时形状;其固定相为具有较高转变温度的物理交联结构或化学交联结构,用以维持材料的初始形状,使其具有形状回复的能力。固定相需具有一定的强度,保证受力变形时体系仅发生分子链构象的改变,而不产生分子链塑性滑移导致的永久变形。热响应形状记忆聚合物的形状记忆过程主要包括三个步骤:

(1) 升温塑形　将具有一定初始形状的形状记忆聚合物加热至高于可逆相转变温度但低于固定相转变温度的温度区间时,可逆相软化。在此温度下施加外力使形状记忆聚合物变形至预设形状,此时固定相处于被拉伸状态。

(2) 降温固形　保持应力并将形状记忆聚合物冷却至可逆相的转变温度以下,可逆相硬化,固定相的分子链被冻结在拉伸状态,熵弹性被储存于固定相中。撤除外力,变形后的临时形状保持下来。

(3) 升温复形　再次加热变形后的形状记忆聚合物至高于可逆相转变温度但低于固定相转变温度的温度区间时,可逆相软化,固定相的分子链解冻并在熵弹性作用下自动回复,可逆相的分子链因固定相与可逆相之间的联结而被带动,材料恢复到初始形状。

15.3.1.2　形状记忆聚合物的类型及特点

根据激励类型,形状记忆聚合物可以分为热响应型、电响应型、磁响应型、光响应型和化学感应型形状记忆聚合物。

(1) 热响应型形状记忆聚合物

热响应型形状记忆聚合物是可在热刺激作用下从临时形状恢复到初始形状的形状记忆聚合物。加热形状记忆聚合物的方式可以是直接热源加热,也可以是非接触式加热(如红外光照射等)。热响应型形状记忆聚合物根据其固定相的交联方式可分为热塑性和热固性形状记忆聚合物。其中,以物理交联结构为固定相的形状记忆聚合物称为热塑性形状记忆聚合物,以化学交联结构为固定相的形状记忆聚合物称为热固性形状记忆聚合物。目前,常见的热响应型形状记忆聚合物主要有聚氨酯、聚降冰片烯、聚烯烃、聚乙酸内酯、聚酰胺、交联聚乙烯、反式聚异戊二烯、环氧基聚合物等。

(2) 电/磁响应型形状记忆聚合物

电响应型和磁响应型形状记忆聚合物是在热响应型形状记忆聚合物的基础上发展而来的,其本质上也是一种热响应型形状记忆聚合物。电响应型形状记忆聚合物是在热响应型形状记忆聚合物中加入具有导电性能的填料[如导电炭黑、碳纳米管、碳纤维和金属(Au、Ag、Cu 等)粉末],经物理或化学方法使其均匀分散,导电填料间相互接触形成导电网络。电响应型形状记忆聚合物是利用导电填料在外加电流作用下产生的焦耳热加热复合材料体系,从而诱导材料发生形状回复。电响应型形状记忆聚合物具有导电性好、易于远程驱动、热传导快等优点。磁响应型形状记忆聚合物则是在热响应型形状记忆聚合物中加入磁性粒子(如 Fe_3O_4、汝铁硼、纳米 Fe、纳米 Ni 等)制备而成的复合材料。在外加交变磁场作用下,复合材料中的磁性颗粒发生往复运动,与分子之间发生摩擦和碰撞而产生热量,使材料温度升高,从而激发材料的形状记忆效应。

(3) 光响应型形状记忆聚合物

光响应型形状记忆聚合物是以光为激励条件的形状记忆聚合物。光激励是一种非接触式激励,具有聚焦准确、切换灵活、清洁无污染等优点。根据聚合物与光的作用原理,光响应型形状记忆聚合物可分为光热反应型和光化学反应型形状记忆聚合物。光热反应型形状记忆聚合物是在热响应型形状记忆聚合物中加入具有光热效应的填料(如石墨烯、碳纳米管、炭黑、金纳米棒等)制备而成的复合材料。这类形状记忆聚合物通过内部填料的光热效应将光能转换成热能来加热复合材料体系,从而诱导材料的形状回复。光化学反应型形状记忆聚合物是在聚合物网络中引入具有光化学反应特性的感光基团或分子,这些感光基团或分子可以在特定波长的光照射下发生可逆的交联与解交联反应,并将这种反应传递给聚合物基体分子链,使分子链发生显著变化,从而导致材料在宏观上表现出可逆的光致形变。

(4) 化学感应型形状记忆聚合物

化学感应型形状记忆聚合物利用材料周围介质性质的变化激发材料的变形和形状回

复。化学感应形状记忆聚合物的方式有很多，常见的有 pH 变化、平衡离子置换、螯合反应、相转变反应和氧化还原反应等方式。现以酸碱感应型形状记忆聚合物为例进行介绍。当材料处于酸性溶液体系中时，形状记忆聚合物的分子链会在氢离子之间的相互排斥作用下扩张，从而引起材料尺寸和体积的变化；当向体系中加入碱性溶液发生酸碱中和反应后，溶液中的亲离子浓度发生变化，分子链的状态复原，材料形状恢复。

总的说来，形状记忆聚合物具有原料范围广、配方可调性大、价格低、质量轻、形状记忆温度区间宽、可回复应变高、形状编程程序简单等优点。同时，形状记忆聚合物的体系丰富，适用于多种增材制造工艺，能够满足不同应用场合的需求。但是，形状记忆聚合物存在强度低、回复应力小、驱动能量密度低、疲劳性能差、高温性能差、易老化等问题。

15.3.1.3 形状记忆聚合物的 4D 打印

目前，形状记忆聚合物的 4D 打印主要通过熔融沉积成形（FDM）、光固化成形（SLA）、数字光处理（DLP）和直写成形（DIW）技术来实现的。

（1）基于 FDM 技术的 4D 打印

香港大学的 Yang 等以商用 DiAPLEX MM-4520 型聚氨酯形状记忆聚合物粒料为原材料，通过熔融挤出的方法将其制备成可用于 FDM 的丝材，然后利用聚氨酯丝材，通过 FDM 技术打印了飞机、火箭、花朵和机械手等三维模型。图 15-1a 为通过 FDM 技术制备聚氨酯形状记忆聚合物构件的原理图。打印的花朵在加热到其玻璃化温度以上时，可自动地从二维平面结构折叠成三维立体结构（图 15-1b），打印的机械手可通过加热时的变形实现抓取功能（图 15-1c）。

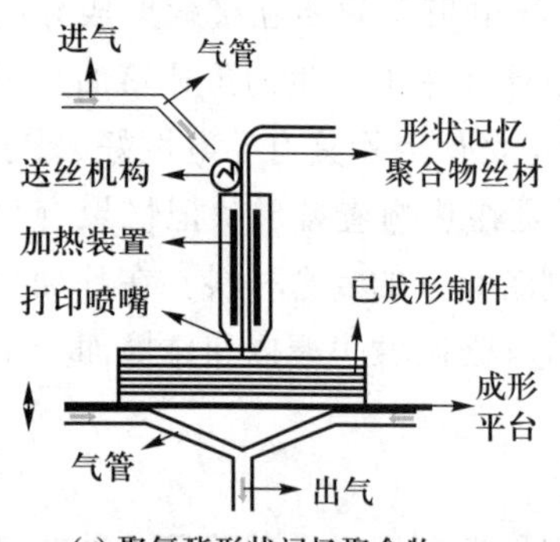

(a) 聚氨酯形状记忆聚合物构件的FDM制备原理图

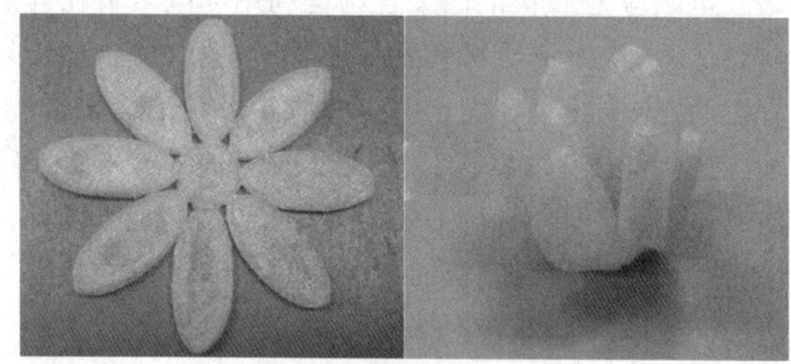

(b) FDM成形聚氨酯形状记忆聚合物花朵在加热过程中的形状变化

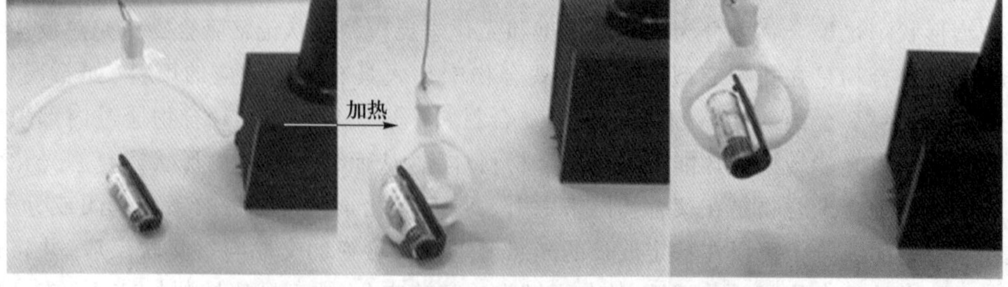

(c) FDM成形聚氨酯形状记忆聚合物机械手在加热过程中的形状变化

图 15-1　FDM 成形聚氨酯形状记忆聚合物

新加坡南洋理工大学的 Yang 等将聚氨酯形状记忆聚合物溶解到二甲基甲酰胺中，然后加入具有光热效应的炭黑并混合均匀,再在 200 ℃下蒸发溶剂中的二甲基甲酰胺,最终制备了光响应型聚氨酯形状记忆聚合物。随后,他们通过熔融挤出的方法将该形状记忆聚合物复合材料制备成可用于 FDM 的丝材,并利用该丝材成形出光响应型智能变形结构。图 15-2 给出了 FDM 成形炭黑/聚氨酯形状记忆聚合物向日葵的制备原理及其在 87 mW/cm^2 光照作用下的"开花"过程。

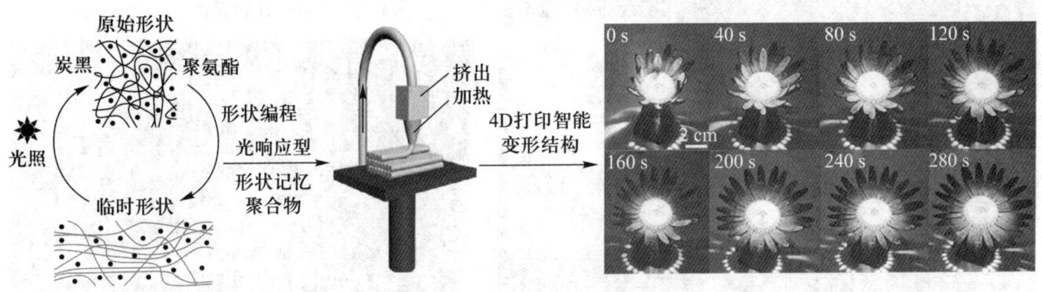

图 15-2 FDM 成形炭黑/聚氨酯形状记忆聚合物向日葵的制备原理及其在 87 mW/cm^2 光照作用下的"开花"过程[2]

(2) 基于 SLA 技术的 4D 打印

新加坡南洋理工大学的 Choong 等基于双组分相位切换机制,在丙烯酸叔丁酯单体中加入二乙二醇二丙烯酸酯交联剂和苯基双(2,4,6-三甲基苯甲酰基)氧化膦光引发剂,合成了一种热响应型形状记忆聚合物材料。该聚合物材料具有较高的固化速率和精度,是 SLA 成形的理想材料。他们采用该材料和 SLA 技术打印了一个 C60 巴基球,该球在加热过程中可以从完全打开的平面结构自动恢复成初始立体结构(图 15-3),且具有超过 20 个循环的形状记忆耐久性。

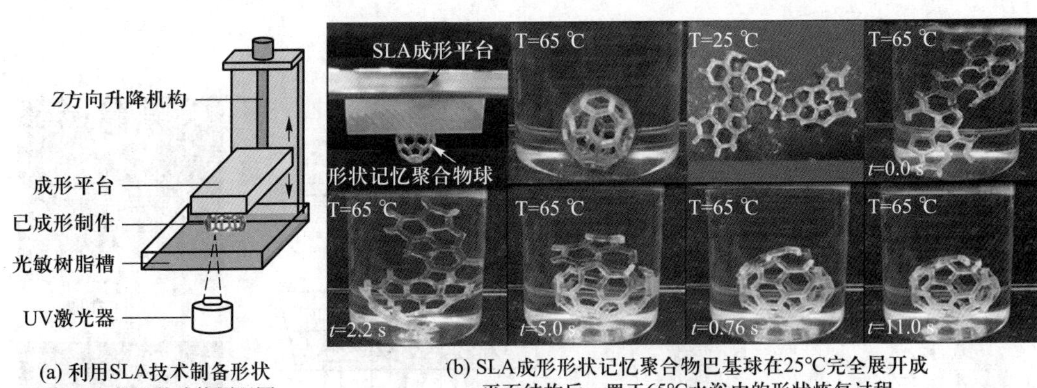

(a) 利用SLA技术制备形状记忆聚合物巴基球的原理图

(b) SLA成形形状记忆聚合物巴基球在25℃完全展开成平面结构后,置于65℃水浴中的形状恢复过程

图 15-3 SLA 成形热响应型形状记忆聚合物

新加坡科技与设计大学的 Ge 等采用甲基丙烯酸苄基酯单体、交联剂(聚乙二醇二甲基丙烯酸酯、乙氧化双酚 A 甲基丙烯酸双酯和二甲基丙烯酸乙二醇酯)、光引发剂[苯基双(2,4,6-三甲基苯甲酰基)氧化膦]和光吸收剂(苏丹 I 和若丹明 B)合成了一种可光固化成形的甲基丙烯酸酯形状记忆聚合物。通过调节材料的化学组成,该聚合物可实现可调节的弹性模量(1~100 MPa)、玻璃化温度(-50~180 ℃)和应变量(高达 300%)。Ge 等利用该形状记忆聚合物材料和高分辨 SLA 技术,成功打印了具有形状记忆效应的埃菲尔

铁塔、螺旋弹簧和花朵等模型(图 15-4)。

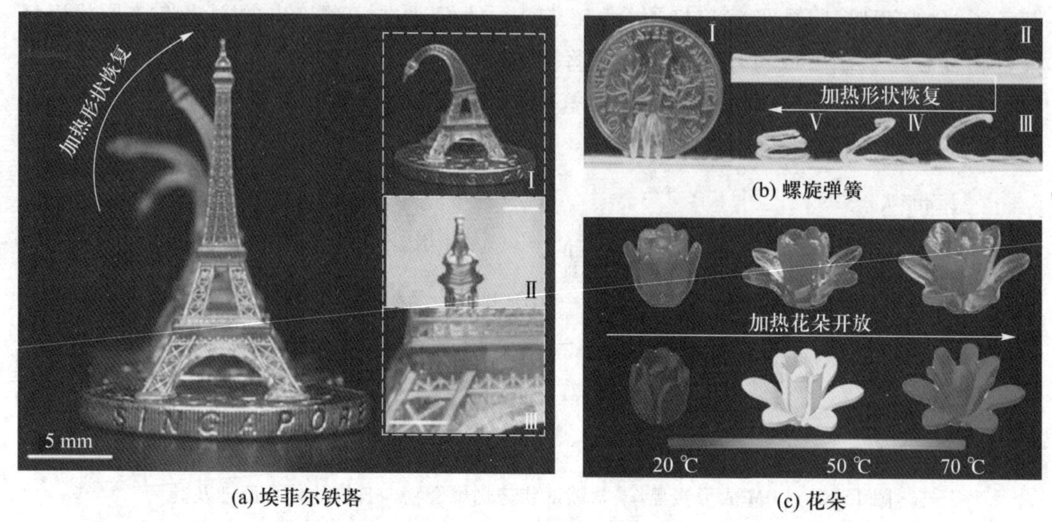

(a) 埃菲尔铁塔　(c) 花朵

图 15-4　利用甲基丙烯酸酯形状记忆聚合物和高分辨 SLA 技术制备的 4D 打印结构

(3) 基于 DLP 技术的 4D 打印

哈尔滨工业大学的 Wang 等开发了一种由环氧丙烯酸酯、聚乙二醇二甲基丙烯酸酯和碳填充剂(碳纳米管或碳纤维)组成的光敏形状记忆聚合物复合油墨。该复合油墨在暴露于紫外光下时,可以形成牢固的网络结构,且其打印速度可达到 180 mm/h,十分适用于 DLP 成形。采用该复合油墨打印的构件具有优良的热力学性能和形状记忆性能。基于该复合油墨,他们设计并打印了一种爪状抓捕装置(图 15-5),并展示了其在航空航天中的潜在应用。

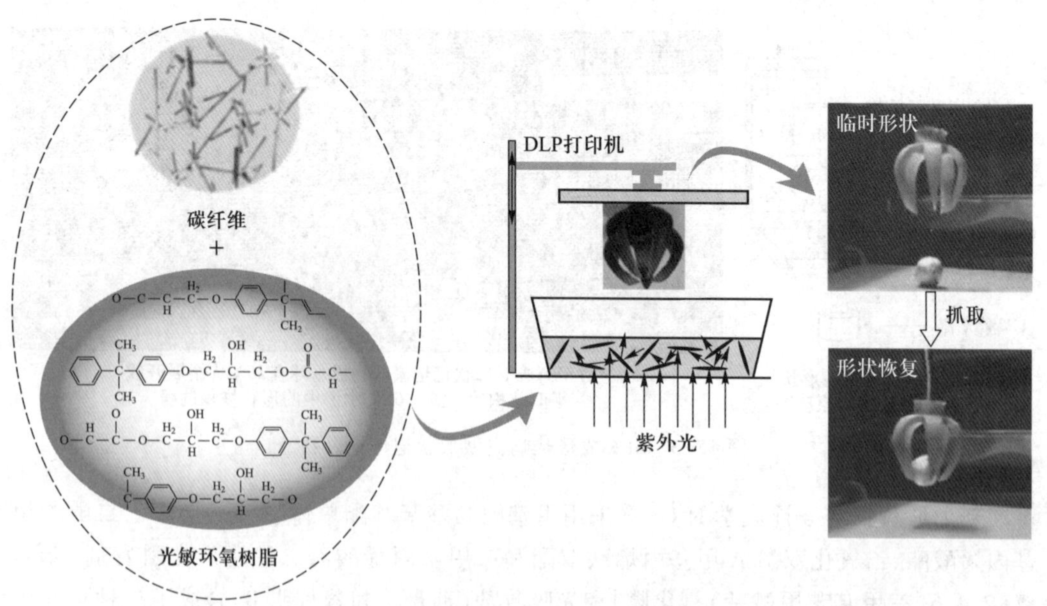

图 15-5　DLP 成形碳纤维/环氧树脂复合材料爪状抓捕装置的制备原理和变形行为

华中科技大学的 Wu 等以丙烯酸叔丁酯单体为可逆相,以 1,6-己二醇二丙烯酸酯交联剂为固定相,以苯基双(2,4,6-三甲基苯甲酰基)氧化膦为光引发剂,设计并制备了适用于 DLP 工艺的光敏形状记忆聚合物材料(图 15-6a)。该材料经外力变形和冻融处理获得临时形状后,可在 73 ℃水浴中自动恢复至初始形状(图 15-6b)。打印的环状样品在 180°展开后放入 73 ℃水浴,仅需 11 s 即可恢复至初始形状,且在连续经历 16 个周期的展开—弯曲变形后仍可保持近 100%的形状恢复率。

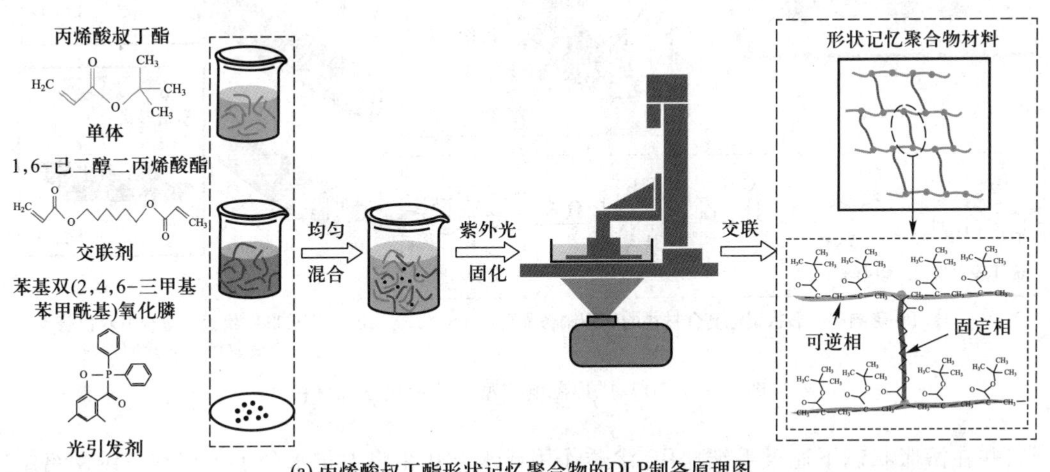

(a) 丙烯酸叔丁酯形状记忆聚合物的DLP制备原理图

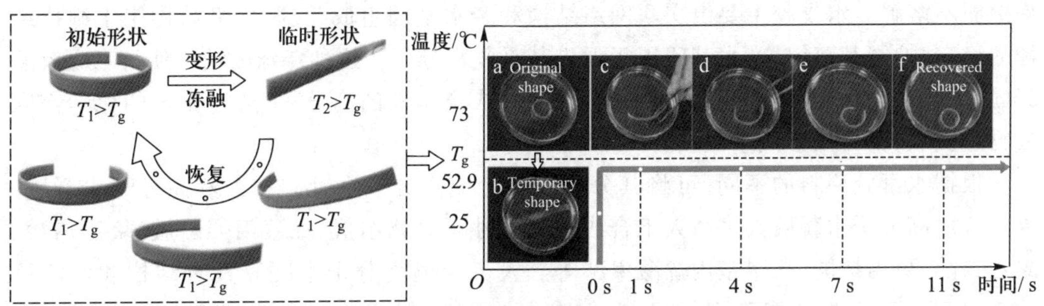

(b) DLP成形丙烯酸叔丁酯形状记忆聚合物环状结构的变形和恢复过程

图 15-6 DLP 成形丙烯酸叔丁酯形状记忆聚合物

(4) 基于 DIW 技术的 4D 打印

哈尔滨工业大学的 Wei 等将聚乳酸颗粒、Fe_3O_4 纳米颗粒和二苯甲酮直接溶于二氯甲烷中,制备了一种使用于 DIW 工艺的复合油墨。在 DIW 成形过程中,复合油墨在适当压力作用下被挤出喷嘴后,油墨中的二氯甲烷快速蒸发,材料迅速硬化;随后材料中的聚乳酸和二苯甲酮可在紫外光作用下发生交联反应,从而获得形状记忆效应(图 15-7a)。将打印的构件在外力作用下变形为临时形状后置于交变磁场中,由于内部 Fe_3O_4 纳米颗粒产生热量,构件从临时形状主动恢复至初始形状。利用该复合油墨,Wei 等制备了具有磁响应变形能力的生物支架(图 15-7b)。这种支架可在手术前变形成更易于植入目标区域的形状,植入后再通过交变磁场的作用恢复成具有特定功能的初始形状,从而实现微创手术,减少病人的痛苦,因此在微创医学领域具有广阔的应用前景。

15.3.2 水凝胶

15.3.2.1 水凝胶的类型及特点

水凝胶是一种具有三维立体网络结构的亲水性聚合物材料。水凝胶可在水中迅速溶

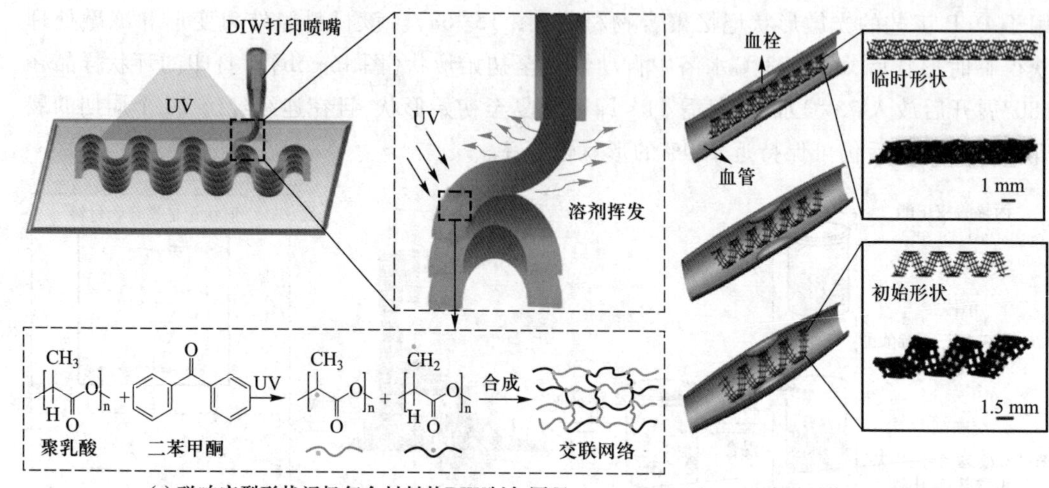

(a) 磁响应型形状记忆复合材料的DIW制备原理

(b) DIW成形形状记忆复合材料血管支架在交变磁场中的变形行为

图 15-7　DIW 成形磁响应型形状记忆复合材料

胀,并在溶胀状态下通过毛细作用、渗透作用或水合作用将大量水分子固定在三维网络结构中而不溶解。水凝胶主要由交联网络结构和亲水基团组成,交联网络结构用于维持结构的稳定,抑制其溶解,亲水基团用于促进其吸收水分子。这种特殊的结构使得水凝胶兼具固定的稳定性和液体的流动性。凡是水溶性或亲水性的高分子,通过一定的化学交联或物理交联,都可以形成水凝胶。

根据水凝胶原料的不同,可将其分为人工合成高分子水凝胶和天然高分子水凝胶。人工合成高分子水凝胶大多由人工合成的亲水性聚合物组成,如聚丙烯酰胺、聚乙烯醇、聚乙二醇、聚丙烯酸、聚甲基丙烯酸甲酯等。人工合成高分子水凝胶具有结构和性能可控、重复性好、力学性能稳定等优点,但存在难降解、生物相容性差等问题。天然高分子水凝胶是由动植物及微生物经提纯、发酵等步骤制备的。天然高分子水凝胶的原材料主要包括多糖类(如壳聚糖、琼脂糖、葡聚糖、透明质酸、海藻酸钠、纤维素、淀粉等)、多肽类(如聚 L-赖氨酸、聚 L-谷氨酸等)和蛋白类(如丝蛋白、胶原蛋白等)原料。天然高分子水凝胶价格低廉、生物相容性好、可生物降解,但其力学性能差、功能少、性能稳定性差。

根据水凝胶网络的交联形式,可将其分为化学交联水凝胶、物理交联水凝胶和动态共价交联水凝胶。化学交联水凝胶在交联剂的作用下,在聚合物大分子链之间形成化学键来构筑三维网络结构,其结构稳定,交联过程一般不可逆。物理交联水凝胶的三维网络是通过静电作用、氢键作用、链缠结、离子交联等物理相互作用形成的。由于这些物理相互作用在特定条件下是可逆的,物理交联水凝胶可在外界条件改变的情况下发生状态的可逆转变。动态共价交联水凝胶是通过动态共价键形成的水凝胶。这类化学键在特定条件下也可发生可逆的“生成”和“断裂”,因此动态共价交联水凝胶也具有可逆的相态转变能力。

根据水凝胶对外界环境刺激的响应情况,可将其分为传统水凝胶和智能响应型水凝胶。传统水凝胶对外界环境变化不敏感,而智能响应型水凝胶可以在外界环境的刺激下产生相应的物理结构或化学性质的变化。其中,外界环境刺激可分为物理因素(如温度、电、磁、光、压力、超声等)、化学因素(如pH、电化学信号、离子强度、溶剂等)和生物因素(如酶、抗体、抗原等生物小分子)刺激。以温度响应型水凝胶为例,这类水凝胶通常是通过将温敏性聚合物链或链段引入水凝胶的三维网络结构中制成的,具有最低临界共溶温度或最高临界共溶温度。当温度发生改变时,聚合物链或链段与水溶液之间的相互作用会在临界共溶温度附近发生改变,使其在溶解态和不溶解态之间转变,从而导致水凝胶发生溶胶—凝胶转变或体积收缩—膨胀等宏观变化。与传统水凝胶相比,智能响应型水凝胶更能适应严苛多变的环境,在可控释放、组织工程和柔性传感器等方面具有广阔的应用前景。

水凝胶可以在吸水后膨胀到原来体积的200%,同时保持原有的结构而不被溶解。然而,常规单组分水凝胶的膨胀能力通常是各向同性的,导致结构的线性膨胀。为了实现复杂和可控的湿响应形状变化行为(包括弯曲、扭曲、折叠等),通常需要在水凝胶结构中引入可编程的各向异性溶胀性能。

15.3.2.2 水凝胶的4D打印

水凝胶的4D打印主要采用直写成形(DIW)、数字光处理(DLP)和熔融沉积成形(FDM)技术。

(1) 基于FDM的4D打印

将具有不同溶胀行为的多种材料整合到单一结构中,是实现材料各向异性溶胀性能的常用策略。英国布里斯托大学的Baker等利用熔融挤出的方法将亲水性水凝胶材料和疏水性弹性聚合物材料制备成适用于FDM工艺的丝材,然后利用FDM技术将两种材料打印到单一结构中。打印的结构是由局部双层区域(主动铰链)和全局三层区域(被动结构)组成的层状结构,其中双层区域由一层亲水性水凝胶和一层疏水性弹性体组成,三层区域由中心亲水性水凝胶芯层和两侧疏水性弹性体皮肤组成。在浸入水中时,结构中的三层区域不发生形状变化,但双层区域则会由于水凝胶层和弹性体层之间的应变失配而发生弯曲变形,从而带动相邻三层区域变形,最终实现整体结构的形状变化。Baker等通过对局部双层区域和全局三层区域形状、位置、尺寸的编码设计,最终在打印结构中实现可预测的形状变化。图15-8展示了他们利用该方法制备的多种水响应折纸结构。

(2) 基于DLP的4D打印

通过控制单体的转化率和交联度,在单一成分水凝胶结构中创建具有不同交联密度的区域,在水凝胶结构中引入非对称溶胀性能,从而实现可控形状变化。北京大学的Zhao等利用聚乙二醇二丙烯酸酯低聚物、光引发剂819和光吸收剂苏丹Ⅰ制备了一种可用紫外光固化的水凝胶材料,并用该材料开发了基于DLP技术的灰度光4D打印方法。该方法可用于在单一成分水凝胶结构中创建可编程的、连续变化的交联密度,如图15-9所示。打印的结构浸入水中后,交联密度低的区域内未固化的低聚物扩散到结构外,导致这些区域收缩,从而导致结构发生折叠变形。当把变形后的结构再次浸入丙酮中时,交联密度低的区域吸收丙酮发生膨胀,导致结构恢复初始形状。基于这一原理,他们设计并创造了一系列可以实现可逆形状变化的复杂折纸结构。

兰州化学物理研究所的Ji等将适量聚乙二醇二丙烯酸酯、甲基丙烯酸羟乙酯、2-(2-甲氧基乙氧基)甲基丙烯酸乙酯、光引发剂819和阻聚剂(Orasol dye)混合,制备了一种

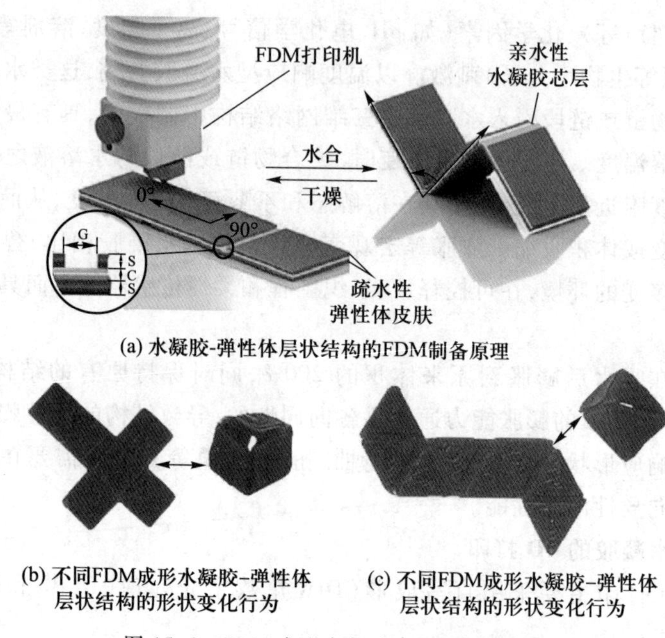

(a) 水凝胶-弹性体层状结构的FDM制备原理

(b) 不同FDM成形水凝胶-弹性体层状结构的形状变化行为

(c) 不同FDM成形水凝胶-弹性体层状结构的形状变化行为

图 15-8 FDM 成形水凝胶-弹性体层状结构

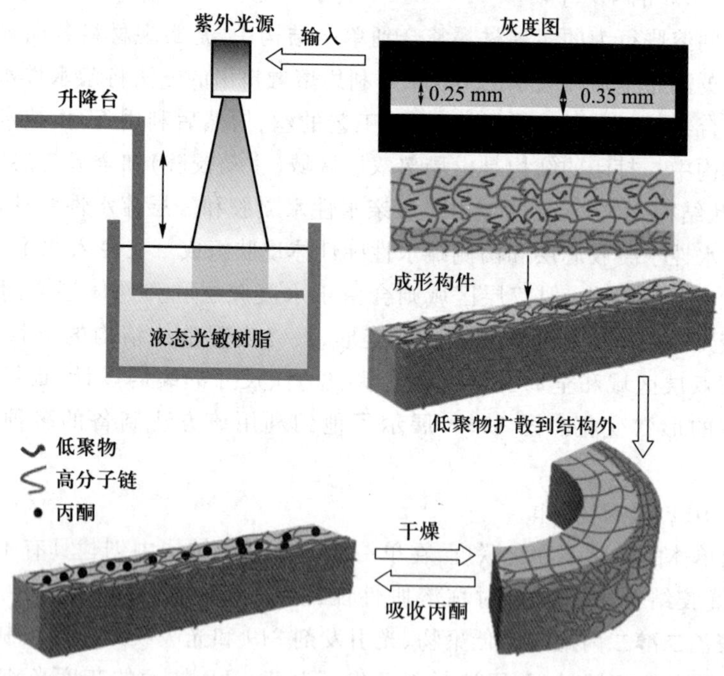

图 15-9 基于 DLP 技术的灰度光 4D 打印方法

适用于 DLP 工艺的水凝胶材料，并基于该材料提出了一种新的 4D 打印策略。他们利用 DLP 技术在单一成分水凝胶特征结构的一侧创建可编程的二级微结构沟槽，从而在水凝胶结构中引入可控的非对称膨胀（图 15-10）。根据二级微结构沟槽的形状、位置和尺寸的变化，非对称膨胀引起的局部曲率会导致水凝胶结构弯曲、扭曲甚至组合变形。通过对沟槽图案进行编码，打印的水凝胶结构可以实现从一维条形、二维片状或三维结构到另一三维结构的可控形状变化。这种方法在设计、制造和材料组合方面具有很大的灵活性。

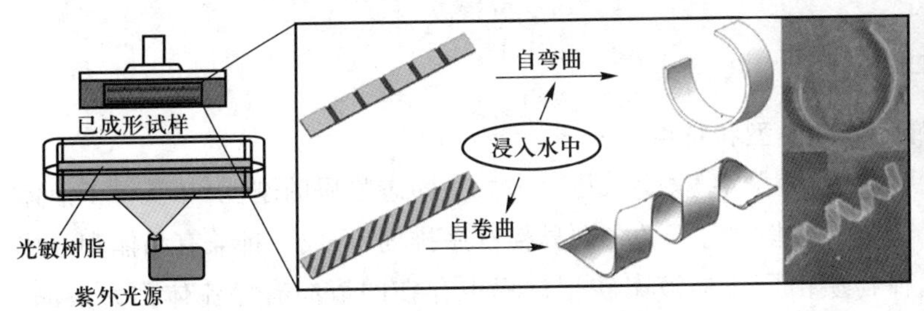

图 15-10　基于二级微结构沟槽的 4D 打印水凝胶结构的 DLP 成形原理和水响应变形行为

(3) 基于 DIW 的 4D 打印

受到自然界中松果、小麦芒等植物的细胞壁因存在特定取向的刚性纤维素而具有各向异性溶胀特性的启发，在水凝胶材料中引入各向异性粒子是另一种实现材料各向异性溶胀性能的常用方法。

Gladman 等将从木浆中提取的纤维素纤维和丙烯酰胺水凝胶混合，然后通过 DIW 成形过程中水凝胶挤出时的剪切作用获得特定的纤维取向，成功制备了具有可控溶胀行为的短纤维复合水凝胶(图 15-11a)。由于水凝胶的溶胀行为随着纤维素纤维排列方式的改变而变化，他们通过对纤维素纤维取向、间距、比例等的调控实现了对短纤维复合水凝胶各向异性溶胀行为的调控，通过对复合水凝胶双层构件结构、形状和堆垛方式的编码设计，实现了对其变形行为的编码设计，进而实现了构件在水驱动下的可控形状变化(图 15-11b、c)。基于类似的原理，英国布里斯托大学的 Mulakkal 等利用 DIW 过程中的挤出剪切应力，使棉花纸浆纤维/羧甲基纤维素复合水凝胶中的棉花纸浆纤维沿着打印路径定向排列，从而获得了可编程的水凝胶各向异性溶胀性能。利用这种方法，他们制作了一个花瓣结构，该结构浸入水中时可以自动展开成平面结构，脱水后可恢复到原来的花瓣形状。

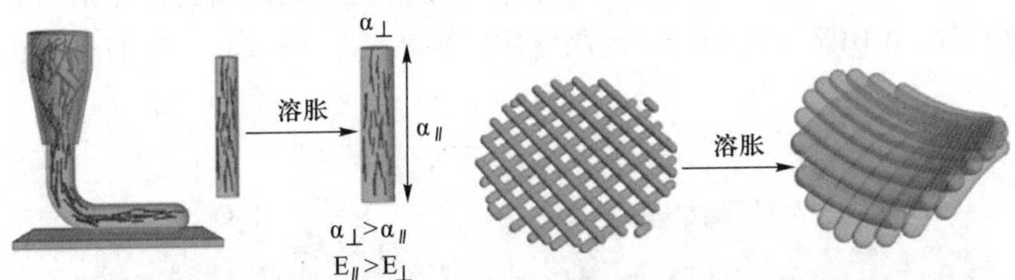

(a) 利用DIW过程中的挤出剪切作用制备具有可控形状变化的短纤维复合水凝胶的原理图

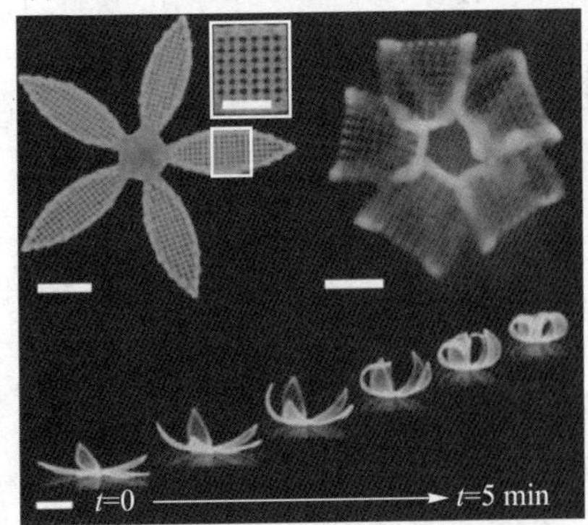

(b) 不同结构短纤维复合水凝胶构件浸入水中的形状变化行为

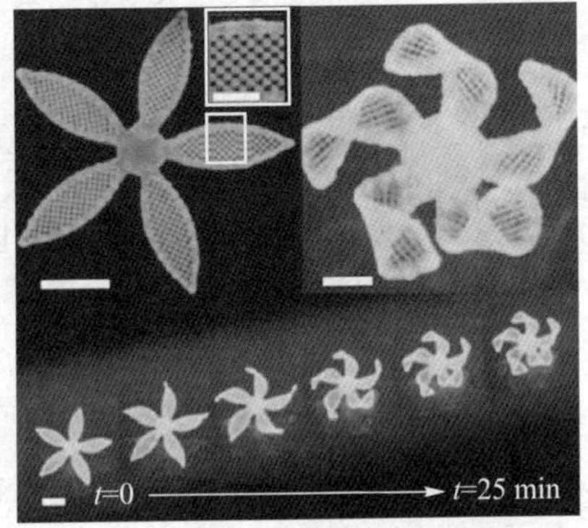

(c) 不同结构短纤维复合水凝胶构件浸入水中的形状变化行为

图 15-11　DIW 成形可控形状变化的短纤维复合水凝胶

15.3.3 液晶弹性体

15.3.3.1 液晶弹性体的类型和特点

某些物质在熔融状态或被溶剂溶解之后,尽管失去了固态物质的刚性,却获得了液体的易流动性,并保留了部分晶态物质分子的各向异性有序排列,形成一种兼有晶体和液体部分性质的中间态,这种物质由固态向液态转化过程中存在的取向有序流体称为液晶。液晶弹性体则是由液晶分子和聚合物分子交联得到的弹性体聚合物,同时具有液晶相和弹性体的性质。

按液晶弹性体中刚性部分的连接顺序与相对位置的不同,可以分为主链型、侧链型和混合型液晶弹性体。在液晶弹性体中,如果刚性部分位于主链上,则为主链型液晶弹性体;如果刚性部分由主链与柔性链相连接形成梳状结构,则为侧链型液晶弹性体。主链型液晶弹性体主要通过主链液晶聚合物或预聚物与交联剂的反应合成;侧链型液晶弹性体主要是由侧链液晶单体经聚合、交联合成的。

液晶弹性体在受热时,会从分子链加长的液晶相转变为分子链收缩的各向同性相,在宏观尺度上产生较大的各向异性收缩变形。利用这种各向异性的热收缩性能,液晶弹性体可以在无需外加载荷预变形的情况下实现可编程、可逆的大热响应形状变化,因此它已成为 4D 打印领域广泛使用的聚合物材料之一。

15.3.3.2 液晶弹性体的 4D 打印

DIW 技术不仅可以在打印液晶弹性体时实现对液晶基元的定向排列,而且具有装备简单、操作方便、能耗低等优点,在液晶弹性体智能构件的制备中显示出突出优势,已成为液晶弹性体 4D 打印采用的主要增材制造技术。

美国哈佛大学的 Kotikian 等利用活性液晶原和胺链接剂之间的迈克尔加成反应制备了一种适用于高温 DIW 工艺的光敏液晶弹性体油墨(图 15-12a)。他们利用在高温 DIW

(a) 光敏液晶弹性体油墨的合成原理

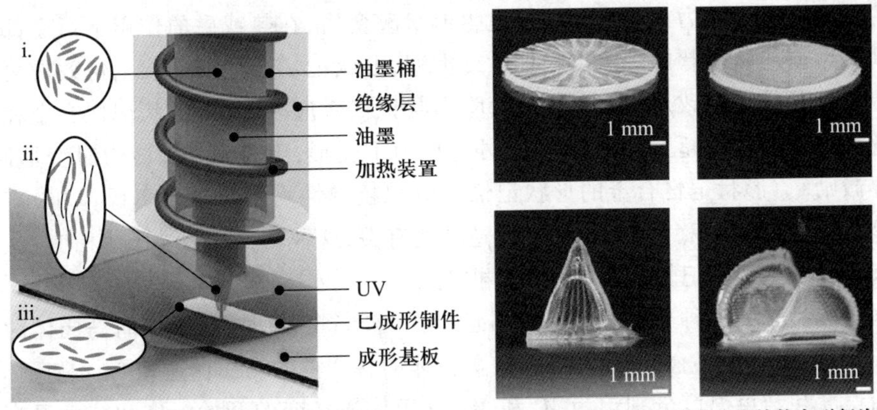

(b) 光敏液晶弹性体油墨的高温DIW打印过程 (c) 不同4D打印液晶弹性体构件的变形行为

图 15-12 DIW 成形光敏液晶弹性体油墨

打印过程中喷嘴施加在液晶弹性体油墨上的剪切力,使液晶弹性体中的液晶元沿打印路径定向排列,通过控制打印路径可实现对液晶弹性体各向异性热收缩性能的编程和控制,从而创建具有不同形状变化行为的热响应智能结构(图 15-12b、c)。

美国德州大学达拉斯分校的 Saed 等利用硫醇-烯反应设计了具有可控物化性能、热力学性能和加工性能的液晶弹性体油墨。该液晶弹性体油墨的转变温度可以通过控制硫醇与丙烯酸酯的比例来灵活调控。通过将具有不同转变温度的液晶弹性体油墨打印到单一结构中,并对不同液晶弹性体的形状、位置、比例等进行设计,他们创建了在加热时具有多种顺序、可逆形状变化的多材料液晶弹性体结构(图 15-13)。

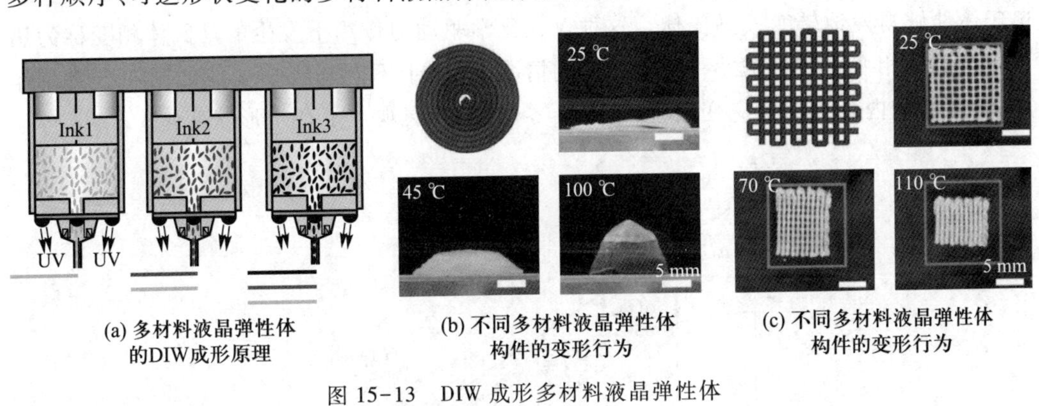

(a) 多材料液晶弹性体的DIW成形原理 (b) 不同多材料液晶弹性体构件的变形行为 (c) 不同多材料液晶弹性体构件的变形行为

图 15-13 DIW 成形多材料液晶弹性体

15.4 4D 打印金属及其复合材料

与高分子及其复合材料相比,金属及其复合材料一般具有更优良的力学性能,可实现承载和变形、变性、变功能等智能特性的多功能集成。目前用于 4D 打印的金属及其复合材料主要为各类形状记忆合金。

15.4.1 形状记忆合金的形状记忆机制

形状记忆合金是具有形状记忆效应的智能金属材料。形状记忆效应是指具有某初始形状的材料在外界应力或磁场作用下发生形状改变后，在热或磁的作用下可全部或部分恢复到变形前初始形状的现象。根据激励类型，形状记忆合金的形状记忆效应可分为热致形状记忆效应和磁致形状记忆效应。除形状记忆效应外，部分形状记忆合金在一定温度下还可呈现独特的超弹性，即材料在外加应力下变形，当去除外加应力时变形回复（无需外界激励）。形状记忆合金的形状记忆效应和超弹性均与合金中奥氏体相（高温稳定相）和马氏体相（低温稳定相）之间的可逆转变有关，这种转变称为马氏体相变。

15.4.1.1 形状记忆合金的马氏体相变

马氏体相变是一种非扩散型一级固态相变。合金冷却时，奥氏体向马氏体的转变称为马氏体正相变；加热合金时，马氏体向奥氏体的转变称为马氏体逆相变。马氏体正相变的开始温度和结束温度分别记为 M_s 和 M_f，马氏体逆相变的开始温度和结束温度分别记为 A_s 和 A_f。

由相变热力学可知，奥氏体和马氏体的吉布斯自由能均随着温度的降低而升高（图15-14）：当 $T=T_0$ 时，奥氏体与马氏体的吉布斯自由能相等；当 $T>T_0$ 时，奥氏体的吉布斯自由能低于马氏体的吉布斯自由能，此时奥氏体为稳定相；当 $T<T_0$ 时，马氏体的吉布斯自由能低于奥氏体的吉布斯自由能，此时马氏体为稳定相。值得注意的是，当 $M_s<T<T_0$ 时，尽管从热力学角度，由于马氏体的吉布斯自由能低于奥氏体的吉布斯自由能，奥氏体具有向马氏体转变的倾向，但从动力学角度，由于此时两相吉布斯自由能差所提供的化学驱动力 ΔG_{che} 不足以克服马氏体正相变过程中所需的弹性应变能、界面能等能量消耗，所以马氏体正相变不能自发发生。当 $T<M_s$ 时，马氏体和奥氏体两相吉布斯自由能差所提供的 ΔG_{che} 较大，足以克服马氏体正相变过程中所需的弹性应变能、界面能等能量消耗，奥氏体能够自发地转变成马氏体。这种仅在化学驱动力作用下发生的马氏体相变称为热诱发马氏体相变。在热诱发马氏体相变的情况下，由于不同马氏体变体之间的自协调作用，相变区域内总的形状应变很小，接近于零，材料在宏观上不产生形状变化。

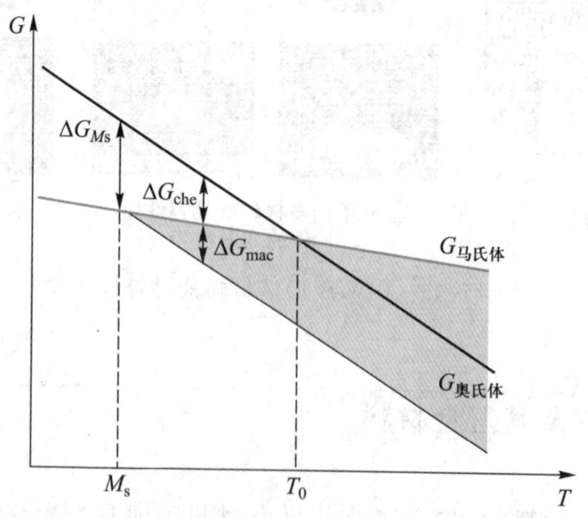

图 15-14 马氏体相变过程中的吉布斯自由能-温度关系图

但是早在1932年，Scheil等就从理论上提出，在 M_s 温度以上通过施加应力可以诱发马氏体的形成。随后，大量研究对该现象进行了验证和热力学解释：在 M_s 温度以上，对奥氏体施加一定机械驱动力可以促使奥氏体向马氏体转变，即应力诱发马氏体相变。在应力诱发马氏体相变的情况下，奥氏体密排面上的原子将沿着最有利于外加应力的切变方向运动，从而形成具有单一取向的马氏体变体，材料在宏观上发生形状改变。形状记忆合金中应力/应变诱发马氏体相变的临界应力与位错塑性滑移的临界应力随温度的变化如图 15-15 所示。

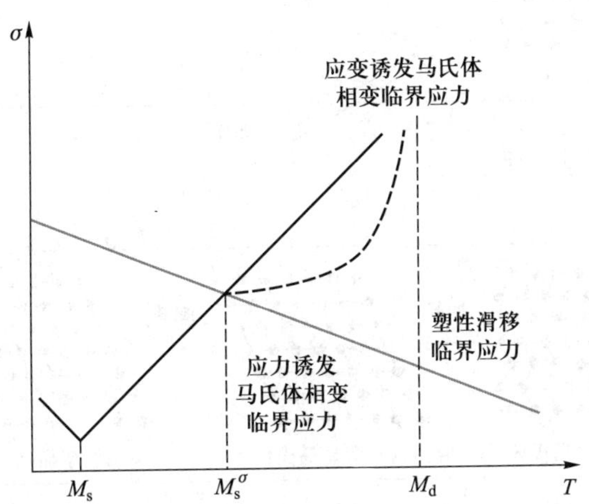

图 15-15　应力/应变诱发马氏体相变和位错塑性滑移的临界应力与变形温度的关系

由于马氏体正相变的 ΔG_{che} 随着温度的增高而降低，应力诱发马氏体相变发生所需的临界机械驱动力 ΔG_{mac} 随着温度的增高而增高，因此应力诱发马氏体相变的临界应力随温度的增高而增高。同时，材料塑性滑移的临界应力随着温度的增高而降低。应力诱发马氏体相变的临界应力与塑性滑移的临界应力相等的温度记为 M_s^σ。当温度高于 M_s^σ 时，由于材料塑性滑移的临界应力低于应力诱发马氏体相变的临界应力，材料将首先发生塑性滑移，随着加工硬化，塑性变形所需应力高于应力诱发马氏体相变临界应力时，马氏体再相变，这种马氏体相变称为应变诱发马氏体相变。但当温度高于某一临界温度 M_d 时，奥氏体的吉布斯自由能远低于马氏体的吉布斯自由能，马氏体正相变的化学驱动力非常小，导致无论怎样加工硬化也不能再通过机械驱动力诱发马氏体相变的发生。

15.4.1.2　热致形状记忆效应的机制

热致形状记忆效应是通过温度变化控制和驱动形状记忆的效应。热致形状记忆效应可分为单程形状记忆效应、双程形状记忆效应和全程形状记忆效应。其中单程形状记忆效应是在低于 A_s 的温度对材料施加外力，使其变形并固定成临时形状，然后再加热至高于 A_f 温度时材料恢复到初始形状的现象。单程形状记忆效应的产生机制主要有以下两种。

（1）应力诱发热马氏体再取向

图 15-16 所示为应力诱发热马氏体再取向产生单程热致形状记忆效应的原理图。从图中可知，通过应力诱发热马氏体再取向实现热致形状记忆效应的合金在变形前处于马氏体态，在外加应力作用下，合金中预先存在的自协调热诱发马氏体将发生再取向，重新定向到有利于应力方向的马氏体变体，产生孪晶马氏体，导致合金在宏观上发生形状改变。卸载后应力诱发孪晶马氏体保留，合金保持新的形状。当加热变形后的形状记忆合金加热至高于 A_f 的温度时，应力诱发孪晶马氏体逆转变为母相奥氏体，合金恢复初始形状。

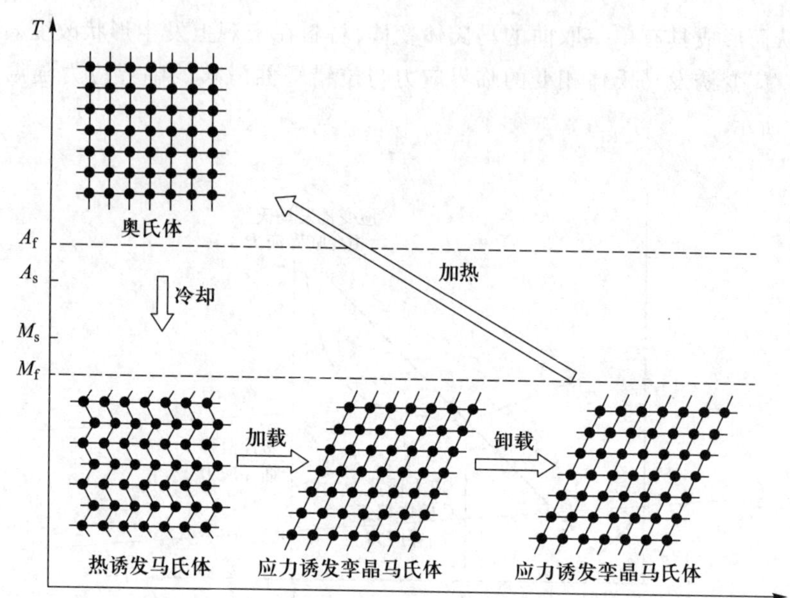

图 15-16 应力诱发热马氏体再取向产生单程热致形状记忆效应的原理图

(2) 应力诱发马氏体相变及其逆相变

图 15-17 为应力诱发马氏体相变及其逆相变产生单程热致形状记忆效应的原理图,从图中可知,通过应力诱发马氏体相变及其逆相变实现热致形状记忆效应的合金在变形前处于奥氏体状态,在外加应力作用下,母相奥氏体发生应力诱发马氏体相变而产生宏观变形。卸载后应力诱发马氏体保留,合金保持新的形状。当加热变形后的形状记忆合金至高于 A_f 的温度时,应力诱发马氏体逆转变为母相奥氏体,合金恢复初始形状。

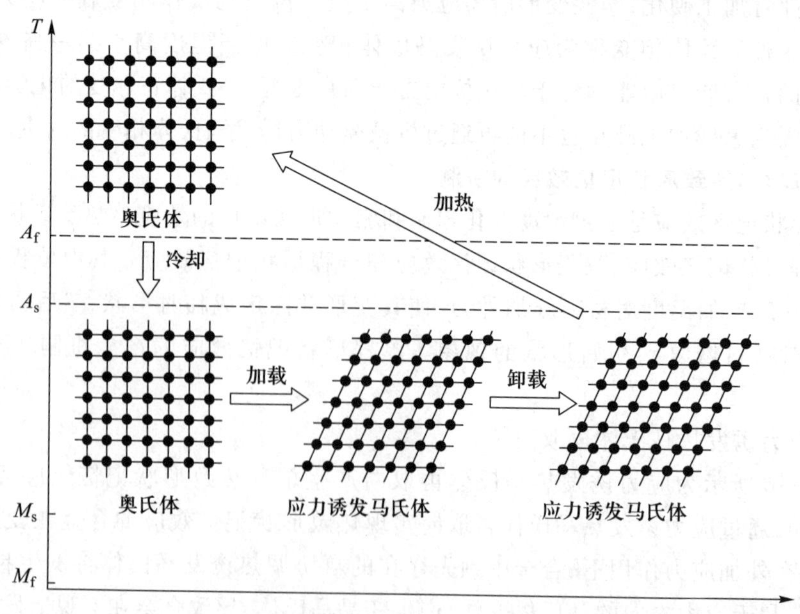

图 15-17 应力诱发马氏体相变及其逆相变产生单程热致形状记忆效应的原理图

双程形状记忆效应是指合金能够同时记住高温和低温下的两种形状,且两种形状之间的可逆转变可以通过简单的冷却和加热实现,不需要外部机械应力的现象。这种形状记忆行为不是形状记忆合金自然的内在性质,需要经过特殊的“训练”处理才可能实现。双程形状记忆效应形成的基本原理是合金在“训练”后形成了不均匀的位错、析出相和/或应力场,使母相奥氏体产生各向异性,导致热诱发马氏体变体在形成时产生择优取向,打破自协调,产生宏观变形。此外,部分富镍的 Ni-Ti 形状记忆合金在约束时效处理后可以观察到一种特殊的双程形状记忆效应,即全程形状记忆效应。全程形状记忆效应是指合金在加热时恢复高温相形状,冷却时变为形状相同但取向相反的低温相形状的现象。全程形状记忆效应的产生主要与具有择优取向的正向和反向热诱发马氏体相变有关。

15.4.1.3 磁致形状记忆效应的机制

磁致形状记忆效应是通过磁场变化控制和驱动形状记忆的效应。与热致形状记忆效应类似,磁致形状记忆效应产生的机制也有两种,即磁场诱发热马氏体再取向和磁场诱发马氏体相变及其逆相变。

(1) 磁场诱发热马氏体再取向

磁控形状记忆合金(磁场激励型形状记忆合金)的马氏体具有强磁晶各向异性,其易磁化方向严格平行于马氏体晶格的某一晶向轴或晶向。将马氏体态磁控形状记忆合金置于外加磁场中时,易磁化方向偏离磁场方向的马氏体变体的磁晶各向异性能升高。磁晶各向异性能将作为一种驱动力迫使这些马氏体产生倾斜和旋转,而使其易磁化方向与磁场方向一致。当磁晶各向异性能大于马氏体孪晶界面能和马氏体变体倾转所需能量之和时,这些马氏体变体将发生倾转,并通过马氏体孪晶界面的移动使易磁化方向与磁场方向一致的马氏体变体逐渐长大,而其他马氏体变体逐渐收缩,最终实现马氏体的择优取向,使材料呈现宏观形变。当外加磁场方向改变时,受控于外磁场的马氏体孪晶界面向相反方向运动,材料的宏观变形恢复。

(2) 磁场诱发马氏体相变及其逆相变

在磁场诱发马氏体相变中,除了磁场诱发的定向能外,Zeeman 能也起着至关重要的作用。Zeeman 能是磁化物体在外磁场中的势能。奥氏体和马氏体之间的 Zeeman 能差来自它们饱和磁化强度的差异,这种差异随着磁场的增大而不断增大。Zeeman 能与晶体取向关系不大,因此可以通过磁场诱发马氏体相变在多晶合金中获得磁致形状记忆效应。此外,磁场诱发马氏体相变的输出力比磁场诱发热马氏体再取向的输出力高一个数量级,这使得基于磁场诱发马氏体相变的磁控形状记忆合金在制动器上的应用更具吸引力。

15.4.1.4 超弹性的机制

超弹性是指在高于 A_f 但低于 M_s^σ 的温度下对形状记忆合金施加外力时材料变形,当去除外加应力时材料形状恢复(无需外界激励)的现象。超弹性的机制如图 15-18 所示。当 $A_f<T<M_s^\sigma$ 时,在外加应力作用下,母相奥氏体发生应力诱发马氏体相变而产生宏观变形。但是在此变形温度下,应力诱发马氏体是不稳定的,当外部应力消除后,马氏体会重新转变为奥氏体,从而导致宏观变形恢复。

15.4.2 形状记忆合金的类型及特点

迄今为止,人们已陆续研究和开发了数十种形状记忆合金。根据激励类型,形状记忆合金可分为温控形状记忆合金和磁控形状记忆合金。

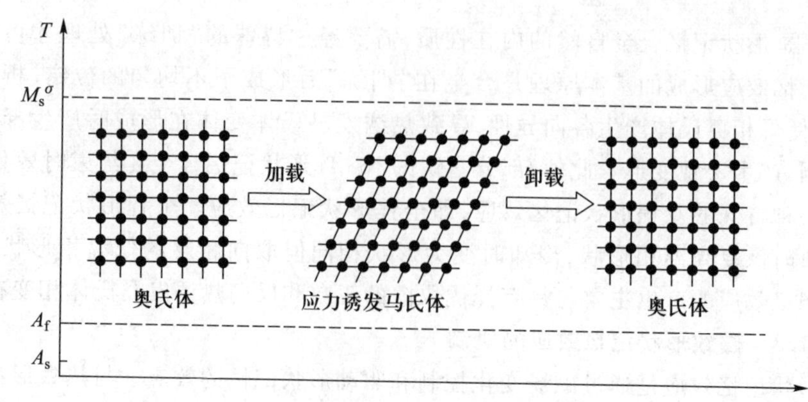

图 15-18 超弹性的原理图

15.4.2.1 温控形状记忆合金

目前,研究最多、发展最成熟的温控形状记忆合金主要有 Ni-Ti 基、Cu 基和 Fe 基形状记忆合金。

(1) Ni-Ti 基温控形状记忆合金

近等原子比的 Ni-Ti 二元合金是目前研究最多、应用最广的温控形状记忆合金。Ni-Ti 基形状记忆合金具有优异的形状记忆效应和超弹性(可回复变形量达 12%)、出色的耐蚀性和耐磨性、优良的力学性能、优良的抗疲劳性能(疲劳寿命可达 10^7 次)、高回复应力、高阻尼性能和良好的生物相容性,已广泛应用于航空航天和生物医疗领域。但 Ni-Ti 基形状记忆合金的原材料昂贵、加工性能差、制备工艺复杂,使其在工业和民用领域的应用受到极大限制。此外,Ni-Ti 基形状记忆合金还存在成分不易控制、组织性能对成分和温度高度敏感、易产生裂纹和变形等问题,这也使 4D 打印高质量、高性能的 Ni-Ti 基形状记忆合金面临很大挑战。

(2) Cu 基温控形状记忆合金

Cu 基温控形状记忆合金主要包括 Cu-Al-Mn 基、Cu-Zn-Al 基和 Cu-Al-Ni 基温控形状记忆合金。Cu 基形状记忆合金具有优良的形状记忆效应和超弹性(可回复变形量达 8%)、优异的导电性和导热性以及低廉的价格(约为 Ti-Ni 基形状记忆合金的 1/10),且其马氏体相变温度可在-180 K~400 K 范围内调节,因此,Cu 基形状记忆合金的应用前景十分广阔。但是 Cu 基形状记忆合金的各向异性大(特别是粗晶合金),易析出脆性相(特别是慢冷合金),导致其脆性大,加工性能差。此外,Cu 基形状记忆合金还存在马氏体易稳定化、形状记忆效应稳定性差、力学性能差、抗应力腐蚀性能差、生物相容性差等缺点,这极大地限制了 Cu 基形状记忆合金的实际工程应用。

(3) Fe 基温控形状记忆合金

Fe 基温控形状记忆合金主要包括 Fe-Mn-Si 基、Fe-Mn-Al 基和 Fe-Ni-Co-Al 基温控形状记忆合金。Fe 基形状记忆合金具有低廉的价格、优良的力学性能、良好的加工性能和优良的焊接性能,非常适合大规模工业应用。但是与 Ni-Ti 基和 Cu 基形状记忆合金相比,Fe 基形状记忆合金的形状记忆性能较差。现以目前研究最多的 Fe-Mn-Si 基形状记忆合金为例说明:固溶态变形加工多晶 Fe-Mn-Si 基形状记忆合金的可回复变形量仅为 2%~3%;通过热机械训练、奥氏体高温预变形、形变时效等特殊处理,可将其可回复变形量提高到 4%~6%,但这类处理不但增加了制备成本,而且对形状复杂的元件难以实施;经过退火处理的铸造 Fe-Mn-Si 基形状记忆合金可获得高达 7.6%的可回复变形量,但铸造 Fe-Mn-Si 基形状记忆合金的晶粒粗大,导致其力学性能差,回复应力低。

15.4.2.2 磁控形状记忆合金

磁控形状记忆合金又称为铁磁性形状记忆合金。磁控形状记忆合金同时具有热弹性马氏体相变和铁磁性转变,所以这类合金不仅具有传统温控形状记忆合金受温度和外力控制的热弹性形状记忆效应,还可以在磁场的作用下输出较大应变。磁控形状记忆合金兼具应变大、响应快、控制精确等优点,在航空航天、生物医疗和电子通信等领域具有广阔的应用前景。目前,研究最多、发展最成熟的磁控形状记忆合金主要有 Ni 基、Co 基和 Fe 基磁控形状记忆合金。

(1) Ni 基磁控形状记忆合金

Ni 基磁控形状记忆合金主要包括 Ni-Mn-Ga、Ni-Mn-Al、Ni-Fe-Ga、Ni-Mn-In、Ni-Mn-Sn、Ni-Mn-Sb 和 Ni-Mn-Ga 合金。其中,Ni-Mn-Ga 合金是最早出现的磁控形状记忆合金,也是人们研究最广泛、最深入的磁控形状记忆合金。Ni-Mn-Ga 磁控形状记忆合金的磁致应变可达到 10%左右,响应频率可达 5 000 Hz,具有驱动应变大、输出应力高、响应速度快和可控性能好等优点。但 Ni-Mn-Ga 磁控形状记忆合金存在脆性大的缺点,这极大地限制了其应用。

(2) Co 基磁控形状记忆合金

Co 基磁控形状记忆合金主要包括 Co-Ni-Ga、Co-Ni-Al 和 Co-Ni 合金。Co 基磁控形状记忆合金的特点是具有高韧性、宽的马氏体相变和磁性转变温度范围以及宽的超弹性温区。与 Ni-Mn-Ga 合金相比,Co 基磁控形状记忆合金具有更高的居里温度和饱和磁化强度。但是 Co 基磁控形状记忆合金的马氏体均为无调制结构,其孪晶界的移动能力很差,因此这类合金的磁致应变较小(通常小于 3%)。

(3) Fe 基磁控形状记忆合金

目前,Fe 基磁控形状记忆合金主要包括 Fe-Pd、Fe-Pt 和 Fe-Mn-Ga 合金。Fe 基磁控形状记忆合金是一类具有高的居里温度、高饱和磁化强度、优异的力学性能和低成本的磁控形状记忆合金。此外,Fe 基磁控形状记忆合金还可产生大于 4%的磁致应变。

15.4.3 形状记忆合金的 4D 打印

15.4.3.1 Ni-Ti 基形状记忆合金的 4D 打印

SLM 技术制备的零件致密度高、精度高,产品不需要进行任何后处理或只需要进行简单的表面处理即可直接使用,构件的制备工艺简单、生产周期短。因此,目前 Ni-Ti 基形状记忆合金的 4D 打印主要采用 SLM 技术。此外,部分学者也采用 LENS、WAAM 和 SEBM 技术实现了 Ni-Ti 基形状记忆合金的 4D 打印。

(1) 基于 SLM 的 Ni-Ti 基形状记忆合金的 4D 打印

SLM 成形过程中的工艺参数(包括激光功率、扫描速度、扫描间距、层厚、激光能量密度、扫描策略等)对 SLM 成形 Ni-Ti 形状记忆合金的成形质量、微观组织、马氏体相变行为和性能均有显著影响。目前国内外学者已就 Ni-Ti 基形状记忆合金的 SLM 工艺展开了大量研究。

美国肯塔基大学的 Saedi 等系统研究了扫描速度和激光功率对 SLM 成形 Ni-Ti 合金微观组织和超弹性的影响。结果表明：为获得致密的 SLM 成形 Ni-Ti 合金，成形过程中应选择高激光功率与高扫描速度结合，低激光功率与低扫描速度结合；采用低激光参数制备的 SLM 成形 Ni-Ti 合金的超弹性显著高于采用高激光参数制备的合金；采用 100 W 的激光功率和 125 mm/s 的扫描速度制备的 SLM 成形 Ni-Ti 合金的超弹性最好，在 A_f+10 ℃下压缩变形 6.02%后实现了高达 5.77%的超弹性应变。比利时鲁汶大学的 Dadbakhsh 等研究了能量密度为 111～126 J/mm^3 时，高激光参数（HP：扫描功率＝250 W，扫描速度＝1 100 mm/s，层厚＝60 μm）和低激光参数（LP：扫描功率＝40 W，扫描速度＝160 mm/s，层厚＝75 μm）对 SLM 成形 Ni-Ti 基形状记忆合金微观组织和马氏体相变行为的影响，发现采用上述两种成形工艺，均能获得致密度接近 99%的 SLM 成形 Ni-44.8Ti 合金。但 LP 试样在室温下主要为马氏体相，变形时形状记忆效应占主导；而 HP 试样在室温下主要为奥氏体相，变形时超弹性占主导。

美国得克萨斯大学阿灵顿分校的 Moghaddam 等研究了固定激光功率和扫描速度时，扫描间距对 SLM 成形 Ni-Ti 合金微观组织和超弹性的影响。结果表明：SLM 成形 Ni-Ti 合金的超弹性随着扫描间距的增加而降低；采用 80 μm 扫描间距制备的试样在 A_f+10 K 下循环压缩变形 10 次后的可回复变形量稳定在 5.2%，而采用 160 μm 扫描间距制备的试样的可回复变形量仅稳定在 3.4%。美国德州农工大学的 Ma 等研究发现扫描间距对 SLM 成形 Ni-Ti 合金的马氏体相变温度具有显著影响。他们通过改变"U"形件不同部位的扫描间距控制相应部位的马氏体相变温度，成功制备了具有多级顺序形状恢复行为的"U"形 Ni-Ti 制件（图 15-19）。

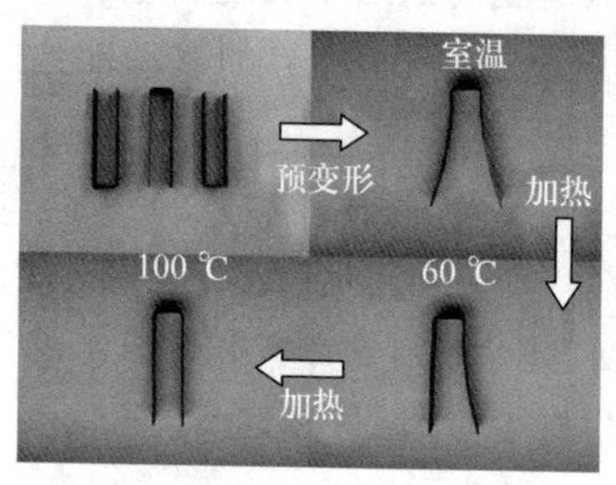

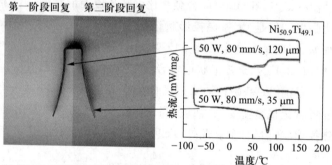

(a) SLM成形"U"形件的形状恢复过程　(b) 通过改变"U"形试样不同部位的扫描间距实现多级顺序形状恢复行为的原理图(不同扫描间距对马氏体相变温度的影响如图中DSC曲线所示)

图 15-19　扫描间距对 SLM 成形 Ni-Ti 合金马氏体相变温度的影响

Zhang 等利用分区扫描的方式制备了具有优异形状记忆性能的 SLM 成形 Ni-Ti 基形状记合金。利用该方法打印的 Ni-Ti 合金试样抗拉强度可达（690±15）MPa，延伸率可达（15.2±0.8）%，预变形 4%和 6%时的形状回复率分别可达（97.7±1.2）%和（92.5±1.2）%。他们给出了采用该扫描方式制备的 SLM 成形 Ni-Ti 基形状记忆合金条带和支架的变形与回复过程，结果表明两者在加热后均能较好地恢复至初始形状（图 15-20）。

（2）基于 LENS 的 Ni-Ti 基形状记忆合金的 4D 打印

印度卡纳塔克邦国家技术研究所的 Marattukalam 等研究了 773 K×30 min 和 1 273 K×30 min 退火 LENS 成形 Ni-Ti 基形状记忆合金。室温下压缩变形 10%时，未经热处理的

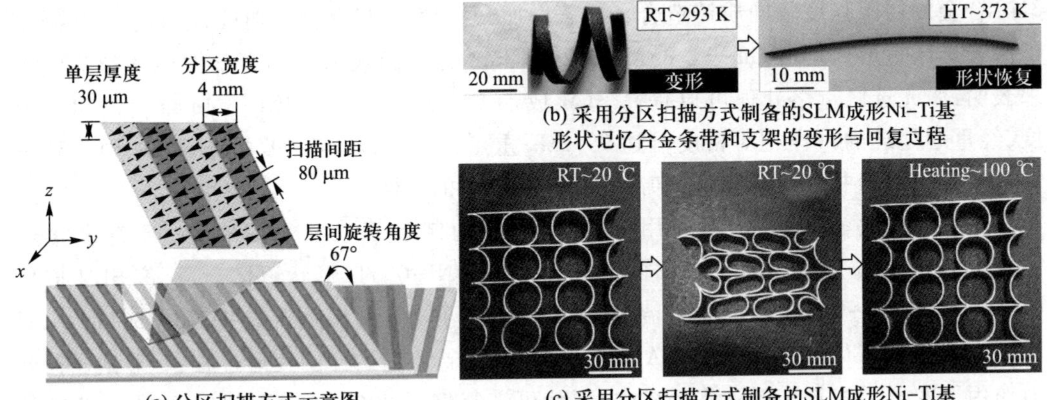

(a) 分区扫描方式示意图
(b) 采用分区扫描方式制备的SLM成形Ni-Ti基形状记忆合金条带和支架的变形与回复过程
(c) 采用分区扫描方式制备的SLM成形Ni-Ti基形状记忆合金条带和支架的变形与回复过程

图 15-20 利用分区扫描的方式制备 SLM 成形 Ni-Ti 基形状记忆合金

LENS 成形 Ni-Ti 合金的可回复变形量约为 7%~8%；773 K×30 min 退火可以进一步提高其可回复变形量（至 8.6%~10%）；但 1 273 K×30 min 退火处理反而降低其可回复变形量（至 3.8%~6.6%）。

（3）基于 WAAM 的 Ni-Ti 基形状记忆合金的 4D 打印

电子科技大学的 Zeng 等研究了 WAAM 成形 Ni-Ti 基形状记忆合金的微观组织和显微硬度随沉积高度的变化。研究发现：成形中第一沉积层主要为柱状晶。随着沉积高度的增加，由于冷却速率的降低，长条形柱状晶先逐渐演变为针状晶，再逐渐演变为等轴晶。澳大利亚伍伦贡大学的 Wang 等也在 WAAM 成形 Ni-Ti 基形状记忆合金中观察到了沿沉积方向的微观组织不均匀性。WAAM 成形 Ni-Ti 基形状记忆合金的顶部区域中有大量细小的片状 Ni_4Ti_3 相和粒状 Ni_3Ti_2 相以及少量块状 Ni_3Ti 相析出；随着沉积高度的降低，Ni_4Ti_3 相逐渐减少，而 Ni_3Ti 相逐渐增多。这种组织变化导致马氏体相变温度由上向下逐渐升高。

（4）基于 SEBM 的 Ni-Ti 基形状记忆合金的 4D 打印

北京科技大学的 Zhou 等研究了 SEBM 成形 Ni-Ti 基形状记忆合金的力学性能和形状记忆性能。结果表明，SEBM 成形 Ni-Ti 基形状记忆合金沿加载方向存在较强的(001)织构，这导致其在拉伸和压缩过程中存在明显的不对称性。拉伸时，SEBM 成形 Ni-Ti 基形状记忆合金的抗拉强度为(1 411.0±59.3) MPa，延伸率为(11.8±0.9)%；压缩时，SEBM 成形 Ni-Ti 基形状记忆合金在加载至 2.5 GPa 时仍未发生断裂，此时应变约为 30.8%。

15.4.3.2 Cu 基形状记忆合金的 4D 打印

目前 Cu 基形状记忆合金的 4D 打印主要采用 SLM 技术。2014 年，巴西圣卡洛斯联邦大学的 Mazzer 等利用 SLM 技术成功制备了晶粒尺寸为 10~100 μm、相对密度接近 97%、无裂纹的 Cu-11.85Al-3.2Ni-3Mn 合金，该研究证明了通过 SLM 技术制备 Cu 基形状记忆合金的可行性。2016 年，德国复杂材料研究所的 Gustmann 等系统研究了 SLM 成形工艺对 Cu-11.85Al-3.2Ni-3Mn 合金微观组织和力学性能的影响，发现当激光功率为 300 W、扫描速度大于 700 mm/s 时，SLM 成形 Cu-11.85Al-3.2Ni-3Mn 合金的相对密度接近 99%。拉伸变形时，SLM 成形 Cu-11.85Al-3.2Ni-3Mn 合金的抗拉强度和塑性较同质铸造合金均明显提高，但屈服强度显著降低；压缩变形时，SLM 成形 Cu-11.85Al-3.2Ni-

3Mn 合金的屈服强度较同质铸造合金显著增加,但塑性明显恶化。随后,他们进一步研究了激光选区重熔处理对 Cu-11.85Al-3.2Ni-3Mn 合金微观组织和力学性能的影响。结果表明:激光选区重熔处理可以提高 SLM 成形 Cu-11.85Al-3.2Ni-3Mn 合金的相对密度,经重熔处理的试样相对密度可达 99.5%;重熔处理可以提高 SLM 成形 Cu-11.85Al-3.2Ni-3Mn 合金拉伸时的塑性,却恶化了其压缩时的塑性。

华中科技大学的 Tian 等利用 SLM 技术成功制备了表面质量良好、致密度接近 99.5%、平均晶粒尺寸约为 43 μm 的 Cu-13.5Al-4Ni-0.5Ti 形状记忆合金,该 SLM 成形 Cu-13.5Al-4Ni-0.5Ti 合金的室温延伸率(7.63%)较同质铸造合金提高了 5.41%。图 15-21 给出了 SLM 成形 Cu-13.5Al-4Ni-0.5Ti 合金 U 形试样的变形过程:U 形试样在外力作用下变形后置于 373 K 沸水浴中,形状可恢复接近 90%。随后,他们还利用 SLM 技术制备了 Cu-36.4Zn-2.5Al 形状记忆合金,并系统研究了 SLM 成形工艺参数对 Cu-36.4Zn-2.5Al 合金相对密度、显微组织、相变行为和超弹性的影响规律及机制。随着激光能量密度的增加,SLM 成形 Cu-36.4Zn-2.5Al 合金的相对密度先增加后减小,在激光能量密度为 277.8 J/mm^3 时,相对密度最高(约 99.9%)。此外,随着激光能量密度的增加,SLM 成形 Cu-36.4Zn-2.5Al 合金的超弹性降低,但抗压强度增加。

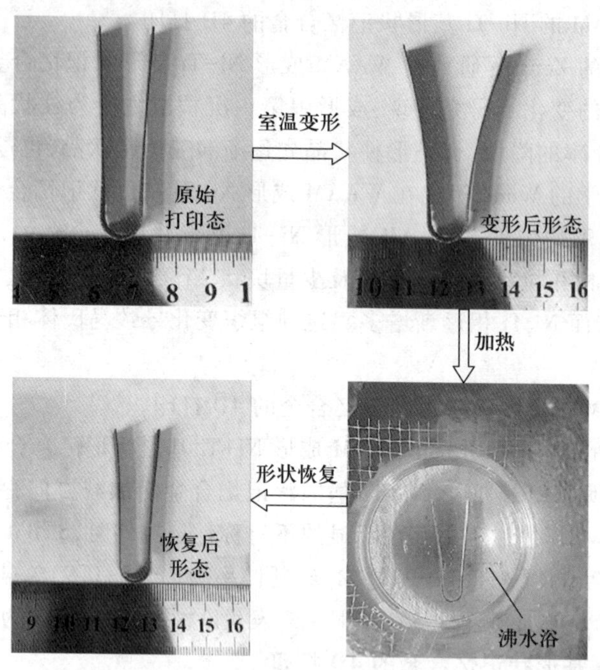

图 15-21 SLM 制备的 Cu-13.5Al-4Ni-0.5Ti 合金 U 形试样的变形过程

15.4.3.3 Fe 基形状记忆合金的 4D 打印

目前关于 4D 打印 Fe 基形状记忆合金的研究仍比较少。2016 年,德国卡塞尔大学的 Niendorf 等首次利用 SLM 技术制备了 Fe-34Mn-14Al-7.5Ni 形状记忆合金,该合金经"100 ℃×1 h 固溶处理+200 ℃×6 h 时效处理"后,在-100 ℃下压缩时实现了高达 7.5%的可回复变形量。随后,中南大学的 Li 等采用 LENS 技术制备了 Fe-21Mn-4.8Si-8.5Cr-4.8Ni 形状记忆合金,该 LENS 成形形状记忆合金在室温下由 FCC 奥氏体和 HCP 马氏体组成,名义屈服强度为 508 MPa,抗拉强度为 1 030 MPa,延伸率达 31%,最大可回复变形量为 3.6%。

15.4.3.4 Ni-Mn-Ga 形状记忆合金的 4D 打印

目前,磁控形状记忆合金的 4D 打印研究主要集中于 Ni-Mn-Ga 形状记忆合金。Ni-Mn-Ga 形状记忆合金的 4D 打印主要采用黏合剂喷射成形(binder jetting,BJ)技术和 SLM 技术。

(1) 基于 BJ 技术的 4D 打印

美国扬斯敦州立大学的 Caputo 等利用 BJ 增材制造技术成功制备了具有复杂几何形状和不同孔隙率的 Ni-Mn-Ga 磁控形状记忆合金零件,如图 15-22 所示。SLM 成形 Ni-Mn-Ga 形状记忆合金试样在加热和冷却时发生可逆的马氏体转变,经过热磁机械训练处理后,可在外加磁场作用下产生约 0.01%的可逆应变(图 15-22c、d)。该研究证明了 4D 打印 Ni-Mn-Ga 磁控形状记忆合金的可能性。随后,他们进一步研究了 1 353 K 等温烧结时烧结时间对 BJ 成形 Ni-Mn-Ga 形状记忆合金致密度的影响。结果表明:烧结前试样的平均相对密度约为 45.9%;随着烧结时间的增加,试样的相对密度增加;经 1 353 K×50 h 等温烧结处理后,试样的相对密度显著提高(至 83%)。

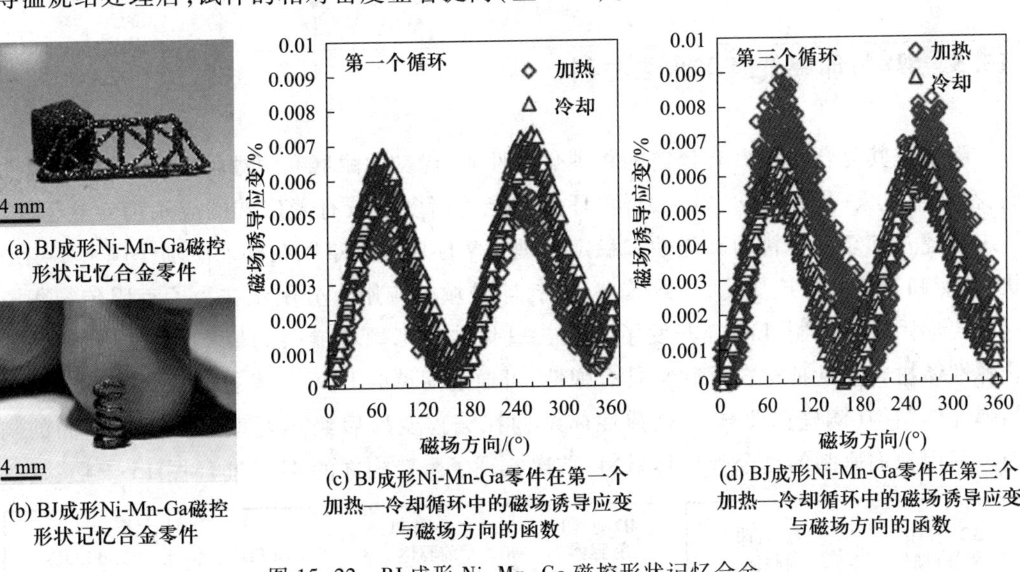

(a) BJ成形Ni-Mn-Ga磁控形状记忆合金零件

(b) BJ成形Ni-Mn-Ga磁控形状记忆合金零件

(c) BJ成形Ni-Mn-Ga零件在第一个加热—冷却循环中的磁场诱导应变与磁场方向的函数

(d) BJ成形Ni-Mn-Ga零件在第三个加热—冷却循环中的磁场诱导应变与磁场方向的函数

图 15-22 BJ 成形 Ni-Mn-Ga 磁控形状记忆合金

美国匹兹堡大学的 Mostafaei 等系统研究了等温烧结温度对 BJ 成形 Ni-Mn-Ga 磁控形状记忆合金组织、马氏体相变行为和磁响应特性的影响。结果表明,随着烧结温度从 1 273 K 提高到 1 373 K,BJ 成形 Ni-Mn-Ga 形状记忆合金的相对密度从 45% 显著提高到 99%。X 射线衍射结果表明,经 1 273~1 363 K×2 h 烧结处理的 Ni-Mn-Ga 样品主要由 14 M 马氏体组成。经 1 343 K×2 h 烧结处理的 Ni-Mn-Ga 样品的最大饱和磁化强度约为 56.5 Am^2/kg,马氏体转变温度约为 346 K,居里温度约为 363 K。

(2) 基于 SLM 技术的 4D 打印

目前,关于采用 SLM 技术制备 Ni-Mn-Ga 磁控形状记忆合金的研究仍比较少。芬兰拉彭兰塔-拉赫蒂理工大学 Laitinen 等采用 SLM 技术制备了 Ni-Mn-Ga 形状记忆合金(图 15-23),并研究了 SLM 成形过程中激光与材料的相互作用。研究发现:Ni-Mn-Ga 合金在 SLM 成形过程中 Mn 的蒸发严重,会导致成形试样合金成分与设计成分的偏离,且

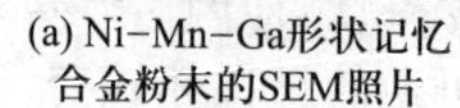

(a) Ni-Mn-Ga形状记忆合金粉末的SEM照片　(b) SLM成形Ni-Mn-Ga形状记忆合金

图 15-23　SLM 成形 Ni-Mn-Ga 形状记忆合金

随着激光能量密度的增加,Mn 的损耗情况加剧。因此,在设计原材料粉末的合金成分时,应适量增加 Mn 的含量,以抵消 SLM 成形过程中 Mn 的损耗。此外,优化成形工艺可以在减少 Mn 损耗的同时获得高致密度(相对密度可达 98.3%)的 SLM 成形 Ni-Mn-Ga 形状记忆合金。

15.5　4D 打印陶瓷及其复合材料

陶瓷及其复合材料具有稳定的物理化学性质、优良的耐磨和耐蚀性、优异的电绝缘性能,在航空航天、生物医学、电子通信、环保节能等诸多领域有着广阔的应用前景。但是,传统陶瓷及其复合材料的高脆性和稳定物理化学性质使其难以在外加激励作用下实现形状、性能和功能的可控变化,导致其在 4D 打印领域的应用十分困难。为了克服传统陶瓷材料变形困难的限制,Liu 等开发了一种二氧化锆纳米颗粒掺杂的聚二甲基硅氧烷基复合弹性体材料。这种材料柔软且具有弹性,可通过简单的 DIW 技术打印成具有复杂结构的弹性体结构(陶瓷前驱体),该弹性体结构在编程变形后经热处理可转变为坚固的陶瓷。利用他们研制的复合弹性体材料,首次实现了陶瓷构件的 4D 打印(图 15-24):通过

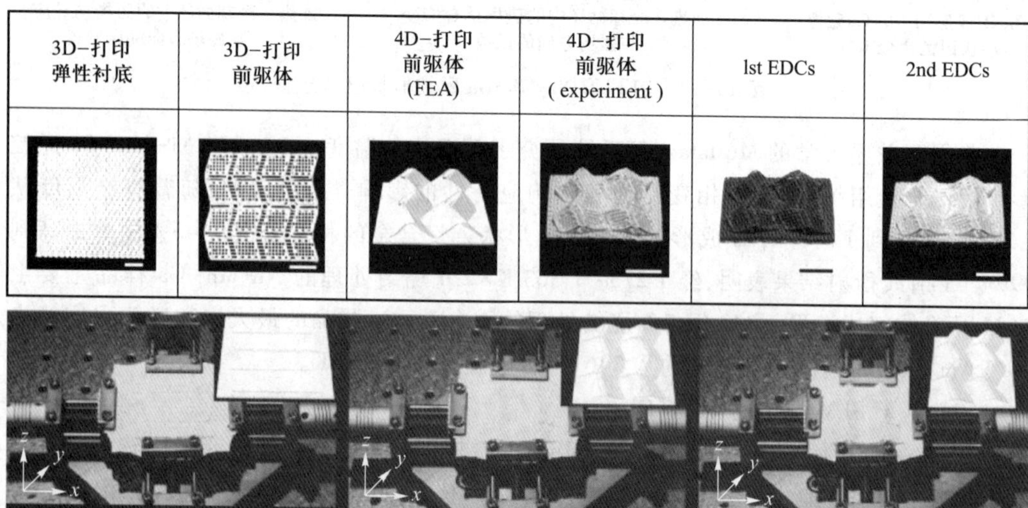

图 15-24　利用复合弹性体材料实现陶瓷构件 4D 打印的原理图

特制的自动拉伸装置将弹性体基体拉伸，从而产生预应力；在预拉伸的弹性体基体上打印主结构；当预应力释放后，主结构发生变形，形成所需的4D打印构件；变形后的主结构经热处理后转化为陶瓷。

思考题

1. 4D打印的概念和内涵是什么？
2. 4D打印材料的种类有哪些？
3. 对于形状记忆聚合物的4D打印，有哪些常见的增材制造工艺？
4. 4D打印聚合物的种类有哪些？
5. 实现水凝胶可控形状变化的方法有哪些？
6. 简述热响应型形状记忆聚合物的形状记忆原理。
7. 简述形状记忆合金的工作原理。
8. 对于形状记忆合金的4D打印，有哪些常见的增材制造工艺？
9. 形状记忆合金的种类有哪些？简述不同类型形状记忆合金的优缺点。
10. 比较形状记忆聚合物和形状记忆合金的优缺点。

参考文献

[1] YANG Y, CHEN Y, WEI Y, et al. 3D printing of shape memory polymer for functional part fabrication [J]. The International Journal of Advanced Manufacturing Technology, 2016, 84:2079-2095.

[2] YANG H, LEOW W R, WANG T, et al. 3D printed photoresponsive devices dased on shape memory composites [J]. Advanced Materials, 2017, 29:1701627.

[3] CHOONG Y Y C, MALEKSAEEDI S, ENG H, et al. 4D printing of high-performance shape memory polymer using stereolithography [J]. Materials and Design, 2017, 126:219-225.

[4] GE Q, SAKHAEI A H, LEE H, et al. Multimaterial 4D printing with tailorable shape memory polymers [J]. Scientific Reports, 2016, 6:31110.

[5] WANG L L, ZHANG F H, LIU Y J, et al. Photosensitive composite inks for digital light processing four-dimensional printing of shape memory capture devices [J]. ACS Applied Materials and Interfaces, 2021, 13:18110-18119.

[6] WU H Z, CHEN P, YAN C Z, et al. Four-dimensional printing of a novel acrylate-based shape memory polymer using digital light processing [J]. Materials and Design, 2019, 171:107704.

[7] WEI H, ZHANG Q, YAO Y, et al. Direct-write fabrication of 4D ative shape-changing structures based on a shape memory polymer and its nanocomposite [J]. ACS Applied Materials and Interfaces, 2017, 9:876-883.

[8] BAKER A B, BATES S R G, LLEWELLYN-JONES T M, et al. 4D printing with robust thermoplastic polyurethane hydrogel-elastomer trilayers [J]. Materials and Design, 2019,

163:107544.

[9] ZHAO Z,QI H J,FANG D. A finite deformation theory of desolvation and swelling in partially photo-cross-linked polymer networks for 3D/4D printing applications [J]. Soft Matter, 2019,15:1005-1016.

[10] WU J,ZHAO Z,KUANG X,et al. Reversible shape change structures by grayscale pattern 4D printing [J]. Multifunctional Materials,2018,1:015002.

[11] ZHAO Z,WU J,MU X,et al. Desolvation induced origami of photocurable polymers by digit light processing [J]. Macromolecular Rapid Communications,2017,38:1600625.

[12] JI Z,YAN C,YU B,et al. 3D printing of hydrogel architectures with complex and controllable shape deformation [J]. Advanced Materials Technologies,2019,4:1800713.

[13] GLADMAN A S,MATSUMOTO E A,NUZZO R G,et al. Biomimetic 4D printing [J]. Nature Materials,2016,15:413-419.

[14] MULAKKAL M C,TRASK R S,TING V P,et al. Responsive cellulose-hydrogel composite ink for 4D printing [J]. Materials and Design,2018,160:108-118.

[15] KOTIKIAN A,TRUBY R L,BOLEY J W,et al. 3D printing of liquid crystal elastomeric actuators with spatially programed nematic order [J]. Advanced Materials, 2018, 30: 1706164.

[16] SAED M O,AMBULO C P,KIM H,et al. Molecularly-engineered,4D-printed liquid crystal elastomer actuators [J]. Advanced Functional Materials,2019,29:1806412.

[17] SAEDI S,MOGHADDAM S N,AMERINATANZI A,et al. On the effects of selective laser melting process parameters on microstructure and thermomechanical response of Ni-rich NiTi [J]. Acta Materialia,2018,144:552-560.

[18] DADBAKHSH S,SPEIRS M,KRUTH J P,et al. Effect of SLM parameters on transformation temperatures of shape memory nickel titanium parts [J]. Advanced Engineering Materials,2014,16:1140-1146.

[19] DADBAKHSH S,SPEIRS M,KRUTH J P,et al. Influence of SLM on shape memory and compression behaviour of NiTi scaffolds [J]. CIRP Annals-Manufacturing Technology, 2015,64:209-212.

[20] MOGHADDAM S N,SAEDI S,AMERINATANZI A,et al. Achieving superelasticity in additively manufactured NiTi in compression without post-process heat treatment [J]. Scientific Reports,2019,9:41.

[21] MA J,FRANCO B,TAPIA G,et al. Spatial control of functional response in 4D-printed active metallic structures [J]. Scientific Reports,2017,7:46707.

[22] ZHANG Q,HAO S,LIU Y,et al. The microstructure of a selective laser melting (SLM)-fabricated NiTi shape memory alloy with superior tensile property and shape memory recoverability [J]. Applied Materials Today,2020,19:100547.

[23] XIONG Z W,LI Z H,SUN Z,et al. Selective laser melting of NiTi alloy with superior tensile property and shape memory effect [J]. Journal of Materials Science and Technology, 2019,35:2238-2242.

[24] MARATTUKALAM J J, BALLA V K, DAS M, et al. Effect of heat treatment on microstructure, corrosion, and shape memory characteristics of laser deposited NiTi alloy [J]. Journal of Alloys and Compounds, 2018, 744: 337–346.

[25] ZENG Z, CONG B Q, OLIVEIRA J P, et al. Wire and arc additive manufacturing of a Ni-rich NiTi shape memory alloy: microstructure and mechanical properties [J]. Additive Manufacturing, 2020, 32: 101051.

[26] WANG J, PAN Z X, YANG G S, et al. Location dependence of microstructure, phase transformation temperature and mechanical properties on Ni-rich NiTi alloy fabricated by wire arc additive manufacturing [J]. Materials Science and Engineering A, 2019, 749: 218–222.

[27] ZHOU Q, HAYAT M D, CHEN G, et al. Selective electron beam melting of NiTi: microstructure, phase transformation and mechanical properties [J]. Materials Science and Engineering A, 2019, 744: 290–298.

[28] TIAN J, ZHU W Z, WEI Q S, et al. Process optimization, microstructures and mechanical properties of a Cu-based shape memory alloy fabricated by selective laser melting [J]. Journal of Alloys and Compounds, 2019, 785: 754–764.

[29] CAPUTO M P, BERKOWITZ A E, ARMSTRONG A, et al. 4D printing of net shape parts made from Ni–Mn–Ga magnetic shape-memory alloys [J]. Additive Manufacturing, 2018, 21: 579–588.

[30] MOSTAFAEI A, VECCHIS R D P, STEVENS E L, et al. Sintering regimes and resulting microstructure and properties of binder jet 3D printed Ni–Mn–Ga magnetic shape memory alloys [J]. Acta Materialia, 2018, 154: 355–364.

[31] LAITINEN V, SOZINOV A, SAREN A, et al. Laser powder bed fusion of Ni–Mn–Ga magnetic shape memory alloy [J]. Additive Manufacturing, 2019, 30: 100891.

[32] LIU G, ZHAO Y, WU G, et al. Origami and 4D printing of elastomer-derived ceramic structures [J]. Science Advances, 2018, 4: eaat0641.